内 容 提 要

  本教材共分 12 个学习情境和 17 个技能训练。每个学习情境包含知识目标和技能目标，并附有复习思考题，引导学习者掌握必要的知识要点。书后附有技能训练方案、动物用药量换算表和配伍禁忌表，利于学习者准确选药、科学用药，注重用药安全、高效。

  本教材可作为职业院校动物医学、宠物医疗类、宠物护理与美容等专业的教材，也可作为宠物医院、宠物美容院、宠物繁育场等机构的技术服务人员以及兽药营销人员、兽药行政监管人员等的重要参考资料。

高等职业教育农业农村部"十三五"规划教材

宠物药理

第二版

贺生中　主编

中国农业出版社

北　京

图书在版编目（CIP）数据

宠物药理 / 贺生中主编 . —2 版 . —北京：中国
农业出版社，2019.10（2025.1 重印）
高等职业教育农业农村部"十三五"规划教材
ISBN 978-7-109-26111-2

Ⅰ．①宠…　Ⅱ．①贺…　Ⅲ．①宠物－兽医学－药理学
－高等职业教育－教材　Ⅳ．①S859.7

中国版本图书馆 CIP 数据核字（2019）第 254672 号

中国农业出版社出版

地址：北京市朝阳区麦子店街 18 号楼
邮编：100125
责任编辑：李　萍
版式设计：杜　然　责任校对：吴丽婷
印刷：三河市国英印务有限公司
版次：2014 年 8 月第 1 版　2019 年 10 月第 2 版
印次：2025 年 1 月第 2 版河北第 4 次印刷
发行：新华书店北京发行所
开本：787mm×1092mm　1/16
印张：16.75　插页：1
字数：390 千字
定价：44.00 元

第一版编审人员名单

主　　编　贺生中

副 主 编　张玉仙　颜友荣　王　锐

编　　者　（以姓名笔画为序）

　　　　　　王金福　肖华平

　　　　　　赵莎莎　姜　鑫

　　　　　　钱明珠　高　睿

　　　　　　颜　卫

主　　审　王志强

行业指导　史明基

第二版前言

随着社会的发展和人们生活水平的不断提高，居民的休闲、消费和情感的寄托方式不断变化，宠物在日常生活中越来越常见，日渐成为重要的家庭成员或准家庭成员。这促使宠物行业快速发展，但同时，宠物行业也暴露出了一些不规范问题，如行业管理和服务缺乏标准、市场无序竞争、医疗水平参差不齐、用药不规范等，严重制约着宠物行业的健康发展。对宠物行业从业人员的素质提出了更高的要求。

宠物药理是宠物养护与驯导专业、宠物临床诊疗技术专业的核心课程。通过学习宠物药理可以为系统地学习宠物传染病、宠物寄生虫病、宠物内科病、宠物营养代谢病和宠物外产科病等打下坚实基础。

《宠物药理》第二版在第一版基础上修订而成，编写过程中，我们力求按照国家高等职业教育人才培养目标和要求，结合实际教学体会，突出应用性和适用性，注重理论实践一体化。教材中配套开发和建设了相应的课程数字教学资源，包括电子课件、图片、视频、动画和案例等。

本教材由江苏农牧科技职业学院贺生中主编，编写者均为从事高等职业教育宠物药理课程教学的专业骨干教师，分别是：江苏农牧科技职业学院贺生中（学习情境1、技能训练）、北京农业职业学院张玉仙（学习情境3和学习情境5）、江苏农牧科技职业学院颜友荣（学习情境8）、云南农业职业技术学院王锐（学习情境10）、上海农林职业技术学院王金福（学习情境4）、山东畜牧兽医职业学院肖华平（学习情境2）、黑龙江农业经济职业学院姜鑫（学习情境6）、江苏农牧科技职业学院赵莎莎（学习情境12）、杨凌职业技术学院高睿（学习情境9）、河南农业职业学院钱明珠（学习情境11）、江苏农牧科技职业学院颜卫（学习情境7）、江苏农牧科技职业学院高月秀（技能训练）。本教材由扬州大学王志强博士审稿，编写过程中也得到南京艾贝尔宠物有限公司石风春、杭州虹泰宠物医院张路遥、江苏省兴化市畜牧兽医站史明基的支持与帮助，在此一并表示衷心的感谢！

由于编者水平和能力所限，本教材不足之处在所难免，敬请广大使用者批评、指正。

编　者

2019 年 3 月

第一版前言

在发达国家和地区，宠物产业效益巨大，拥有完整的产业链和完善的职业工种设置，是成熟产业。我国宠物行业起步较晚，但起点高，发展迅速。

随着宠物产业市场秩序的建立、行业标准规范化、职业设置细化、工作内容专业化，消费者期望值提高，对从业人员的要求越来越高。宠物行业的高速发展需要大量高素质的从业人员，不断追求动物安全、生态环境安全和人类健康。宠物饲养、繁育、疾病诊疗、美容、训导等工作岗位急需掌握宠物药理知识的高素质技术技能型人才。

宠物药理课程是宠物疾病诊疗技术的重要基础课程，为系统地学习宠物传染病、宠物寄生虫病、宠物内科病、宠物营养代谢病和宠物外产科病等打下坚实基础。

在编写过程中，我们力求按照国家高等职业教育人才培养目标和中国农业出版社高职教材编写要求，结合实际教学体会，突出应用性和适用性，注重理论实践一体化。

本教材由国内从事高等职业教育宠物类宠物药理课程教学的专业骨干教师编写，江苏农牧科技职业学院贺生中为主编（学习情境1、技能训练），北京农业职业学院张玉仙（学习情境3、5）、江苏农牧科技职业学院颜友荣（学习情境8）、云南农业职业技术学院王锐（学习情境10）为副主编，参加编写的还有上海农林职业技术学院王金福（学习情境4）、山东畜牧兽医职业学院肖华平（学习情境2）、黑龙江农业经济职业学院姜鑫（学习情境6）、江苏农牧科技职业学院赵莎莎（学习情境12）、杨凌职业技术学院高睿（学习情境9）、河南农业职业学院钱明珠（学习情境11）、江苏农牧科技职业学院颜卫（学习情境7）。本教材由扬州大学王志强博士主审，编写过程中也得到了史明基（江苏省兴化市畜牧兽医站）的支持与帮助，在此一并表示衷心的感谢！

由于编者能力所限，本教材难免出现疏漏和缺点，敬请广大使用者批评指正。

编　者
2013 年 12 月

目　录

学习情境 1
犬、猫用药基础知识

知识目标

- 熟练掌握药物和剂型的概念。
- 掌握药物的作用、药物体内过程和影响药物作用的因素。
- 了解药物管理的相关知识。
- 熟练掌握药物处方的开写方法。

技能目标

- 掌握动物常见给药途径的训练方法。
- 掌握剂量对药物作用的影响。

学习单元 1　动物药理概论

(一) 动物药理的性质和内容

动物药理又称兽医药理，是研究药物和动物机体（包括病原体）之间相互关系的一门学科。它既与动物生理学、动物生物化学互相关联，又与动物微生物学、动物寄生虫学以及兽医临床各学科紧密配合。

动物药理内容主要包括药物的体内过程、药理作用和应用范围，以及药物的来源、性状、化学结构、制剂、用法和用量等。

(二) 学习动物药理的目的和方法

学习动物药理课程的目的：一是使未来的畜牧兽医工作者和广大养殖人员通过学习动物药理的基本理论知识，学会正确选药、合理用药，进而提高药效，减少不良反应，更好地指导畜牧生产和兽医临床实践，充分发挥药物防治动物疾病和促进生产的作用，并保证动物性食品的安全，维护人类身体健康；二是为进行兽医临床药理实验研究，寻找开发新药及新制剂创造条件；三是对动物机体的生理生化过程，乃至对生命的本质有所阐明，为发展生物科学做出贡献。

学习动物药理应以辩证唯物主义思想为指导，认识和掌握药物与动物机体的相互关系，正确评价药物在防治疾病中的作用。重点要学习现代药理学的基本规律，以及各类代表性药物，分析每类药物的共性和特点。对重点药物要全面掌握其作用和应用，并与其他药物进行区别。同时动物药理又是一门实验学科，在学习中必须重视动物药理的实验课。它不仅能验证课堂理论和培养操作技能，更重要的是能培养实事求是的科学作风以及分析问题和解决问题的能力。

（三）动物药理的发展简史

1. 本草学或药物学阶段

（1）大约公元前 2 世纪（公元前 104 年），《神农本草经》（简称《本经》或《本草经》）系统地总结了秦汉以来医家和民间的用药经验，具有朴素的唯物主义思想。当时把"本草"作为药物的总称，含"以草类治病为本"之意，借神农之名问世，是集东汉以前药物学之大成的名著，是我国现存最早的药物学专著。该书原著于唐代初，现今流传的本子，都是后人从宋代《证类本草》以及明代《本草纲目》中辑出的。收载药物 365 种，其中，植物药 252 种、动物药 67 种、矿物药 46 种。该书对药物的功效、主治、用法均有论述，如麻黄平喘、黄连止痢、猪苓利尿、瓜蒂催吐、常山截疟、海藻疗瘿、黄芩清热、雷丸杀虫等，至今仍为临床疗效和科学实验所证明。同时，提出了药有"君、臣、佐、使"的组方用药等方剂学理论，堪称现代的药物配伍应用的典范。

（2）《新修本草》又称《唐本草》，由唐代苏敬等 20 多人于公元 657 年开始集体编写，完成于 659 年，是最早由国家颁行的药典，比欧洲著名的纽伦堡药典（1494 年）早 883 年。全书共 54 卷，是在陶弘景的《本草经集注》的 730 种药物基础上，新增 114 味，达 844 种，收录了安息香、血竭、胡椒、密陀僧等许多外来药。《新修本草》的颁行，对药品的统一、药性的订正、药物的发展都有积极的促进作用。该书具有较高学术水平和科学价值，曾在日本作为医学专业学生的必修课本。

（3）明代李时珍广泛收集、总结民间用药知识和经验，参考 800 余种文献书籍，历经 27 年辛勤努力，大的修改 3 次，至 1578 年完成了《本草纲目》。全书 52 卷、190 万字、收录药物 1 892 种、插图 1 160 幅、药方 11 000 条，曾被翻译为英、日、德、俄、法、朝、拉丁 7 种文字。《本草纲目》总结了 16 世纪以前我国的药物学，提出了当时纲目最清晰的、先进的药物分类法，系统论述了各种药物的知识，纠正了以往本草书中的某些错误和反科学见解，辑录保存了大量古代文献，丰富了世界科学宝库，被誉为中国古代的百科全书。

（4）公元 1608 年，明代喻本元、喻本亨等总结以前及当时兽医实践经验，编著了《元亨疗马集》，收载药物 400 多种，药方 400 余条。

2. 近代药理学阶段 清代赵学敏的《本草纲目拾遗》新添药物 716 种。吴其浚的《植物名实图考》及《植物名实图考长篇》等都是在《本草纲目》的基础上整理补充的。近代药理学是 19 世纪药物化学与生理学相继发展而产生的学科。1803 年，德国药剂师塞蒂纳从罂粟中分离出具有镇痛作用的纯化物——吗啡，通过犬的麻醉观察到了吗啡的麻醉镇痛作用；1819 年，法国 F. Magendie 通过对士的宁的青蛙实验，确定士的宁对中枢系统的兴奋部位在脊髓；随后，德国药理学家 Schmiedberg（施密德贝格）对洋地黄进行实验研究，提示了洋地黄的基本作用部位在心脏。自此之后，许多植物药物的有效成分被提纯，如咖啡因（1819 年）、奎宁（1820 年）、阿托品（1831 年）、可卡因（1860 年）等；人工合成药物也相继问世，如氯仿（1831 年）、氯醛（1831 年）、乙醚（1842 年）用于外科麻醉和无痛拔牙（1846 年）、伦敦皇家兽医学院对马的氯仿麻醉（1847 年）以及可卡因对犬的脊髓麻醉（1865 年），均是在广泛实验的基础上被应用到临床上。

3. 现代药理学阶段 现代药理学大约从 20 世纪的 20 年代开始。1909 年，德国 Ehrlich（埃利希）发现砷凡纳明（606）能治疗梅毒，从而开创了应用化学药物治疗传染病的新纪元，并创立"化学治疗"的概念。1933 年，Clark 在他的研究中奠定了"定量药理学"的基础；同时他又推广了 Langley 和 Ehrlich 的受点（体）学说，两者都代表现代药理学的起点。1935 年，陈存仁在《本草纲目》的基础上整理补充而成《中国药学大辞典》；德国 Domagk（杜马克）首先报道偶氮染料百浪多息对小鼠链球菌感染有保护与治愈作用，从而发现磺胺药。1940 年，英国 Florey（克洛里）在 Fleming 研究的基础上分离出了作用于革兰氏阳性菌的青霉素，从此进入抗生素的新时代。随着研究的广泛与深入，人们发现抗生素是有效抗菌药物的重要来源，时到今日，抗生素在防治动物疾病中仍具有十分重要的地位。

20 世纪六七十年代，生物化学、生物物理学和生理学的飞跃发展，新技术如同位素、电子显微镜、精密分析仪器等的应用，对药物作用原理的探讨由原来的器官水平，进入细胞、亚细胞以及分子水平。对细胞中具有特殊生物活性的结构——受体进行分离、提纯及建立其测试方法。先后分离得到乙酰胆碱受体、肾上腺素受体、组胺受体等。这就使本来极其复杂的药物作用机理的研究相对地变得简单了，即变成研究药物小分子和机体大分子中一部分或基团（受体或活性中心）之间的相互作用。药理学在深度和广度方面不断扩展，出现许多分支学科，如生化药理学、分子药理学、免疫药理学、临床药理学、遗传药理学和时间药理学等边缘学科。

我国于 20 世纪 50 年代开设兽医药理学，1959 年出版了全国试用教材《兽医药理学》，之后出版了《兽医临床药理学》《兽医药物代谢动力学》《动物毒理学》等著作。其中较为重要的是冯淇辉教授等主编的《兽医临床药理学》一书，它总结和反映了新中国成立后中西兽药理论研究和临床实践的主要成果，广泛介绍了国外有关兽药方面的新动向和新成就，具有较高的学术水平和实用价值，对提高我国兽医药理学研究水平、促进兽医药理学的发展都有重大作用。

我国兽医药理学得到较好的发展是在改革开放以来，科学研究蓬勃开展，各高等农业院校为兽医药理学培养了大量人才，兽医药理学工作者的队伍逐渐壮大，并取得一批重要研究成果，经农业部批准注册的一、二、三类新兽药与新制剂约 190 种，如海南霉素、恩诺沙星、达诺沙星、伊维菌素、替米考星、马度米星铵、氟苯尼考、喹烯酮等，为满足动物生产提供了可靠保证，并极大地丰富了兽医药理学的内容。

学习单元 2 药物概论

（一）药物概念

药物是指用于治疗、预防和诊断动物疾病的物质，或者有目的地调节动物生理机能的化学物质（含药物饲料添加剂），主要包括化学药品、抗生素、生化药品、放射性药品、外用杀虫剂、消毒剂、中药材、中成药及血清制品、疫苗、诊断制品、微生态制品等。

毒物是指对动物机体能产生损害作用的物质。药物超过一定的剂量也能产生毒害作用，因此，药物与毒物之间仅存在着剂量的差别，没有绝对的界限。药物剂量过大或长期使用也可成为毒物，一般把这部分内容放在动物药理学范畴讨论，其他化学毒物、工业和动植物毒物等，则属于毒理学的范畴。

兽用处方药是指凭执业兽医师开写的处方才可购买和使用的兽药。

兽用非处方药是指由国务院兽医行政管理部门公布的、不需要凭执业兽医师处方就可以自行购买并按照说明书使用的兽药。

（二）药物的来源

药物的种类虽然很多，但就其来源来讲，大体可分为三大类。

1. 天然药物 是利用自然界的物质，经过加工而成的药物。

（1）动物性药物。利用动物的组织器官经过加工或提炼而成的药物（胎盘组织液等）。

（2）植物性药物。利用植物的根、茎、叶、花、果实、种子经加工而成的药物。其主要成分为生物碱、苷、挥发油、树脂、鞣质等。

（3）矿物性药物（无机盐类药物）。直接利用原矿物或其制成品（药名就是化学名）。

（4）微生物类药物。从某些微生物的培养液中提取的具有抗菌作用的药物称为抗生素，用细菌制成的疫苗为菌苗，用病毒制成的疫苗为疫苗，致弱的且具抗原性的外毒素为类毒素，抵抗外毒素（类毒素）的抗体为抗毒素。

2. 人工合成药物 应用（分解、结合、取代、加成等）化学方法合成的药物（磺胺类药物等）。当然，许多人工合成的药物是在天然药物的化学结构基础上加以改造而合成的。因此，天然药物和人工合成药物并无绝对的区分。

3. 生物技术药物 是指通过细胞工程、酶工程、基因工程等新技术生产的药物，如生长激素、酶制剂、基因工程疫苗等。

（三）药物剂量

药物的用量称为剂量。在一定范围内，药物剂量增加，药物效应相应增加，剂量减少，药效减弱；当剂量超过一定限度时能引起质的变化，产生中毒反应。

（四）犬、猫用药的剂量表示法

1. 剂量的单位 固体、半固体剂型药物的剂量单位：千克（kg）、克（g）、毫克（mg）和微克（μg）。1kg＝1 000g，1g＝1 000mg，1mg＝1 000μg。

液体剂型药物的剂量单位：升（L）、毫升（mL）和微升（μL）。1L＝1 000mL，1mL＝1 000μL。

2. 治疗量 治疗量应包括一次量、一日量和疗程的治疗量。一次量常以一定的剂量范围来表示，如吡喹酮，犬、猫内服一次量为 5.0～7.5mg[*]。

3. 个体给药剂量的表示法 犬、猫个体给药时，药物剂量可以按成年动物个体的用量来表示，即每只犬、猫1次用药量。个体给药的剂量可以用每千克体重需用药物的剂量表示。应用时要根据犬、猫的体重，计算出总的用药量。除体重、病情外，犬、猫的种类、年龄、给药途径等对药物用量也有较大影响（表1-1、表1-2）。一般情况下，体重10kg的

---

　　[*] 如无特殊说明，本教材中药物使用剂量均以每千克体重计。

犬按儿童用药量计算，体重 30～50kg 的大型犬按成年人用药量计算，幼龄犬按婴儿用药量计算。成年猫通常按 2.5kg 体重计算用药量，或按婴儿用药量计算。

表 1-1 犬、猫不同给药途径的用药剂量比例

给药途径	口服	皮下注射	肌内注射	静脉注射	气管注射	灌肠
剂量比例	1	1/3～1/2	1/3～1/2	1/4～1/3	1/4	1.5～2

表 1-2 犬、猫不同年龄用药剂量比例

年龄	6个月以上	3～6个月	1～3个月	1个月以下
剂量比例	1	1/2	1/4	1/16～1/8

（五）药物的剂型

1. 概念 剂型是药物经加工制成适合防治动物疾病应用的一种形式，一般指制剂的剂型，例如注射剂、软膏剂、片剂等。

2. 药物制成剂型的目的

（1）满足治疗、预防和诊断疾病的需要。

（2）使药物呈现更好的疗效。

（3）满足使用、贮存、运输、生产的需要。

（4）提高药物稳定性和生物利用度。

3. 剂型分类 按形态分类，分为液体剂型、固体剂型、半固体剂型和气体剂型；按分散系统分类（分散相、分散介质），分为真溶液型液体剂型、乳浊液型液体剂型、混悬液型液体剂型和胶体溶液型液体剂型；按给药途径分类，分为经胃肠道给药剂型和不经胃肠道给药剂型；按制法分类，分为用浸出方法制备的剂型、用灭菌方法制备的剂型等。

（1）液体剂型。

①芳香水剂。指芳香挥发性药物（多半为挥发油）的近饱和或饱和水溶液，如薄荷水、樟脑水等。

②醑剂。指挥发性有机药物的乙醇溶液，挥发性药物多半为挥发油。凡用以制备芳香水剂的药物一般都可以制成醑剂外用或内服。挥发性药物在乙醇（60%～90%）中的溶解度一般都比在水中大，所以在醑剂中挥发性药物的浓度比在芳香水剂中大得多。如樟脑醑、芳香氨醑等。

③溶液剂。指化学药物的内服或外用澄明溶液，药物呈分子或离子状态分散于溶媒中。溶液剂的溶质一般均为不挥发性化学药物，其溶媒多为水，如高锰酸钾溶液。但也有不挥发性药物的醇溶液或油溶液，如维生素 A 油溶液。

④煎剂。一般为生药加水煎煮一定时间，去渣内服的液体剂型。

⑤浸剂。生药用沸水、温水或冷水浸泡一定时间去渣使用。煎剂及浸剂均为生药的水浸出制剂。

⑥酊剂。是指用不同浓度乙醇浸制生药或溶解化学药物而成的液体剂型，如龙胆酊、碘

酊；或用流浸膏稀释制备，如马钱子酊等。剧毒药的酊剂一般每 100mL 相当原药 10g，其他药物的酊剂一般 100mL 相当于原药 20g。

⑦流浸膏剂。是指生药的浸出液除去一部分浸出溶媒而成的浓度较高的液体剂型。除特别规定外，流浸膏剂每毫升相当于原药 1g，例如马钱子流浸膏等。

⑧乳剂。是指两种以上不相混合或部分混合的液体所构成的不均匀分散的液体药剂。油与水是不相混合的液体，如制备稳定的乳剂，尚需加入第三种物质即乳化剂。常用乳化剂有阿拉伯胶、西黄蓍胶、明胶、肥皂等。乳剂的特点是增加了药物表面积以促进吸收及改善药物对皮肤、黏膜的渗透性。

⑨合剂。是指内服两种以上药物的液体药剂，如胃蛋白酶合剂、三溴合剂等。

⑩注射剂。注射剂也称针剂，是指灌封于特别容器中灭菌的药物溶液、混悬液、乳浊液或粉末（粉针剂），通过注射器注入肌肉、静脉内及皮下等部位进行给药的一种剂型，如葡萄糖注射液、注射用青霉素 G 钾等。

⑪搽剂。是指刺激性药物的油性或醇性液体剂型。搽剂外用涂搽皮肤表面，如松节油搽剂，一般不用于破损的皮肤。

（2）半固体剂型。

①软膏剂。是指药物与适宜基质混合制成的容易涂布的膏状剂型。常用的基质有凡士林、豚脂、羊毛脂等。

②糊剂。是指粉末状药物与甘油、液状石蜡等均匀混合制成的半固体剂型。糊剂含药物粉末超过 25％，如氧化锌糊剂。

③浸膏剂。是指生药浸出液经浓缩后的粉状或膏状的半固体或固体剂型，如甘草浸膏等。除特别规定外，浸膏剂每克相当于原药 2～5g。

④大丸剂。是指一种或一种以上药物均匀混合，加水及赋形剂制成球形、椭圆形或卵形的丸状剂型。大丸剂久贮易变硬、发霉，宜临用前配制。

⑤舔剂。是指供内服的粥状或糊状稠度的药剂。制备的辅料有甘草粉、淀粉、糖浆、蜂蜜、植物油等。

⑥栓剂。是指药物与适宜基质制成的供腔道给药的固体制剂。纳入腔道后在体温下可软化或溶化，将药物释出再被吸收显效。

（3）固体剂型。

①散剂。是指粉碎较细的一种或一种以上的药物，均匀混合制成的干燥固体剂型。散剂供内服如健胃散，也供外用如消炎粉。在体内易分散、显效快。剂量不易掌握。

②片剂。是指一种或一种以上的药物，加压制成的扁平或上下面稍有凸起的圆片剂型，如敌百虫片、大黄苏打片等。

③胶囊剂。是指将药物盛于空胶囊中制成的一种剂型，如土霉素胶囊等。胶囊一般用明胶作为主要材料，可遮掩药物的不良味道，保护药物等。

④膜剂。是指药物与适宜的成膜材料经加工制成的膜状药剂，也称薄膜剂。此剂型体积小，重量轻，携带、服用都方便。

（4）气体剂型。气雾剂是指液体或固体药物利用雾化器喷出的微粒状制剂，可供吸入、外用，进行局部治疗或吸收后全身治疗。

学习单元 3　药物对动物机体的作用

(一) 药物的作用

药物对动物机体的作用是指药物与动物机体相互作用所产生的反应，即药物接触或进入机体后，促进体表与内部环境的生理生化功能改变，或抑制入侵的病原体，协助机体提高抗病能力，达到防治疾病的效果，简称为药物的作用。

(二) 药物作用的基本形式

药物对动物机体生理功能的影响，基本上表现为机能的增强或减弱，即兴奋或抑制反应。药物的兴奋作用是指提高动物机体机能活动性，抑制作用是指降低动物机体机能活动性。例如咖啡因能兴奋中枢神经系统，加强动物机体的机能活动性，咖啡因对中枢神经系统的作用形式为兴奋；戊巴比妥钠能减弱中枢神经系统机能的活动性，因而表现为抑制。

同一药物对不同的器官可以产生不同的作用：肾上腺素可加强心肌收缩力，使心跳加快，对心脏呈现兴奋作用；但其又能使支气管平滑肌松弛，呈现抑制作用。

兴奋和抑制，在一定条件下可以相互转化。

(三) 药物作用的类型

1. 局部作用与吸收作用　药物在用药局部所产生的作用，无需药物吸收，称为局部作用，如在肠道内硫酸镁不易吸收，产生导泻作用。

当药物吸收入血液循环后分布到机体各组织器官而发挥的作用则称为吸收作用或全身作用，如肌内注射硫酸镁注射液产生的对中枢的镇静作用和对神经肌肉接头部位阻断而呈现的抗惊厥作用。

临诊治疗时，如果要利用药物的局部作用，就应该设法使药停留在用药局部，如为了提高局部麻醉药的麻醉效果，可将肾上腺素加入到盐酸普鲁卡因溶液中。如果利用药物的吸收作用，则应该使药物充分被吸收，最理想的办法就是采用静脉注射途径给药。

2. 直接作用与间接作用　药物对直接接触的组织器官所产生的作用称为直接作用或原发作用，如普鲁卡因的局部麻醉作用。

药物作用于机体通过神经反射、体液调节所产生的作用称为间接作用或继发作用。

洋地黄（强心药）直接作用于心脏，使心脏功能加强，强心作用为直接作用；洋地黄能改善血液循环，使肾的血流量增加，过多的水分可自肾排出体外，产生利尿作用，消除水肿，利尿作用为洋地黄对肾的间接作用。

3. 选择作用　药物作用于机体后，对某些器官、组织产生明显的作用，而对其他组织、器官没有明显作用或作用很小，这种作用称为选择作用。

多数药物在使用适当剂量时，只对某些组织器官产生明显的作用，而对其他组织器官作用较小或不产生作用。

选择性高是由于药物与组织的亲和力大，且组织细胞对药物的反应性高。选择性高的药物，大多数药理活性也较高，使用时针对性强；选择性低的药物，作用范围广，应用时针对性不强，不良作用较多。

临床用药应尽可能用选择性高的药物，具有明显选择性的药物如具有催产作用的缩宫素、具有强心作用的洋地黄、作用于肾小管的利尿药，抗菌药对病原微生物作用大、对机体作用小等。但在有多种病因或诊断未明时，应用选择性低的药物，反而显得有利。

与选择性作用相反，有些药物几乎没有选择性地影响机体各组织器官，对它们都有类似作用，称为普遍细胞毒作用或原生质毒作用。由于这类药物大多能对组织产生损伤性毒性，一般作为环境或用具的防腐消毒药。

4. 药物的防治作用与不良反应

（1）防治作用。应用适当剂量的药物能预防或治疗畜禽疾病，这种作用称为药物的防治作用。

针对发病原因而进行的治疗为对因治疗，针对疾病症状而进行的治疗为对症治疗，为加强基础代谢，注射葡萄糖溶液，提高能量，这种治疗为支持疗法。对因治疗和对症治疗各有其特点，相辅相成，二者都不能偏废。临床上，往往采取综合治疗的方法，即既使用消灭病原体的药物如抗生素、磺胺类等，又使用解除各种严重症状（高热、虚脱、休克等）的药物作辅助治疗，以防止疾病进一步发展。

对因治疗对于防治家畜传染病、感染性疾病具有重要意义。过去和现在我们一直广泛采用化学治疗药物对抗病原微生物和寄生虫，取得了很大成就，保障和促进了畜牧业生产的发展。今后随着畜牧业大规模生产的需要和特点，化学治疗将更加受到重视。

对症治疗对病因未明、症状严重或尚无对因治疗药物的情况是一项重要的措施。因为对症治疗能解除病畜的危重症状，配合护理，积极地帮助病畜发挥其抗病能力。

（2）不良反应。药物的作用是一分为二的，除对机体有治疗作用外，还能引起与治疗无关的或有害的反应，统称为不良反应，它包括副作用、毒性作用和过敏反应等。

①副作用。药物在治疗剂量下产生的与治疗目的无关的作用，是在用药前可以预料到的，有时可设法纠正。例如用阿托品解除肠道平滑肌痉挛时，可出现腺体分泌减少引起的口腔干燥的不良反应。

②毒性作用。药物对机体的损害作用，一般是剂量过大或用药时间过久而引起的。主要表现为中枢神经系统、消化系统、血液循环系统，以及肝肾等方面的功能性或器质性的损害。从毒性发生的时间上看，用药后在短时间内或突然发生的称为急性毒性反应，主要是用药量过大引起的，如敌百虫片剂用于犬驱虫，剂量过大易发生急性中毒；长期反复用药，因蓄积而逐渐发生的称为慢性毒性反应，主要是由于用药时间长，如链霉素的耳、肾毒性。另外，部分药物具有致癌、致畸、致突变等特殊毒性反应。因此，在用药前要注意病畜的体况、用药的剂量和疗程，即可避免产生毒性作用。

③过敏反应。又称变态反应，是机体接触某些半抗原性、低分子物质如抗生素、磺胺类、碘等，与体内细胞蛋白质结合成完全抗原，产生抗体，当再用药时出现抗原-抗体反应。表现为皮疹、支气管哮喘、血清病综合征，甚至过敏性休克。这种反应和药物剂量无关。如青霉素、链霉素、普鲁卡因等易发生过敏性反应。临床上采取的防治措施通常是用药前对易引起过敏的药物先进行过敏试验，用药后出现过敏症状时，根据情况可用抗组胺药、糖皮质

激素类药、肾上腺素和葡萄糖酸钙等抢救。

④后遗效应。指停药后的血药浓度已降至阈值以下时残存的生物效应，称为后遗效应。如长期用糖皮质激素致使肾上腺皮质功能低下，可持续数月。一般情况下，是不利的效应，但对于抗菌药则为有利方面，如大环内酯类抗生素和氟喹诺酮类药有较长的抗菌后遗效应。

⑤继发性反应。由于药物治疗作用引起的不良后果称继发性反应，又称治疗矛盾或二重感染，如成年草食动物长期应用广谱四环素类药物易发生中毒性胃肠炎和全身感染。

(四) 药物作用的机制

药物作用机制是多方面的，概括起来主要有两个方面：一是结构特异性药物与细胞的相应受体以氢键、疏水键、离子键、范德华力、共价键等方式相结合，改变细胞的各种生理生化过程而产生药理作用；二是结构非特异性药物通过理化性质的改变而产生药理作用。具体可分为以下几种方式。

1. 非特异性药物作用机制　主要借助于渗透压、络合、酸碱度等改变细胞周围的理化环境而发挥药效，与药物的解离度、溶解度、表面张力等有关，但与药物的化学结构关系不大。如用于消除脑水肿和肺水肿的甘露醇高渗溶液，利用药物的渗透压发挥组织脱水和利尿作用；二巯丁二钠等络合剂可与汞、砷等重金属离子络合成环状物，促使随尿排出以解毒；碳酸氢钠等抗酸药具有中和作用，使胃酸降低，用于治疗消化性溃疡等。

2. 特异性药物作用机制　该类药物与机体生物大分子的功能基团结合，诱发一系列生理、生化效应，药物的生物活性与其化学结构密切相关。

(1) 对受体的激动或拮抗。受体是存在于细胞膜上、胞膜内或细胞核内的大分子蛋白质，要特异地与某些药物或体内生物活性物质结合，并能识别、传递信息，产生特定的生物效应，具有特异性、高选择性、高亲和力、饱和性、可逆性等特性。常见受体主要有门控离子通道型受体（离子通道型受体）、G蛋白偶联受体、酶活性受体、细胞内受体等。受体在介导药物效应中主要起传递信息的作用。如胰岛素激活胰岛素受体，阿托品可阻断M胆碱受体而起作用。

(2) 改变酶的活性。通过对体内某些酶活性的抑制或激活而起作用。如碘解磷定和新斯的明分别对胆碱酯酶产生不同的激活与抑制相应药效。

(3) 影响离子通道和改变细胞膜通透性而发挥作用。如局部麻醉药普鲁卡因等抑制Na^+通道，阻断神经冲动的传导，产生局麻作用；苯扎溴铵、两性霉素等均影响细菌细胞膜通透性发挥抗菌作用。

(4) 影响体内活性物质的合成和释放。体内活性物质很多，如神经递质、激素、前列腺素等。如阿司匹林能抑制生物活性物质前列腺素的合成而发挥解热作用，小剂量碘能促进甲状腺素合成，麻黄碱促进体内交感神经末梢释放去甲肾上腺素而产生升压作用。

(5) 影响细胞物质代谢。如磺胺类药物参与细菌叶酸代谢而抑制细菌生长繁殖，维生素、微量元素等作为酶的辅酶或辅基成分，通过参与或影响细胞的物质代谢过程而发挥作用，硒是谷胱甘肽氧化酶的必需组分，发挥抗氧化作用，保护细胞膜结构和功能的稳定。

学习单元4 动物机体对药物的作用

（一）药物的跨膜转运

药物进入机体内要到达作用部位才能产生效应，在到达作用部位前药物必须通过生物膜，称为跨膜转运。药物的跨膜转运主要有被动转运、主动转运和膜动转运3种方式，它们各具特点（图1-1）。

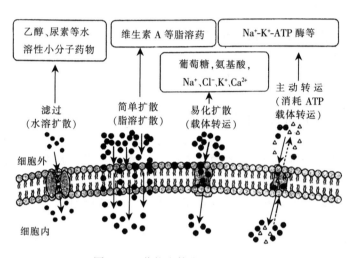

图1-1 药物在体内的转运方式

1. 被动转运 又称顺流转运，是从药物浓度高的一侧扩散到浓度低的一侧。其转运速度与膜两侧药物浓度差（浓度梯度）的大小成正比，浓度梯度越大，越易扩散。当膜两侧浓度达到平衡时，转运即停止。这种不需消耗能量，依靠浓度梯度的转运方式，称为被动转运，包括简单扩散、滤过和易化扩散等。

（1）简单扩散。简单扩散又称脂溶扩散，是药物转运的最主要方式。由于生物膜具有类脂特性，许多脂溶性药物可以直接溶解于脂质中，从而通过生物膜，其速度与膜两侧浓度差的大小成正比。同时，转运受药物的解离度、脂溶性等影响。

（2）滤过。滤过是指直径小于膜孔通道的一些药物（如乙醇、甘油、乳酸、尿素等），借助膜的渗透压差，被水携带到低压侧的过程。这些药物往往能通过肾小球膜而排出，而大分子蛋白质却被滤除。

（3）易化扩散。易化扩散又称载体转运，是通过细胞膜上的某些特异性蛋白质帮助而扩散，不需供应ATP。如葡萄糖进入红细胞需要葡萄糖通透酶，多种离子转运需要通道蛋白等。该扩散的速率比简单扩散快得多。

2. 主动转运 又称逆流转运，是药物逆浓度差从膜的一侧转运到另一侧。这种转运方式需要消耗能量及膜上的特异性载体蛋白（如 Na^+-K^+-ATP 酶）参与，这种转运能力有一定限度，即载体蛋白具有饱和性，且同一载体转运的两种药物之间可出现竞争性抑制作用。

3. 膜动转运 是指大分子物质的转运都伴有膜的运动，膜动转运又分为两种。

（1）胞饮。胞饮又称入胞，某些液态蛋白质或大分子物质可通过由生物膜内陷形成的小泡吞噬而进入细胞内。如垂体后叶素粉剂可经鼻黏膜给药吸收（图1-2）。

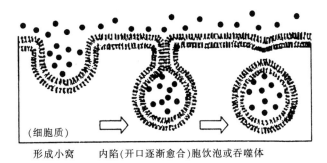

图1-2 胞饮作用

（2）胞吐。胞吐又称出胞，某些液态大分子物质可从细胞内转运到细胞外，如腺体分泌物及递质的释放等（图1-3）。

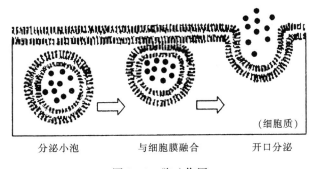

图1-3 胞吐作用

（二）药物的体内过程

在药物影响机体的生理、生化功能产生效应的同时，动物的组织器官也不断地作用于药物，使药物发生变化。从药物进入机体到排出体外的过程称为药物的体内过程，包括药物吸收、药物分布、药物代谢和药物排泄。药物在体内的吸收、分布和排泄统称为药物在体内的转运，而代谢过程则称为药物的转化，转化和排泄统称为消除。药物的体内过程如图1-4所示。

1. 药物的吸收及其影响因素 吸收是指药物从用药部位进入血液循环的过程。除静脉注射外，一般的给药途径都存在吸收过程。药物吸收的快慢和多少与药物的给药途径、理化性质、吸收环境等有关。

（1）消化道吸收。药物内服后，主要通过被动转运从胃肠道黏膜吸收。药物相对分子质量越小，脂溶性越大或非解离型比例越大，越易吸收。动物胃液的 pH 差异较大，如猫、犬、猪胃内 pH 1.0～2.0；家禽胃内 pH 2.0～3.5；牛、羊的前胃内 pH 5.5～6.0，皱胃 pH 接近于 3.0。为此，弱酸性或中性药物在猫、犬、猪、家禽胃内吸收较快而完全，牛、羊胃内吸收较慢。内服吸收的主要部位是小肠，小肠吸收面积大，肠蠕动快，血流量大，肠

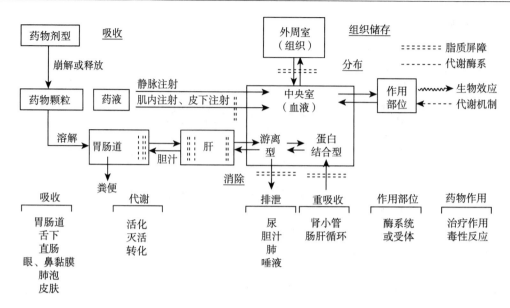

图 1-4 药物的体内过程

(李端，2005. 药理学)

段越向下 pH 越高，对弱酸性和弱碱性药物均易溶解吸收。吸收方式除简单扩散外，还有易化扩散、主动转运等，这有利于药物吸收。药物从胃肠道吸收后，都要经过门静脉进入肝，再进入血液循环。

舌下给药或直肠给药，分别通过口腔、直肠和结肠黏膜吸收。两者吸收表面积虽小，但血流的供应丰富，药物可迅速吸收到血液循环，而不必首先通过肝（图 1-5）。

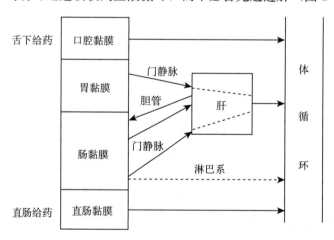

图 1-5 药物经胃肠道进入循环

(周新民，2001. 动物药理)

（2）非胃肠道给药的吸收。皮下或肌内注射的药物主要以简单扩散形式通过毛细血管和淋巴内皮细胞进入血液循环。气体、挥发性的液体或分散在空气中的固体药物，可通过吸入给药途径穿过肺泡壁被迅速地吸收。个别脂溶性高的药物或透皮制剂也可经皮肤给药而吸收，如敌百虫、左旋咪唑透皮剂等。

（3）影响药物吸收的因素。

①药物的理化性质。在水和有机溶剂中均不溶的物质一般很难被吸收。如硫酸钡因在胃肠道不溶解、内服时不吸收，可作造影剂；水溶性钡盐口服可吸收，因此有剧毒。硫酸镁水溶液内服难吸收，常用做泻药。

②首过效应。又称第一关卡效应。内服药物在胃肠道吸收后，经门静脉到肝，有些药物在通过肠黏膜及肝时极易被代谢灭活，在第一次通过肝时，即有一部分被破坏，使进入血液循环的有效量减少，药效降低，这种现象称为首过效应。硝酸甘油通过首过效应可被灭活约90%，故内服疗效差，需要舌下给药。有明显首过效应的药物还有阿司匹林、哌替啶、利多卡因等。改变给药途径时，药物的吸收、分布和排泄也将会改变，应注意不同给药途径时给药剂量的差别。

③吸收环境。胃的排空快慢、肠蠕动的快慢、胃内容物的量和性质都可影响内服药物的吸收。排空快、蠕动增加或肠内容物多，可阻碍药物与吸收部位的接触，使吸收减慢、减少。油与脂肪等食物可促进脂溶性药物的吸收。

2. 药物的分布和影响因素　分布是指药物从血液转运到各组织器官的过程。大多数药物在体内的分布是不均匀的。通常，药物在组织器官内的浓度越大，对该组织器官的作用就越强。但也有例外，如强心苷主要分布在肝和骨骼肌组织，却选择性地作用于心脏。实际上，影响药物在体内分布的因素很多，包括药物与血浆蛋白的结合率、各器官的血流量、药物与组织的亲和力、血脑屏障以及体液 pH 和药物的理化性质等。

（1）药物与血浆蛋白结合率。药物与血浆蛋白结合率是决定药物在体内分布的重要因素之一。部分药物可与血浆蛋白呈可逆性结合，结合型药物由于分子质量增大，不能跨膜转运，暂无生物效应，又不被代谢和排泄，在血液中暂时储存。只有游离型药物才能被转运到作用部位产生生物效应。当血液中游离型药物被转运代谢而浓度降低时，结合型药物又可转变成游离型，两者处于动态平衡之中。蛋白结合率较高的药物在体内消除慢，作用维持时间长。各种药物与血浆蛋白的结合率不同，血浆蛋白与药物的结合能力有限（具有饱和性），而且是非特异性的，具有可逆性和竞争性。

（2）药物的理化特性和局部组织的血流量。脂溶性或水溶性小分子药物易透过生物膜，非脂溶性的大分子或解离型药物则难以透过生物膜，从而影响其分布。局部组织的血管丰富、血流量大，药物就易于透过血管壁而分布于该组织。

（3）药物与组织的亲和力。某些药物对特殊组织有较高的亲和力。如碘主要集中在甲状腺，钙沉积于骨骼中，汞、砷、锑等重金属和类金属在肝、肾中分布较多，中毒时可损害这些器官。但是对多数药物而言，药物分布量的高低与其作用并无规律性的联系，如强心苷选择性分布于肝和骨骼肌，却表现强心作用。

（4）体内屏障。

①血脑屏障。血液、脑之间有一种选择性地阻止各种物质由血液入脑的屏障，它有利于维持中枢神经系统内环境的相对稳定（图 1-6）。

中枢神经系统中物质转运以主动转运和脂溶扩散为主。葡萄糖和某些氨基酸可易化扩散。分子较大、极性较高的药物不能通过血脑屏障。患脑膜炎时，血脑屏障的通透性增加，如青霉素，即使静脉注射也难进入正常的脑脊液，而在脑膜炎时，青霉素就较易透过血脑屏障，在脑脊液内达到有效浓度。

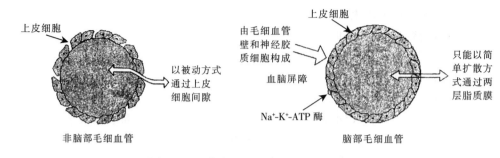

图 1-6 脑部与非脑部毛细血管结构示意

②胎盘屏障。这是指母体与胎儿血液隔开的胎盘具有的屏障作用。脂溶性高的全身麻醉药和巴比妥类药物可进入胎儿血液，脂溶性低、解离型或大分子药物如右旋糖酐则不易通过胎盘。有些药物能进入胎儿循环，对胎儿有毒性或引起畸胎。

3. 药物的代谢 药物的代谢是指药物在体内发生的化学变化。大多数药物主要在肝经药物代谢酶（简称药酶）催化，发生化学变化。多数药物经代谢后失去药理活性，称为灭活；少数由无活性药物转化为有活性药物或者由活性弱的药物变为活性强的药物，称为活化。某些水溶性药物可在体内不代谢，以原形从肾排出。但大多数脂溶性药物在体内转化成为水溶性高的或解离型代谢物，以致肾小管对它们的重吸收降低，便迅速从肾排出。代谢的最终目的是有利于药物排出体外。

（1）第一相反应。该反应包括氧化、还原和水解等方式，反应使多数药物灭活（如去甲肾上腺素），但少数例外，反而活化（如某些抗癌药），故药物代谢不能称为解毒过程。

（2）第二相反应。该反应为结合反应，使药物与体内某些物质（如葡萄糖醛酸、甘氨酸等）结合，结合后使药物活性降低或灭活而使极性和水溶性增加，易由肾排泄。

（3）肝微粒体混合功能氧化酶系。又称肝药酶，是药物代谢最重要的酶系统，主要存在于肝细胞内质网中，包括细胞色素 P450、还原型酶Ⅱ（NAD-PH）、黄蛋白（FP）和非血红素铁蛋白（NHIP）等。该类酶的专一性和活性均较低，可对许多脂溶性药物呈现氧化还原反应；该类酶的个体差异很大，其活性受生理因素（年龄和性别）、营养状态、遗传因素及病理状态等因素的影响。

4. 药物的排泄 药物以原形或代谢产物的形式通过不同途径排出体外的过程称为排泄。挥发性药物及气体可从呼吸道排出，非挥发性药物则主要由肾排泄。

（1）肾排泄。肾是药物排泄最重要的器官，肾小球毛细血管的膜孔较大，且滤过压也较高，故通透性大。除了与血浆蛋白结合的药物外，解离型药物及其代谢产物可水溶扩散，其滤过速度受肾小球滤过率及分子大小的影响。在近曲小管内已滤过的葡萄糖和氨基酸可分别与 Na^+ 同向转运，也可易化扩散重吸收。有些弱酸药（如青霉素、氢氯噻嗪等）以及弱碱性药物（如普鲁卡因等）可分别通过两种不同的非特异性转运过程从近曲小管排出。当排泄机制相同的两种药物合并用药时，可发生竞争性抑制（图 1-7）。

（2）胆汁排泄。许多药物经肝排入胆汁，由胆汁流入肠腔，然后随粪便排出。有些脂溶性大的药物随胆汁排入肠腔后又被肠道重吸收，便形成肝肠循环。强心苷类药物（洋地黄毒苷）在体内可进行肝肠循环，使药物作用持续时间延长（图 1-8）。

（3）其他。有些药物可从乳腺、肠液、唾液、眼泪或汗中排泄。

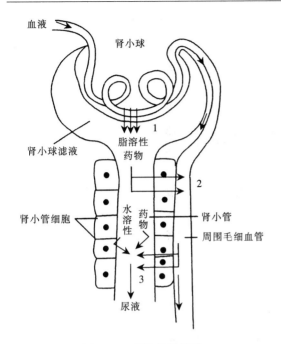

图 1-7　药物的肾排泄

1. 滤过　2. 重吸收　3. 重吸收排泄

（周新民，2001. 动物药理）

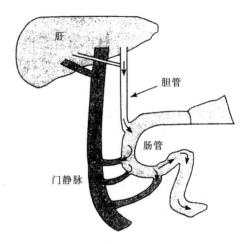

图 1-8　药物的肝肠循环

（三）主要药物动力学参数

1. 生物利用度　又称生物有效度，是指药物被机体吸收利用的程度。药物颗粒的大小、晶型、填充剂的紧密度、赋形剂的差异以及生产工艺的不同均可影响药物的生物利用度。如不同药厂生产的不同批号的同一品种也有此种现象。制剂工艺的改变可加快或延长片剂的崩解与溶出的速率，进而影响生物利用度。为了保证药效，对新制剂应测定生物利用度。药物内服或肌内注射时的药时曲线下面积（AUC）与该药静脉注射后的 AUC 的比值，称为绝对生物利用度；若与另一非经血管途径给药后的标准剂型的 AUC 相比，则称为相对生物利用度。

2. 血浆半衰期（$t_{1/2}$）　是指血浆药物浓度下降一半所需的时间。绝大多数药物的消除是一级动力学，因此其半衰期是固定的数值，不因血浆药物浓度高低不同而改变。按零级动力学消除的药物，其 $t_{1/2}$ 可随着药物的浓度而有所改变（图 1-9）。

在临床上一般均为多次用药，目的是使血浆药物浓度保持在有效浓度以上，且在中毒浓度以下，根据 $t_{1/2}$ 确定给药间隔。通常用药的时间约等于 1 个 $t_{1/2}$。如磺胺异噁唑在血浆中的半衰期为 6h，每 6h 给药 1 次。也可根据 $t_{1/2}$ 预测连续给药后达到稳态血药浓度的时间。

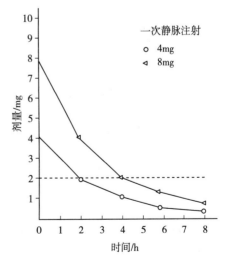

图 1-9　血浆半衰期与血药浓度、剂量的关系（$t_{1/2}=2h$）

3. 表观分布容积 是指假定药物均匀分布于机体所需要的理论容积，即药物在体内分布达到动态平衡时体内药量与血药浓度的比值。

4. 清除率 是指单位时间内体内清除药物的血浆容积，即每分钟有多少毫升血中药量被清除。

学习单元5 影响药物作用的因素

药物的作用是药物与动物机体相互作用过程的综合表现，许多因素都可影响到这个过程，主要包括药物方面、动物机体方面、饲养管理和环境方面等因素。药物方面包括化学结构、剂型、剂量、给药方法、重复用药、药物相互作用等；机体方面包括年龄和体重、性别、个体差异、病理状态、环境、精神因素等。

（一）药物方面的因素

1. 药物的化学结构 药物的特异性化学结构与药理作用关系极为密切。药物的构效关系是指药物的化学结构与药理效应之间的关系。影响药理效应的化学结构可包括基本结构、功能基团（如烃基、羟基、巯基、卤基、磺酸基和羧基等）、立体结构（几何异构体、光学异构体、构象异构体）等，这种关系经常是很严格的。药物分子结构细微的变化（如立体异构体）可引起药物理化性质很大的改变。

化学结构非常近似的药物能与同一受体或酶结合，引起相似（如拟似药）或相反的作用（如拮抗药）。例如肾上腺素、去甲肾上腺素、异丙肾上腺素、普萘洛尔共有类似苯乙胺的基本结构，但因存在不同取代基团，前三者分别有强心、升血压、平喘等不同药效，后者则表现为抗肾上腺素作用（图1-10）。

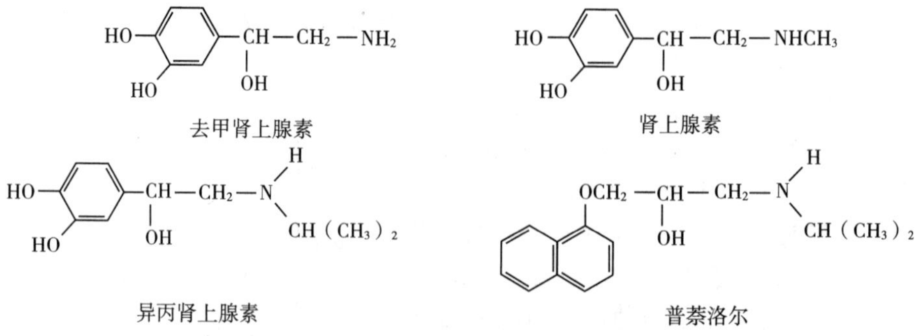

图1-10 去甲肾上腺素、肾上腺素、异丙肾上腺素、普萘洛尔结构式

有时，许多化学结构完全相同的药物，由于光学活性不同而存在光学异构体，它们的药理作用既可表现为有量（作用强度）的差异，也可发生质（作用性质）的变化。如奎宁为左旋体有抗疟疾作用，而其右旋体奎尼丁有抗心律失常的作用；左旋氧氟沙星的抗菌活性是右旋氧氟沙星的2倍。

2. 药物的剂型 药物的剂型或所用赋形剂不同可影响药物吸收及消除。同一药物剂型不同或同一药物的剂型相同，但所用赋形剂不同，均可影响药物的疗效。如土霉素临床常用的剂型有注射剂、片剂等，它们的药理作用虽相同，但注射剂产生的药效快，其生物利用度也高。

3. 药物的剂量 剂量的大小可决定药物在体内的浓度，因而在一定范围内，剂量越大，血药浓度越高，作用也越强。但超过一定范围，剂量不断增加、血药浓度继续升高，则会引起毒性反应，出现中毒甚至死亡。因此，临床用药应严格掌握剂量。

在一定范围内药物效应的强弱与其剂量或浓度大小有一定的关系，简称量效关系。它定量地分析和阐明药物剂量与效应之间的关系，有助于了解药物作用的性质，也可为临床用药提供参考。

（1）剂量的相关概念。药物的用量称为剂量。在一定范围内，药物剂量增加，药物效应相应增加，剂量减少，药效减弱；当剂量超过一定限度时能引起质的变化，产生中毒反应。如给动物静脉注射亚甲蓝注射液时，若按每千克体重 1～2 mg 给药，用于解救亚硝酸盐中毒引起的高铁血红蛋白症；而使用剂量达每千克体重 5～10 mg 时，反而引起血中的高铁血红蛋白升高，则用于解救氰化物中毒。剂量太小不出现药理作用，称为无效量；当剂量增加到开始出现效应的药量，称为最小有效量。比最小有效量大，并使机体产生明显效应，但并不引起毒性反应的剂量，称为有效量或治疗量，即通常所说的常用量。随着剂量增加，效应强度相应增大，达到最大效应，称为极量。以后再增加剂量，超过有效量并能引起动物机体毒性反应的剂量称为"中毒量"。能引起毒性反应的最小剂量称为最小中毒量。比中毒量大并能引起死亡的剂量称为致死量。最小有效量与极量之间的范围，称为安全范围或安全度。这个范围越大，用药越安全，反之则不安全（图 1-11）。

（2）量效曲线。药物的剂量大小和效应强弱之间呈现一定关系，称为量效关系，这种关系可用曲线来表示，则称为量效曲线。如以效应强度为纵坐标，以剂量或剂量对数值为横坐标作图，量效曲线呈直方双曲线形或 S 形曲线（图 1-12）。

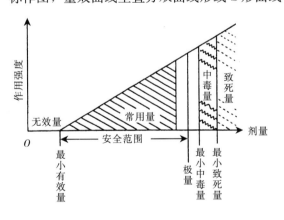

图 1-11 药物作用与剂量的关系

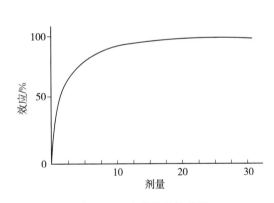

图 1-12 药物的量效曲线

量效关系存在下述规律：①药物必须达到一定的剂量才能产生效应。②在一定范围内，剂量增加，效应也增强。③效应的增加并不是无止境的，而有一定的极限，这个极限称为最大效应或效能，达到最大效应后，剂量再增加，效应也不再增强。④量效曲线的对称点在50%处，此处曲线斜率最大，即剂量稍有变化，效应就产生明显差别。所以在进行急性毒性试验时，以 50% 动物死亡的剂量即半数致死量（LD_{50}）衡量药物毒性大小。同理，在进行治疗试验时，对 50% 动物有效的剂量称为半数有效量（ED_{50}）衡量药物的疗效（图1-13）。

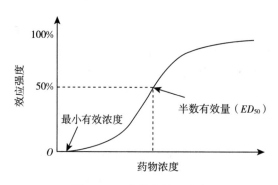

图1-13　半数有效量示意

在药效试验中如致死量越大，有效量越小，则药物的安全性和药效越高。通常以治疗指数的大小来衡量药物的安全性，治疗指数（TI）是指药物半数致死量和药物半数有效量的比值，常以 LD_{50}/ED_{50} 表示。该指数用来衡量药物的安全性，TI 值越大，药物毒性越小，疗效相对越高。一般认为 $TI>3$ 时，有临床试用意义；$TI>7$ 时，为最小安全值。如青霉素安全指数大于 1 000。但以此计算的治疗指数不够完善，没有考虑到药物最大有效量时的毒性。

从图1-14可以看出，A，B两种药的 ED_{50} 和 LD_{50} 相同，计算两种药的治疗指数值也相同，但由图可见两种药的量效曲线斜率不同。A 药 $ED_{95}\sim LD_5$ 在量效曲线图上的距离（或 LD_5/ED_{95} 的值）比 B 药宽（或高），表明 A 药比 B 药安全，所以认为用 $ED_{95}\sim LD_5$ 在量效图上的距离或 LD_5/ED_{95} 的值作为安全范围评价药物的安全性比 LD_{50}/ED_{50} 更好。

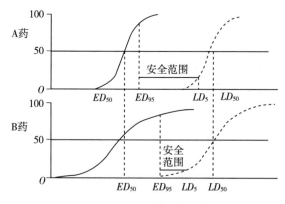

图1-14　药物的安全范围

（3）药物的效价和效能。效价也称强度，是指产生一定效应所需的药物剂量大小，剂量越小，表示效价越高。随着剂量或浓度的增加，效应强度也随之增加，但其速率不一。当效应增强到最大程度后，再增加剂量或浓度，效应也不再增强，此时的最大效应称为效能（图1-15）。

每种药物由于化学结构的不同，因而具有独特的量效曲线。药物的化学结构、作用机制相似，其量效曲线的形态也相似。我们可以通过量效曲线以及效能或等效剂量来比较各药作用的强弱。从图 1-16 可以看出，A、C 两种药在产生同样效应时，C 药所需剂量较 A 药小，说明 C 药的效价高于 A 药。如氢氯噻嗪 100mg 与氢噻嗪 1g 所产生的利尿作用大致相同，而氢氯噻嗪的效价比氢噻嗪高 10 倍。A、B 两种药在剂量相同时，B 药产生的效能比 A 药高。如吗啡能止剧痛，而阿司匹林能用于一般的疼痛，故吗啡的镇痛效能高于阿司匹林。从临床角度，药物效能高比效价高更有价值。

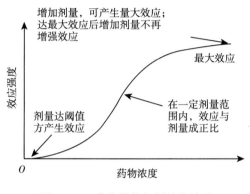

图 1-15 药物效能与剂量的关系　　　　图 1-16 药物效能与强度的区别

4. 药物的给药途径　不同的给药途径使药物进入血液的速度和数量均有不同，产生药效的快慢和强度也有很大差别，甚至产生质的差别。如硫酸镁溶液内服起泻下作用，用于治疗便秘；注射则起中枢抑制作用，用于抗惊厥。因此，应熟悉各种常用给药途径的特点，以便根据药物性质和病情需要，选择适当的给药途径。

各种给药途径中的药物发挥作用的速度依次是：静脉注射＞吸入给药＞肌内注射＞皮下注射＞直肠给药＞内服给药。

（1）内服给药。包括经口投服、不经口投服和混入饲料（饮水）中给予。内服给药方法简便，适合于大多数药物，特别是能发挥药物在胃肠道内的作用。但胃肠内容物较多、吸收不规则、不完全，或者药物因胃肠道内酸碱度和消化液（酶）等的影响而被破坏，故药效出现较慢。且内服给药，多数药物存在首过效应的影响。

（2）注射给药。常用给药方法。①皮下注射，是将药物注入皮下组织中。皮下组织血管较少，吸收较慢。刺激性较强的药物不宜使用该方法。②肌内注射，是将药物注入肌肉组织中。肌肉组织含丰富的血管，吸收较快而完全。油溶液、混悬液、乳浊液都可作肌内注射。刺激性较强的药物应作深层分点肌内注射。③静脉注射，是将药液直接注入静脉血管中，无吸收过程，药效出现最快，适合于急救或需要输入大量液体的情况。但一般的油溶液、混悬液、乳浊液不可静脉注射，以免发生栓塞。刺激性大的药物不可漏出血管外。此外，尚有皮内注射、腹腔注射、关节腔内注射等，可根据用药目的选用。

（3）直肠给药。将药物灌注至直肠深部的给药方法。直肠给药能发挥局部作用（如治疗便秘）和吸收作用（如补充营养）。药物吸收较慢，但不需经过肝。

（4）吸入给药。将某些挥发性药物或药物的气雾剂等，供病畜吸入体内的一种给药方法。发挥局部作用（如治疗呼吸道疾病）和吸收作用（如吸入麻醉）。刺激性大的药物不宜采用吸入给药方法。

（5）皮肤、黏膜给药。将药物涂敷于皮肤、黏膜局部，主要发挥局部作用。刺激性强的药物不宜用于黏膜。脂溶性大的杀虫药可被皮肤吸收，应防中毒。

5. 药物的联合应用　两种或两种以上的药物联合应用，引起药物作用和效应的变化，称为药物相互作用。按照作用的机制不同分为药动学相互作用和药效学相互作用。

（1）药动学相互作用。两种以上药物同时使用，一种药物可能改变另一种药物在体内的吸收、分布、生物转化或排泄，使药物的半衰期、峰浓度和生物利用度等发生改变。

（2）药效学相互作用。在联合用药或配伍用药中，出现药物疗效增强或不良反应减少等有利的相互作用，也可出现作用减弱或消失、毒副作用增强等有害的相互作用。

①协同作用。合并用药使效用增强的作用，称为协同作用。如氨基糖苷类药物、氟喹诺酮类药物、磺胺类药物与碱性药物碳酸氢钠合用，抗菌活性增强或不良反应减轻。其中，将协同作用又可分为相加作用和增强作用。相加作用即药效等于两种药物分别作用的总和，如麻醉药氯胺酮与硫喷妥钠合用总药效等于两药相加的总和；增强作用即药效大于各药分别效应之和，如磺胺类药物与抗菌增效剂甲氧苄啶合用，其抗菌作用大大超过各药单用时的总和。

②拮抗作用。合并用药使效应减弱的作用，称为拮抗作用。磺胺类药物不宜与含对氨基苯甲酰基的局麻药如普鲁卡因、丁卡因合用，因后者能降低磺胺类药物防治创口感染的抑菌效果。在抗菌药物中，常以部分抑菌浓度（简称 FIC 指数）的数值大小作为联合药敏试验的判断依据。FIC＝甲药联用时的 MIC（最低抑菌浓度）/甲药单用时的 MIC＋乙药联用时的 MIC/乙药单用的 MIC。当 FIC 值小于或等于 0.5 时，为增强作用；FIC 值为 0.5～1.0，为相加作用；FIC 值为 1.0～2.0，为无关作用；FIC 值大于 2.0，为拮抗作用。

③配伍禁忌。两种以上药物联合应用时，在体外发生相互作用，产生药物中和、水解、破坏失效等理化反应，出现混浊、气体及变色等异常现象，或者体内产生的药理性拮抗作用称为配伍禁忌。一般分为物理性、化学性、药理性三类配伍禁忌。如青霉素类药物与大环内酯类抗生素如红霉素或四环素类药物合用，使青霉素无法发挥杀菌作用，从而降低药效；利福平、氯霉素与环丙沙星、诺氟沙星等氟喹诺酮类药合用时，可使作用减弱或消失；微生态制剂不宜与抗生素合用；人工盐不宜与胃蛋白酶合用；氨基糖苷类药物与呋塞米联用可引起耳毒性和肾毒性增强，与地西泮联用引起肌肉松弛，与头孢菌素合用肾毒性增强，与红霉素合用耳毒性增强；阿司匹林与红霉素合用，引起耳鸣、听觉减弱。所以，临床联合使用两种以上药物时应避免配伍禁忌。

（二）动物方面的因素

1. 种属差异　动物品种繁多，解剖结构、生理特点各异，在大多数情况下不同种属动物对同一药物的反应的敏感性不同，表现出量的差异（作用的强弱和维持时间的长短不同）或者作用性质上的差异。例如牛对赛拉嗪最敏感，使用剂量仅为马、犬、猫的 1/10，而猪最不敏感，临床化学保定使用剂量是牛的 20～30 倍；马、犬对吗啡表现为抑制作用，而牛、羊、猫则表现为兴奋作用。

2. 生理因素　不同年龄、性别、怀孕或哺乳期动物对同一药物的反应往往有一定差异。如幼龄和老龄动物的肝微粒体酶代谢、肾功能较弱，一般对药物的反应较成年动物敏感，临床上用药剂量应适当减少；怀孕动物对拟胆碱药、泻药或能引起子宫收缩加强的药物比较敏感，可能引起流产，临床用药必须慎重；牛、羊在哺乳期的胃肠道还没有大量微生物参与消化活动，内服四环素类药物不会影响其消化机能，而成年牛、羊则因药物能抑制胃肠道微生物的正常活动，会造成消化障碍，甚至会引起继发性感染。

3. 病理状态　动物在病理状态下对药物的反应性存在一定程度的差异。解热镇痛药能使发热动物降温，对正常体温没有影响；严重的肝、肾功能障碍，可影响药物的生物转化和排泄，易引起药物蓄积，增强药物的作用，严重者可产生毒性反应。如鸡肾出现尿酸盐沉积时，若用磺胺类药物治疗则会加剧病情，造成鸡的大批死亡。

4. 个体差异　同种动物在基本条件相同的情况下，有少数个体对药物特别敏感，称为高敏性，另有少数个体则特别不敏感，称为耐受性，这种个体之间的差异最高可达 10 倍。原因在于不同个体之间的药物代谢酶类活性可能存在很大的差异，造成药物代谢速率上的差异。个体差异除表现为药物作用量的差异外，有的还出现质的差异，例如马、犬等动物应用青霉素后，个别可出现过敏反应。

（三）饲养管理与环境方面的因素

药物的作用是通过动物机体来表现的，机体的健康状态对药物的效应可以产生直接或间接的影响，而动物的健康主要取决于饲养和管理水平。如营养不良，使蛋白质合成减少，药物与血浆蛋白结合率降低，血中游离型药物增多；由于肝微粒体酶活性减低，使药物代谢减慢，药物的半衰期延长。在管理上应考虑动物群体的大小，防止密度过大，房舍的建设要注意通风、采光和动物活动的空间，加强病畜的护理，提高机体的抵抗力，使药物的作用得到更好的发挥。例如，用镇静药治疗破伤风时，要注意环境的安静；全身麻醉的动物，应注意保温，给予易消化的饲料，使患病动物尽快恢复健康。

环境生态的条件对药物的作用也会产生影响。例如，不同温度和湿度均可影响消毒药、抗寄生虫药的疗效；环境若存在大量的有机物可大大减弱消毒药的作用；通风不良、空气中高浓度的氨气污染，可增加动物的应激反应，加重疾病过程，影响疗效。

学习单元 6　犬、猫用药注意事项

（一）犬、猫的生物学特性

犬属肉食性动物，嗅觉灵敏，但视觉较差，味觉迟钝，呕吐中枢发达。对有食欲的犬，只要药物本身无异味或刺激性，可将药物与犬爱吃的食物拌匀，让犬自由食入。犬经过训练后多数能听主人的话，在主人协助下可进行经口投服、肌内注射、皮下注射、静脉注射或滴注给药。对具有攻击性的犬，给药时则需进行保定，并注意给药人员自身的防护。

猫喜食肉类和鱼腥味食物，嗅觉和味觉发达，对酸、苦、咸味较敏感，对甜味不敏感。与犬相比，猫的口服给药较为困难，多数情况下会拒食，尤其具有苦味的药物，给药时需要注意保定和防护，也可使用专用的投药器。猫易呕吐，所以对有刺激性的药物且只有口服剂型，或必须口服给药时，应配合使用适当的止吐剂。另外，猫对疼痛的刺激比较敏感，对有一定刺激性的注射液应采用皮下给药途径，最好不用肌内注射给药。

（二）犬、猫对药物的敏感性

犬、猫不同种类、性别、年龄、个体与生理或病理状况下对药物敏感性存在差异。

表 1 - 3　犬、猫易出现不良反应的药物

动物	药物	不良反应
妊娠后期的犬、猫	拟胆碱药（毛果芸香碱、新斯的明）、泻药	流产
妊娠犬、猫	苯并咪唑类、糖皮质激素类、灰黄霉素、酮康唑、前列腺素、水杨酸、性激素、四环素类、活疫苗	畸胎、损伤胎儿或流产
犬、猫	巴比妥类、阿片类、氯磺丙脲、赛拉嗪	分娩应用可减弱子宫活力
泌乳犬、猫	阿托品、呋塞米	抑制泌乳，引起无乳症
猫	有机磷类、阿司匹林、非那西丁、对乙酰氨基酚、氯霉素、苯妥英、灰黄霉素	中毒
猫	阿片类（吗啡、哌替啶及其衍生物）	大剂量引起中枢兴奋
犬	水杨酸类（阿司匹林）	大剂量可引起胃溃疡
短头犬	吩噻嗪类（氯丙嗪、乙酰丙嗪等）	自发性昏厥
猫		极度兴奋
猎犬	巴比妥类	体内作用延长
猫	强心苷	较敏感
心率过缓的患病犬、猫	ATP	抑制窦房结，使心率变慢
猫	小檗碱	易剧烈呕吐
猫	氨基糖苷类（庆大霉素、链霉素、新霉素、卡那霉素等）	耳毒和肾毒
妊娠后期犬、幼犬	四环素类	幼犬牙齿釉质缺损和着色
犬	庆大霉素＋复方氨基比林	严重的毒副反应，甚至死亡
犬	磺胺类	干性角膜结膜炎
多伯曼短毛猎犬	磺胺类＋增效剂	免疫介导性关节炎
柯利牧羊犬、长毛惠比特犬、喜乐蒂牧羊犬	阿维菌素类	急性中毒
猫	拟菊酯类（二氯苯醚菊酯）	中毒
吉娃娃犬	倍硫磷、双甲脒	中毒
猫	碘酊及其衍生物、苯甲酸苄酯、苯酚和甲酚	中毒

（三）选择适宜的给药方法

根据病情缓急、用药目的、药物性质和动物状况等确定最适宜的给药方法。如危重病例宜采用静脉推注或滴注给药，治疗肠道感染或驱除消化道寄生虫时，宜口服给药。

(四)联合用药,克服配伍禁忌

为了提高临床疗效、减少用药量、降低毒副反应和减少或延缓细菌耐药性的发生等而采用联合用药。不合理的联合用药不仅不会提高疗效,反而可降低疗效。两种或两种以上的药物配伍使用不当,可能出现配伍禁忌,导致疗效减弱或毒性增强,应注意避免。如磺胺类钠盐与青霉素混合,会使青霉素失效;青霉素与庆大霉素合用,会使庆大霉素失效;青霉素也不能与四环素、碳酸氢钠、维生素 C、阿托品、氯丙嗪等混合使用,否则失效。

学习单元 7 药物的保管与识别

(一)药品的批准文号、生产批号及有效期

1. 药品的批准文号 兽药产品批准文号是由农业部根据兽药国家标准、生产工艺和生产条件批准特定兽药生产企业生产特定兽药产品时核发的兽药批准证明文件。兽药产品批准文号的格式为:兽药类别简称+年号+企业所在地省份(自治区、直辖市)序号+企业序号+兽药品种编号。

2. 药品的生产批号 药品生产单位在生产过程中将同一次投料、同一生产工艺所生产的药品用一个批号来表示。批号表示生产日期和批次,可由批号推算出药品的有效期和存放时间的长短,同时便于药品的抽样检验,还代表该批药品的质量。生产批号一般由生产时间的年、月、日组成(2 位数)。如批号"180928",即 2018 年 9 月 28 日生产的药品。

3. 药品的有效期 一定的贮存条件下,能够保证药品质量的期限。当月有效,下月则失效。如有效期标注为 2018 年 5 月,该药品可用到 2018 年 5 月 31 日,6 月 1 日起就过期。另从生产批号推算有效期,如某药品的批号为 181207,注明有效期 3 年,则可推算出该药品可以用到 2021 年 12 月 6 日。

失效期是有效期的另一种表示方法。如失效期标注为 2018 年 5 月,表明 2018 年 4 月 30 日前有效,从 5 月 1 日起过期失效。

(二)影响药品变质的主要因素

1. 环境因素

(1)日光。日光中的紫外线对药品变化起着催化作用,加速药品的氧化、分解。

(2)空气。空气中的氧气和二氧化碳对药品质量影响较大。氧气易使某些药物发生氧化作用而变质;二氧化碳被药品吸收,发生碳酸化而使药品变质。

(3)湿度。水蒸气在空气中的含量称为湿度。湿度太大能使药品潮解、液化、变质或霉败,湿度太小也容易使某些药品风化。风化后的药品,其化学性质一般并未改变,但在使用时剂量难以掌握,特别是剧毒药品,可能因超过用量而造成事故。易风化的药品有硫酸阿托品、磷酸可待因、硫酸镁、硫酸钠及明矾等。大多数药品在湿度较高的情况下,能吸收空气中的水蒸气而引湿。结果使药品稀释、潮解、变形、发霉等。易引湿的药品有胃蛋白酶、甘油等。

(4)温度。温度过高或过低都能使药品变质。温度过高与药品的挥发程度、形态及引起氧化、水解等变化和微生物的生长有很大关系,温度过低又易引起冻结或析出沉淀。

（5）时间。有些药品因其性质或效价不稳定，尽管储存条件适宜，时间过久也会逐渐变质、失效。

2. 人为因素 人员设置；药品质量监督管理情况，如药品质量监督管理规章制度建立、实施及监督管理状况；药剂人员药品保管养护技能以及对药品质量的重视程度、责任心的强弱，身体条件、精神状态的好坏等。

3. 药物因素 水解是药物降解的主要途径，主要有酯类、酰胺类。氧化也是药物变质最常见的反应，具有酚类、烯醇类、芳胺类、吡唑酮类、噻嗪类结构的药物较易氧化。药物氧化后，不仅效价损失，而且可能产生颜色或沉淀。易氧化的药物要特别注意光、氧、金属离子对它们的影响。

药品的包装材料对药品质量也有较大的影响。

（三）药品保管和贮存的一般方法

为控制药品质量的变化，保证药品的质量和疗效，药品的生产、包装、储存都有相应的规定。相关人员除熟悉药品的理化性质外，还必须掌握药品储存的基本方法。

（1）在空气中易变质的兽药，如遇光易分解、易吸潮、易风化的药品应装在密封的容器中于遮光、阴凉处保存。

（2）受热易挥发、分解和易变质的药品，需在 3～10℃温度下冷藏保存。

（3）易燃，易爆，有腐蚀性和毒性的药品，应单独置于低温处或专库内加锁储放，并注意不得与内服药品混合储存。

（4）化学性质相反的药品，应分开存放，如酸类与碱类。

（5）具有特殊气味的药品，应密封后与一般药品隔离储放。

（6）有效期药品，应分期、分批储存并设立专门卡片，注意近期先用，以防过期失效。

（7）专供外用的药品，因其常含有剧毒药品成分，应与内服药分开储存。杀虫、灭鼠药有毒，应单独存放。

（8）名称容易混淆的药品，要注意分别储存，以免发生差错。

（9）药品的性质不同，应选用不同的瓶塞，如氯仿、松节油，禁用橡皮塞，以免溶化，宜用磨口玻璃塞；氢氧化钠则相反。另外，用纸盒、纸袋、塑料袋包装的药品，注意防止鼠咬及虫蛀。

学习单元8　动物诊疗处方的开写

（一）动物诊疗处方

动物诊疗处方是由动物诊疗机构有处方资格的执业兽医师在动物诊疗活动中开具，由兽医师、兽药学专业技术人员、使用、核对，并作为发药凭证的诊疗文书。处方的意义在于写明药物的名称、数量、制成何种剂型以及用量、用法等，以保证药剂的规格和安全有效。

兽用处方药必须凭动物诊疗机构执业兽医出具的处方销售、调剂和使用。执业助理兽医师开具的处方须经所在诊疗地点执业医师签字或加盖专用签章后方有效，执业兽医师须在当地县级以上兽医行政管理部门签名留样及专用签章备案后方可开具处方。处方应当遵循安全、有效、经济的原则。

处方为开具当日有效。特殊情况下需延长有效期的，由开具处方的兽医注明有效期限，但有效期最长不得超过 3d。

（二）格式与内容

一般动物诊疗机构都有印好的处方笺，形式统一，开写处方时，只需填写各项内容即可。一个完整的处方结构由三部分组成：

1. 处方前记（登记部分） 本部分可用中文书写，主要登记或说明处方的对象，包括诊疗机构名称、处方编号、畜主姓名、畜别、性别、年龄、体重、门诊登记号、临床诊断、开具日期等，便于查对处方和积累资料。

2. 处方正文（处方部分） 在处方的左上角印有 Rp 或 R 符号，此为拉丁文 Recipe 的缩写，为处方头用语，其意思是取处方或请配取。中药则用中文"处方"开头。在 Rp 之后或下一行，分列药品名称、规格、数量、用法用量。药品剂量与数量一律用阿拉伯数字书写。

3. 处方后记（签名部分） 兽医师和药物调剂专业技术人员签名或加盖专用签章，药品金额以及调配、核对、发药的人员签名，以示负责。兽药房处方药调剂专业技术人员应当对处方兽药的适宜性进行审核，包括对规定必须做过敏试验的药物，是否有注明过敏试验及结果的判定；处方用兽药与临床诊断的相符性；剂量、用法；剂型与给药途径；是否有重复给药现象；是否有药物的配伍禁忌等。

（三）处方开写举例

动物诊疗处方笺格式如下：

<table>
<tr><td colspan="3" align="center">××动物诊疗处方笺</td></tr>
<tr><td>处方编号：</td><td>门诊号（住院号）：</td><td></td></tr>
<tr><td>主人姓名</td><td>住址</td><td></td></tr>
<tr><td>动物种类</td><td>性别</td><td>畜龄（体重/kg）</td><td>特征_____</td></tr>
<tr><td colspan="3">Rp</td></tr>
<tr><td>磺胺嘧啶</td><td>2.5g</td><td></td></tr>
<tr><td>碱式碳酸铋</td><td>1.0g</td><td></td></tr>
<tr><td>碳酸氢钠</td><td>2.5g</td><td></td></tr>
<tr><td>常　水</td><td>适量，加至 100.0mL</td><td></td></tr>
<tr><td colspan="3">配制法：混合制成合制。</td></tr>
<tr><td colspan="3">服用法：摇匀，一次灌服。　　　　　　　　　　　　药　价</td></tr>
<tr><td>兽医师（签名）：</td><td>药剂师（签名）：</td><td>年　　月　　日</td></tr>
</table>

（四）处方中药物的作用

处方中各药物按其在处方中所起作用不同分为：

主　药：在处方中起主要作用的药物（磺胺嘧啶）。

佐　药：起辅助或加强主药作用的药物（碱式碳酸铋）。

矫正药：矫正主药的不良反应或毒性作用的药物（碳酸氢钠）。

赋形药：使药物制成适当剂型的药物，便于治疗（常水）。

（五）处方中药物剂量的开写方法

1. 总量法 将需要药量一次开出，说明每次用量。

R

    复方龙胆酊   60.0mL

    用法：每天 3 次，每次 20.0mL 加水灌服。

R

    25％葡萄糖注射液   1 000.0mL

    用法：静脉注射，每天 2 次，每次 500mL。

2. 分量法 开写每次用量，说明需要若干份。

R

    大黄苏打   0.3g×6

    用法：一次灌服。

R

    25％葡萄糖注射液   500.0mL

    用法：静脉注射，每天 3 次，每次 500.0mL。

（六）动物诊疗处方书写的注意事项

（1）开写动物诊疗处方，字迹要清楚，绝不可潦草，也不要用铅笔书写。

（2）药名应以《中华人民共和国兽药典》《兽医药品规范》为准，不要开写别名或俗名，以免混淆。

（3）剂量单位以国家规定的法定计量单位为准，如以克、毫升，一般不必写出 g 或 mL；其他单位一律应写明（μg、μ、mg 等）。有效量单位以国际单位（IU）、单位（U）计算。片剂、丸剂、散剂分别以片、丸、袋（或克）为单位；溶液剂以升或毫升为单位；软膏以支、盒为单位；注射剂以支、瓶为单位，应注明含量；饮片以剂或副为单位。

（4）剂量小于 1 时，应在小数点前加写"0"字，各药的小数点必须上下对齐。

（5）如果需要在同一张处方笺上给同一家畜开写几个处方时，每个处方均应按其内容完整书写，两个处方之间用"♯"字隔开；或在每个处方的第一个药物名称的左方加写次序号码①、②等。

（6）急诊处方，需立即取药者，应在处方上加写"急"字，并签名。

（7）如属治疗需要，毒剧药品要超过极量使用时（例如用阿托品抢救有机磷中毒病畜），或应用有配伍禁忌的药物时，执业兽医师应在剂量或药名旁边签名并加写"!"，以示负责。如无签名和"!"时，药剂师有拒绝发药的责任。

（8）执业兽医师须在当地县级以上兽医行政管理部门签名留样及专用签章备案后方可开具处方；执业助理兽医师开具的处方须经所在诊疗地点执业兽医师签字或加盖专用签章后方有效。处方兽医的签名式样和专用签章必须与在动物防疫监督机构留样一致，不得任意改动，否则，应重新登记留样备案。

（9）执业助理兽医师、执业兽医师应当根据动物诊疗需要，按照诊疗规范、药品说明书中的药品适应证、药理作用、用量、禁忌、不良反应和注意事项等开具处方。开具麻醉药品、精神药品、放射性药品的处方须严格遵守有关法律、法规和规章的规定。

？复习思考题

一、选择题

1. 药物的常用量是指（　　）。

　　A. 最小有效量到极量之间的剂量

　　B. 最小有效量到最小中毒量之间的剂量

　　C. 治疗量

　　D. 最小有效量到最小致死量之间的剂量

2. 治疗指数为（　　）。

　　A. LD_{50}/ED_{50}　　　　B. LD_5/ED_{95}　　　　C. LD_1/ED_{99}　　　　D. LD_1 与 ED_{99} 之间的距离

3. 药物主动转运的特点是（　　）。

　　A. 由载体进行，消耗能量　　　　　　B. 由载体进行，不消耗能量

　　C. 不消耗能量，无竞争性抑制　　　　D. 消耗能量，无选择性

4. 吸收是指药物从用药部位进入（　　）。

　　A. 胃肠道过程　　　B. 靶器官过程　　　C. 血液循环过程

　　D. 细胞内过程　　　E. 细胞外液过程

5. 药效学是研究（　　）。

　　A. 药物的疗效　　　　　　　　　　　B. 药物在体内的变化过程

　　C. 药物对机体的作用规律　　　　　　D. 影响药效的因素

6. 作用选择性低的药物，在治疗量大时往往呈现（　　）。

　　A. 毒性较大　　　　　　　　　　　　B. 副作用较多

　　C. 过敏反应较剧烈　　　　　　　　　D. 容易成瘾

7. 肌内注射阿托品治疗肠绞痛时，引起的口干属于（　　）。

　　A. 后遗效应　　　B. 不良反应　　　C. 变态反应　　　D. 毒性反应

8. 决定药物每天用药次数的主要因素是（　　）。

　　A. 作用强弱　　　　　　　　　　　　B. 吸收快慢

　　C. 体内分布速度　　　　　　　　　　D. 体内消除速度

9. 简单扩散的特点是（　　）。

　　A. 转运速度受药物解离度影响　　　　B. 转运速度与膜两侧的药物浓度差成正比

　　C. 不需消耗 ATP　　　　　　　　　　D. 需要膜上特异性载体蛋白

10. 药物的不良反应不包括（　　）。

　　A. 抑制作用　　　B. 副作用　　　C. 毒性反应　　　D. 变态反应　　　E. 致畸作用

二、简答题

1. 简述兽药的概念。

2. 药物作用的基本形式有哪些？请分别举例说明。

3. 药物作用的类型包括哪些？

4. 什么是药物作用的选择性？在临床上有何意义？

5. 药物的不良反应有哪些？在临床上如何避免？

6. 影响药物作用的因素包括哪些？临床上有何意义？

7. 什么是配伍用药？配伍的目的是什么？

8. 剂量对药物作用有何影响？

9. 药物保管与贮存的一般方法有哪些？

10. 什么是动物诊疗处方？在实际中如何正确开写动物诊疗处方？

学习情境 2

防腐消毒药

知识目标

- 掌握防腐、消毒及防腐消毒药的概念。
- 掌握防腐消毒药的作用机理。
- 了解影响防腐消毒药作用的因素。

技能目标

- 防腐消毒药的杀菌效果观察及临床应用。

学习单元 1 防腐消毒药基础知识

(一) 防腐消毒药的概念

防腐药是指仅能抑制病原微生物生长繁殖的药物，主要用于抑制局部皮肤、黏膜和创伤等生物体表的微生物感染，也用于食品及生物制品等的防腐。消毒药是指能迅速杀灭病原微生物的药物，主要用于环境、厩舍、动物排泄物、用具和手术器械等非生物表面的消毒。

消毒药和防腐药是根据用途和特性分类的，二者无明显的使用区别，低浓度的消毒药仅能抑菌，而高浓度的防腐药也能杀菌。因此，一般总称为防腐消毒药。

(二) 防腐消毒药的分类

1. 根据应用对象分类 第一类为主要用于厩舍和用具的防腐消毒药，酚类、醛类、碱类、酸类、卤素类、过氧化物类。具体如石炭酸、煤酚皂溶液（来苏儿）、克辽林（臭药水）、升汞（氯化汞）、甲醛溶液（福尔马林）、氢氧化钠、生石灰（氧化钙）、漂白粉（含氯石灰）、过氧乙酸（过醋酸）等。

第二类为主要用于畜禽皮肤和黏膜的防腐消毒药，醇类、表面活性剂、碘与碘化物、有机酸类、过氧化物类、染料类，具体如乙醇、碘、松馏油、水杨酸、硼酸、新洁尔灭、消毒净、洗必泰等。

第三类为主要用于创伤的防腐消毒药，如过氧化氢溶液、高锰酸钾、甲紫、利凡诺等。

2. 根据对微生物的作用分类

(1) 凝固蛋白质和溶解脂肪类的化学消毒药。如甲醛、酚（石炭酸、甲酚、来苏儿、克辽林)、醇、酸等。

(2)溶解蛋白质类的化学消毒药。如氢氧化钠、石灰等。

(3)氧化蛋白质类的化学消毒药。如高锰酸钾、过氧化氢、漂白粉、氯胺、碘、硅氟氢酸、过氧乙酸等。

(4)与细胞膜作用的阳离子表面活性消毒剂。如新洁尔灭、洗必泰等。

(5)对细胞发挥脱水作用的化学消毒剂。如甲醛溶液、乙醇等。

(6)与核酸作用的碱性染料。如龙胆紫(结晶紫)。还有其他类化学消毒剂,如戊二醛、环氧乙烷等。

以上各类化学消毒剂,虽各有其特点,但有的消毒剂同时具有几种药理作用。

3. 根据化学结构分类

(1)酚类消毒药。如石炭酸等,能使菌体蛋白变性、凝固而呈现杀菌作用。

(2)醇类消毒药。如70%乙醇等,能使菌体蛋白凝固和脱水,而且有溶脂的特点,能渗入细菌体内发挥杀菌作用。

(3)酸类消毒药。如硼酸、盐酸等,能抑制细菌细胞膜的通透性,影响细菌的物质代谢;乳酸可使菌体蛋白变性和水解。

(4)碱类消毒药。碱类消毒药如氢氧化钠,能水解菌体蛋白和核蛋白,使细胞膜和酶被破坏而死亡。

(5)氧化剂。如过氧化氢、过氧乙酸等,遇有机物即释放出初生态氧,破坏菌体蛋白和酶蛋白,呈现杀菌作用。

(6)卤素类。如漂白粉等容易渗入细菌细胞内,对原浆蛋白产生卤化和氧化作用。

(7)重金属类。如升汞等,能与菌体蛋白结合,使蛋白质变性、沉淀而产生杀菌作用。

(8)表面活性剂。如新洁尔灭、洗必泰等,吸附于细胞表面,溶解脂质,改变细胞膜的通透性,使菌体内的酶和代谢中间产物流失。

(9)染料类。如甲紫、利凡诺等,能改变细菌的氧化还原电位,破坏正常的离子交换机能,抑制酶的活性。

(10)挥发性溶剂。如甲醛等,能与菌体蛋白和核酸的氨基、烷基、巯基发生烷基化反应,使蛋白质变性或核酸功能改变,呈现杀菌作用。

(三)理想防腐消毒药的条件

(1)药物本身应无臭、无色和无着色性,性质稳定,可溶于水。

(2)抗微生物范围广、活性强,而且在有体液、脓液、坏死组织和其他有机物质存在时,仍能保持抗菌活性,能与去污剂配伍应用。

(3)作用产生迅速,其溶液的有效期长。

(4)具有较高的脂溶性和分布均匀的特点。

(5)对人和动物安全,防腐药不应对组织有毒,也不妨碍伤口愈合,消毒药应不具残留表面特性。

(6)无易燃性和易爆性。

(7)对金属、橡胶、塑料、衣物等无腐蚀作用。

(8)价廉易得。

（四）影响防腐消毒药作用的因素

1. 药液浓度　药液的浓度对其作用产生着极为明显的影响，一般来讲，当其他条件一致时，浓度越高其作用越强。但治疗创伤时，还必须考虑对组织的刺激性和腐蚀性。但如85％以上浓度的乙醇则是浓度越高作用越弱，因为高浓度的乙醇可使菌体表层蛋白质全部变性凝固，而形成一层致密的蛋白膜，造成其他乙醇不能进入菌体内。另外，应根据消毒对象选择浓度，如同一种消毒防腐药在应用于外界环境、用具、器械消毒时可选择高浓度；而应用于体表，特别是创伤面消毒时应选择低浓度。

2. 作用时间　消毒防腐药与病原微生物的接触达到一定时间才可发挥抑杀作用，一般作用时间越长，其作用越强。为取得良好的消毒效果，应选择有效时间长的消毒药溶液，并应选取其合适的浓度和按消毒药的理化特性，达到规定的消毒时间。临床上可针对消毒对象的不同选择消毒时间，如应用甲醛溶液对雏鸡进行熏蒸消毒，时间仅需 25min 以下，而厩舍、库房则需 12h 以上。

3. 温度　药液与消毒环境的温度，对消毒防腐药的效果产生很大的影响。一般温度每提高 10℃ 消毒力可提高 1～1.5 倍，例如氢氧化钠溶液，在 15℃ 经 6h 杀死炭疽杆菌芽孢，而在 55℃ 时只需 1h，75℃ 时仅需 6min 就可杀死。对热稳定的药物，常用其热溶液消毒。但提高药液及消毒环境的温度可增加经济成本，药液温度一般控制在正常室温（18～25℃）。

4. 消毒环境中的有机物　消毒环境中的粪、尿等，或创面上的脓、血、体液等有机物一方面可与消毒防腐药结合形成不溶性化合物，或将其吸附、发生化学反应使其作用减弱；另一方面机械性保护微生物而阻碍药物的渗透，减弱消毒防腐药的效果。因此，在环境、用具、器械消毒时，必须彻底清除消毒物表面的有机物；创伤面消毒时，必须先清除创面的脓、血、坏死组织和污物，以取得良好消毒效果。

5. pH　环境或病变部位的 pH 对有些消毒防腐药的作用影响较大。如戊二醛在酸性环境中较稳定，但杀菌能力较弱，当加入 0.3％ 碳酸氢钠，使其溶液 pH 为 7.5～8.5 时，杀菌活性显著增强，不仅能杀死多种繁殖型细菌，还能杀死芽孢，因其在碱性环境中形成的碱性戊二醛，易与菌体蛋白的氨基结合使其变性。含氯消毒剂作用的最佳 pH 为 5.0～6.0。

6. 水质　硬水中的 Ca^{2+} 和 Mg^{2+} 可与季铵盐类药物、洗必泰、碘伏等结合成不溶性盐类，从而降低其抑菌和杀菌效力。

7. 病原微生物的特点　不同种（型）的微生物及微生物的不同发育时期，其形态结构和生理生化各有特点，对药物的敏感性不同，如生长繁殖旺盛期的细菌对药物敏感，而具有芽孢的细菌则对其有强大抵抗力，又如病毒对碱类较敏感而对酚类耐药，适当浓度的酚类化合物几乎对所有不产生芽孢的繁殖型细菌均有杀灭作用，但对处于休眠期的芽孢作用不强，因此对不同的微生物选用不同的药物。

8. 配伍用药　实践中常见到两种消毒药合用，或者消毒药与清洁剂或除臭剂合用时，消毒效果降低，这是由于物理性或化学性配伍禁忌造成的。例如，阴离子表面活性剂肥皂与阳离子表面活性剂合用时，发生置换反应，使消毒效果减弱，甚至完全消失。又如高锰酸钾、过氧乙酸等氧化剂与碘酊等还原剂之间可发生氧化还原反应，不但减弱消毒作用，而且会加重对皮肤的刺激性和毒性。因此，在临床应用时，一般单用为宜。

（五）防腐消毒药的作用机制

（1）使菌体蛋白变性、沉淀。如酚类、醛类、醇类、重金属盐类等大部分的消毒防腐药能使微生物的原浆蛋白质凝固或变性而杀灭微生物。其作用不具有选择性，可损害一切活性物质，故称为"一般原浆毒"，由于其不仅能杀菌，也能破坏动物组织，因而只适用于环境消毒。

（2）改变菌体细胞膜的通透性。如新洁尔灭、洗必泰等表面活性剂的杀菌作用是通过降低菌体的表面张力，增加菌体细胞膜的通透性，从而引起细胞内酶和营养物质漏失，水分则向菌体内渗入，使菌体溶解和破裂。

（3）干扰或损害细菌生命必需的酶系统。有些防腐消毒药通过氧化还原反应损害酶的活性基团，或因其化学结构与菌体内代谢物相似，竞争或非竞争地同酶结合，抑制酶的活性，引起菌体死亡。如高锰酸钾等氧化剂的氧化、漂白粉等卤化物的卤化等可通过氧化、还原等反应损害酶的活性基团，导致菌体的抑制或死亡。

学习单元2 常用的防腐消毒药

一、主要用于犬舍、猫舍、器具及周围环境的防腐消毒药

（一）酚类

酚类是一种表面活性物质（带极性的羟基是亲水基团，苯环是亲脂基团），可损害菌体细胞膜，能使细胞质漏失和菌体溶解，较高浓度时也是蛋白变性剂，故有杀菌作用。此外，酚类还通过抑制细菌脱氢酶和氧化酶等活性，而产生抑菌作用。在适当浓度下，酚类对大多数不产生芽孢的繁殖型细菌和真菌均有杀灭作用，但对芽孢、病毒和结核杆菌作用不强。酚类的抗菌活性不易受环境中有机物和细菌数目的影响，故可用于消毒排泄物等。酚类的化学性质稳定，因而储存或遇热等不会改变药效。为扩大其抗菌作用范围，目前销售的酚类消毒药大多含两种或两种以上具有协同作用的化合物，如煤酚、复合酚等。一般酚类化合物仅用于环境及用具消毒。

◆ 苯酚 ◆

【基本概况】 本品又称为石炭酸，为无色或微红色针状结晶或结晶块，有特臭、引湿性。本品为低效消毒剂，水溶液显弱酸性反应，遇光或在空气中色渐变深。

复合酚俗称菌毒敌，为我国生产的一种兽医专用消毒剂，是由苯酚（41%～49%）和醋酸（22%～26%）加十二烷基苯磺酸等配制而成的水溶性混合物。为深红褐色黏稠液，有特臭。

【作用与应用】 本品杀灭细菌繁殖体和某些亲脂病毒作用较强。0.1%～1%溶液有抑菌作用；1%～2%溶液有杀灭细菌、真菌作用；5%溶液可在48h内杀死炭疽芽孢。杀菌效果与温度呈正相关。复合酚可杀灭多种细菌、真菌、病毒以及动物寄生虫的虫卵。本品用于厩舍、畜栏、地面、器具、病畜排泄物及污物的消毒。

【应用注意】 ①碱性环境、脂类、皂类能减弱其杀菌作用。②本品对动物有较强的毒性，被认为是一种致癌物，不能用于创面和皮肤的消毒；其浓度高于0.5%时对局部皮肤有

麻醉作用，5%溶液对组织产生强烈的刺激和腐蚀作用。③动物意外吞服或皮肤、黏膜大面积接触苯酚会引起全身性中毒，表现为中枢神经先兴奋、后抑制以及心血管系统受抑制，严重者可因呼吸麻痹致死。对误服中毒时可用植物油（忌用液状石蜡）洗胃，内服硫酸镁导泻，给予中枢兴奋剂和强心剂等进行对症治疗；对皮肤、黏膜接触部位可用50%的乙醇或者水、甘油或植物油清洗，眼中可先用温水冲洗，再用3%的硼酸液冲洗。

【用法与用量】　用具、器械和环境等消毒，2%～5%溶液。0.35%～1%复合酚溶液主要用于厩舍、器具、排泄物和车辆等消毒，药效可维持7d。预防性喷雾消毒用水稀释300倍，疫病发生时的喷雾消毒稀释100～200倍，稀释用水的温度不宜低于8℃，禁与碱性药物或其他消毒药混用。

【制剂与规格】　复合酚：含苯酚41%～49%和醋酸22%～26%。

◆ 甲酚 ◆

【基本概况】　本品又称为煤酚，是从煤焦油中分馏得到的邻位、间位和对位3种甲酚异构体的混合物，其间位的甲酚抗菌作用最强，对位最弱。为无色、淡紫红色或淡棕黄色的澄清液体，有类似苯酚的臭味，并微带焦臭，日照下颜色逐渐变深，难溶于水，肥皂可使其易溶于水，并具有降低表面张力的作用，为此，通常用肥皂乳化配成50%甲酚皂（来苏儿）溶液。常用的含酚焦油还有煤焦油、松馏油和鱼石脂均有温和刺激、防腐、溶解角质及止痒的作用，用以治疗慢性皮肤病，如湿疹、牛皮癣等。其各种软膏均可用于软组织炎症及疖肿。

【作用与应用】　①本品抗菌作用比苯酚强3～10倍，消毒用药液浓度较低，较苯酚安全。②能杀灭繁殖型细菌，对结核杆菌、真菌有一定的杀灭作用；对细菌芽孢和亲水性病毒无效。本品用于器械、厩舍、场地、病畜排泄物及皮肤黏膜的消毒。

【应用注意】　①有特异臭味，不宜用于肉、蛋、食品仓库等的消毒。②由于色泽污染，不宜用于棉、毛纤制品的消毒。③本品对皮肤有刺激性，若用其1%～2%溶液消毒手和皮肤，务必精确计算。

【用法与用量】　排泄物和废弃的染菌材料消毒用5%～10%溶液；犬舍、场地、器械及其他物品消毒用3%～5%溶液。

【制剂与规格】　甲酚皂溶液（来苏儿）：50%。

◆ 氯甲酚 ◆

【基本概况】　本品为无色或微黄色结晶，有酚特有臭味，微溶于水，常制成溶液。

【作用与应用】　本品对细菌繁殖体、真菌和结核杆菌均有较强的杀灭作用，但不能杀灭细菌芽孢。本品主要用于畜、禽舍及环境消毒。

【应用注意】　①本品对皮肤及黏膜有腐蚀性。②有机物可减弱其杀菌效能。pH较低时，杀菌效果较好。③现用现配，稀释后不宜久贮。

【用法与用量】　喷洒消毒，配成0.3%～1%溶液。

（二）醛类

醛类消毒剂主要是通过烷基化反应，使菌体蛋白质变性，酶和核酸的功能发生改变。常用的有甲醛和戊二醛两种。

◆ 甲醛溶液 ◆

【基本概况】　本品为无色或几乎无色的澄明液体，有刺激性特臭。本品含甲醛不得少于

36％，其40％溶液又称为福尔马林，能与水、乙醇任意混合，常制成溶液。

【作用与应用】 ①本品不仅能杀死繁殖型的细菌，也可杀死芽孢，以及抵抗力强的结核杆菌、病毒及真菌等。②对皮肤和黏膜的刺激性很强，但不损坏金属、皮毛、纺织物和橡胶等。③穿透力差，不易透入物品深部发挥作用；作用缓慢，消毒作用受温度和湿度的影响很大，温度越高，消毒效果越好，温度每升高10℃，消毒效果可提高2～4倍，当环境温度为0℃时，几乎没有消毒作用。④具有滞留性，消毒结束后即应通风或用水冲洗，甲醛的刺激性气味不易散失，故消毒空间仅需相对密闭。本品主要用于厩舍、仓库、孵化室、皮毛、衣物、器具等的熏蒸消毒，标本、尸体防腐，也用于肠道制醛。

【应用注意】 ①本品对黏膜有刺激性和致癌作用（尤其肺癌）。消毒时避免与口腔、鼻腔、眼睛等黏膜处接触，否则会引起接触部位角化变黑、皮炎，少数动物过敏。若药液污染皮肤，应立即用肥皂和水清洗；动物误服甲醛溶液，应迅速灌服大量清水，再催吐解毒。②本品储存温度为9℃以上。较低温度下保存时，凝聚为多聚甲醛而沉淀。③用甲醛熏蒸消毒时，甲醛与高锰酸钾的比例应为2：1（甲醛体积与高锰酸钾质量的比例）；消毒人员应迅速撤离消毒场所，消毒场所事先密封，温度应控制在18℃以上，湿度应为70％～90％。④消毒后在物体表面形成一层具腐蚀作用的薄膜。

【用法与用量】 氧化蒸发消毒：每立方米用15mL甲醛溶液加水20mL，加热蒸发消毒4～10h，消毒结束后打开门窗通风。犬舍地面、墙壁、器具及排泄物、呕吐物喷洒消毒：2％溶液。

【制剂与规格】 甲醛溶液（福尔马林），含甲醛不少于36.0％。

◆ 戊二醛 ◆

【基本概况】 淡黄色的澄清液体，有刺激性特臭，能与水或乙醇任意混合成溶液。

【作用与应用】 ①本品具有广谱、高效和速效的杀菌作用，对细菌繁殖体、病毒、结核杆菌和真菌等均有很好的杀灭作用。②对金属腐蚀性小。本品用于动物厩舍、橡胶、温度计和塑料等不宜加热的器械或制品消毒，也可用于疫苗制备时的鸡胚消毒。

【应用注意】 ①本品在碱性溶液中杀菌作用强（pH为5～8.5时杀菌作用最强），但稳定性较差，2周后即失效。②与新洁尔灭或双长链季铵盐阳离子表面活性剂等消毒剂有协同作用，如对金黄色葡萄球菌有良好的协同杀灭作用。③避免接触皮肤和黏膜。

【用法与用量】 喷洒、浸泡消毒用2％碱性溶液，消毒15～20min；密闭空间内熏蒸消毒用10％溶液，每立方米用药1.06mL，密闭过夜。

【制剂与规格】 戊二醛溶液：2％，20％，25％。

◆ 聚甲醛 ◆

本品又称为聚氧化次甲基，为甲醛的聚合物，$H(CH_2O)_nOH$，具特臭的白色疏松粉末，在冷水中溶解缓慢。热水中很快溶解，溶于稀碱和稀酸溶液。聚甲醛本身无消毒作用，常温下缓慢解聚，放出甲醛。加热（低于100℃）熔融很快产生大量甲醛气体，呈现强大的杀菌作用。主要用于环境的熏蒸消毒，每立方米用药3～5g。

（三）碱类

碱类杀菌作用的强度取决于其解离OH^-浓度，解离度越大，杀菌作用越强，碱对病毒和细菌的杀灭作用较强，但刺激性和腐蚀性也较强，有机物可影响其消毒效力。高浓度的

OH⁻能水解菌体蛋白和核酸，使酶系和细胞结构受损，并能抑制代谢机能，分解菌体中的糖类，使菌体死亡。碱类无臭无味，除可消毒厩舍外，可用于肉联厂、食品厂、奶牛场等的地面、饲槽、车船等消毒。本类药物常用的主要有氢氧化钠和氧化钙。

◆ **氢氧化钠** ◆

【基本概况】 本品又称为烧碱、火碱、苛性钠，为白色干燥颗粒、块或薄片。吸湿性强，露置空气中会逐渐潮解呈溶液状态，易吸收二氧化碳，变成碳酸钠，密封保存。本品含96％氢氧化钠和少量的氯化钠、碳酸钠，极易溶于水。

【作用与应用】 ①火碱属原浆毒，杀菌力强，对细菌繁殖型、芽孢、病毒有很强的杀灭作用。②对寄生虫卵也有杀灭作用。③还能皂化脂肪和清洁皮肤。本品用于畜舍、车辆、用具等的消毒，也可用于牛、羊新生角的腐蚀。

【应用注意】 ①对人畜组织有刺激和腐蚀作用，用时注意保护。②厩舍地面、用具消毒后经6～12h清水冲洗干净再放入畜禽使用。③能损坏铝制品、油漆漆面和纤维织物。

【用法与用量】 犬、猫舍地面、食具、车辆、器具等消毒，2％溶液；腐蚀动物新生角，50％溶液。

【制剂与规格】 工业用粗制氢氧化钠（烧碱），约含94％氢氧化钠。

◆ **氧化钙** ◆

【基本概况】 本品又称为生石灰，为白色无定型块状。其主要成分为氧化钙，加水即成氢氧化钙，称为熟石灰，呈粉末状，几乎不溶于水。

【作用与应用】 本身无杀菌作用，加水后生成熟石灰放出氢氧根离子而起杀菌作用 $[CaO+H_2O \rightarrow Ca(OH)_2, Ca(OH)_2 \rightarrow Ca^{2+}+2OH^-]$。对多数繁殖型病菌有较强的杀菌作用，但对芽孢、结核杆菌无效。用于厩舍墙壁、畜栏、地面、病畜排泄物及人行通道的消毒。

【应用注意】 ①石灰乳现用现配，以新鲜生石灰为好（生石灰吸收空气中的二氧化碳，形成碳酸钙而失效）。②本品不能直接撒布栏舍、地面，因畜禽活动时其粉末飞扬，可造成呼吸道、眼睛发炎或者直接腐蚀畜禽蹄爪。

【用法与用量】 犬、猫舍墙壁、场地等消毒，用10％～20％石灰乳。粪池周围和潮湿地面等消毒，1kg生石灰加水350mL制成溶液后撒布。

（四）卤素类

本类药物主要是氯、碘以及能释放出氯、碘的化合物。含氯消毒药主要通过释放出活性氯原子和初生态氧而呈杀菌作用，其杀菌能力与有效氯含量成正比。包括无机含氯消毒药和有机含氯消毒药两大类。无机含氯消毒药主要有漂白粉、复合亚氯酸钠等，有机含氯消毒药主要有二氯异氰尿酸、三氯异氰尿酸、溴氯海因等。含碘消毒药主要靠不断释放碘离子达到消毒作用。如碘的水溶液、碘的醇溶液（碘酊）和碘伏等。其中碘伏是近年来广泛使用的含碘消毒药，它是碘与表面活性剂（载体）及增溶剂形成的不定型络合物，其实质是含碘表面活性剂，其性能更为稳定。碘伏的主要品种有聚乙烯吡咯烷酮-碘（PVP-I）、聚乙烯醇碘（PVA-I）、聚乙二醇碘（PEG-I）、双链季铵盐络合碘等。

◆ **含氯石灰** ◆

【基本概况】 本品又称为漂白粉，灰白色粉末，有氯臭味。为次氯酸钙、氯化钙和氢氧化钙的混合物，在空气中即吸收水分与二氧化碳而缓缓分解。本品为廉价有效的消毒药，部分溶于水，常制成含有效氯为 25％～30％的粉剂。

【作用与应用】 ①本品加水后释放出次氯酸，次氯酸不稳定，分解为活性氯和初生态氧，而呈现杀菌作用。对细菌繁殖体、细菌芽孢、病毒及真菌都有杀灭作用，并可破坏肉毒杆菌毒素。如 1％澄清液作用 0.5～1min 可抑制炭疽杆菌、沙门氏菌、猪丹毒杆菌和巴氏杆菌等多数繁殖型细菌的生长，1～5min 抑制葡萄球菌和链球菌；30％漂白粉混悬液作用 7min 后，炭疽芽孢即停止生长；对结核杆菌和鼻疽杆菌效果较差。杀菌作用快而强，但作用不持久。②除臭作用，因所含的氯可与氨和硫化氢发生反应。漂白粉主要用于厕舍、畜栏、场地、车辆、排泄物、饮水等的消毒；1％～5％溶液用于玻璃器皿和非金属器具消毒；漂白粉加水生成次氯酸，其杀菌作用产生快，氯气又能迅速散失而不留臭味，肉联厂、食品厂设备用其消毒。

【应用注意】 ①本品对金属有腐蚀作用，不能用于金属制品，可使有色棉织物褪色，不可用于有色衣物的消毒。②现用现配，杀菌作用受有机物的影响，消毒时间一般需15～20min。③可释放出氯气，引起流泪、咳嗽，并可刺激皮肤和黏膜。严重时表现为躁动、呕吐、呼吸困难等。消毒人员应注意防护。④在空气中容易吸收水分和二氧化碳而分解失效，在阳光照射下也易分解。⑤不可与易燃易爆物品放在一起。

【用法与用量】 犬舍、猫舍、场地、车辆、呕吐物及排泄物等消毒，应用 10％～20％混悬液；玻璃器皿和非金属用具消毒，应用 1％～5％混悬液；浸泡消毒无色织物，应用 0.5％溶液；饮水消毒，每 50L 水加入 1g。

【制剂与规格】 漂白粉含有效氯不少于 25％。

◆ 复合亚氯酸钠 ◆

【基本概况】 本品又称为鱼用复合亚氯酸钠、百毒清，为白色粉末或颗粒，有弱漂白粉气味。本品主要成分为二氧化氯（ClO_2），常制成粉剂。

【作用与应用】 ①本品对细菌繁殖体、细菌芽孢、病毒及真菌都有杀灭作用，并可破坏肉毒梭菌毒素。②除臭作用：用于厕舍、饲喂器具及饮水等消毒，治疗鱼、虾、蟹、育珠蚌和螺的细菌性疾病。

【应用注意】 ①本品溶于水后可形成次氯酸，pH 越低，次氯酸形成越多，杀菌作用越强。②避免与强还原剂及酸性物质接触，不可与其他消毒剂联合使用。③药液不能用金属容器配制或储存。④现配现用。配制操作时穿戴防护用品，严禁垂直面对溶液，配好后不得加盖密封，不得使用高温水，宜在阴天或早、晚无强光照射下施药。泼洒时应将水溶液尽量贴近水面均匀泼洒，不能向空中或从上风处向下风处泼洒，严禁局部药物浓度过高。⑤休药期：500 度日（温度×时间＝500）。

【用法与用量】 本品 1g 加水 10mL 溶解，加活化剂 1.5mL 活化后，加水至 150mL。厕舍、饲喂器具消毒 15～20 倍稀释；饮水消毒 200～1700 倍稀释。遍洒，一次量，每立方米水体，水产动物细菌病或病毒病 0.5～2.0g。

◆ 二氯异氰尿酸钠 ◆

【基本概况】 本品又称为优氯净，含有效氯 60％～64.5％，属氯胺类化合物，在水溶液中水解为次氯酸。白色晶粉，有浓厚的氯臭，性质稳定，在高温、潮湿地区贮存一年，有效氯含量下降很少。易溶于水，水溶液稳定性差，在 20℃左右时，1 周内有效氯约丧失 20％。

【作用与应用】 杀菌谱广，杀菌力较大多数氯胺类消毒药强。对繁殖型细菌、芽孢、病毒、真菌孢子均有较强的杀灭作用。溶液的 pH 越低，杀菌作用越强，加热可提高杀菌效力，有机物影响小。用于厩舍、排泄物和水等消毒。

【应用注意】　腐蚀和漂白作用，有机氯危害毒性大于无机氯，病房不宜使用，用前现配。

【用法与用量】　喷洒、浸泡和擦拭方法消毒：杀灭细菌和病毒用 0.5%～1% 溶液；杀灭芽孢用 5%～10% 溶液。犬舍、猫舍、排泄物或污物可用干粉消毒，常温下每平方米用药 10～20mg，气温低于 0℃时 50mg。饮水消毒，1L 水加 4mg，作用 30min。

【制剂与规格】　二氯异氰尿酸钠，含有效氯 60%～64.5%。

◆ 三氯异氰尿酸 ◆

【基本概况】　本品又称为强氯精，为白色结晶性粉末，是一种极强的氧化剂和氯化剂，有次氯酸刺激性气味。本品易溶于水，呈酸性，常制成含氯量 60%～82% 的粉剂。

【作用与应用】　本品可杀灭细菌繁殖体、细菌芽孢、病毒、真菌和藻类，球虫卵囊也有一定杀灭作用，是一种高效、低毒、广谱、快速的杀菌消毒剂。本品用于场地、器具、排泄物、饮用水、水产养殖等消毒。

【应用注意】　①本品应储存在阴凉、干燥、通风良好的仓库内，禁止与易燃易爆、自燃自爆等物质混放，不可与氧化剂、还原剂混合储存，不可与液氨、氨水、碳铵、硫酸铵、氯化铵、尿素等含有氨、铵、胺的无机盐或有机物，以及非离子表面活性剂等混放，易发生燃烧、爆炸。②与碱性药物联合使用，会相互影响其药效；与油脂类合用，可使油脂中的不饱和键氧化，从而使油脂变质；与硫酸亚铁合用，可使 Fe^{2+} 氧化成 Fe^{3+}，降低硫酸亚铁的药效。③水溶液不稳定，现用现配。④刺激和腐蚀皮肤、黏膜，注意防护。

【用法与用量】　饮水消毒，每升水 4～6mg；喷洒消毒，每升水 200～400mg；食品、牛奶加工厂、厩舍、蚕室、用具、车辆消毒，每升水 50～70mg。

二、主要用于皮肤黏膜的防腐消毒药

（一）醇类

醇类广泛用作消毒剂，其中 70%～75% 的乙醇最常用。醇类的杀菌作用，随分子质量的增加而增加，如乙醇的杀菌作用比甲醇强 2 倍，丙醇比乙醇强 2.5 倍。但醇分子质量越大其水溶性越差，难以使用，所以临床上广泛使用乙醇。本类药物在临床应用浓度时，主要对细菌芽孢状态之外的微生物呈杀灭作用，只有碘制剂对细菌芽孢呈杀灭作用。但对黏膜的刺激性不同，应用时应根据需求认真选择。

本类消毒剂可以杀灭细菌繁殖体，但不能杀灭细菌芽孢，属中性消毒剂，主要用于皮肤黏膜的消毒。近年来的研究发现，醇类消毒剂和戊二醛、碘伏等配伍可以增强其作用。

◆ 乙醇 ◆

【基本概况】　本品又称为酒精，为无色透明液体，易挥发，易燃烧，味炽烈。本品能与水、醚、甘油、氯仿、挥发油等任意混合，是良好的有机溶媒。

【作用与应用】　本品杀菌机制是使菌体蛋白迅速凝固并脱水。①本品能杀死繁殖型细菌，对结核分枝杆菌、囊膜病毒也有杀灭作用，但对细菌芽孢无效。②对组织有刺激作用，具有溶解皮脂与清洁皮肤的作用。当涂擦皮肤时能扩张局部血管，改善局部血液循环，如稀乙醇涂擦可预防动物褥疮的形成，浓乙醇涂擦可促进炎性产物吸收减轻疼痛，可用于治疗急性关节炎，腱鞘炎和肌炎等。③无水乙醇纱布压迫手术出血创面 5min，可立即止血。本品常用于皮肤消毒、器械的浸泡消毒，也用于急性关节炎、腱鞘炎等和胃肠膨胀的治疗，也用于中药酊剂及碘酊等的配制。

【应用注意】 ①乙醇对黏膜的刺激性较大，不能用于黏膜和创面的抗感染。②内服 40％以上浓度的乙醇，可损伤胃肠黏膜。③橡胶制品和塑料制品长期与之接触会变硬。④可增强新洁尔灭、含碘消毒剂及戊二醛等的作用。⑤乙醇在浓度为 20％～75％，其杀菌作用随溶液浓度增高而增强。但浓度低于 20％时，杀菌作用微弱；而高浓度酒精使组织表面形成一层蛋白凝固膜，妨碍渗透，影响杀菌作用，浓度高于 95％时杀菌作用微弱。

【用法与用量】 皮肤消毒，75％溶液。器械浸泡消毒或在患部涂擦和热敷治疗急性关节炎等，70％～75％溶液，5～20min。内服治疗胃肠鼓胀的引起的消化不良，40％以下溶液。

【制剂与规格】 无水乙醇，含量 99％以上；医用乙醇，含量 95％以上。

（二）表面活性剂类

表面活性剂是一类能降低水溶液表面张力的物质。含有疏水基和亲水基，亲水基有离子型和非离子型两类。其中离子型表面活性剂可通过改变细菌细胞膜通透性，破坏细菌的新陈代谢，以及使蛋白变性和灭活菌体内多种酶系统而具有抗菌活性，而且阳离子型比阴离子型抗菌作用强。阳离子型表面活性剂可杀灭大多数繁殖型细菌、真菌和部分病毒，但不能杀死芽孢、结核杆菌和绿脓杆菌，并且刺激性小，毒性低，不腐蚀金属和橡胶，对织物没有漂白作用，还具有清洁洗涤作用。但杀菌效果受有机物影响大，不宜用于厩舍及环境消毒，不能杀灭无囊膜病毒与芽孢杆菌，不能与肥皂、十二烷基苯磺酸钠等阴离子表面活性剂合用。

◆ 苯扎溴铵 ◆

【基本概况】 本品又称为新洁尔灭，常温下为黄色胶状体，低温时可逐渐形成蜡状固体；味极苦；在水中易溶，水溶液呈碱性，振摇时产生大量泡沫。本品常制成有效成分含量为 5％的溶液。

【作用与应用】 ①阳离子表面活性剂，只能杀灭一般细菌繁殖体，而不能杀灭细菌芽孢和分枝杆菌，对化脓性病原菌、肠道菌杀灭作用，对革兰氏阳性菌的效果优于革兰氏阴性菌。②对真菌的作用甚微。③对亲脂病毒如流感、牛痘、疱疹等病毒有一定杀灭作用，而对亲水病毒无作用。主要用于手臂、手指、手术器械、玻璃、搪瓷、禽蛋、禽舍、皮肤黏膜的消毒及深部感染伤口的冲洗。

【应用注意】 ①本品与阴离子表面活性剂，如肥皂、卵磷脂、洗衣粉、吐温-80 等有拮抗作用，与碘、碘化钾、蛋白银、水杨酸、硫酸锌、硼酸（5％以上）、过氧化物、升汞、磺胺类药物以及钙、镁、铁、铝等金属离子都有拮抗作用。故术者用肥皂洗手后，务必用水冲净后再用本品。②浸泡金属器械时应加入 0.5％亚硝酸钠，以防器械生锈。③可引起人的药物过敏。④不宜用于眼科器械和合成橡胶制品的消毒。⑤其水溶液不得储存于聚乙烯制作的容器内，以避免与增塑剂起反应而使药液失效。

【用法与用量】 创面消毒用 0.01％，以苯扎溴铵计。感染性创面用 0.1％溶液局部冲洗后湿敷。皮肤和术前手消毒用 0.1％溶液，浸泡 5min。手术器械消毒用 0.1％溶液，煮沸 15min后浸泡 30min。

【制剂与规格】 苯扎溴铵溶液：5％。

◆ 醋酸氯己定 ◆

【基本概况】 本品又称为洗必泰，为阳离子型双胍化合物。白色晶粉，无臭，味苦，在乙醇中溶解，在水中微溶，在酸性溶液中解离。

【作用与应用】 抗菌作用强于苯扎溴铵，作用迅速且持久，毒性低。与苯扎溴铵联用对大肠杆菌有协同杀菌作用，两药混合液呈相加消毒效力。本品常用于皮肤、术野、创面、器械、用具等的消毒，消毒效力与碘酊相当，但对皮肤无刺激，也不染色。

【应用注意】 同苯扎溴铵。

【用法与用量】 术野消毒用 0.5％醇溶液，以 70％乙醇配制。犬、猫舍喷雾消毒、手术室用具擦拭消毒用 0.5％水溶液。器械消毒用 0.1％溶液，浸泡 3min。黏膜及创面消毒用 0.05％溶液。手的消毒，0.02％溶液，浸泡 3min。

（三）碘与碘化物

本类药物属卤素类消毒剂，抗病毒、抗芽孢作用很强，常用于皮肤、黏膜消毒。应用历史悠久，在 20 世纪 90 年代发展很快。

◆ 碘酊 ◆

【基本概况】 碘为灰黑色或蓝黑色、有金属光泽的片状结晶或块状物，有特臭，具挥发性。在水中几乎不溶，溶于碘化钾或碘化钠的水溶液中。易溶于乙醇。碘酊为棕褐色液体，在常温下能挥发。本品是碘与碘化钾、蒸馏水、乙醇按一定比例制成的酊剂。

【作用与应用】 ①可杀灭细菌芽孢、真菌、病毒、原虫。浓度越大，杀菌力越大，但对组织的刺激性越强。②可引起局部组织充血，促进病变组织炎性产物的吸收，如 10％酊剂用于皮肤刺激药。③高浓度可破坏动物的睾丸组织，起到药物去势的作用。本品用于术野及伤口周围皮肤、输液部位的消毒，也可作慢性肌腱炎、关节炎的局部涂敷应用和饮水消毒，也可用于马属动物的药物去势。

【应用注意】 ①碘对组织有较强的刺激性，其强度与浓度成正比，故不能应用于创伤面、黏膜面的消毒；皮肤消毒后，宜用 75％乙醇脱碘，以免引起发泡、脱皮和皮炎；个别动物可发生全身性皮疹过敏反应。②在酸性条件下，游离碘增多，杀菌作用增强。③碘可着色，污染天然纤维织物不易除去，若本品污染衣物或操作台面时，一般可用 1％的氢氧化钠或氢氧化钾溶液除去。④碘在有碘化物存在时，在水中的溶解度可增加数百倍。因此，在配制碘酊时，先取适量的碘化钾（KI）或碘化钠（NaI）完全溶于水后，然后加入所需碘，搅拌使形成碘与碘化物的络合物，加水至所需浓度；碘在水和乙醇中能产生碘化氢（HI），使游离碘含量减少，消毒力下降，刺激性增强。⑤碘与水、乙醇的化学反应受光线催化，使消毒力下降变快。因此，必须置棕色瓶中避光。⑥碘酊须涂于干的皮肤上，如涂于湿皮肤上不仅杀菌效力降低，且易引起发泡和皮炎。

【用法与用量】 皮肤浅表破损和创面消毒用 2％碘溶液。皮肤消毒用 2％碘酊。术野消毒用 5％碘酊。口腔、舌、齿龈、阴道等黏膜炎症与溃疡用碘甘油涂于患处。

【制剂与规格】 碘酊：含碘 2％、碘化钾 1.5％，以 50％乙醇配制；浓碘酊：含碘 10％、碘化钾 7.5％，水 8％，以 95％乙醇配制；碘溶液：含碘 2％、碘化钾 2.5％的水溶液；碘甘油：含碘 1％、碘化钾 1％，水 1％，以甘油配制。

◆ **聚维酮碘** ◆

【基本概况】 本品又称为碘络酮（即聚乙烯吡咯烷酮-碘，简称 PVP-I），为黄棕色至红棕色无定形粉末。本品是 PVP 与碘的络合物，常制成溶液。

【作用与应用】 ①本品是一种高效低毒的消毒药物，对细菌、病毒和真菌均有良好的杀灭作用。杀死细菌繁殖体的速度很快，但杀死芽孢一般需要较高浓度和较长时间。②克服了碘酊强刺激性和易挥发性，对金属腐蚀性和黏膜刺激性均很小，作用持久。本品用于手术部位、皮肤、黏膜、创口的消毒和治疗，也用于手术器械、医疗用品、器具、蔬菜、环境的消毒，还用于水生动物的体表或鱼卵消毒，细菌病和病毒病的治疗。

【应用注意】 ①使用时稀释用水温度不宜超过 40℃。②溶液变为白色或淡黄色，即失去杀菌力。③药效会因有机物的存在而减弱，使用剂量要根据环境有机物的含量适当增减。

【用法与用量】 以聚维酮碘计：皮肤消毒及治疗皮肤病，5％溶液；奶牛乳头浸泡，0.5％～1％溶液；黏膜及创面冲洗，0.1％溶液；水产动物疾病防治，1％溶液。

【制剂与规格】 聚维酮碘溶液：含有效碘 8.5％～12％；10％聚维酮碘软膏：含有效碘 0.85％～1.15％。

◆ **碘伏** ◆

【基本概况】 本品又称为敌菌碘，由碘、碘化钾、硫酸、磷酸等配置而成的含有效碘 2.7％～3.3％的水溶液。

【作用与应用】 本品作用与碘酊相同。主要用于手术部位和手术器械消毒。

【应用注意】 参见碘酊。

【用法与用量】 手术部位和手术器械消毒，配成 0.5％～1％溶液。

三、主要用于创伤的皮肤黏膜的防腐消毒药

本类药物除高锰酸钾有较强的杀菌作用外，其他药物的杀菌效力均很弱，但刺激性小或无刺激性，主要用于创伤、黏膜面的防腐，临床应用应根据需求严格选用。

（一）酸类

酸类包括无机酸和有机酸，无机酸为原浆毒，盐酸和硫酸具有强大的杀菌和杀芽孢作用，但因具有强烈的刺激和腐蚀性，故应用受限。2mol/L 硫酸可用于消毒排泄物。无机酸对细菌繁殖体和真菌具有杀灭和抑制作用，但作用不强。作为用于创伤、黏膜面的防腐消毒药物，酸性弱，刺激性小，不影响创伤愈合，故临床常用。

◆ **硼酸** ◆

【基本概况】 本品为无色微带珍珠光泽的结晶或白色疏松的粉末；无臭，溶于水，常制成软膏剂或临用前配成溶液。

【作用与应用】 本品对细菌和真菌有微弱的抑制作用，刺激性极小。本品外用于洗眼或冲洗黏膜，治疗眼、鼻、口腔、阴道等黏膜炎症；也用其软膏涂敷患处，治疗皮肤创伤和溃疡等。

【应用注意】 外用一般毒性不大，但不适用于大面积创伤和新生肉芽组织，以避免吸收后蓄积中毒。

【用法与用量】 外用，2%～4%溶液冲洗或用软膏涂敷患处。

◆ 醋酸 ◆

【基本概况】 本品又称为乙酸，无色澄明液体，味极酸，特臭。可与水或乙醇任意混合。

【作用与应用】 5%醋酸溶液有抗绿脓杆菌、嗜酸杆菌和假单胞菌属细菌的作用，内服可治疗消化不良和瘤胃臌气。冲洗口腔用2%～3%溶液，冲洗感染创面用0.5%～2%溶液。

（二）过氧化物类

本类药物是一类应用广泛的消毒剂，杀菌能力强且作用迅速，价格低廉。但不稳定、易分解、有的对消毒物品具有漂白和腐蚀作用。在药物未分解前对操作人员有一定的刺激性，应注意防护。

◆ 过氧化氢溶液 ◆

【基本概况】 本品又称为双氧水，为无色澄清液体，无臭或有类似臭氧的臭气。本品常制成浓度为26%～28%的水溶液。

【作用与应用】 ①遇组织、血液中过氧化氢酶迅速分解，释放出新生态氧，对细菌产生氧化作用，干扰其酶系统的功能而发挥抗菌作用，可杀灭细菌繁殖体、芽孢、真菌和病毒在内的各种微生物，但杀菌力较弱。②由于本品接触创面时可产生大量气泡，能机械地松动脓块、血块、坏死组织及与组织粘连的敷料，故有一定的清洁作用。本品用于皮肤、黏膜、创面、瘘管的清洗。

【应用注意】 ①本品对皮肤、黏膜有强刺激性，避免用手直接接触高浓度过氧化氢溶液，以免发生灼伤。②禁与有机物、碱、碘化物及强氧化剂配伍。③不能注入胸腔、腹腔等密闭体腔或腔道、气体不易扩散的深部脓疮，以免产气过速，可导致栓塞或扩大感染。④纯过氧化氢很不稳定，分解时发生爆炸并放出大量的热；浓度大于65%的过氧化氢和有机物接触时容易发生爆炸；稀溶液（30%）比较稳定，但受热、见光或有少量重金属离子存在或在碱性介质中，分解速度将大大加快，常制成浓度为26%～28%的水溶液，置入棕色玻璃瓶，避光，在阴凉处保存。⑤作用时间短，穿透力弱，且受有机物的影响。

【用法与用量】 1%～3%溶液清洗化脓创面、痂皮；0.3%～1%溶液冲洗口腔黏膜。

◆ 高锰酸钾 ◆

【基本概况】 本品为黑紫色、细长的菱形结晶或颗粒，带蓝色的金属光泽，无臭，溶于水，常制成粉剂。

【作用与应用】 ①高锰酸钾为强氧化剂，遇有机物或加热、加酸或碱等均可释放出新生氧（非游离态氧，不产生气泡），而呈现杀菌、除臭、氧化作用。杀菌作用比过氧化氢强而持久。②在低浓度时对组织有收敛作用，因其生成的棕色二氧化锰可与蛋白结合成蛋白盐类复合物所致；高浓度时有刺激和腐蚀作用。③解毒作用。如可使士的宁等生物碱、氯丙嗪、磷和氰化物等氧化而失去毒性。主要用于皮肤创伤及腔道炎症的创面消毒，与福尔马林联合应用于厩舍、库房、孵化器等的熏蒸消毒，用于止血、收敛，也用于吗啡、士的宁、苯酚、水合氯醛、氯丙嗪、氰化物中毒的解毒，以及鱼的水霉病及原虫、甲壳类等寄生虫病的防治。

【应用注意】 ①本品水溶液久置易还原成 MnO_2 而失效。故药液现用现配。②本品遇福尔马林或甘油发生剧烈燃烧，与活性炭共研爆炸。③内服可引起胃肠道刺激症状，严重时出现呼吸和吞咽困难等。中毒时，应用温水或添加3％过氧化氢溶液洗胃，并内服牛乳、豆浆或氢氧化铝凝胶，以延缓吸收。④有刺激和腐蚀作用，应用于皮肤创伤、腔道炎症及有机毒物中毒时必须稀释为0.2％以下浓度。⑤有机物极易使高锰酸钾分解而使作用减弱。⑥在酸性环境中杀菌作用增强，如2％～5％溶液能在24h内杀死芽孢，而在1％溶液中加1.1％盐酸后，则能在30s内杀死炭疽芽孢。

【用法与用量】 动物腔道冲洗、洗胃及有机毒物中毒时的解救，0.05％～0.1％溶液；创伤冲洗，0.1％～0.2％溶液；水产动物疾病治疗，鱼塘泼洒，每升水加入4～5mg；消毒被病毒和细菌污染的蜂箱，0.1％～0.12％溶液。

（三）染料类

本类药是以其阳离子或阴离子，分别与细菌蛋白质的羧基和氨基相结合，从而影响其代谢，呈抗菌作用。

◆ 乳酸依沙吖啶 ◆

【基本概况】 本品又称为利凡诺、雷佛奴耳，为黄色结晶性粉末，无臭，味苦。本品属吖啶类碱性染料，为染料中最有效的防腐药。略溶于水，易溶于热水，水溶液不稳定，遇光渐变色，置于褐色瓶、密封、凉暗处保存。常制成溶液和膏剂。

【作用与应用】 ①本品对革兰氏阳性菌的抑菌作用较强，抗菌作用产生较慢，但药物可牢固地吸附在黏膜和创面上，作用可维持1d之久。②对各种化脓菌均有较强的作用，而对产气荚膜梭菌和酿脓链球菌最敏感。③对组织无刺激，毒性低，穿透力强，血液、蛋白质对其无影响。本品用于感染创、小面积化脓创。

【应用注意】 ①长期使用可能延缓伤口愈合，不宜用于新鲜创及创伤愈合期。②在光照下可分解生成褐绿色的剧毒产物。③当溶液中氯化钠浓度高于0.5％时，本品可从溶液中析出。④有机物存在时活性增强。⑤与碱类和碘液混合易析出沉淀。

【用法与用量】 0.1％溶液冲洗或湿敷感染创；1％软膏用于小面积化脓创。

◆ 甲紫 ◆

【基本概况】 本品又称为龙胆紫，为深绿紫色的颗粒性粉末或绿色有金属光泽的碎片，微臭。本品略溶于水，常制成溶液。

【作用与应用】 ①本品对革兰氏阳性菌有选择性抑制作用，对真菌也有作用。②有收敛作用，对组织无刺激性。溶液用于治疗皮肤、黏膜的烧伤、创伤和溃疡，糊剂用于足癣继发感染。

【应用注意】 本品对皮肤、黏膜有着色作用，宠物面部创伤慎用；应密封避光保存。

【用法与用量】 外用，治疗创面感染和溃疡，配成1％～2％水溶液或醇溶液；治疗烧伤，配成0.1％～1％水溶液。

（四）其他

◆ 氧化锌 ◆

【基本概况】 本品为白色至极微黄白色的无砂性细微粉末，无臭。

【作用与应用】 本品的锌离子可与组织蛋白及菌体蛋白相结合而呈收敛、杀菌作用。本品用于治疗湿疹、皮炎、皮肤糜烂、溃疡、创伤等。

【应用注意】 密封保存。

【用法与用量】 外用，患处涂敷。

？ 复习思考题

一、选择题

1. 下列药物属于氯制剂类消毒剂的是（　　）。

    A. 煤酚　　　　　B. 漂白粉　　　　　C. 生石灰　　　　　D. 过氧化氢

2. 下列药物对病毒有效的是（　　）。

    A. 环丙沙星　　　B. 氯霉素　　　　　C. NaOH　　　　　D. 洗必泰

3. 下列药物对真菌有效的是（　　）。

    A. 新洁尔灭　　　B. 红霉素　　　　　C. 泰乐菌素　　　　D. 链霉素

4. 下列药物对结核杆菌有效的是（　　）。

    A. 庆大霉素　　　B. 乙醇　　　　　　C. 漂白粉　　　　　D. 度米芬

5. 下列药物对芽孢有效的是（　　）。

    A. 阿莫西林　　　B. 福尔马林　　　　C. 生石灰　　　　　D. 二氟沙星

二、简答题

1. 防腐消毒药影响因素有哪些？

2. 对病毒和芽孢应选用什么消毒剂？

3. 如何利用高锰酸钾和甲醛对鸡舍熏蒸消毒？

4. 简述甲醛、戊二醛的作用机制、作用与应用。

5. 简述氢氧化钠、氧化钙的消毒特点与应用。

6. 简述硼酸、醋酸的消毒特点与应用。

7. 简述漂白粉、二氯异氰尿酸钠的消毒机制、作用与应用。

8. 简述高锰酸钾的特点与应用。

9. 简述乙醇、碘酊的作用、用途与应用注意事项。

学习情境 3
抗微生物药物

知识目标

- 掌握抗微生物药物的分类和细菌耐药性产生的原因及避免耐药性产生的方法。
- 掌握抗微生物药物的常用药的作用与用途、临床应用时注意事项。

技能目标

- 掌握抗微生物药物的药敏试验操作方法和药物的选取。

学习单元 1 　抗菌药物基础知识

（一）基本概念

1. 抗菌药物　指由微生物（如细菌、真菌、放线菌）所产生的化学物质——抗生素和人工半合成及全合成的一类药物的总称。它们对病原菌具有抑制或杀灭作用，是防治感染性疾病的一类药物，如土霉素、红霉素、庆大霉素属于抗生素；氨苄西林、阿莫西林、头孢氨苄为人工半合成抗菌药；磺胺类和氟喹诺酮类药物是人工合成抗菌药。

2. 抗菌谱　指药物抑制或杀灭病原菌的范围。分为窄谱抗菌和广谱抗菌两类，即仅对单一菌种或单一菌属有抗菌作用称为窄谱抗菌，如多黏菌素类药物仅对革兰氏阴性细菌有抑杀作用；具有抑制或杀灭多种不同种类细菌的作用称为广谱抗菌药。如氨基糖苷类抗生素（其中的链霉素属窄谱抗生素）、四环素类药物和氟喹诺酮类药物等对革兰氏阴性细菌和革兰氏阳性细菌均有抑制和杀灭作用。

3. 抗菌活性　指抗微生物药物抑制或杀灭病原微生物的生长繁殖的能力。实践中常用最低抑菌浓度与最低杀菌浓度两个指标评价。能够抑制培养基中细菌生长的最低浓度称为最低抑菌浓度（MIC），而能够杀灭培养基中细菌的最低浓度称为最低杀菌浓度（MBC）。

药物敏感试验中纸片法操作简单，适用于生长较快的需氧菌和兼性厌氧菌的药敏测定。细菌对抗菌药的敏感度以纸片周围抑菌圈直径大小为标准，抑菌圈越大，细菌对该药越敏感，一般判定标准为抑菌圈直径大于 20mm 为极度敏感，15.5～20mm 为高度敏感，10～15mm 为中度敏感，小于 10mm 为耐药。

4. 抗生素效价　指抗生素的抗菌强度，即产生一定效应所需的药物剂量大小。根据抗生素的性质，可用质量单位或效价单位（U）来表示。多数抗生素以其有效成分的一定质量（多为 1μg）作为单位，也有的抗生素不采用质量单位，只以特定的单位表示效价。抗生素纯品的效价为质量（单位一般是 mg）的折算比率称为理论效价，但实际生产的抗生素都含有一些杂质而不是纯品，不能用质量法衡量抗生素的作用强度，故规定了每种抗生素的效价与质量之间特定转换关系。如规定青霉素 G 钠 1U 等于 $0.625\mu g$；土霉素 1mg 不得少于 910 个土霉素单位，红霉素每 1mg 不得少于 610 个红霉素单位。药剂制品标示的抗生素质量单位系指该抗生素的纯品量，如注射用硫酸卡那霉素 1g，指的是含卡那霉素 1g（100 万 U）。需用称重法取药时，应按原料实际效价，通过计算求得应称取的大于 1g 的质量。

5. 抗菌药后效应（PAE） 指抗菌药在停药后血药浓度虽已降至其最低抑菌浓度以下，但在一定时间内细菌仍受到持久抑制的效应。如作用于细胞壁的抗菌药 β-内酰胺类对革兰氏阳性菌的 PAE 为 2～6h，作用于蛋白质和核酸合成的抗菌药如氨基糖苷类、大环内酯类、氟喹诺酮类、氯霉素类、四环素类等对革兰氏阳性菌与阴性菌产生 1～6h 或更长时间的 PAE。

6. 耐药性 当病原体反复与药物接触后，病原体对药物的敏感性逐渐减弱，最终至抵抗药物而不能被抑制或杀死，此种现象称为病原体对药物产生耐药性（又称抗药性）。当药物剂量不足且长期应用使病原体适应环境里的药物而获得的耐药性，称为获得性耐药性。细菌虽未接触抗生素类药物，但对抗生素也不敏感称为天然耐药性。如绿脓杆菌对多数抗生素具有天然耐药性。

（二）抗菌药物作用机理

随着近代生物化学、分子生物学、电子显微镜技术、同位素示踪技术和精确的化学定量方法等不断发展，抗生素作用机理的研究已进入分子水平，目前阐明有下列类型（图3-1）。

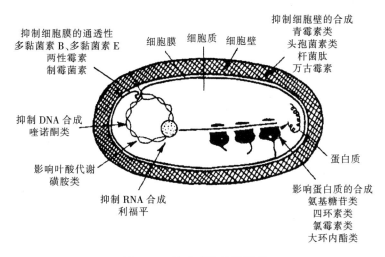

图 3-1 抗生素的作用机理

1. 抑制细菌细胞壁的合成 大多数细菌（如革兰氏阳性菌）的细胞质膜外有一坚韧的细胞壁，具有维持细胞形状及保持菌体内渗透压的功能。青霉素类、头孢菌素类、万古霉素、杆菌肽和环丝氨酸等能分别抑制黏肽合成过程中的不同环节。这些抗生素的作用均可使细菌细胞壁缺损，菌体内的高渗压在等渗环境中，外面的水分不断地渗入菌体内，引起菌体膨胀变形，加上激活自溶酶，使细菌裂解而死亡。抑制细菌细胞壁合成的抗生素对革兰氏阳性菌的作用强（因革兰氏阳性菌的细胞壁主要成分为黏肽，占胞壁质量的 65%～95%；菌体细胞质内的渗透压高，$2.026×10^6 \sim 3.010×10^6\,Pa$），而对革兰氏阴性菌的作用弱（因革兰氏阴性菌细胞壁的主要成分是磷脂，黏肽仅 $1\% \sim 10\%$；菌体细胞质内的渗透压低，$5.066×10^5 \sim 1.013×10^6\,Pa$）。它们主要影响正在繁殖的细菌细胞，故这类抗生素称为繁殖期杀菌剂。

2. 增加细菌细胞膜的通透性　细胞膜是包围在菌体原生质外的一层半透性生物膜。它的功能在于维持渗透屏障、运输营养物质和排泄菌体内的废物，并参与细胞壁的合成等。当细胞膜损伤时，通透性将增加，导致菌体内细胞质中的重要营养物质外漏而死亡，产生杀菌作用。如两性霉素 B、制霉菌素、万古霉素等。

3. 抑制菌体蛋白质的合成　蛋白质的合成是一个非常复杂的生物过程（可分为三个简单的阶段，即起始、延长和终止）。氯霉素类、氨基糖苷类、四环素类、大环内酯类和林可霉素，在菌体蛋白质合成的不同阶段，与核蛋白体的不同部位结合，阻断蛋白质的合成，从而产生抑菌或杀菌作用。

4. 抑制细菌核酸的合成　核酸包括脱氧核糖核酸（DNA）和核糖核酸（RNA），它们具有调控蛋白质合成的功能。新生霉素、灰黄霉素和抗肿瘤的抗生素（如丝裂霉素 C、放线菌素等）、利福平等可抑制或阻碍细菌细胞 DNA 或 RNA 的合成，从而产生抗菌作用。

5. 抑制菌体叶酸的代谢　细菌细胞对叶酸的通透性差，不能利用环境中的叶酸成分，而是利用对氨苯甲酸（PABA）、二氢蝶啶和 L-谷氨酸在二氢叶酸合成酶的作用下合成二氢叶酸，再经二氢叶酸还原酶作用下还原为四氢叶酸。四氢叶酸作为一碳基团转移酶的辅酶，参与嘌呤、嘧啶、氨基酸的合成。由于磺胺类药物具有与 PABA 的结构相似的对氨基苯磺酰胺化学结构，能与 PABA 竞争二氢叶酸合成酶，抑制二氢叶酸的合成，或形成"伪叶酸"，最终阻碍了核酸的合成，导致细菌生长繁殖停止而起到抑菌作用。高等动、植物能直接利用外源性叶酸，故其代谢不受磺胺类药物影响。

（三）化疗药物、机体与病原体的相互关系

化疗药物是指凡是对侵袭性的病原体具有选择性抑制或杀灭作用，而对机体没有或只有轻度毒性作用的化学物质，称为化学治疗药，简称化疗药。包括抗微生物（细菌、真菌、病毒等）药、抗寄生虫药、抗癌药。抗菌药物对病原菌具有抑制或杀灭作用，是防治细菌感染性疾病的一类药物。细菌和其他微生物、寄生虫及癌细胞所致疾病的药物治疗统称为化学治疗（简称化疗）。化学治疗的目的是研究、应用对病原体有选择毒性（即强大的杀灭作用），而对宿主无害或少害的药物以防治病原体所引起的疾病。由于传染病和侵袭性疾病给畜牧业造成巨大损失，而且许多人畜共患病直接或间接地危害人类的健康和影响公共卫生。因此，研究化学治疗和化疗药便成了发展现代化畜牧业中的一个重要课题。

在应用化疗药物治疗感染性疾病过程中，应注意机体、病原体与药物三者的相互关系（图 3-2）。病原微生物在疾病的发生上无疑起着重要作用。但病原体不能决定疾病的全过程，动物机体的反应性、免疫状态和防御功能对疾病的发生、发展与转归也有重要作用。当机体防御功能占主导地位时，就能战胜致病微生物，使它不能致病，或发病后迅速康复。抗菌药物的抑菌或杀菌作用是制止疾病发展与促进康复的外来因素，为机体彻底消灭病原体和疾病痊愈创造有利条件。事物总是有两面性的，矛盾是不断转化的。在某种条件下微生物可产生耐药性，而使药物失去抗菌效果；在治疗中药物的治疗作用是主要的，但使用不当时，

药物可产生不良反应，影响患畜健康，甚至使治疗失败。

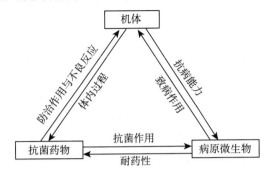

图 3-2　机体、抗菌药物及病原微生物的相互作用关系

学习单元 2　主要作用于革兰氏阳性菌的抗生素

主要作用于革兰氏阳性菌的抗生素包括青霉素类、头孢菌素类、大环内酯类、林可胺类。

一、青霉素类

青霉素类包括天然青霉素和半合成青霉素。前者的优点是杀菌力强、毒性低、价廉，但存在抗菌谱较窄、易被胃酸和 β-内酰胺酶水解破坏、金黄色葡萄球菌易产生耐药性等缺点。后者具有耐酸、耐酶和广谱等特点。在犬、猫临床应用的主要有以下 4 类：

（一）耐酸青霉素

如青霉素 V。特点：耐酸，可内服，不耐青霉素酶，抗菌谱与青霉素 G 相同，抗菌活性较青霉素 G 弱，不宜用于严重感染。

（二）耐酸耐酶青霉素

如苯唑西林、氯唑西林、氟氯西林等。特点：耐酸，可内服，耐青霉素酶，对革兰氏阳性菌的作用不及青霉素 G。主要用于耐青霉素 G 的金黄色葡萄球菌感染以及需长期用药的慢性感染。

（三）广谱青霉素

如阿莫西林、氨苄西林。特点：耐酸，不耐酶，可内服。对革兰氏阳性和阴性菌均有杀菌作用，但对革兰氏阳性菌的作用略逊于青霉素 G，对绿脓杆菌无效。

（四）抗假单胞菌青霉素

如羧苄西林、替卡西林、哌拉西林。特点：不耐酸，不可内服，不耐酶，广谱且对绿脓杆菌作用强。主要用于治疗绿脓杆菌及其他肠道杆菌科细菌所致的感染。

◆ **青霉素 G** ◆

【基本概况】 本品又称为苄青霉素、青霉素。由青霉菌等的培养液中分离而得。是青霉素 G（一种不稳定的有机酸）与金属钠离子结合而成的盐。白色结晶性粉末，无臭或微有特异性臭，有引湿性，遇酸、碱或氧化剂等迅速失效，水溶液在室温中放置易失效。本品在水中极易溶解，在乙醇中溶解，在脂肪油或液状石蜡中不溶。

【作用与应用】 青霉素 G 属窄谱杀菌性抗生素，其抗菌作用很强。低浓度时起抑菌作用，高浓度时具有强大的杀菌作用。多种革兰氏阳性需氧菌、大多数厌氧菌、放线菌和螺旋体等对产品高度敏感，具体包括葡萄球菌、链球菌、化脓放线菌、炭疽杆菌、破伤风梭菌、产气荚膜梭菌、放线菌、肺炎球菌、梭状芽孢杆菌、李氏杆菌和钩端螺旋体等，常作为此类敏感菌感染的首选药。部分革兰氏阴性菌如巴氏杆菌、嗜血杆菌和变形杆菌亦对青霉素 G 敏感，但青霉素 G 对大肠杆菌、沙门氏菌作用很弱，对脆弱类杆菌、包特氏菌、弯曲杆菌、奴卡菌无作用。对病毒、真菌、立克次氏体、支原体和原虫无效。

一般细菌对其不易产生耐药性，但金黄色葡萄球菌可渐进性地产生耐药性。耐药的金黄色葡萄球菌可产生大量的青霉素酶，该酶可水解青霉素，使其失去抗菌活性。

【主要用途】 主要用于对青霉素 G 敏感的病原菌所致下列疾病的治疗。

①由革兰氏阳性菌所引起的犬、猫乳腺炎、子宫炎、化脓性腹膜炎和创伤感染，犬、猫的肾炎等尿道感染及气管炎、肺炎等呼吸道疾病，其他葡萄球菌、β-溶血性链球菌感染及梭菌感染。②部分革兰氏阴性菌感染，如犬、猫的李氏杆菌病。③由螺旋体所引起的犬、猫钩端螺旋体病。④犬、猫放线菌病。⑤厌氧菌感染引起的脓肿、胸膜腔积脓。

【应用注意】 ①本品毒性很小。肌内注射青霉素 G 钾可引起局部硬结。②犬有过敏反应报道，主要临床表现为流汗、兴奋、不安、肌肉震颤、呼吸困难、心率加快，站立不稳，有时可见荨麻疹，眼睑、头面部水肿等。因此，用药后应注意观察，一旦出现不良反应，要立即进行对症治疗，严重者可肌内或静脉注射肾上腺素（犬 0.1～0.5mg/次，猫 0.1～0.2mg/次）进行抢救，必要时可加用糖皮质激素和抗组胺药（异丙嗪、扑尔敏等）。③内服易被胃酸和消化酶所破坏，故内服效果差或无效。④青霉素 G 钾不宜静脉注射，宜进行肌内注射。⑤青霉素类不宜空腹注射，以免动物因血糖较低而引起昏厥。⑥本品不宜与两性霉素 B、磺胺类、碳酸氢钠、维生素 C、阿托品、氯丙嗪等混合应用。⑦本品与氨基糖苷类有协同作用，但在体外混合时易使本品失活。⑧本品不宜与抑菌剂，如氯霉素、红霉素、四环素类合用。⑨普鲁卡因青霉素不宜与磺胺类药物合用。

【用法与用量】 临用前以灭菌注射用水适量使之溶解后应用。犬以肌内注射和局部用药最常见，猫一般采用皮下注射。局部应用多为子宫内或腹腔、关节腔内注入。①青霉素 G 钠或钾，静脉注射、肌内注射或皮下注射。一次量，犬、猫 3 万～4 万 U/kg。每 6～8h 一次。②普鲁卡因青霉素，肌内注射、皮下注射。一次量，犬、猫 2 万 U/kg。每 12～24h 一次。

【制剂与规格】 注射用青霉素钠：0.24g（40 万 U）、0.48g（80 万 U）、0.6g（100 万 U）、0.96g（160 万 U）；注射用青霉素钾：0.25g（40 万 U）、0.5g（80 万 U）、0.625g（100 万 U）、1.0g（160 万 U）、2.5g（400 万 U）。

1mg 青霉素钠相当于 1 670 个青霉素单位；1mg 青霉素钾相当于 1 598 个青霉素单位。

◆ **苄星青霉素** ◆

【基本概况】　本品为白色结晶性粉末，极难溶于水。

【作用与应用】　为青霉素的二苄基乙二胺盐。属长效青霉素，肌内注射后吸收和排泄缓慢，维持时间长，但血中有效浓度低，抗菌谱、抗菌作用与青霉素相似，不耐青霉素酶。只适用于青霉素敏感菌所致的轻度和慢性感染。对急性感染不宜单独应用，须先注射青霉素 G 取得速效，然后再用本品配合治疗。

【用法与用量】　肌内注射。一次量，犬、猫 4 万～5 万 U/kg，每 3～5d 一次。临用前用适量灭菌注射用水制成混悬液后应用。

【制剂与规格】　注射用苄星青霉素：30 万 U、60 万 U、120 万 U。

◆ **青霉素 V** ◆

【基本概况】　本品钾盐为白色结晶性粉，溶于水和乙醇。

【作用与应用】　属半合成耐酸青霉素，抗菌谱、抗菌作用与青霉素 G 相似，抗菌活性较青霉素 G 弱。口服吸收好，但不耐青霉素酶，因此不宜用于严重感染。不良反应与青霉素 G 相似。

【应用注意】　肝、肾功能障碍病例应调整本品剂量。

【用法与用量】　内服。一次量，犬、猫 10～30mg/kg，每 8～12h 一次。

【制剂与规格】　青霉素 V 钾片：250mg；青霉素 V 钾溶液：25mg/mL。

◆ **苯唑西林** ◆

【基本概况】　本品又称为苯唑青霉素钠、新青霉素Ⅱ。为半合成的耐酸、耐酶的异口唑类青霉素。白色粉末或结晶性粉末，无臭或微臭。在水中易溶，在丙酮或丁醇中极微溶解，在醋酸乙酯或石油醚中几乎不溶。2% 水溶液的 pH 为 5.0～7.0。

【作用与应用】　①不被青霉素酶水解，对产酶金黄色葡萄球菌菌株有效，MIC 为 0.4mg/mL。但对不产酶菌株及 A 组溶血性链球菌、肺炎球菌、草绿色链球菌、表皮葡萄球菌等革兰阳性球菌的抗菌活性比青霉素弱。粪肠球菌对本品耐药。②单胃动物内服后可部分自肠道吸收，食物可降低其吸收速率和数量。肌内注射后吸收迅速，血药浓度于 0.5h 到达高峰，6h 即不能测出。可渗入大多数组织和体液中，在肝、肾、脾、肠、胸腔积液和关节液中可达治疗浓度，腹水中浓度较低。能通过胎盘进入胎畜体内，也可分泌至乳汁中。在肾功能正常的情况下，犬的半衰期为 0.3～0.5h。主要用于耐青霉素金黄色葡萄球菌感染，如败血症、肺炎、乳腺炎、烧伤创面感染等。

【药物相互作用】　①同其他 β-内酰胺类抗生素一样，与氨基糖苷类抗生素混合后，可明显减弱两者的抗菌活性，故不能在同一容器内给药。②与氨苄西林或庆大霉素联合用药可相互增强对肠球菌的抗菌活性。③在静脉注射液中本品与庆大霉素、土霉素、四环素、新生霉素、多黏菌素 B、磺胺嘧啶、呋喃妥因、去甲肾上腺素、戊巴比妥、B 族维生素、维生素 C 等均呈配伍禁忌。④与丙磺舒联用可提高和延长本品的血药浓度。

【应用注意】　参见青霉素钠。

【用法与用量】　肌内注射，一次量，犬、猫 15～20mg/kg，每天 2～3 次，连用 2～3d。

【制剂与规格】　注射用苯唑西林钠：0.5g、1g。苯唑西林钠 1.05g 相当于苯唑西林 1g。

◆ **氯唑西林** ◆

【基本概况】　本品又称为邻氯青霉素钠。为半合成的耐酸、耐酶的异口唑类青霉素。白色粉末或结晶性粉末，微臭，味苦，有引湿性。在水中易溶，在乙醇中溶解，在醋酸乙酯中几乎不溶。10％水溶液的 pH 应为 5.0～7.0。

【作用与应用】 对大多数革兰氏阳性菌特别是耐青霉素金黄葡萄球菌有效，其 MIC 为0.25mg/mL。

【主要用途】 同苯唑西林钠，主要用于产青霉素酶葡萄球菌引起的各种严重感染如败血症、骨髓炎、呼吸道感染、心内膜炎及化脓性关节炎等，亦用于奶牛的乳腺炎。

【药物相互作用】 氯唑西林钠溶液与下列药物溶液呈物理性配伍禁忌（产生混浊、絮状物或沉淀）：琥乙红霉素、盐酸土霉素、盐酸四环素、硫酸庆大霉素、硫酸多黏菌素 B、维生素 C 和盐酸氯丙嗪。

与黏菌素甲磺酸钠、硫酸卡那霉素溶液混合即失效。

【应用注意】 参见青霉素钠。本品适用于内服和乳腺内给药；肾功能严重减退时应适当减少剂量。

【用法与用量】 内服，一次量，犬、猫 20～40mg/kg，每天 2 次，连用 2～3d。

【制剂与规格】 注射用氯唑西林钠：0.5g。氯唑西林胶囊：0.125g、0.25g、0.5g。氯唑西林钠口服溶液，100mL：2.5g；200mL：5g。

◆ **氟氯西林** ◆

【作用与应用】 属半合成耐酸、耐酶青霉素，抗菌谱与苯唑西林相似，对葡萄球菌和专性厌氧菌的活性不如青霉素 G 和青霉素 V。

可用于产青霉素酶葡萄球菌引起的感染。可与氨苄西林组成复方制剂。

【应用注意】 食物影响其吸收，宜空腹内服。

【用法与用量】 内服、静脉注射或肌内注射。一次量，犬、猫 15mg/kg，每 6h 一次。

【制剂与规格】 注射用氟氯西林钠：0.25g、0.5g、1g；氟氯西林钠胶囊：0.25g、0.5g。

◆ **氨苄西林** ◆

【基本概况】 本品又称为氨苄青霉素、安比西林。其游离酸含 3 分子结晶水（供内服），为白色结晶性粉末，味微苦。在水中微溶，在乙醇中不溶，在稀酸溶液或稀碱溶液中溶解。

【作用】 广谱半合成抗生素。对多数革兰氏阳性菌的效力略逊或相似于青霉素 G。但单核细胞增多性李氏杆菌对本品高度敏感，对革兰氏阴性菌有较强的抗菌效能，较氯霉素、四环素类略强或相仿，但较卡那霉素、庆大霉素等为差，对绿脓杆菌无效。

【主要用途】 主要治疗敏感菌所致肺部、肠道、胆道、尿路感染及革兰氏阴性杆菌败血症。

【应用注意】 ①本品与其他半合成青霉素、卡那霉素、庆大霉素、氯霉素、链霉素等合用有协同作用。②与青霉素 G 有交叉过敏反应。

【用法与用量】 内服，一次量，犬、猫 11～22mg/kg，每天 2～3 次。肌内注射，一次量为犬 5～15mg/kg，每天 3 次；猫 5～10mg/kg，每天 2～3 次。

【制剂与规格】 注射用氨苄西林钠：0.5g、1g、2g；氨苄西林（三水合物）胶囊：0.25g、0.5g。

◆ **阿莫西林** ◆

【基本概况】 本品又称为羟氨苄青霉素，系阿莫西林的三水化合物。白色或类白色结晶性粉末，味微苦。在水中微溶，在乙醇中几乎不溶。0.5％水溶液的 pH 为 3.5～5.5。本品的耐酸性比氨苄西林强。本品的钠盐为白色或类白色粉末或结晶，无臭或微臭，味微苦，有引湿性。在水或乙醇中易溶，在乙醚中不溶。10％水溶液的 pH 应为 8.0～10.0。

【作用】　本品穿透细胞壁的能力较强，能抑制细菌细胞壁的合成，使细菌迅速成为球形体而破裂溶解，故对多种细菌的杀菌作用较氨苄西林迅速而强。但对志贺氏菌属的作用较弱。细菌对本品有完全的交叉耐药性。

【主要用途】　同氨苄西林钠。主用于犬、猫的敏感菌感染如敏感金葡菌、链球菌，大肠杆菌、巴斯德氏菌和变形杆菌引起的呼吸道感染、泌尿生殖道感染和胃肠道感染及多种细菌引起的皮炎和软组织感染。

【药物相互作用】　参见氨苄西林钠。①对细菌敏感的氨基糖苷类抗生素在亚抑菌浓度时可增强本品对粪链球菌的体外杀菌作用。②本品对产 β-内酰胺酶的细菌的抗菌活性可被克拉维酸增强。

【应用注意】　参见青霉素钠、氨苄西林钠。本品在胃肠道的吸收不受食物影响，为避免动物发生呕吐、恶心等胃肠道症状，宜在饲喂后服用。

【用法与用量】　内服，一次量，犬、猫 10～20mg/kg，每天 2 次，连用 5d。皮下、肌内注射，一次量，犬、猫 5～10mg/kg，每天 1 次，连用 5d。

【制剂与规格】　阿莫西林片：0.05g、0.1g、0.125g、0.25g、0.4g；阿莫西林胶囊：0.125g、0.25g；注射用阿莫西林钠：0.5g。

◆ 羧苄西林 ◆

【基本概况】　本品又称为羧苄青霉素。本品钠盐为具吸湿性的白色粉末，易溶于水，对热、酸不稳定。

【作用与应用】　本品抗菌作用、抗菌谱与氨苄西林相似，特点是对绿脓杆菌、变形杆菌和大肠杆菌有较好的抗菌作用，对耐青霉素的金黄色葡萄球菌无效。内服吸收少，不适于全身治疗，仅适用于绿脓杆菌引起的尿道感染。一般注射给药，用于犬、猫的绿脓杆菌引起的全身感染，以及变形杆菌、大肠杆菌感染等。与氨基糖苷类（如庆大霉素）合用有协同作用，但不能混合注射。

【用法与用量】　注射用羧苄西林钠，静脉注射、肌内注射或皮下注射，犬、猫一次量 40～50mg/kg，每 6～8h 一次。

羧苄西林茚满酯钠片，内服，犬、猫一次量 10mg/kg，每 8h 一次。

【制剂与规格】　注射用羧苄西林钠：0.5g；羧苄西林茚满酯钠片：500mg。

◆ 替卡西林 ◆

【作用与应用】　本品抗菌活性与氨苄西林相似，并对耐氨苄西林的细菌亦有效，如绿脓杆菌及其他革兰氏阴性杆菌。与克拉维酸合用可增强对革兰氏阴性菌及葡萄球菌的抗菌作用。

常与克拉维酸钾组成复方制剂，用于犬、猫的肺炎、软组织及骨骼感染。与氨基糖苷类（庆大霉素、阿米卡星）有协同作用，但不能混合注射。

【用法与用量】　静脉注射或肌内注射，犬、猫一次量 40～100mg/kg，每 4～6h 一次。

【制剂与规格】　注射用替卡西林钠：0.5g；注射用替卡西林-克拉维酸钾：（1.6g：1.5g）替卡西林＋0.1g 克拉维酸钾，或（3.2g：3.0g）替卡西林＋0.5g 克拉维酸钾。

◆ 哌拉西林 ◆

【作用与应用】　本品抗菌活性、抗菌谱与替卡西林相似。常与青霉素酶抑制剂他唑巴坦组成复方制剂，用于犬、猫的绿脓杆菌及其他革兰氏阴性菌感染。

【用法与用量】 缓慢静脉注射或静脉滴注。一次量，犬、猫 50～100mg/kg，每 8h 一次。

【制剂与规格】 注射用哌拉西林钠：2.0g；注射用哌拉西林钠-他唑巴坦：（2.25g：2.0g）哌拉西林钠＋0.25g 他唑巴坦，或（4.5g：4.0g）替卡西林＋0.2g 他唑巴坦。

二、头孢菌素类

头孢菌素类又称为先锋霉素类，是一类广谱半合成抗生素。该类药物为广谱杀菌剂，杀菌力强，能耐酸和耐青霉素酶，毒性低，过敏反应的发生率比青霉素类低。现已广泛应用于犬、猫临床。

◆ 头孢氨苄 ◆

【基本概况】 本品又称为先锋霉素Ⅳ。本品为白色或微黄色结晶性粉末，微臭，微溶于水。

【作用与应用】 本品为第一代供内服头孢菌素。对革兰氏阳性菌活性较强，对革兰氏阴性菌相对较弱，对青霉素酶稳定。对部分大肠杆菌、奇异变形杆菌、克雷伯氏菌、沙门氏菌属、志贺氏菌属和梭杆菌具有抗菌作用，变形杆菌和绿脓杆菌均对本品耐药。

用于敏感菌所致的呼吸道、泌尿道、皮肤和软组织感染。对严重感染病例不宜应用。

【应用注意】 ①与青霉素 G 偶尔有交叉过敏反应，对青霉素 G 过敏的犬、猫禁用。②本品可引起犬流涎、呼吸急促和兴奋不安及猫呕吐、体温升高等不良反应，混饲可减少胃肠道反应。③与抑菌剂如红霉素、土霉素联用可影响本品的抗菌活性。④头孢菌素类与保泰松、氨基糖苷类、利尿剂（呋塞米）联用可增加对肾的毒性。⑤本品禁止与氨基糖苷类混合应用。

【用法与用量】 内服，一次量，犬 10～30mg/kg，每 6～12h 一次；猫 15～20mg/kg，每 12h 一次。用于治疗犬脓皮病，内服，一次量，22～35mg/kg，每 12h 一次。

【制剂与规格】 头孢氨苄胶囊：0.125g、0.25g；头孢氨苄片：0.125g、0.25g。

◆ 头孢唑林 ◆

【基本概况】 本品又称为先锋霉素Ⅴ。本品钠盐为黄白色结晶性粉末，易溶于水，但其水溶液不稳定。

【作用与应用】 本品为第一代供注射用头孢菌素。对革兰氏阳性菌（如葡萄球菌、链球菌）及部分革兰氏阴性杆菌（如巴氏杆菌、大肠杆菌、克雷伯氏肺炎杆菌）作用较强。其特点在于对肠杆菌活性强于其他第一代头孢菌素。用于敏感菌所致的呼吸道、泌尿道、皮肤和软组织感染，也可于手术前注射给药，以防止感染。

【用法与用量】 静脉注射或肌内注射，一次量，犬、猫 20～35mg/kg，每 8h 一次。术前应用，静脉注射，一次量，犬、猫 22mg/kg。

【制剂与规格】 注射用头孢唑林钠：0.25g、0.5g。

◆ 头孢羟氨苄 ◆

【基本概况】 本品为白色或类白色结晶性粉末，有特异性臭味，微溶于水中。

【作用与应用】 本品为第一代供内服头孢菌素。抗菌作用类似头孢氨苄，但对沙门氏菌属、志贺氏菌属的抗菌作用比头孢氨苄弱。肠球菌属、肠杆菌属及绿脓杆菌等对本品耐药。主要用于犬、猫的呼吸道、泌尿生殖道、皮肤和软组织等部位的敏感菌感染。

【应用注意】 同头孢氨苄。

【用法与用量】 内服，一次量，犬 22～30mg/kg，每 12h 一次；猫 22mg/kg，24h 一次。

【制剂与规格】 头孢羟氨苄胶囊：0.125g、0.25g、0.5g；头孢羟氨苄片：0.125g。

◆ **头孢拉定** ◆

【基本概况】 本品为白色或类白色结晶性粉末，有特异性臭味，微溶于水。

【作用与应用】 本品为第一代供注射头孢菌素。对革兰氏阳性菌与革兰氏阴性菌的作用与头孢氨苄相似。可用于犬、猫的呼吸道、泌尿生殖道、皮肤和软组织感染。

【应用注意】 同头孢氨苄。

【用法与用量】 肌内注射或静脉注射，一次量，犬、猫 12.5～25mg/kg，每 12～24h 一次。

【制剂与规格】 注射用头孢拉定：0.5g。

◆ **头孢洛宁** ◆

【作用与应用】 本品对革兰氏阳性菌和革兰氏阴性菌有效，用于治疗犬的角膜、结膜炎。目前尚未批准用于猫。

【用法与用量】 犬感染眼用药，每 12～24h 一次，直到痊愈。

【制剂与规格】 头孢洛宁软膏 8%。

◆ **头孢西丁** ◆

【基本概况】 本品钠盐为白色结晶性粉末，具吸湿性，易溶于水，微溶于乙醇。

【作用与应用】 本品为第二代头孢菌素类。对青霉素酶较稳定。对厌氧菌及革兰氏阴性杆菌活性强于其他头孢菌素类，尤其对肠道专性厌氧的脆弱类杆菌作用强。对绿脓杆菌无效。用于治疗犬、猫因革兰氏阴性杆菌或厌氧菌引起的肠道感染、腹膜炎、软组织损伤及手术期预防感染。

【应用注意】 ①过敏反应皮疹发生率约 2%，有时有胃肠道反应、白细胞减少、氮血症及转氨酶升高等。②主要由肾排泄，偶可引起肾功能损害，对肾功能不全者应减量。③与青霉素有时有交叉变态反应，对青霉素过敏者应慎用，对头孢菌素类过敏者应禁用。

【用法与用量】 静脉注射、肌内注射或皮下注射，一次量，犬、猫 30～40mg/kg，每 6～8h 一次。

【制剂与规格】 注射用头孢西丁：1.0g、2.0g。

◆ **头孢呋辛** ◆

【基本概况】 本品为白色至微黄色粉末，加入适量水可配制成近乎白色的混悬液，供肌内注射用，或者配制成黄色的溶液，供静脉注射用。

【作用与应用】 本品为第二代头孢菌素类。对青霉素酶极稳定。对革兰氏阴性菌作用强于第一代头孢菌素类，尤其对肠杆菌有良好的抗菌活性，许多专性厌氧菌亦对其敏感，但对假单胞菌作用不佳。对革兰氏阳性菌作用不如第一代头孢菌素类。可用于预防术部感染及严重的骨科疾病。本品的钠盐在胃肠道内不稳定，只能非肠道给药，但肌内注射及皮下注射有疼痛反应。

【应用注意】 虽曾有交叉反应的报道，头孢菌素类抗生素一般均可安全用于对青霉素过敏的病畜，但对有青霉素过敏史的病畜应加以特别注意。另外与肾功能相关的生化实验结果会发生改变，但并不具有临床意义，但对于肾功能已有损害的病畜，作为预防，应对其肾功能进行监测。

【用量与用法】 静脉注射、肌内注射或皮下注射，一次量，犬、猫 20～50mg/kg，每8～12h 一次。

【制剂与规格】 注射用头孢呋辛：0.25g、1.5g。

◆ 头孢噻肟 ◆

【基本概况】 本品钠盐为白色结晶性粉末，易溶于水。

【作用与应用】 本品为第三代头孢菌素类。对青霉素酶较稳定。对革兰氏阴性菌（不包括绿脓杆菌），尤其是肠杆菌的作用比第一、第二代头孢菌素及氨苄西林强，对大肠杆菌、肺炎克雷伯氏菌、巴氏杆菌及沙门氏菌亦有较强抗菌活性，对革兰氏阳性菌作用比第一、二代头孢菌素类弱。多用于急性败血症或氨基糖苷类治疗效果不佳的病例，尤其是肾功能障碍者。

【应用注意】 ①与青霉素偶尔有交叉过敏反应。②注射时有疼痛反应。

【用量与用法】 静脉注射、肌内注射或皮下注射，一次量，犬 50mg/kg，每 12h 一次；猫 20～80mg/kg，每 6h 一次。

【制剂与规格】 注射用头孢噻肟：0.5g、1.0g。

◆ 头孢他啶 ◆

【基本概况】 本品又称为复达欣。无色或微黄色粉末，加水即泡腾溶解生成澄明药液。因浓度的不同，药液可由浅黄色至琥珀色。新制备液的 pH 为 6～8。

【作用与应用】 本品为第三代头孢菌素类。对青霉素酶很稳定。对革兰氏阴性菌作用强，但对革兰氏阳性菌作用不如第一、第二代头孢菌素类。对绿脓杆菌抗菌活性强于其他同类药物，是对于绿脓杆菌作用最强的抗生素。可用于治疗犬、猫肠道革兰氏阴性杆菌感染，绿脓杆菌引起的腹部感染、皮肤感染、软组织损伤及手术期预防感染。

【应用注意】 ①过敏反应以皮疹、荨麻疹、红斑、药热、支气管痉挛和血清病等过敏反应多见，少见过敏性休克症状。②消化道反应有恶心、呕吐、食欲下降、腹痛、腹泻、胀气、味觉障碍等胃肠道症状，偶见伪膜性肠炎。③肌内注射时，注射部位可能引起硬结、疼痛；静脉给药时，如剂量过大或速度过快可产生血管灼热感、血管疼痛，严重者可致血栓性静脉炎。

【用量与用法】 肌内注射、静脉注射或皮下注射，一次量，犬、猫 20～50mg/kg，每8～12h 一次。

【制剂与规格】 注射用头孢他啶：0.25g、0.5g、1.0g、2.0g。

◆ 头孢曲松 ◆

【基本概况】 本品又称为头孢氨噻三嗪、头孢三嗪。

【作用与应用】 本品为第三代头孢菌素类。对青霉素酶稳定。对革兰氏阴性菌，尤其是肠杆菌作用强。敏感菌包括大肠杆菌、多杀性巴氏杆菌、沙门氏菌、克雷伯氏肺炎杆菌、变形杆菌、嗜血杆菌、链球菌、葡萄球菌。绿脓杆菌对本品的敏感性差。可用于治疗犬、猫敏感致病菌所致的呼吸道感染，尿道、胆道感染，以及腹腔感染、盆腔感染、皮肤软组织感染、骨和关节感染、败血症、脑膜炎等及手术期预防感染。

【应用注意】　本品不宜加入含钙的溶液中使用。

【用量与用法】　静脉注射或皮下注射，一次量，犬、猫 20mg/kg，每 12h 一次。

【制剂与规格】　注射用头孢曲松钠：1.0g。

◆ **头孢噻呋** ◆

【基本概况】　本品为半合成的第三代动物专用头孢菌素，其钠盐和盐酸盐供注射用。

【作用与应用】　本品为第三代动物专用头孢菌素。具广谱杀菌作用，对革兰氏阳性菌、革兰氏阴性菌，包括产青霉素酶的菌株均有效。敏感菌包括大肠杆菌、多杀性巴氏杆菌、放线杆菌、嗜血杆菌、沙门氏菌、链球菌。对葡萄球菌活性不如其他头孢菌素类。临床用于犬的大肠杆菌与奇异变形杆菌引起的泌尿道感染。

【用量与用法】　皮下注射，一次量，犬 2.2~4.4mg/kg，每 24h 一次。

【制剂与规格】　注射用头孢噻呋钠：1.0g。

三、大环内酯类

应用于犬、猫的大环内酯类抗生素主要包括红霉素、克拉霉素、阿奇霉素及泰乐菌素。此类药物均为抑菌药，对革兰氏阳性菌、支原体、衣原体、立克次氏体及某些革兰氏阴性杆菌和厌氧菌均有效。可用于对青霉素类过敏或耐药病例的治疗，亦广泛用于犬、猫呼吸道、皮肤和软组织感染的治疗。

◆ **红霉素** ◆

【基本概况】　由红链霉菌的培养滤液中取得。本品为白色或类白色结晶或粉末，无臭，味苦，微有引湿性。本品在甲醇、乙醇或丙酮中易溶，在水中极微溶解。0.066% 水溶液的 pH 应为 8.0~10.5。本品的干燥状态或在中性和弱碱性液中较为稳定，而在酸性条件下不稳定，pH 低于 4 时迅即被破坏。

【作用】　抗菌谱近似青霉素，对革兰氏阳性菌如金黄色葡萄球菌（包括耐青霉素菌株）、肺炎球菌、链球菌、炭疽杆菌、猪丹毒丝菌、李氏杆菌、腐败梭菌、气肿疽梭菌等均有较强的抗菌作用。敏感的革兰氏阴性菌有流感嗜血杆菌、脑膜炎球菌、布鲁氏菌、巴斯德氏菌等，不敏感者大多为肠道杆菌如大肠杆菌、沙门氏菌等。此外，对弯杆菌、某些螺旋体、支原体、立克次氏体和衣原体等也有良好作用。

【主要用途】　主要用于耐青霉素金黄色葡萄球菌及其他敏感菌所致的各种感染，如肺炎、子宫炎、乳腺炎、败血症等。对鸡支原体病（慢性呼吸道病）和传染性鼻炎也有相当疗效。也可配成眼膏或软膏用于皮肤和眼部感染。红霉素可作为青霉素过敏动物的替代药物。

【药物相互作用】　红霉素对氯霉素和林可霉素类的效应有拮抗作用，不宜同用；β-内酰胺类药物与本品（作为抑菌剂）联用时，可干扰前者的杀菌效果，故在治疗需要发挥快速杀菌作用的疾患时，两者不宜同用。

【应用注意】　本品忌与酸性物质配伍。内服虽易吸收，但能被胃酸破坏，可应用肠溶片或耐酸的依托红霉素即红霉素丙酸酯的十二烷基硫酸盐。

【用法与用量】　内服：一次量，犬、猫 10~20mg/kg，每天 2 次，连用 3~5d。外用：将眼膏或软膏涂于眼睑内或皮肤黏膜上。

【制剂与规格】 红霉素肠溶片：0.125g（12.5 万 U）、0.25g（25 万 U）；红霉素片：0.05g（5 万 U）、0.125g（12.5 万 U）、0.25g（25 万 U）；红霉素软膏 1%；红霉素眼膏 0.5%。

◆ 克拉霉素 ◆

【基本概况】 本品又称为甲红霉素。

【作用与应用】 本品为红霉素的衍生物，其抗菌活性更强，抗菌谱与青霉素 G 相似。可用于对青霉素过敏或耐药病例的治疗。对其敏感菌包括革兰氏阳性菌、部分革兰氏阴性菌（巴氏杆菌）及螺旋体（螺杆菌）。对奴卡菌、衣原体、立克次氏体亦有抑制作用，对沙眼衣原体、肺炎支原体和厌氧菌的作用也强于红霉素。大多数的肠杆菌，如假单胞菌、大肠杆菌、克雷伯氏菌，对本品耐药。本品内服吸收较红霉素完全，且不受食物影响。可用于犬、猫的呼吸道感染，亦可用于治疗皮肤和软组织感染及非结核分枝杆菌感染。

【应用注意】 本品治疗犬、猫的非结核分枝杆菌感染时可与恩诺沙星和利福平联合应用。

【用量与用法】 内服或静脉注射，一次量，犬 4～12mg/kg，猫 5～10mg/kg。每 12h 一次。

【制剂与规格】 克拉霉素片：0.25g、0.5g；注射用克拉霉素：0.5g。

◆ 阿奇霉素 ◆

【作用与应用】 本品是大环内酯类抗生素亚类之一，即氮杂内酯类的第一个药物，由红霉素衍生而成。抗菌谱与红霉素相似，对革兰氏阳性球菌、杆菌，革兰氏阴性杆菌（如嗜血杆菌，巴氏杆菌）、分枝杆菌、专性厌氧菌、衣原体、支原体和弓形虫均有抗菌活性。对部分放线菌、诺卡氏菌、伤寒杆菌也有抑制作用。大多数肠杆菌（如假单胞菌、大肠杆菌、克雷伯氏菌）对本品耐药。可用于治疗犬、猫的呼吸道感染，以及轻度到中度的皮肤和软组织感染、非结核分枝杆菌感染。

【应用注意】 犬、猫肌内注射或皮下注射本品时可引起注射部位疼痛，严重的可导致局部炎症。

【用法与用量】 内服，一次量，犬 5～10mg/kg，每 12～24h 一次；猫 5mg/kg，48h 一次。

【制剂与规格】 阿奇霉素胶囊：25mg；注射用阿奇霉素：0.25g。

◆ 泰乐菌素 ◆

【基本概况】 本品由弗氏链霉菌的菌株培养液中取得。为白色至浅黄色粉末。在甲醇中易溶，在乙醇、丙酮、氯仿中溶解，在水中微溶，在己烷中几乎不溶。其盐类易溶于水，水溶液在 25℃、pH 为 5.5～7.5 时可保存 3 个月不减效。

【作用】 抗菌作用机理和抗菌谱与红霉素相似。对革兰氏阳性菌和一些阴性菌有效。敏感菌有金黄色葡萄球菌、化脓链球菌、肺炎链球菌、化脓放线菌等。对支原体属特别有效，是大环内酯类中抗支原体作用最强的药物之一。

酒石酸泰乐菌素内服后易从胃肠道（主要是肠道）被吸收。磷酸泰乐菌素则较少被吸收。泰乐菌素碱基注射液皮下或肌内注射能迅速吸收。泰乐菌素被吸收后同红霉素一样在体内广泛分布，注射给药的脏器浓度比内服高 2～3 倍，但不易透入脑脊液。

【主要用途】 主要用于支原体病，对敏感菌并发的支原体感染尤为有效。

【药物相互作用】 参见红霉素。

【应用注意】 本品的水溶液遇铁、铜、铝、锡等离子可形成络合物而减效，细菌对其他大环内酯类耐药后，对本品常不敏感。

【用法与用量】 肌内注射，一次量，犬、猫 8～11mg/kg，每 12h 一次。内服，一次量，犬、猫 7～11mg/kg，用于治疗犬、猫慢性结肠炎与隐孢子虫病时剂量可增至 20mg/kg，每 6～8h 一次。

【制剂与规格】 泰乐菌素片，200mg；泰乐菌素注射液，50mL：2.5g（250 万 U）或 100mL：20g（2 000 万 U）。

四、林可霉素类

◆ 林可霉素 ◆

【基本概况】 本品为白色结晶性粉末，有微臭或特殊臭，味苦，易溶于水或甲醇，略溶于乙醇。

【作用与应用】 本品抗菌谱较红霉素窄。革兰氏阳性菌如葡萄球菌（包括耐青霉素菌株）、链球菌、肺炎球菌、炭疽杆菌、支原体及钩端螺旋体均对本品敏感。而革兰氏阴性菌如巴氏杆菌、克雷伯氏菌、假单胞菌（绿脓杆菌等）、沙门氏菌、大肠杆菌等均对本品耐药。林可霉素类的最大特点是对厌氧菌有良好抗菌活性，如梭杆菌属、消化球菌、消化链球菌、破伤风梭菌、产气荚膜梭菌及大多数放线菌均对本类抗生素敏感。

主要用于敏感菌所致的犬、猫的各种感染如肺炎、支气管炎、败血症、骨髓炎、蜂窝织炎、化脓性关节炎和乳腺炎等。对放线菌病亦有一定的作用。特别适用于耐青霉素、红霉素菌株的感染和对青霉素类过敏的犬、猫。

【应用注意】 ①与庆大霉素等联合对葡萄球菌、链球菌等革兰氏阳性菌呈协同作用。②不宜与抗蠕动止泻药同用，因可使肠内毒素延迟排出，从而导致腹泻延长和加剧。亦不宜与含白陶土止泻药同时内服，后者将减少林可霉素的吸收达 90% 以上。③林可霉素类具神经肌肉阻断作用，与其他具有此种效应的药物如氨基糖苷类和多肽类等合用时应加以注意。④林可霉素类与氯霉素或红霉素合用有拮抗作用。与卡那霉素、新生霉素同瓶静脉注射时有配伍禁忌。⑤林可霉素禁用于对本品过敏的动物或已感染念珠菌病的动物。⑥林可霉素可排入乳汁中，对吮乳犬、猫有导致腹泻的可能。⑦犬、猫内服本品的不良反应为胃肠炎（呕吐、排稀便，犬偶发出血性腹泻）。肌内注射在注射局部引发疼痛。快速静脉注射能引起血压升高和心肺功能停顿。

【用法与用量】 肌内注射：一次量，犬、猫 22mg/kg，每 24h 一次；或 11mg/kg，每 12h 一次。静脉注射：一次量，犬、猫 11～22mg/kg，每 8～12h 一次。内服：一次量，犬、猫 22mg/kg，每 12h 一次；或 15mg/kg，每 8h 一次。

【制剂与规格】 盐酸林可霉素片，0.25g 或 0.5g；盐酸林可霉素注射液，2mL：0.6g 或 10mL：3g。

◆ 克林霉素 ◆

【基本概况】 本品又称为氯洁霉素、氯林霉素。克林霉素为林可霉素 7 位羟基被氯离子取代而成的半合成化合物。常用专供内服的盐酸盐。本品为白色结晶性粉末，无臭。在水中极易溶解，在甲醇或吡啶中易溶，在乙醇中微溶，在丙酮或氯仿中几乎不溶。其10％水溶液的pH应为3.0～5.5。

【作用与应用】 抗菌谱同林可霉素，但抗菌活性比林可霉素强4～8倍，对厌氧菌、衣原体、支原体、恶性疟原虫和弓形虫均有杀灭作用。内服吸收明显优于林可霉素，进食对本品吸收影响不大。除用于敏感菌所致的犬、猫的各种感染外，在国内外被认为是治疗弓形虫病的较好药物，可用于犬、猫弓形虫感染，也可用于犬新孢子虫感染的治疗。

【应用注意】 同盐酸林可霉素。肺弓形虫病患猫应慎用本品。

【用法与用量】 内服：一次量，犬、猫5～10mg/kg，每12h一次。静脉注射或肌内注射：一次量，犬、猫10mg/kg，每12h一次。葡萄球菌感染：内服，一次量，犬11mg/kg，每12h一次；或22mg/kg，每24h一次。呼吸道感染：内服，一次量，犬、猫33mg/kg，每12h一次。厌氧菌感染及牙周感染：内服，一次量，犬、猫11～33mg/kg，每24h一次。猫弓形虫病：内服，一次量，12.5～25mg/kg，每12h一次，连续4周。

【制剂与规格】 盐酸克林霉素胶囊，0.075g或0.15g；克林霉素口服液，1mL：25mg；盐酸克林霉素注射液，2mL：150mg。

学习单元3　主要作用于革兰氏阴性菌的抗生素

作用于革兰氏阴性菌的抗生素主要为氨基糖苷类。常用于犬、猫临床的包括链霉素、庆大霉素、卡那霉素、阿米卡星、新霉素、大观霉素及妥布霉素等。此类药物常用制剂均为硫酸盐，内服吸收很少，对革兰氏阴性杆菌作用强，均具有不同程度的耳毒性、肾毒性及神经肌肉阻断作用，尤其对于猫，在临床上应慎用或不用本类抗生素。

◆ **链霉素** ◆

【基本概况】 本品硫酸盐为白色或类白色粉末，无臭或几乎无臭，味微苦，有吸湿性，易溶于水。

【作用与应用】 本品对结核杆菌和多种革兰氏阴性杆菌（如大肠杆菌、沙门氏菌、布鲁氏菌、巴氏杆菌、志贺氏痢疾杆菌）有较强抗菌作用。对多数革兰氏阳性球菌的作用差。与青霉素G合用具协同杀菌作用。链球菌、绿脓杆菌和厌氧菌对本品耐药。

主要用于治疗犬各种敏感菌所致的急性感染，如呼吸道感染（肺炎、咽喉炎、支气管炎）、泌尿道感染、放线菌病、钩端螺旋体病、细菌性胃肠炎、乳腺炎、细菌性肠炎等。还可与利福平配合治疗犬的结核病。

【应用注意】 ①本类药物具有耳毒性，可影响平衡和听觉，可能导致不可逆的耳毒性，幼龄动物或需敏锐听觉的特种犬慎用本类药物。②猫不宜应用或慎用本品，对氨基糖苷类过敏的动物也应禁用本品。③动物出现脱水（可致血药浓度增高）或肾功能损害时慎用本品。④用本品治疗泌尿道感染时，应同时内服碳酸氢钠碱化尿液，增强治疗效果。⑤本类药物内服极少吸收，可作为肠道感染用药。⑥本品与其他氨基糖苷类同用或先后连续局部或全身应用，可能增加对耳、肾及神经肌肉接头等的毒性作用，使听力减退、肾功能降低及骨骼肌松弛、呼吸抑制等。⑦氨基糖苷类和青霉素类或头孢菌素类联合应用具有协同作用。⑧氨基糖苷类与青霉素类或头孢菌素类或肝素在体外混合时，可使氨基糖苷类失活。

【用法与用量】　肌内注射，一次量，犬 20～30mg/kg，每 24h 一次。

【制剂与规格】　注射用硫酸链霉素：100 万 U。

◆ **庆大霉素** ◆

【基本概况】　本品硫酸盐为白色或类白色结晶性粉末，无臭，有吸湿性，易溶于水。

【作用与应用】　本品为三种抗菌活性与毒性基本一致的成分的复合物。在本类药物中抗菌谱较广，抗菌活性较强，对多种革兰氏阴性菌（如大肠杆菌、克雷伯氏菌、变形杆菌、绿脓杆菌、巴氏杆菌、沙门氏菌等）及葡萄球菌（包括产青霉素酶菌株）均有较强抗菌作用。多数链球菌（化脓链球菌、肺炎球菌、粪链球菌等）、厌氧菌（类杆菌或梭状芽孢杆菌）、结核杆菌、立克次氏体、真菌和病毒等对本品耐药。用于犬、猫敏感菌引起的败血症、泌尿生殖系统感染、呼吸道感染、胃肠道感染（包括腹膜炎）、胆道感染、乳腺炎及皮肤、软组织感染。内服不吸收，可用于肠炎和细菌性腹泻。

【应用注意】　与链霉素相似。本品对肾有较严重的损害作用，不要随意加大剂量或延长疗程。有呼吸抑制作用，不可静脉推注。

【用法与用量】　静脉注射、肌内注射或皮下注射：一次量，犬、猫 2～4mg/kg，每 6～8h 一次；或 5～10mg/kg，每 24h 一次。内服：一次量，猫 2.5～7.5mg，每 12h 一次。

【制剂与规格】　硫酸庆大霉素片：20mg、40mg。

◆ **卡那霉素** ◆

【基本概况】　本品硫酸盐为白色或类白色的粉末，无臭，有吸湿性，易溶于水。

【作用与应用】　本品抗菌谱与链霉素相似，对大多数革兰氏阴性杆菌，如大肠杆菌、变形杆菌、沙门氏菌、多杀性巴氏杆菌等有很强的抗菌作用，对结核杆菌和耐青霉素的葡萄球菌亦有效。内服用于治疗敏感菌所致的肠道感染。肌内注射用于敏感菌所致各种严重感染，如败血症、肠道和泌尿生殖道感染、呼吸道感染、皮肤和软组织感染等。

【用法与用量】　静脉注射或肌内注射，一次量，犬、猫 10mg/kg，每 12h 一次；或 20mg/kg，每 24h 一次。

【制剂与规格】　注射用硫酸卡那霉素，0.5g、1g、2g；硫酸卡那霉素注射液，2mL：0.5g。

◆ **阿米卡星** ◆

【基本概况】　本品又称为丁胺卡那霉素。本品硫酸盐为白色或类白色的粉末，几乎无臭，无味，易溶于水。

【作用与应用】　本品为半合成氨基糖苷类抗生素。作用、抗菌谱与庆大霉素相似，对各种革兰氏阴性菌和阳性菌、绿脓杆菌等均有较强的抗菌活性。其特点是当细菌对其他氨基糖苷类耐药后，对本品还敏感。用于犬、猫大肠杆菌、变形杆菌引起的泌尿生殖道感染（膀胱炎）及绿脓杆菌、大肠杆菌引起的皮肤和软组织感染。尤其适用于革兰氏阴性杆菌中对卡那霉素、庆大霉素或其他氨基糖苷类耐药的菌株所引起的感染。

【应用注意】　①与链霉素相似。本品不可直接静脉推注，静脉滴注也应缓慢，以免引起神经肌肉阻滞和呼吸抑制。②本品与半合成青霉素类或头孢菌素类联合常有协同抗菌效应。如对绿脓杆菌可与羧苄西林联合，对肺炎球菌可与头孢菌素类联合，对大肠杆菌、葡萄球菌可与头孢噻肟联合。

【用法与用量】　静脉注射、肌内注射或皮下注射，一次量，犬 15～30mg/kg，猫 10～

14mg/kg，每24h一次。

【制剂与规格】 硫酸阿米卡星注射液，1mL：0.1g或2mL：0.2g；注射用硫酸阿米卡星，0.2g。

◆ **新霉素** ◆

【基本概况】 本品硫酸盐为白色或类白色的粉末，无臭，极易引湿，易溶于水。

【作用与应用】 本品抗菌谱与链霉素相似。对葡萄球菌及肠杆菌（大肠杆菌等）有良好抗菌作用。因毒性大，一般禁用于注射给药。但内服与局部应用吸收很少。内服用于犬、猫的肠道感染，局部应用对葡萄球菌和革兰氏阴性杆菌引起的皮肤、眼、耳感染及子宫内膜炎等有良好疗效。

【应用注意】 ①与其他氨基糖苷类或卷曲霉素同时全身应用时，可能增加耳毒性、肾毒性和神经肌肉阻滞作用；可能发生听力减退，甚至停药后仍可继续进展至耳聋，往往呈永久性。②与神经肌肉阻滞药同时应用，可能增加神经肌肉阻滞作用，导致骨骼肌软弱及呼吸抑制或麻痹（呼吸暂停）。③与顺铂、依他尼酸注射液、呋塞米注射液或万古霉素同时全身应用，可能增加耳毒性及肾毒性，可能发生听力损害并在停药后仍可能继续进展至耳聋，往往呈永久性。④交叉过敏，对一种氨基糖苷类抗生素不能耐受者可能对其他氨基糖苷类亦不能耐受。⑤下列情况应慎用：第8对脑神经损害、肠梗阻、重症肌无力、帕金森病患者、肾功能损害、结肠溃疡性病变。

【用法与用量】 内服，一次量，犬、猫10～20mg/kg，每6～12h一次。

【制剂与规格】 硫酸新霉素片，0.1g、0.25g；硫酸新霉素滴眼液，8mL：40mg。

◆ **大观霉素** ◆

【基本概况】 本品又称为壮观霉素。本品的盐酸盐或硫酸盐为白色或类白色结晶性粉末，易溶于水。

【作用与应用】 本品对革兰氏阴性杆菌如大肠杆菌、沙门氏菌、志贺氏菌、变形杆菌有中度抗菌活性。葡萄球菌、链球菌及部分支原体亦对其敏感。

【应用注意】 ①本品不得静脉给药，应在臀部肌肉外上方作深部肌内注射，注射部位一次注射量不超过2g（5mL）。②本品与青霉素类无交叉过敏性。③发生不良反应时，对严重过敏反应者可给予肾上腺素、皮质激素及（或）抗组胺药物，保持气道通畅，给氧等。

【用法与用量】 内服：一次量，犬22mg/kg，每12h一次。肌内注射：一次量，犬5.5～11mg/kg，每12h一次。

【制剂与规格】 注射用盐酸大观霉素：2g。

◆ **妥布霉素** ◆

【基本概况】 本品又称为乃柏欣、托普霉素、妥布接霉素。妥布霉素是一种氨基糖苷类抗生素。

【作用与应用】 本品抗菌谱与庆大霉素相似。对大多数革兰氏阴性菌的作用不及庆大霉素，而对绿脓杆菌抗菌作用较庆大霉素强2～4倍，对葡萄球菌有抗菌作用，对链球菌无效。可用于犬、猫的绿脓杆菌感染，及其他敏感革兰氏阴性杆菌所致的呼吸系统、皮肤、软组织、骨、腹腔感染和败血症等。

【应用注意】 ①本品对听神经和肾有一定毒性，可引起肾损害，本品对肾的毒性较庆大霉素为少见。②肾功能不全者，应进行血药浓度监测。③可引起胃肠道反应：恶心、呕吐、食欲不振、腹泻；可引起肝损害：转氨酶升高、血小板降低、白细胞降低、粒细胞降低、皮疹、静脉炎等；剂量大时神经毒性、二重感染、中毒性精神病均可发生。④大剂量胸腔及腹腔内应用，都有神经肌肉阻滞的危险性，过敏反应的发生率低，与庆大霉素相似，最常见的是荨麻疹、嗜酸性粒细胞增多及丘斑疹。

【用法与用量】　静脉注射、肌内注射或皮下注射，一次量，犬 2～4mg/kg，每 8h 一次或 9～14mg/kg，每 24h 一次。猫 3mg/kg，每 8h 一次；或 5～8mg/kg，每 24h 一次。

【制剂与规格】　硫酸妥布霉素注射液，2mL：40mg 或 2mL：80mg；硫酸妥布霉素滴眼液，8mL：24mg。

学习单元 4　广谱抗生素

一、四环素类

常用于犬、猫的四环素类抗生素包括土霉素、金霉素、四环素、多西环素、米诺环素。按其抗菌活性大小顺序依次为：米诺环素＞多西环素＞金霉素＞四环素＞土霉素。此类药物对革兰氏阳性菌、阴性菌、螺旋体、立克次氏体、支原体、衣原体、原虫（球虫、阿米巴原虫）等均有抑制作用，故称为广谱抗生素。

◆ **土霉素** ◆

【基本概况】　本品盐酸盐为淡黄色结晶性或无定形粉末，无臭，在日光下颜色变暗。在碱性溶液中易破坏失效。微溶于乙醇，极微溶于水，可溶于氢氧化钠溶液和稀盐酸。

【作用与应用】　本品具广谱抑菌作用，敏感菌包括肺炎球菌、链球菌、部分葡萄球菌、炭疽杆菌、破伤风杆菌、棒状杆菌等革兰氏阳性菌，以及大肠杆菌、巴氏杆菌、沙门氏菌、布鲁氏菌、嗜血杆菌、克雷伯氏菌等革兰氏阴性菌。对支原体、衣原体、立克次氏体、螺旋体等也有一定程度的抑制作用。可用于治疗犬、猫的呼吸道、尿道、皮肤及软组织感染，包括犬的布鲁氏菌病、立克次氏体病和衣原体病，犬、猫的大肠杆菌病，立克次氏体引起的猫传染性贫血，亦用于预防犬的钩端螺旋体病。

【应用注意】　①局部刺激是本类药物的主要不良反应，表现为肌内注射后，由于其盐酸盐为强酸性，可引起局部疼痛、发炎及坏死等反应；静脉注射时勿漏出血管，注射速度应缓慢。有些生产者建议对犬避免静脉注射本品。②内服时避免与乳制品和含钙、镁、铝、铁、锌等的药物及含钙量较高的食物同用。食物可阻滞四环素类吸收，宜空腹服用。③肝、肾功能严重损害时忌用四环素类药物。④与碳酸氢钠同用可升高胃内 pH，使四环素类的吸收减少、活性降低。⑤与钙盐、铁盐或含金属离子钙、镁、铝、铋、铁等的药物（包括中草药）同用时可与四环素类形成不溶性络合物，减少药物的吸收。⑥与强效利尿药如呋塞米等同用可加重对肾的损害。

【用法与用量】　静脉注射或肌内注射：一次量，犬、猫 7.5～10mg/kg，每 12h 一次。内服：一次量，犬、猫 20mg/kg，每 8～12h 一次。

【制剂与规格】　土霉素片，0.05g、0.125g、0.25g；注射用盐酸土霉素，0.2g、1g；

盐酸土霉素注射液，100mL：20g。

◆ **金霉素** ◆

【基本概况】 本品盐酸盐为黄色结晶性粉末，微溶于水。

【作用与应用】 抗菌谱、不良反应及用途均与土霉素相似，但对革兰氏阳性球菌，特别是葡萄球菌作用较四环素强。因刺激性大，现已不用于全身感染，可局部应用，防治敏感菌引起的犬、猫浅表眼部感染，也可内服治疗犬、猫的大肠杆菌病、沙门氏菌病，犬的立克次氏体、衣原体、放线菌和布鲁氏菌感染。

【应用注意】 轻微刺激感，偶见过敏反应，出现充血，眼痒，水肿等症状。

【用法与用量】 内服：一次量，犬、猫 25mg/kg，每 6～8h 一次。眼部应用：涂于患眼，每 8h 一次。

【制剂与规格】 盐酸金霉素片：0.125g、0.25g；盐酸金霉素眼膏：10g、0.1g。

◆ **四环素** ◆

【基本概况】 本品盐酸盐为黄色结晶性粉末，无臭，有吸湿性，遇光色渐变深，溶于水，微溶于乙醇，在碱性溶液中易被破坏而失效。

【作用与应用】 抗菌谱、不良反应及用途均与土霉素相似，但对大肠杆菌、变形杆菌作用较强。可用于治疗犬、猫的大肠杆菌、沙门氏菌、立克次氏体、放线菌、衣原体感染，还可预防犬的钩端螺旋体病和热带性贫血，或治疗犬的附红细胞体病。

【应用注意】 应用本品时应饮用足量水，避免食道溃疡和减少胃肠道刺激症状；本品宜空腹口服，即饲喂前 1h 或饲喂后 2h 时服用，以避免食物对吸收的影响。

【用法与用量】 内服：一次量，犬、猫 15～20mg/kg，每 8h 一次。静脉注射：一次量，犬、猫 4.4～11mg/kg，每 8h 一次。治疗犬的立克次氏体感染：内服，一次量，犬 22mg/kg，每 8h 一次，连续 14d。

【制剂与规格】 盐酸四环素片：0.125g、0.25g；盐酸四环素胶囊：0.25g；注射用盐酸四环素：0.25g、0.5g、1g。

◆ **多西环素** ◆

【基本概况】 本品又称为强力霉素。本品盐酸盐为淡黄色或黄色结晶性粉末，无臭，味苦，室温中稳定，遇光变质，易溶于水或甲醇，微溶于乙醇和丙酮。

【作用与应用】 本品属半合成四环素类。抗菌谱基本同土霉素，敏感菌包括螺旋体（如螺杆菌）、立克次氏体（如巴尔通体）、支原体和衣原体。抗菌活性略强于土霉素和四环素，毒性为本类药物中最小的。因本品主要通过粪便排泄，其抗菌作用不受肾功能状态的影响，可推荐用于肾功能损伤的动物。同时，由于具有较高的脂溶性，本品能较好地渗入前列腺液及支气管分泌物中。可用于治疗敏感细菌、某些原虫、立克次氏体及埃立克体感染，还可预防猫衣原体感染。

【应用注意】 本品主要不良反应包括恶心、呕吐和腹泻，有时会发生食管炎及食管溃疡，但混饲给药可减少此危险。

【用法与用量】 内服（最好与食物同服）：一次量，犬、猫 10mg/kg，每 24h 一次；静脉注射：一次量，犬、猫 3～5mg/kg，每 12h 一次；肌内注射：一次量，犬 50mg/kg，每 24h 一次。犬立克次氏体及埃立克体感染：内服，一次量 5mg/kg，每 12h 一次。治疗埃立克体感染需连续给药 14d。

【制剂与规格】　盐酸多西环素片，0.05g、0.1g；盐酸多西环素注射液，10mL：0.25g。

◆ 米诺环素 ◆

【基本概况】　本品又称为二甲胺四环素、二甲胺四环素。

【作用与应用】　本品属半合成四环素类。在四环素类中，本品的抗菌作用最强。抗菌谱与四环素相近，对革兰氏阳性菌（包括耐四环素的金黄色葡萄球菌、链球菌等）有较强的抗菌作用，对革兰氏阴性杆菌的作用较弱，对衣原体、埃立克体和支原体亦有较好的抑制作用。主要用于治疗犬、猫立克次氏体、埃立克体、支原体、衣原体及敏感细菌的感染。此外，本品还可用于阿米巴原虫病的辅助治疗。

【应用注意】　①菌群失调，本品引起菌群失调较为多见。轻者引起维生素缺乏，也常可见到由于白色念珠菌和其他耐药菌所引起的二重感染。亦可发生难辨梭菌性假膜性肠炎。②消化道反应，食欲不振、恶心、呕吐、腹痛、腹泻、口腔炎、舌炎、肛门周围炎等，偶可发生食管溃疡。③肝损害，偶见恶心、呕吐、黄疸、脂肪肝、血清氨基转移酶升高、呕血和便血等，严重者可昏迷而死亡。④肾损害，可加重肾功能不全者的肾损害，导致血尿素氮和肌酐值升高。⑤影响牙齿和骨发育。⑥皮肤出现斑丘疹、红斑样皮疹等。

【用法与用量】　内服：一次量，犬、猫 5～15mg/kg，每 12h 一次。

【制剂与规格】　盐酸米诺环素片：0.05g、0.1g。

二、氯霉素类

◆ 氯霉素 ◆

【基本概况】　本品为白色或微带黄绿色的针状、长片状结晶或结晶性粉末，味苦，干燥时稳定。易溶于甲醇、乙醇、丙酮或丙二醇，微溶于水。

【作用与应用】　本品为广谱抑菌剂。敏感菌包括革兰氏阳性菌（如葡萄球菌和链球菌）、革兰氏阴性菌（如布鲁氏菌、沙门氏菌、嗜血杆菌）、专性厌氧菌（如梭状芽孢杆菌、脆弱类杆菌）。此外，钩端螺旋体、立克次氏体也对本品敏感。本品对犬、猫的沙门氏菌病和大肠杆菌病疗效好，可用于防治犬、猫的肠道感染和犬副伤寒，亦用于治疗犬的衣原体病、布鲁氏菌病，病毒感染（如猫瘟）后的继发性细菌感染。局部应用可治疗犬、猫的乳腺炎、子宫炎和传染性角膜炎。

【应用注意】　①本品的不良反应主要是抑制骨髓造血功能。现有很多国家（包括中国）在食品动物中禁止应用。犬、猫用药应严格掌握适应证、剂量和疗程，尤其是幼犬和幼猫。②本品有免疫抑制作用，在疫苗免疫期间应禁用。③本品与大环内酯类或林可霉素类同用可发生拮抗，故不宜联合应用。④本品与某些抑制骨髓的药物如秋水仙碱、保泰松和青霉胺等同用，可增加毒性。⑤本品内服或注射时忌与碱性药物配伍。也不宜与其他抗生素、复合维生素 B 等联合静脉注射。

【用法与用量】　内服、静脉注射、肌内注射、皮下注射：一次量，犬 25～60mg/kg，每 8～12h 一次；猫 15～30mg/kg，每 12h 一次。局部用药：眼部，每 4～8h 1 滴；受感染耳部，2～12 滴，每 6～12h 一次。

【制剂与规格】　氯霉素片，0.25g、0.5g；氯霉素胶囊，0.25g；注射用琥珀酸钠氯霉素粉针，0.69g、1.38g；氯霉素滴眼液，8mL：20mg；1％氯霉素软膏；5％滴耳液。

◆ **氟苯尼考** ◆

【基本概况】 本品又称为氟甲砜霉素。本品为白色或类白色的结晶性粉末，无臭，易溶于二甲基甲酰胺、甲醇，略溶于冰醋酸，极微溶于水和氯仿。

【作用与应用】 本品为人工合成的甲砜霉素单氟衍生物。抗菌谱与抗菌活性略优于氯霉素与甲砜霉素，对多种革兰氏阳性菌、革兰氏阴性菌及支原体等均有作用。对耐氯霉素和耐甲砜霉素的痢疾志贺氏菌、伤寒沙门氏菌、克雷伯氏菌、大肠杆菌及耐氨苄西林流感嗜血杆菌敏感。应用同氯霉素。

【用法与用量】 内服或肌内注射，一次量，犬 20mg/kg，每 6h 一次；猫 22mg/kg，每 8h 一次。

【制剂与规格】 氟苯尼考散，50g：5g；氟苯尼考注射液，2mL：0.6g 或 5mL：1.5g。

学习单元5　人工合成抗菌药

人工合成抗菌药是完全由化学方法合成的具有抑制或杀灭微生物作用的一类化学物质。目前用于犬、猫疾病防治的此类药物主要包括：氟喹诺酮类、磺胺类、甲氧苄啶类、硝基呋喃类及硝基咪唑类。

一、氟喹诺酮类

◆ **诺氟沙星** ◆

【基本概况】 本品又称为氟哌酸。本品为类白色或淡黄色的结晶性粉末，无臭，味微苦，略溶于二甲基甲酰胺，极微溶解于水和乙醇，易溶于醋酸、盐酸和氢氧化钠溶液。

【作用与应用】 本品为第一个合成的氟喹诺酮类药物。为广谱杀菌药，但其杀菌活性为氟喹诺酮类中较弱的。对其敏感菌包括大肠杆菌、沙门氏菌、巴氏杆菌、克雷伯氏菌、绿脓杆菌。对金黄色葡萄球菌的作用比庆大霉素强，对支原体也有一定抑制作用，对耐庆大霉素、氨苄西林等的菌株仍有良好的抗菌作用。本品主要用于敏感菌引起的犬、猫的消化道、呼吸道、泌尿道感染和支原体病的治疗。外用可治疗皮肤、软组织创伤及眼部的敏感菌感染。

【应用注意】 ①犬、猫应用剂量过大时可引起中枢神经反应，如兴奋不安，偶尔可诱发癫痫。有癫痫倾向的犬应慎用本品。②剂量较高时可能引起恶心、呕吐、腹泻等反应。③本类药物对幼犬（尤其 4～28 周龄）或体型较大并生长迅速犬的负重关节软骨组织生长有不良影响，因此禁用于幼龄犬和妊娠犬。④本类药物可抑制茶碱和咖啡因的代谢，与它们联合应用时可使茶碱和咖啡因的血药浓度升高，并出现中毒反应。⑤本类药物与含铝、钙、铁等多价阳离子的制剂（如氢氧化铝、乳酸钙等）同时内服，因两者发生螯合反应，可减少氟喹诺酮类药物的吸收。⑥西咪替丁可减少氟喹诺酮类在体内的清除，因此与此类药物合用应谨慎。⑦利福平、氯霉素、甲砜霉素、氟苯尼考均可使本类药物的抗菌性降低。⑧本类药物禁与非甾体消炎药联合应用。

【用法与用量】 内服：一次量，犬、猫 22mg/kg，每 12h 一次。外用：涂敷或滴眼。

【制剂与规格】 诺氟沙星胶囊，0.1g；诺氟沙星软膏，10g：0.1g 或 250g：2.5g；诺氟沙星滴眼液，8mL：24mg。

◆ **环丙沙星** ◆

【基本概况】 本品盐酸盐为类白色或微黄色结晶性粉末，几乎无臭，味苦，有吸湿性，易溶于水。

【作用与应用】 本品抗菌谱与诺氟沙星相似，但杀菌活性为诺氟沙星的 2～10 倍，尤其是对绿脓杆菌的活性，显著优于其他氟喹诺酮类。对革兰氏阴性菌如大肠杆菌、沙门氏菌、巴氏杆菌、绿脓杆菌、嗜血杆菌、变形杆菌等具有较强的抗菌活性，对革兰氏阳性菌、支原体的活性也较强，优于诺氟沙星和恩诺沙星，对葡萄球菌、分枝杆菌、衣原体具中度活性，对肠球菌和厌氧菌的活性低。主要用于敏感菌引起的犬、猫各系统感染，如消化道、呼吸道、泌尿道感染，及皮肤、软组织创伤和眼部感染。

【应用注意】 与诺氟沙星相似。此外，本品在犬、猫的口服生物利用度较低，治疗革兰氏阳性菌感染时需较高剂量。

【用法与用量】 内服：一次量，犬 10～20mg/kg，猫 20mg/kg，每 24h 一次。静脉注射：一次量，犬 5～10mg/kg，猫 10mg/kg，每 24h 一次。

【制剂与规格】 盐酸环丙沙星片，0.25g；盐酸环丙沙星胶囊，0.25g；盐酸环丙沙星注射液，10mL：0.2g；盐酸环丙沙星滴眼液，5mL：15mg。

◆ **恩诺沙星** ◆

【基本概况】 本品为微黄色或淡橙黄色结晶性粉末，无臭，味微苦，极微溶于水。

【作用与应用】 本品为动物专用氟喹诺酮类，可在动物体内代谢为环丙沙星。本品对多种革兰氏阴性杆菌和球菌有良好的抗菌作用，包括巴氏杆菌、克雷伯氏菌、大肠杆菌、分枝杆菌、变形杆菌、沙门氏菌、葡萄球菌（包括产青霉素酶和对甲氧西林耐药菌株）。对绿脓杆菌、支原体和衣原体也有效。对链球菌和厌氧菌作用弱。主要用于细菌或支原体引起的犬、猫消化道、呼吸道、泌尿生殖道感染，及皮肤、软组织创伤和眼部感染。对外耳炎、子宫蓄脓、脓皮病等配合局部处理也有良效。

【应用注意】 ①与诺氟沙星相似，有癫痫史的病例应慎用。②猫应用本品后可能致盲，剂量越高，危险越大，尤其不宜静脉注射。虽然幼猫应用本类药物未出现软骨畸形，但仍未批准用于 8 周龄以下幼猫。③治疗分枝杆菌疾病时，本品可与克拉霉素、利福平合用。

【用法与用量】 内服、静脉注射、肌内注射、皮下注射，一次量，犬 5～20mg/kg，猫 5mg/kg，每 24h 一次。

【制剂与规格】 恩诺沙星片，2.5mg、5mg、25mg、50mg；恩诺沙星溶液，100mL：2.5g 或 100mL：5g 或 100mL：10g。

◆ **麻保沙星** ◆

【基本概况】 本品又称为马波沙星。

【作用与应用】 本品抗菌谱与其他氟喹诺酮类相同，抗菌活性与恩诺沙星和环丙沙星相当。对耐红霉素、林可霉素、氯霉素、强力霉素、磺胺药的病原菌依然有效。其特点为半衰期较长，犬、猫内服或皮下注射给药后有效血药浓度维持时间较长。此外，细菌较少对本品产生耐药性。用于敏感菌所致犬、猫的呼吸道、消化道、泌尿道及皮肤等感染。

【应用注意】 与其他氟喹诺酮类相似。本品在幼犬应用后未见引起软骨畸形的报道。

【用法与用量】 内服、静脉注射、皮下注射，一次量，犬、猫 2mg/kg，每 24h 一次。

【制剂与规格】 麻保沙星片，5mg、20mg、80mg；麻保沙星注射液，1mL：100mg；注射用麻保沙星，100mg、200mg。

◆ 依巴沙星 ◆

【作用与应用】 本品抗菌谱与其他氟喹诺酮类相同，包括革兰氏阴性性菌、革兰氏阳性菌和支原体。敏感菌包括巴氏杆菌、葡萄球菌、绿脓杆菌、克雷伯氏菌、大肠杆菌、变形杆菌、沙门氏菌。对产青霉素酶细菌有效，对专性厌氧菌无作用。因本品具高亲脂性，在许多组织细胞内可达到较高浓度，可用于治疗犬由大肠杆菌、变形杆菌、克雷伯氏菌等引起的单一急性细菌性膀胱炎，葡萄球菌、大肠杆菌、变形杆菌等引起的脓皮病，以及其他敏感菌引起的软组织及上呼吸道感染。

【应用注意】 ①与其他氟喹诺酮类相似，本品在幼犬应用后未见引起软骨畸形的报道。②与诺氟沙星相似，本品与呋喃妥因有拮抗作用。

【用法与用量】 内服，一次量，犬 15mg/kg，每 24h 一次。

【制剂与规格】 依巴沙星片：15mg、300mg。

◆ 二氟沙星 ◆

【作用与应用】 本品抗菌谱与其他氟喹诺酮类相同。犬内服本品后血清半衰期长、尿中浓度高。可用于治疗犬敏感菌引起的软组织、泌尿生殖道及呼吸道感染。

【应用注意】 犬、猫内服本品可出现胃肠反应，如厌食、呕吐、腹泻等。

【用法与用量】 内服，一次量，犬 5～10mg/kg，每 24h 一次。

【制剂与规格】 二氟沙星片：15mg、50mg、100mg。

◆ 奥比沙星 ◆

【作用与应用】 本品抗菌谱与其他氟喹诺酮类相同，对支原体及多数革兰氏阴性和阳性菌，如巴氏杆菌、葡萄球菌、绿脓杆菌、克雷伯氏菌、大肠杆菌、变形杆菌及沙门氏菌均有较强抗菌活性，对专性厌氧菌感染无效。细菌较少对本品产生耐药性。因本品脂溶性较高，能在多数组织细胞内达到较高浓度，所以用于治疗软组织、泌尿生殖道（包括前列腺）及皮肤感染效果较佳。可用于治疗犬、猫的敏感菌感染。

【应用注意】 ①犬、猫按常量（7.5mg/kg）的 5 倍（37.5mg/kg）剂量内服未见明显不良反应。②猫内服较高剂量可出现软粪及体重下降等现象。

【用法与用量】 内服，一次量，犬、猫 2.5～7.5mg/kg，每 24h 一次。

【制剂与规格】 奥比沙星片：6.25mg、25mg、75mg。

二、磺 胺 类

磺胺类药物是 20 世纪 30 年代发现的最早用于治疗细菌性感染的人工合成抗菌药物。因具有抗菌活性较弱、敏感菌易产生耐药性、用药量大、疗程偏长、长期或大量给药时有可能引起泌尿道损伤、贫血、多发性关节炎等不良反应的缺点，在人医临床上逐渐被各类抗生素及氟喹诺酮类所取代。但由于该类药物还具有抗菌谱广、性质稳定、便于长期保存、价格便宜、有多种制剂可供选择等优点，特别是甲氧苄啶和二甲氧苄啶等抗菌增效剂的出现使其抗菌效力增强、抗菌范围增大，故在动物用抗感染药物中仍占有重要地位，其中磺胺嘧啶、磺胺二甲氧嘧啶、磺胺二甲嘧啶、磺胺甲噁唑、柳氮磺胺吡啶等也被用于犬、猫细菌性疾病的治疗。

◆ **磺胺嘧啶** ◆

【基本概况】　本品为白色或近白色结晶性粉末，几乎不溶于水，其钠盐易溶于水。应遮光、密封保存。

【作用与应用】　本品属广谱慢效抑菌剂，抗菌作用较强，对大多数革兰氏阳性菌、部分革兰氏阴性菌、衣原体及某些原虫有效。对本品较敏感的病原菌有链球菌、肺炎球菌、沙门氏菌、化脓放线菌、大肠杆菌等，一般敏感的有葡萄球菌、变形杆菌、巴氏杆菌、克雷伯氏菌、绿脓杆菌。本品是磺胺类中用于治疗脑部细菌感染的首选药物，本品对某些原虫，如球虫、弓形虫等也有明显抑制作用。但本品较少单独应用，常与甲氧苄啶或奥美普林按 5∶1 比例组成复方制剂，用于治疗犬、猫尿道感染、外伤、原虫感染（如犬、猫的棘阿米巴原虫、肺孢子虫、等孢球虫、新孢子虫、弓形虫）、皮肤感染、前列腺感染及中枢神经系统感染。

【应用注意】　①本类药物应用剂量过大或时间过长时对肾有损害作用，可出现结晶尿、血尿，尤以磺胺嘧啶常见。②同服等量碳酸氢钠碱化尿液和适当增加饮水，可以减少结晶尿对肾的损伤。与本品相关的其他不良反应包括过敏反应、关节病、贫血、血小板减少、肝病、甲状腺功能减退症、角膜结膜炎、皮肤反应等。③因犬将磺胺嘧啶乙酰化为代谢产物的能力较弱，对本品较其他动物更为敏感，尤其是杜宾犬，应慎用。④本品禁与华法林、乌洛托品、氨苯砜合用。

【用法与用量】　内服或静脉注射，犬、猫首次量 100mg/kg，维持量 50mg/kg，每 12h 一次。复方磺胺嘧啶片：内服，一次量，犬、猫 15mg/kg，12h 一次；或 30mg/kg，每 12～24h 一次。治疗弓形虫病时，每次用量 30mg/kg，12h 一次（以磺胺嘧啶与甲氧苄啶总量计）。

【制剂与规格】　磺胺嘧啶片：500mg；复方磺胺嘧啶片（磺胺嘧啶＋甲氧苄啶）：30mg、120mg、240mg。

◆ **磺胺二甲氧嘧啶** ◆

【基本概况】　本品又称为磺胺-2，6-二氧嘧啶。本品为白色或乳白色的结晶性粉末，微溶于水，应遮光、密封保存。

【作用与应用】　本品抗菌谱与磺胺嘧啶相似，抗菌活性与磺胺嘧啶相似或略弱，对某些原虫，如球虫、弓形虫等有明显抑制作用。常用于犬、猫因敏感菌引起的呼吸道、消化道、软组织及尿道感染，还可用于犬、猫的球虫病和弓形虫病等。临床上常与奥美普林按 5∶1 比例组成复方制剂应用，使磺胺药的抗菌、抗球虫效应大为增强，减少耐药性的产生，并可用于控制犬的球虫感染。

【应用注意】　与磺胺嘧啶相似。在治疗犬球虫病期间，应保证适当的营养，并摄入足量的水，以防止脱水和形成结晶尿。

【用法与用量】　内服，犬、猫首次量为 55mg/kg，维持量为 27.5mg/kg，每 12h 一次，连续 4～9d。复方磺胺二甲氧嘧啶片：内服，犬、猫首次量为 27mg/kg，维持量为 13.5mg/kg，每 24h 一次。预防犬球虫感染，一次量为 66mg/kg，连续 23d（均以磺胺二甲氧嘧啶与奥美普林总量计）。

【制剂与规格】 磺胺二甲氧嘧啶片：125mg、250mg、500mg；复方磺胺二甲氧嘧啶片（磺胺二甲氧嘧啶＋奥美普林）：120mg、240mg、600mg。

◆ **磺胺二甲嘧啶** ◆

【基本概况】 本品又称为磺胺二甲基嘧啶。本品为白色或微黄的结晶或粉末，无臭，味微苦，几乎不溶于水，溶于热乙醇，易溶于稀酸或稀碱溶液，遇光颜色逐渐变深。

【作用与应用】 本品抗菌谱与磺胺嘧啶相似，抗菌效力低于磺胺嘧啶，对球虫有抑制作用。常与甲氧苄啶或奥美普林按5：1比例组成复方制剂用于犬、猫因敏感菌引起的呼吸道、消化道、软组织及泌尿生殖道感染。亦用于防治弓形虫病。

【应用注意】 本品及其乙酰化代谢产物易溶于水，血尿、结晶尿较少见。

【用法与用量】 内服，犬、猫首次量100mg/kg，维持量50mg/kg，每12h一次。

【制剂与规格】 磺胺二甲嘧啶片：500mg；磺胺二甲嘧啶大丸剂：30mg。

◆ **磺胺甲噁唑** ◆

【基本概况】 本品又称为新诺明、磺胺甲基异噁唑。本品为白色结晶性粉末，无臭，味微苦，易溶于丙酮、稀酸和碱液，略溶于乙醇。

【作用与应用】 本品抗菌谱与磺胺嘧啶相近，但抗菌效果较强。常与甲氧苄啶或奥美普林按5：1比例组成复方制剂，用于犬、猫因敏感菌引起的呼吸道、消化道、软组织及泌尿生殖道感染。也用以防治弓形虫病。

【应用注意】 本品及其乙酰化代谢产物在尿液中的水溶性高于磺胺嘧啶，血尿、结晶尿较少见。

【用法与用量】 内服，犬、猫首次量100mg/kg，维持量50mg/kg，每12h一次。复方磺胺甲噁唑片：内服，一次量，犬、猫15mg/kg，每12h一次；或30mg/kg，每12～24h一次（均以磺胺甲噁唑与甲氧苄啶总量计）。

【制剂与规格】 磺胺甲噁唑片：500mg；复方磺胺甲噁唑片（磺胺甲噁唑＋甲氧苄啶）：480mg、960mg。

◆ **柳氮磺胺吡啶** ◆

【基本概况】 本品又称为水杨酰偶氮磺胺吡啶。本品为棕色微细结晶，无臭，微溶于乙醇。

【作用与应用】 本品为水杨酸与磺胺吡啶的偶氮化合物为内服不易吸收的磺胺药，内服后在肠内分解为磺胺吡啶和5-氨基水杨酸，起到抗菌、消炎和免疫抑制作用。常用于治疗犬、猫的自发性结肠炎及其他炎症性肠道疾病。

【用法与用量】 内服，一次量，犬15～30mg/kg，每8～12h一次，每日总量不超过6g；猫10～20mg/kg，每8～12h一次。

【制剂与规格】 柳氮磺胺吡啶片：500mg。

三、甲氧苄啶类

甲氧苄啶类为人工合成的一类广谱抗菌药，因能增强磺胺药和多种抗生素的疗效，故又称为抗菌增效剂。国内常用甲氧苄啶和二甲氧苄啶，国外应用的还有奥美普林（OMP，二甲氧甲基苄啶）、阿地普林（ADP）及巴喹普林（BQP）。因细菌对本类药物易产生耐药性，故临床一般不单独应用。

◆ **甲氧苄啶** ◆

【基本概况】　本品为白色或类白色结晶粉末，无臭，味苦，极微溶于水，微溶于乙醇、丙酮，略溶于氯仿，易溶于酸。

【作用与应用】　本品抗菌谱与磺胺类相似，但抗菌作用较强，单用易产生耐药性。与磺胺类合用，可使磺胺类的抗菌作用增强数倍至数十倍，甚至出现杀菌作用，并延缓耐药性的产生，且对磺胺类耐药的菌株也有抑制作用。此外，还可增强其他抗生素（如四环素、庆大霉素、红霉素等）的抗菌作用。本品常与磺胺类（如磺胺甲噁唑或磺胺嘧啶）按1∶5比例组成复方制剂，用于链球菌、葡萄球菌及革兰氏阴性菌引起的呼吸道、泌尿道、中枢神经系统感染及乳腺炎、败血症、腹膜炎等，还可用于治疗犬、猫的卡氏肺孢子虫感染与球虫病。

【用法与用量】　详见磺胺嘧啶与磺胺甲噁唑。

◆ **二甲氧苄啶** ◆

【基本概况】　本品又称为敌菌净。本品为白色或淡黄色结晶性粉末，几乎无臭，溶于浓盐酸，微溶于稀盐酸，极微溶于氯仿。

【作用与应用】　本品抗菌效力比甲氧苄啶弱，亦能增强磺胺类和多种抗生素的抗菌作用，其特点为内服吸收较少，在胃肠道内的浓度较高，用作肠道抗菌增效剂比甲氧苄啶优越。主要与磺胺药按1∶5比例组成复方制剂用于犬、猫肠道细菌性疾病。单独应用时也具有防治球虫的作用。

【用法与用量】　与磺胺类按1∶5比例组成复方制剂。内服，一次量，犬、猫20～25mg/kg，12h一次。

【制剂与规格】　复方二甲氧苄啶片：磺胺对甲氧嘧啶30mg＋二甲氧苄啶6mg。

◆ **奥美普林** ◆

【基本概况】　本品又称为二甲氧甲基苄啶。

【作用与应用】　本品具广谱抗菌作用，对部分球虫亦有活性。常与磺胺类（如磺胺二甲氧嘧啶）按1∶5比例组成复方制剂，用于犬、猫的肺炎，皮肤、软组织及尿道感染。

【制剂与规格】　详见磺胺二甲氧嘧啶。

四、硝基呋喃类

硝基呋喃类是人工合成的具有5-硝基呋喃基本结构的广谱抗菌药物。对大多数革兰氏阳性菌和革兰氏阴性菌、某些真菌和原虫均有抑制作用，曾经在畜禽及水产养殖业中使用较为广泛。20世纪90年代发现具有致畸、致突变和致癌作用后，我国、美国及欧盟已普遍禁止将此类药物用于食源性动物，但仍有部分品种在小动物临床上应用，如呋喃唑酮、呋喃妥因。

◆ **呋喃妥因** ◆

【基本概况】　本品又称为呋喃坦啶。本品为橙黄色针状结晶，无臭，味苦，溶于乙醇、丙酮、二甲基甲酰胺，几乎不溶于氯仿。遇光颜色变深。

【作用与应用】　本品抗菌谱广，对多数革兰氏阳性菌及阴性菌均有抗菌作用，对某些真菌（白色念珠菌）和原虫亦有杀灭作用，其中对大肠杆菌、沙门氏菌的作用较强。细菌不易对其产生耐药性。内服吸收迅速而完全，在尿道中浓度高于其他组织，为有效的泌尿道感染治疗药物。但不适于治疗全身感染。本品内服可用于预防和治疗犬、猫由大肠杆菌、变形杆菌、肺炎杆菌、产气杆菌、肠球菌等所致的尿道感染，如肾盂肾炎、膀胱炎、尿道炎等。

【应用注意】 ①较大剂量内服时可出现血小板减少、贫血、白细胞减少。②严重肾功能障碍动物禁用本品。③妊娠动物及幼龄动物禁用本品。④本品宜与食物同服，以减少胃肠道刺激并增加吸收。⑤连续用药时间不宜超过 2 周。⑥尿液呈酸性时本品抗菌活性高。忌与碳酸氢钠等碱性药物使用，以防尿液碱化而影响药效。⑦与萘啶酸、依巴沙星有拮抗作用。

【用法与用量】 内服，一次量，犬、猫 4mg/kg，每 8h 一次。

【制剂与规格】 呋喃妥因片：50mg、100mg；呋喃妥因口服悬液：5mL：25mg。

◆ 呋喃唑酮 ◆

【基本概况】 本品又称为痢特灵。本品为黄色结晶性粉末，无臭，味苦，极微溶于氯仿、水、乙醇和四氯化碳，稍溶于二甲基甲酰胺。

【作用与应用】 本品抗菌作用与呋喃妥因相似，对贾第鞭毛虫、毛滴虫、球虫也有活性。内服吸收少，肠内浓度高。主要用于犬、猫敏感菌所致的细菌性痢疾、肠炎，也可用于副伤寒、贾第鞭毛虫病、滴虫病等。

【用法与用量】 内服，一次量，犬、猫 4mg/kg，每 12h 一次。

【制剂与规格】 呋喃唑酮片：100mg。

五、硝基咪唑类

硝基咪唑类是一组具有抗原虫和抗菌活性的药物，同时也具有很强的抗厌氧菌作用。可用于预防和治疗厌氧菌所致的全身及局部感染，如腹腔、消化道、下呼吸道、皮肤及软组织等部位的厌氧菌感染，外科手术后的厌氧菌感染，还可用于脑部、口腔厌氧菌感染，并广泛用于由贾第鞭毛虫、滴虫、阿米巴原虫引起的腹泻、其他肠道问题，及犬的生殖道毛滴虫病。此类药物中仅甲硝唑与替硝唑用于犬、猫，将于"学习情境 4　抗寄生虫药物"中的"学习单元 3　抗原虫药"部分详细介绍。

学习单元 6　抗真菌药

犬、猫的真菌感染可分为浅部感染和深部感染两类。浅部感染常由各种癣菌引起，主要侵犯皮肤、毛发、指（趾）甲等，发病率高，有的在人与动物之间可以互相传染，如皮肤癣菌病、猫孢子丝菌病；深部真菌感染常由白色念珠菌和新型隐球菌引起，主要侵犯深部组织及内脏器官如脑、肺、肝等，发病率虽低，但危害大，常可危及犬、猫的生命。兽医临床控制犬、猫的真菌感染主要是应用抗真菌药，常用的包括抗生素类、唑类、丙烯胺类、氟胞嘧啶等。

一、抗真菌抗生素

抗真菌抗生素主要包括两性霉素 B、制霉菌素、灰黄霉素、那他霉素等。除两性霉素 B

可用于全身治疗外，其他都只能局部应用。

◆ 两性霉素 B ◆

【基本概况】　本品为深黄色棱柱状或针状晶体，易溶于二甲亚砜，溶于二甲基甲酰胺，微溶于甲醇。

【作用与应用】　本品属多烯类全身抗真菌药。对多种深部真菌如新型隐球菌、念珠菌、皮炎芽生菌及组织胞浆菌等有强大抑制作用，高浓度有杀菌作用。对体内的某些原虫如阿米巴原虫、利什曼原虫等也有效。本品主要用于治疗犬、猫全身性深部真菌感染、真菌性败血症、真菌性尿道感染，如犬组织胞浆菌病、芽生菌病、球孢子菌病，也可预防白色念珠菌感染及各种真菌性局部炎症。本品内服吸收少，故毒性反应较小，亦是消化道真菌感染的有效药物。还可用于治疗犬的利什曼病。

【应用注意】　①本品静脉注射毒性大，可引起肝、肾损伤、贫血和白细胞减少等。猫每天静脉注射 1mg/kg，连续 7d 即出现严重溶血性贫血。②应用本品时应结合补钾。③本品应在 15℃ 以下避光保存。④本品不可与氨基糖苷类、磺胺类合用，以免增加肾毒性。⑤本品可增强抗肿瘤药 5-氟尿嘧啶、多柔比星、甲氨蝶呤的毒性。⑥本品亦不宜与洋地黄类、噻嗪类利尿药同时使用。⑦在体外，本品与氟胞嘧啶对念珠菌、隐球菌、曲霉菌有协同作用。

【用法与用量】　缓慢静脉注射：一次量，犬、猫 0.15～0.5mg/kg，每 48h 一次，1 周 3 次，总剂量为 4～11mg/kg。临用前先用 5% 葡萄糖注射液（勿用生理盐水）稀释成 0.1% 浓度后缓慢静脉注射给药。治疗利什曼病：静脉注射，一次量，犬 1～2.5mg/kg，1 周 2 次，连续给药 8 次。

【制剂与规格】　两性霉素 B 片：100mg；注射用两性霉素 B：5mg、25mg、50mg。

◆ 制霉菌素 ◆

【基本概况】　本品为黄色或黄棕色粉末，有特殊气味及引湿性，微溶于水、甲醇、乙醇，对空气、光、热、水、酸或碱均不稳定。

【作用与应用】　本品属多烯类抗真菌药，其体内过程和抗真菌作用与两性霉素 B 基本相同。对白色念珠菌作用尤其明显，但毒性大，不作注射用。内服用于防治犬、猫消化道念珠菌病，局部用药对皮肤真菌感染有效。也适用于长期服用抗生素所致的真菌性二重感染。

【应用注意】　用量过大可引起呕吐、腹泻等消化道反应。

【用法与用量】　制霉菌素片：内服，一次量，犬 5 万～15 万 U，每 8～12h 一次。制霉菌素外用混悬液：外用，涂于患处，每 8～12h 一次。

【制剂与规格】　制霉菌素片，10 万 U、25 万 U、50 万 U；制霉菌素外用混悬液，1mL：10 万 U。

◆ 灰黄霉素 ◆

【基本概况】　本品为白色或类白色粉末，无臭，微溶于乙醇、乙醚，易溶于丙酮、二甲基甲酰胺。

【作用与应用】　本品为抗浅表真菌抗生素，对各种皮肤真菌（表皮癣菌、小孢子菌和毛癣菌）有较强的抑制作用，但对深部真菌和细菌无效。主要用于犬、猫浅部（如毛发、趾、爪等）的真菌感染。

【应用注意】　空腹给药易引起呕吐，妊娠犬、猫禁用本品，不宜与巴比妥类药、抗凝血药合用。

【用法与用量】 内服，一次量，犬、猫 40～50mg/kg，每 24h 一次，连用 4～8 周。

【制剂与规格】 灰黄霉素片：100mg、250mg。

◆ **那他霉素** ◆

【基本概况】 本品外观白色（或奶油色），为无色、无味的结晶粉末，微溶于水、甲醇，溶于稀酸、冰醋酸及二甲基甲酰胺，难溶于大部分有机溶剂。对紫外线较为敏感，故不宜与阳光接触。避免与氧化物及硫氢化合物等接触。

【作用与应用】 本品为广谱抗浅表真菌抗生素。对毛癣菌、小孢子菌、曲霉菌、犬孢子菌及念珠菌均有较强的抑制作用。常局部应用，治疗犬、猫皮肤及外耳道真菌感染。

【应用注意】 不宜与其他局部用抗真菌制剂合用。

【用法与用量】 外用，涂于患处。

【制剂与规格】 0.01%那他霉素外用混悬液。

二、唑　类

唑类抗真菌药包括咪唑类和三唑类，均为人工合成的广谱抗真菌药，对深部真菌均有作用。咪唑类药物常用的有克霉唑、咪康唑、酮康唑等，后两者主要为局部用药。三唑类中有氟康唑和伊曲康唑，主要用于治疗深部真菌病。

◆ **克霉唑** ◆

【基本概况】 本品为白色粉末或无色结晶性粉末，无臭，无味，溶于无水乙醇、丙酮、氯仿，在酸溶液中迅速分解。

【作用与应用】 本品对大多数致病性真菌具有抗菌作用。对表皮癣菌、毛癣菌、曲霉菌、念珠菌均有较好作用，抗菌效力与灰黄霉素相似；对新型隐球菌、皮炎芽生菌、组织胞浆菌、球孢子菌、白色念珠菌也有作用，但不及两性霉素 B。各种真菌不易对本品产生耐药性。此外，本品对金黄色葡萄球菌、溶血性链球菌、变形杆菌及沙门氏菌也有抗菌活性。

【应用注意】 ①外用治疗犬、猫的浅表真菌感染，如耳部真菌感染和体癣。内服可用于治疗犬、猫的各种深部真菌感染。②本品内服对胃肠道有刺激性。

【用法与用量】 内服：一次量，犬、猫 12.5～25mg/kg，每 8～12h 一次。滴耳：每患耳 3～5 滴，每 12h 一次。外用：克霉唑软膏或溶液，涂于患处，每 12h 一次。

【制剂与规格】 克霉唑片：250mg、500mg；克霉唑软膏：1%、3%；克霉唑溶液：1%。

◆ **咪康唑** ◆

【基本概况】 本品又称为双氯苯咪唑、霉可唑。其硝酸盐为白色或类白色结晶性粉末，无臭或几乎无臭。溶于乙醇、氯仿和甲醇，不溶于水和乙醚。

【作用与应用】 对球菌、念珠菌、球孢子菌均有抑制作用。局部用药可治疗犬、猫皮肤黏膜真菌感染、耳部真菌感染，疗效优于克霉唑和制霉菌素。对深部真菌感染，可用作两性霉素 B 的替代药。

【用法与用量】 咪康唑软膏：外用，涂于患处，连续 2 周。咪康唑外用混悬液：用于治疗犬、猫真菌性耳炎，外用，一次量，每患耳 2～12 滴，每 12～24h 一次。

【制剂与规格】 咪康唑软膏：2%；咪康唑外用混悬液：23mg/mL。

◆ **酮康唑** ◆

【基本概况】　本品为白色结晶性粉末，不溶于水。

【作用与应用】　本品对全身及浅表真菌均有抗菌活性，对芽生菌、球孢子菌、隐球菌、念珠菌、组织胞浆菌、小孢子菌和毛癣菌均有抑制作用，大多数曲霉菌亦对本品敏感。内服治疗多种浅表真菌病的疗效至少相当于或优于灰黄霉素、两性霉素 B 和咪康唑。可用于治疗犬、猫的曲霉菌病、念珠菌病、芽生菌病、球孢子菌病、隐球菌病、孢子丝菌病、皮癣菌病。

【应用注意】　①妊娠犬、猫禁用本品。②饲后用药，用药期间不宜给犬、猫喂牛乳或碱性食物。③肝功能障碍动物慎用本品。④本品不宜与扑尔敏、异丙嗪、苯海拉明等药物合用。

【用法与用量】　酮康唑片：内服，一次量，犬、猫 5～10mg/kg，每 8～12h 一次。治疗中枢神经系统或鼻部真菌感染时每日剂量可增至 40mg/kg，并建议与两性霉素 B 联合应用。酮康唑软膏：外用，涂于患处。

【制剂与规格】　酮康唑片：200mg；酮康唑软膏：2%。

◆ **氟康唑** ◆

【基本概况】　本品为白色结晶性粉末，溶于水，易溶于有机溶剂。

【作用与应用】　本品属三唑类广谱抗真菌药，抗菌谱与酮康唑相似，对深、浅部真菌均有较强的抗菌作用。其体内抗菌活性比酮康唑强 10～20 倍，且毒性低，对念珠菌、隐球菌最为敏感，对表皮癣菌、皮炎芽生菌、组织胞浆菌、球孢子菌、犬小孢子菌也有较强作用，对曲霉菌作用较弱。可用于犬、猫念珠菌病和隐球菌病的治疗，还可用于治疗真菌性膀胱炎、马拉色菌皮炎。

【应用注意】　①本品不良反应较轻，有轻度消化系统反应。②妊娠和泌乳犬、猫慎用本品。③肝功能障碍的猫禁用本品。

【用法与用量】　内服或静脉注射，一次量，犬 2.5～10mg/kg，猫 10mg/kg，每 24h 一次。马拉色菌皮炎：内服，一次量，犬 5mg/kg，12h 一次。眼部或中枢神经系统隐球菌病：静脉滴注或内服，一次量，体重小于 3.2kg 的猫 50mg，体重大于 3.2kg 的猫 100mg，每 24h 一次。

【制剂与规格】　氟康唑胶囊：50mg、150mg。

◆ **伊曲康唑** ◆

【作用与应用】　本品属三唑类广谱抗真菌药，抗菌谱与酮康唑相似，抗菌活性较酮康唑、氟康唑更强。主要用于犬、猫各种浅表真菌感染及全身性真菌病，如芽生菌病、组织胞浆菌病、念珠菌病、球孢子菌病、隐球菌病，以及耐受两性霉素 B 或经两性霉素 B 治疗无效的曲霉病、皮肤癣菌所致的皮肤真菌病（如犬的马拉色菌皮炎、猫的金钱癣）。

【应用注意】　①猫使用剂量过大可导致呕吐、厌食。②本品注射及口服后，尿液及脑脊液中均无原形药，故本品不宜用于尿路感染和中枢神经系统感染的治疗。③妊娠和泌乳犬、猫慎用本品。④肝功能障碍犬、猫慎用本品。

【用法与用量】　内服，一次量，犬 2.5～5mg/kg，每 12～24h 一次。皮肤真菌病，3mg/kg，每 24h 一次，连续 15d；猫 5mg/kg，每 12h 一次。

【制剂与规格】　伊曲康唑胶囊：100mg；伊曲康唑口服溶液：10mg/mL。

◆ **伏立康唑** ◆

【作用与应用】　本品属三唑类广谱抗真菌药，抗菌谱与伊曲康唑、氟康唑相似，对芽生菌、组织胞浆菌、球孢子菌、念珠菌、马拉色菌的抗菌活性较氟康唑更强，尤其对曲霉菌的活性强于本类其他药物。主要用于治疗犬、猫各种浅表真菌感染及全身性真菌病，如曲霉菌、镰刀菌感染、念珠菌病、芽生菌病、组织胞浆菌病、球孢子菌病等。

【应用注意】 本品不良反应较酮康唑轻，但高剂量应用时可能出现呕吐和肝毒性；妊娠及肝功能障碍犬、猫慎用本品。

【用法与用量】 内服，一次量，犬、猫 4～5mg/kg，每 12h 一次。

【制剂与规格】 伏立康唑片：50mg、200mg。

三、丙烯胺类

丙烯胺类是一类结构新颖、抗真菌活性高的化合物，首先用于临床的萘替芬，以后合成了特比萘芬，从而发展成为一类新型合成抗菌药。

◆ **特比萘芬** ◆

【基本概况】 本品盐酸盐为白色至类白色结晶粉末。

【作用与应用】 本品抗菌谱广，对多数致病性真菌均有抑制和杀灭作用，其中最敏感的为皮肤癣菌，如犬小孢子菌、毛癣菌和表皮癣菌，其次为隐球菌、曲霉菌、组织胞浆菌、芽生菌，对念珠菌的活性差别较大。本品在体内、外抗真菌活性明显优于灰黄霉素、克霉唑、咪康唑，内服后主要分布于皮肤角质并可长期留存。本品可用于治疗犬、猫的各种皮肤真菌感染，如犬的马拉色菌皮炎，犬、猫的大、小孢子菌感染。

【应用注意】 ①肝、肾功能障碍犬、猫慎用本品。②妊娠及泌乳犬、猫慎用本品。③本品与两性霉素 B、伊曲康唑、氟康唑联合应用，对念珠菌具有协同作用。④本品可与甲硝唑组成复方制剂，用于治疗犬的真菌性皮肤病。

【用法与用量】 内服：一次量，犬 30mg/kg（混饲），每 24h 一次，连续至少 3 周；猫 30～40mg/kg，每 24h 一次，连续至少 2 周。外用：盐酸特比萘芬溶液或软膏，涂于患处，连续 2 周。

【制剂与规格】 盐酸特比萘芬片：250mg；盐酸特比萘芬溶液：1%；盐酸特比萘芬软膏：1%。

四、棘白菌素类

棘白菌素类为一组半合成脂肽类化合物，属乙酰环六肽类，为葡聚糖合成酶抑制剂，主要抑制真菌细胞壁的合成。该类药物具广谱抗菌作用，对曲霉菌、念珠菌具优良抗菌活性，对丝状真菌和一些双相真菌具一定抗菌活性，新型隐球菌对其天然耐药。代表药物包括卡泊芬净、西洛芬净、米卡芬净，均已在人医临床应用，还未见用于犬、猫的报道。

五、其他抗真菌药

◆ **氟胞嘧啶** ◆

【基本概况】 本品为白色结晶性粉末，易溶于乙醇。

【作用与应用】 本品属人工合成的氟嘧啶抗真菌药，对隐球菌、念珠菌、曲霉菌等具有较强活性，对其他真菌（如丝状真菌和双相真菌）作用弱。为提高疗效、减少耐药性，常与其他抗真菌药（如两性霉素 B、酮康唑）联合，用于治疗犬、猫的真菌性皮肤感染、全身及尿道真菌感染，如隐球菌病、念珠菌病。

【应用注意】 ①常见的不良反应包括腹泻、厌食、呕吐。②猫应用后可能引起癫痫样发作和行为异常。③妊娠、泌乳及幼年犬、猫禁用本品。④肾功能障碍及骨髓疾患犬、猫慎用本品。

【用法与用量】 内服：一次量，犬、猫 $25\sim50mg/kg$，每 $6\sim8h$ 一次。最高剂量可达 $100mg/kg$，每 12h 一次。用于治疗隐球菌性脑膜炎，一次量，犬、猫 $20\sim40mg/kg$，每 6h 一次。静脉注射：一次量，犬、猫 $25\sim50mg/kg$，每 6h 一次；猫 $25\sim35mg/kg$，每 8h 一次。

【制剂与规格】 氟胞嘧啶胶囊，250mg、500mg；氟胞嘧啶口服悬液，1mL：75mg；氟胞嘧啶注射液，1mL：10mg。

学习单元7 抗病毒药

由病毒引起的疾病在犬、猫传染病中占有较大比例，这些疾病不仅严重地威胁着动物的生命，还有可能影响人类的健康。但在病毒病的治疗上，由于病毒具有不同于细菌的某些特征，对化学治疗提出了更高的要求。而在目前已知的药物中，对病毒作用可靠、疗效确实的药物不多，兽医临床应用亦有限。目前控制犬、猫的病毒性疾病主要还是依靠接种疫苗预防，以下介绍的几种抗病毒药，如阿昔洛韦、金刚烷胺、利巴韦林、齐多夫定、干扰素等在兽医临床应用缺乏系统的研究资料，仅能对其作用特点和试用情况作简要阐述，以供临床参考。

◆ 阿昔洛韦 ◆

【基本概况】 本品又称为无环鸟苷。本品为白色结晶性粉末，无臭，无味，其钠盐溶于水。

【作用与应用】 本品是人工合成核苷类抗 DNA 病毒药，其作用是选择性抑制 DNA 多聚酶，阻止 DNA 合成。抗病毒谱较窄，对 DNA 病毒如单纯疱疹病毒、带状疱疹病毒、细胞巨化病毒等有抑制作用，能干扰病毒 DNA 多聚酶，抑制病毒的复制。人医临床用于防治单纯疱疹病毒感染，如角膜炎、皮肤黏膜感染、生殖器疱疹、疱疹病毒脑炎和带状疱疹，兽医上曾经试治猫疱疹病毒Ⅰ型引起的猫眼部和呼吸道疾病。

【应用注意】 妊娠犬、猫禁用本品。

【用法与用量】 阿昔洛韦软膏：外用，涂于患处，每 $4\sim6h$ 一次，连续用药不超过3周。

【制剂与规格】 阿昔洛韦软膏：3%。

◆ 利巴韦林 ◆

【基本概况】 本品又称为病毒唑、三氮唑核苷。

【作用与应用】 本品为嘌呤三氮唑化合物的广谱抗病毒药，对多种 DNA 和 RNA 病毒均有抑制作用，体外有抑制流感病毒、副流感病毒、环状病毒和猫嵌杯样病毒的作用。对犬瘟热、犬副流感、犬细小病毒病等病毒性传染病有一定疗效。

【应用注意】 猫每天按 75mg/kg 剂量给药，连续 10d 可引起严重的血小板减少症，并伴发骨髓抑制、黄疸；妊娠犬、猫禁用本品。

【用法与用量】 内服：一次量，犬、猫 5～10mg/kg，每 12h 一次。静脉注射、肌内注射或皮下注射：一次量，犬、猫 5mg/kg，每 12h 一次。

【制剂与规格】 利巴韦林片，20mg、50mg、100mg；利巴韦林注射液，1mL：100mg 或 2mL：150mg；利巴韦林滴眼液，8mL：8mg。

◆ 金刚烷胺 ◆

【作用与应用】 本品是人工合成的饱和三环癸烷的氨基衍生物，可特异性抑制甲型流感病毒，阻止病毒进入细胞内，并能抑制病毒复制，但易诱导耐药毒株的产生。另外，本品还具有镇痛作用，可作为镇痛剂控制患肿瘤犬的神经病理性疼痛，对骨性关节炎患犬亦有辅助治疗作用。本品在人医临床可减轻帕金森病的症状，如强直和震颤。

【用法与用量】 内服，一次量，犬、猫 3mg/kg，每 24h 一次。

【制剂与规格】 金刚烷胺片或胶囊：100mg；金刚烷胺糖浆：10mg/mL。

◆ 齐多夫定 ◆

【基本概况】 本品又称为叠氮胸苷。

【作用与应用】 本品为胸苷类似物，作为 DNA 链终止剂，在体外对反转录病毒包括人免疫缺陷病毒（HIV）具有高度活性。是人医临床用于治疗艾滋病的第一个药物，可减轻或缓解艾滋病及其相关综合征。在兽医临床已被试用于治疗猫白血病病毒（FeLV）和猫免疫缺陷病毒（FIV）感染。

【用法与用量】 内服，一次量，猫 15mg/kg，12h 一次；或 20mg/kg，每 8h 一次。

【制剂与规格】 齐多夫定糖浆：10mg/mL；齐多夫定注射液：10mg/mL。

◆ 干扰素 ◆

【作用与应用】 干扰素是病毒进入机体后诱导宿主细胞产生的一类具有多种生物活性的糖蛋白，自细胞释放后可促使其他细胞抵抗病毒的感染。根据其来源和结构，干扰素可分为 α、β、γ 三种类型，近年来，还发现了 ω 等类型的干扰素。干扰素在同种细胞上具有广谱抗病毒、调节免疫功能、抗肿瘤等多种生物活性，可用于预防和治疗病毒感染和免疫系统疾病。现已证明，α 干扰素可用于猫的疱疹性角膜炎和树枝状角膜炎；ω 干扰素可用于缓解细小病毒患犬肠道临床症状及减少死亡率，也可用于猫的眼部疱疹性角膜炎。

【用法与用量】 α 干扰素或 ω 干扰素：眼部用药，一次量，200～50 000IU/kg；猫，每患眼 1 滴，每 6～8h 一次。ω 干扰素：静脉注射，一次量，犬 2.5×10⁶ IU/kg，每 24h 一次。

【制剂与规格】 α 干扰素溶液：3.6×10⁶～6×10⁶ IU/mL；注射用重组 α 干扰素：1×10⁷ IU；注射用 ω 干扰素：5×10⁶ IU，1×10⁷ IU。

◆ 聚肌胞 ◆

【基本概况】 本品又称为聚肌苷酸-聚胞苷酸。

【作用与应用】 本品属多聚核苷酸，为有效的干扰素诱导剂，当它进入机体后作用于正常细胞，使正常细胞产生抗病毒蛋白，有广谱抗病毒作用，能保护局部或全身的病毒感染。可试用于犬的传染性肝炎、犬细小病毒、犬瘟热等病毒性疾病的治疗。

【用法与用量】　肌内注射，一次量，犬 0.04mg/kg，每 24h 一次，连用 3d。

【制剂与规格】　聚肌胞注射液，2mL：1mg 或 2mL：2mg。

学习单元 8　抗结核药

结核病是由结核杆菌所引起的多种动物及人的传染病。犬、猫的结核病主要由人型和牛型结核菌所致，属人兽共患病。患病犬、猫能排出病原，对人类健康造成威胁。对犬、猫结核病应定期进行结核病检疫淘汰。对需要治疗的犬、猫，应在隔离条件下，应用抗结核药物治疗。目前用于犬、猫的抗结核药主要分为两类：一类是抗生素，如利福平、链霉素；另一类是人工合成药，如乙氨丁醇。

◆ **利福平** ◆

【基本概况】　本品又称为甲哌利福霉素。

【作用与应用】　本品是人工半合成的利福霉素类抗生素。具有广谱抗菌作用，对繁殖期和静止期的细菌均有作用。对结核杆菌、麻风杆菌和革兰氏阳性球菌特别是耐药金黄色葡萄球菌有很强的抗菌作用，对革兰氏阴性菌如大肠杆菌、变形杆菌、流感杆菌等，以及衣原体、立克次氏体、部分原虫和真菌、痘病毒也有抑制作用。抗结核效力与异烟肼相近而较链霉素强。结核杆菌对利福平易产生耐药性，不宜单用，而与乙胺丁醇等合用有协同作用，并能延缓耐药性的产生。本品是对金黄色葡萄球菌最有效的药物之一。目前在人医临床用于治疗结核病，在国外已用于犬、猫的非典型结核杆菌感染，亦可用于衣原体病、埃立克体病、巴尔通体病（猫抓病）的治疗。在结核病的治疗中常与克拉霉素、恩诺沙星、多西环素等联合应用。局部用药可用于沙眼、急性结膜炎及病毒性角膜炎的治疗。

【应用注意】　①因本品在高剂量时具有致畸作用，故妊娠犬、猫不宜应用。②肝功能障碍的犬、猫不宜应用本品。③应用本品后可使唾液、尿液及粪便呈橘红色或红棕色。④本品为肝药酶诱导剂，在人可加快巴比妥类、茶碱、酮康唑等药物的代谢，这些药物与利福平联用时应增加剂量。

【用法与用量】　内服，一次量，犬、猫 10～15mg/kg，每 24h 一次。

【制剂与规格】　利福平胶囊：150mg、300mg；利福平糖浆：20mg/mL。

学习单元 9　抗微生物药物的合理使用

抗微生物药物是目前兽医临床使用最广泛和最重要的药物，对控制动物传染病起着巨大的作用，但当前不合理用药较为严重，常造成治疗失败、不良反应增多、药品浪费、细菌耐药性产生、兽药残留等，为了充分发挥抗菌药物的疗效，必须切实合理地使用抗菌药物。

（一）正确诊断，严格掌握药物适应证

抗微生物药各有其主要适应证。可根据临床诊断或实验室病原检验推断或确定病原微生物。再根据药物的抗菌活性（必要时，对分离出的病原菌作药敏测定）、药动学（包括吸收、

分布、代谢、排泄过程、血药半衰期、各种给药途径的生物利用度)、不良反应、药源、价格等方面情况，选用适当药物。一般对革兰氏阳性菌引起的疾病，如炭疽、气肿疽、放线菌病和葡萄球菌性或链球菌性炎症、败血症等可选用青霉素类、头孢菌素类、四环素类、氯霉素和红霉素类等；对革兰氏阴性菌引起的疾病如巴氏杆菌病、大肠杆菌病、肠炎、泌尿道炎症等则优先选用氨基糖苷类、氯霉素类和氟喹诺酮类等；对耐青霉素 G 金黄色葡萄球菌所致的呼吸道感染、败血症等可选用耐青霉素酶的半合成青霉素如苯唑西林、氯唑西林，亦可用庆大霉素、大环内酯类和头孢菌素类抗生素；对绿脓杆菌引起的创面感染、尿路感染、败血症、肺炎等可选用庆大霉素、多黏菌素类和羧苄西林等。而对支原体引起的呼吸道病则首选氟喹诺酮类药（恩诺沙星、达诺沙星等）、泰乐菌素、泰妙菌素等。

(二) 制订合理的给药方案

抗菌药在机体内要发挥杀灭或抑制病原菌的作用，必须在靶组织或器官内达到有效的浓度，并能维持一定的时间。因此，必须有合适的剂量、间隔时间及疗程，同时血中有效浓度维持时间受药物在体内的吸收、分布、代谢和排泄的影响。应在考虑各药的药物动力学、药效学特征的基础上，结合畜禽的病情、体况制订合适的给药方案，包括药物品种、给药途径、剂量、间隔时间及疗程等。此外，兽医临床药理学提倡按药物动力学参数制订给药方案，特别是对使用毒性较大、用药时间较长的药物，最好能通过血药浓度监测作为用药的参考，以保证药物的疗效，减少不良反应的发生。

(三) 防止耐药性的产生

随着抗菌药物的广泛应用，细菌耐药性的问题也日益严重，其中以金黄色葡萄球菌、大肠杆菌、绿脓杆菌、痢疾杆菌及结核杆菌最易产生耐药性。为了防止耐药菌株的产生，应注意以下几点：严格掌握适应证，不滥用抗菌药物；严格掌握剂量与疗程；病因不明者，不要轻易使用抗菌药；发现耐药菌株感染应改用对病原菌敏感的药物或采取联合用药；尽量减少长期用药。

(四) 防止药物的不良反应

剂量过小不仅无效，反而可能促使耐药菌株的产生；剂量过大不一定增强疗效，却可造成不必要的浪费，甚至可能引起机体的严重损害，如氨基糖苷类抗生素用量过大可损害听神经和肾脏。总之，抗菌药物在血中必须达到有效浓度，其有效程度应以致病微生物的药敏为依据。如高度敏感则因血中浓度要求较低而可减少用量，如仅中度敏感则用量和血浓度均须较高。一般对轻、中度感染，其最大稳态血药浓度宜超过 MIC 4～8 倍，而重度感染则在 8 倍以上。

药物疗程视疾病类型和患畜病况而定。一般应持续应用至体温正常，症状消退后的 2d，但疗程不宜超过 7d。对急性感染，如临床效果欠佳，应在用药后 5d 内进行调整（适当加大剂量或改换药物）；对败血症、骨髓炎、结核病等疗程较长的感染可适当延长疗程（处理败血症，宜用药至症状消退后 1～2 周，以彻底消除病原菌），或在用药 5～7d 后休药 1～2d 再持续治疗。

用药期间要注意药物的不良反应，一经发现应及时采取停药、更换药物及相应解救措施。肝、肾是许多抗微生物药代谢与排泄的重要器官，在其功能障碍时往往影响药物在体内的代谢和排泄。氯霉素、金霉素、红霉素等主要经肝代谢，在肝功能受损时，按常量用药易导致在体内蓄积中毒；氨基糖苷类、四环素类、青霉素类、头孢菌素类、多黏菌素类、磺胺类等药物在肾功能减退时应避免使用和慎用，必要时可减量或延长给药间期。

（五）抗菌药物的联合应用

多数细菌性感染只需用一种抗菌药物治疗，联合用药仅适用于少数情况，且一般二联即可，三联、四联并无必要。联合应用抗微生物药要有明确的指征。一般用于以下情况：

（1）单一抗微生物药不能控制的严重感染（如败血症等）或数种细菌的混合感染（如肠穿孔所致的腹膜炎及烧伤等复杂创伤感染等）。对后者可先用一种广谱抗生素，无效时再联合使用。

（2）长期用药，细菌容易产生耐药性时，如结核病、慢性尿路感染等。

（3）毒性较大药物联合用药可使剂量减少，毒性降低。如两性霉素 B、多黏菌素类与四环素联合，可减少前者用量，从而减轻了不良反应。

（4）病因不明的严重感染或败血症，应分析病情和感染途径，推测病原菌种类，然后考虑有效的联合应用。如皮肤、口腔或呼吸道感染以金黄葡萄球菌和链球菌的可能性较大；尿路和肠道感染多为大肠杆菌或其他革兰氏阴性杆菌。不能确定病原时，则按一般感染的联合用药处理（青霉素＋链霉素）。并同时采取病料，经培养和药敏试验，取得结果后再做调整。

根据抗菌作用的特点，可将抗微生物药分为四大类，第一类是繁殖期杀菌剂，如青霉素类、头孢菌素类等；第二类为静止期杀菌剂或慢效杀菌剂，如氨基糖苷类、多肽类等；第三类为快效抑菌剂，如四环素类、氯霉素类、大环内酯类等；第四类为慢效抑菌剂，如磺胺类。第一类和第二类合用常获得协同作用，是由于细胞壁的完整性被破坏后，第二类药物易于进入细胞所致。第三类与第一类使用，由于第三类迅速阻断细菌的蛋白质合成，使细菌处于静止状态，可导致第一类抗菌活性减弱。第三类与第二类合用可获得累加或协同作用。第三类和第四类合用常可获得累加作用。第四类对第一类的抗菌活性无重要影响，合用后有时可产生累加作用。

应当指出，各种联合所产生的作用，可因不同菌种和菌株而异，药物剂量和给药顺序也会影响测定结果。而且这种特定条件下所进行的各项实验与临床的实际情况也有区别。临床联合应用抗菌药物时，其个别剂量一般较大，即使第一类与第三类使用，也很少发捂抗现象。此外，在联合用药中也要注意防止在相互作用中由于理化性质、药效学、药动学等方面的因素，而可能出现的配伍禁忌。为了合理而有效地联合用药，最好在临床治疗前，进行实验室的联合药敏试验。

？　复习思考题

一、名词解释

1. 抗菌药物　2. 化学治疗　3. 抗菌谱　4. 抗生素　5. 耐药性

二、简答题

1. 抗菌药物与病原菌微生物及机体三者之间的相互关系是什么？

2. 抗菌药物的作用机制是什么？

3. 如何正确地联合应用抗菌药物？

4. 简述抗菌药物的分类及常用药。

5. 为什么抗菌增效剂能增强磺胺类药物的药效？

6. β-内酰胺抗生素都有哪些？

7. 氨基糖苷类抗生素有何共同特点？氟喹诺酮类药物的作用特点是什么？

8. 抗真菌药有哪些？各有何作用？

9. 抗病毒的药物有哪些？各有何作用？

10. 大环内酯类抗生素有什么特点？用途有哪些？

学习情境 4
抗寄生虫药物

🎯 **知识目标**

- 理解抗寄生虫药物的临床意义、宿主-虫体-药物三者之间的关系。
- 掌握抗寄生虫药物的分类、应用注意事项及使用原则。
- 掌握抗蠕虫药、抗原虫药和杀虫药物的作用特点、临床应用。
- 合理应用抗寄生虫药物。

📶 **技能目标**

- 药物对离体蛔虫的抗虫作用观察。

学习单元 1　概　　述

抗寄生虫药是指用来驱除或杀灭动物体内、外寄生虫的药物。有些寄生虫病一旦流行可引起动物大批死亡；慢性者可使幼畜生长发育受阻，役畜使役能力下降；肉的质量、乳和蛋的产量、皮毛的质量降低。此外，某些寄生虫病属人畜共患病，能直接危害人体的健康，甚至威胁生命安全。寄生虫病多为群发性疾病，合理选用抗寄生虫药是防治动物寄生虫病综合措施中的一个重要环节，对发展畜牧业和保护人类健康具有重要意义。

(一) 药物分类

抗寄生虫药根据其主要作用特点和寄生虫的分类不同，可分为抗蠕虫药、抗原虫药和杀虫药。抗蠕虫药（驱虫药）分为驱线虫药、驱绦虫药和驱吸虫药，抗原虫药分为抗球虫药、抗锥虫药、抗梨形虫药和抗滴虫药，杀虫药又分为杀昆虫药和杀蜱螨药。

(二) 作用机理

1. 干扰虫体的代谢　某些抗寄生虫药能直接干扰虫体内的物质代谢过程，如三氮脒等能抑制 DNA 的合成，而影响原虫的生长繁殖；氯硝柳胺能干扰虫体氧化磷酸化过程，影响 ATP 的合成，使绦虫缺乏能量，头节脱离肠壁而排出体外；苯并咪唑类药物抑制虫体微管蛋白的合成，影响酶的分泌，抑制虫体对葡萄糖的利用，引起虫体死亡。

2. 抑制虫体内的某些酶　某些抗蠕虫药能抑制虫体内酶的活性，使虫体的代谢发生障碍。如左旋咪唑、硝硫氰胺和硝氯酚等能抑制虫体内的琥珀酸脱氢酶（延胡索酸还原酶）的活性，阻碍延胡索酸还原为琥珀酸，阻断 ATP 的产生，使虫体缺乏能量而死亡，有机磷与胆碱酯酶结合，使之丧失水解乙酰胆碱（Ach）的能力，使虫体内乙酰胆碱蓄积，引起虫体兴奋、痉挛，最后麻痹死亡。

3. 作用于虫体内的受体 某些抗寄生虫药作用于虫体内的受体，影响虫体内递质与受体的正常结合。如噻嘧啶等能与虫体的胆碱受体结合，产生与乙酰胆碱相似的作用，且其作用较乙酰胆碱强而持久，引起虫体肌肉剧烈收缩，导致痉挛性麻痹；哌嗪有箭毒样作用，使虫体肌细胞膜超极化，引起弛缓性麻痹；阿维菌素类则能促进 γ-氨基丁酸的释放，使神经肌肉传递受阻，导致虫体产生弛缓性麻痹，最终可引起虫体死亡或排出体外。

4. 干扰虫体内离子的平衡或转运 如聚醚类抗球虫药能与 Na^+、K^+、Ca^{2+} 等离子形成亲脂性复合物，使其自由穿过细胞膜，使子孢子和裂殖子中的阳离子大量蓄积，导致水分过多地进入细胞，使细胞膨胀变形，细胞膜破裂，引起虫体死亡。

（三）使用原则

（1）选择广谱、高效、低毒、便于投药、价格便宜、无残留或少残留、不易产生耐药性的药物。

（2）掌握剂量和给药时间；混饮投药前应禁饮，混饲前应禁食，药浴前应多饮水等。

（3）必要时联合用药。

（4）应用抗寄生虫药后，必须经过一定的休药期，以防止在动物组织中残留某种药物过多，而威胁人体的健康和影响公共卫生。

（5）大规模用药时必须做安全试验，以确保安全。

（四）理想的抗寄生虫药的条件

（1）广谱。多数动物的蠕虫病均属混合感染，尽量选用对数种蠕虫都有效的抗蠕虫药如吡喹酮（血吸虫、绦虫）、氯硝柳胺（片形吸虫、绦虫）、甲苯咪唑（多数线虫、绦虫）、左旋咪唑（几乎所有线虫）。

（2）高效性。用量小而疗效高，一次用药驱净率至少达 70%，二次或以上应达到 95% 以上，对成虫、幼虫、虫卵都有抑杀作用。

（3）安全性大。常用治疗指数（LD_{50}/ED_{50}）＞3 者可用。

（4）无残留或很快排出、无蓄积性、寄生虫不易产生耐药性。

（5）给药途径方便。可以通过饮水、混饲、喷雾、浇泼等途径给药。

（6）适口性好，无特臭，药价低廉。

（五）应用注意事项

为了保证抗寄生虫药在使用过程中安全有效，应正确认识药物、寄生虫和宿主的相互关系，遵守抗寄生虫药的使用原则。

1. 宿主 动物的种属、年龄不同，对药物的反应也不同。动物的个体差异、性别也会影响到抗寄生虫药的药效或产生不良反应。体质强弱，遭受寄生虫侵袭程度与用药后的反应亦有关。同时，地区不同，寄生虫病种类不一，流行病学季节动态规律也不一致。

2. 寄生虫 种类很多，对不同宿主危害程度不一，对药物的敏感性反应亦有差异。因此，对混合感染，为了扩大驱虫范围，在选用广谱驱虫药的基础上，根据感染范围，几种药物配伍应用，很有必要。寄生虫的不同发育阶段对药物的敏感性有差异，为了达到防止传播，彻底驱虫的目的，必须间隔一定的时间进行二次或多次驱虫。另外，轮换使用抗寄生虫药是避免产生耐药性的有效措施之一。

3. 药物 药物的种类、剂型、给药途径、剂量等不同，产生的抗虫作用也不一样。剂量大小、用药时间长短，与寄生虫产生耐药性也有关。

学习单元2　抗蠕虫药

抗蠕虫药是指能驱除或杀灭动物体内寄生蠕虫的药物，又称驱虫药。

一、驱线虫药

寄生于犬、猫的主要线虫包括蛔虫（犬弓首蛔虫、狮弓蛔虫、猫弓首蛔虫等）、钩虫（如犬钩口线虫、狭头钩虫、猫钩虫、巴西钩口线虫）、毛首线虫（狐毛首线虫）、心丝虫（犬心丝虫）等。

（一）大环内酯类

由阿维链霉菌产生的一组新型大环内酯类抗生素。是目前应用最广泛的广谱、高效、安全和用量小的理想抗体内寄生虫药，包括阿维菌素、伊维菌素、多拉菌素等。

◆ **伊维菌素** ◆

【基本概况】 本品又称为艾佛菌素、灭虫丁，为白色或淡黄色结晶性粉末。难溶于水，易溶于多数有机溶剂，性质稳定，但易受光线的影响而降解。

【作用与应用】 本品具有广谱、高效、低毒等优点，为新型大环内酯类驱虫药。对犬胃肠道主要线虫（包括蛔虫）和肺丝虫成虫及其幼虫有效，对外寄生虫亦有良效。进入体内的伊维菌素能分布于大多数组织，包括皮肤。所以，给药后可驱除体内线虫和体表寄生虫。对左旋咪唑和甲苯咪唑等耐药虫株也有良好的效果。

【应用注意】 伊维菌素注射给药时，通常一次即可，对患有严重螨病的动物每隔7～9d，再用药2～3次。

【用法与用量】

（1）犬。预防心丝虫：内服，一次量，0.006mg/kg，1月一次。

①杀微丝蚴。内服，一次量，0.05mg/kg，于驱杀成虫2周后给药。②驱外寄生虫。皮下注射或内服，一次量，0.2～0.4mg/kg，每7～14d一次，连续2～4次。③驱内寄生虫。皮下注射或内服，一次量，0.2～0.4mg/kg，1周一次。④犬蠕形螨病。内服，一次量从0.1mg/kg逐渐增至0.6mg/kg，24h一次，连续60～120d。⑤疥螨及恙虫病。内服，一次量，0.2～0.4mg/kg，1周一次；或皮下注射，2周一次，连续4～6周。

（2）猫。预防心丝虫：内服，一次量，0.024mg/kg，1月一次。

①驱体外寄生虫。皮下注射或内服，一次量，0.2～0.4mg/kg，每7～14d一次，连续2～4次。②驱体内寄生虫。皮下注射或内服，一次量，0.2～0.4mg/kg，每7～14d一次，连续2～4次。③治疗耳螨。滴耳，每患耳0.5mL（0.1mg/mL）。

【制剂与规格】 伊维菌素注射液，1mL：10mg，2mL：20mg，5mL：50mg，50mL：500mg，100mL：1 000mg；伊维菌素浇泼剂，250mL：125mg。

◆ 多拉菌素 ◆

【基本概况】 本品为微黄褐色粉末，在水中溶解度极低。

【作用与应用】 本品为新型、广谱抗寄生虫药，对胃肠道线虫及节肢动物均有高效。对吸虫及绦虫无效。本品的主要特点是血药浓度及半衰期均为伊维菌素的2倍。实验研究显示，妊娠55d的母犬皮下注射1mg/kg的多拉菌素可预防通过乳腺分泌传播的犬钩虫病；在妊娠40～50d给药，可使幼犬的弓首蛔虫感染率降低99％。另外，也有大量以多拉菌素成功治疗犬蠕形螨病和猫疥癣的报道。

【应用注意】 对本品敏感的犬品种及中毒症状与伊维菌素相似。猫以0.345mg/kg给药未发现不良反应。

【用法与用量】 皮下注射，一次量，犬0.6mg/kg，1周一次，连用5次。猫（螨虫感染）0.2～0.27mg/kg（或以1％多拉菌素注射液0.1mL）。

【制剂与规格】 多拉菌素注射液，100mL：1g，250mL：2.5g，500mL：5g。

◆ 赛拉菌素 ◆

【基本概况】 本品又称为西拉菌素。

【作用与应用】 本品能预防犬、猫的心丝虫病，控制犬的蚤、螨及虱，对驱除猫的钩虫、蛔虫、蚤及螨也有效。

【应用注意】 ①本品对处于繁殖阶段的犬、猫较安全。同时，它的安全性已经在对伊维菌素敏感的柯利牧羊犬得到证实。感染心丝虫的犬、猫也可使用。②但约有1％的猫在用药局部或附近出现暂时性的脱毛，间或有炎症。③禁用于6周龄以下的犬及8周龄以下的猫。

【用法与用量】 预防心丝虫及防治耳螨、蚤：局部应用，一次量，犬、猫6～12mg/kg，1月一次。治疗疥螨：局部应用，一次量，犬、猫6～12mg/kg，2～3周一次，连用2次。

【制剂与规格】 赛拉菌素溶液，0.5mL：60mg，1mL：120mg，2mL：240mg。

◆ 美贝霉素肟 ◆

【作用与应用】 本品属美贝霉素类抗寄生虫药，临床可用于预防犬、猫的微丝蚴和肠道寄生虫（如犬弓首蛔虫、猫弓首蛔虫、狐毛首线虫、犬钩口线虫、管形钩口线虫等），但对狭头钩虫作用不理想。本品对犬蠕形螨、疥螨及耳疥螨等也有效。

【应用注意】 ①本品对妊娠及育仔犬、猫安全。②感染微丝蚴的犬使用本品时，可能出现精神沉郁、流涎、咳嗽、呼吸急促和呕吐，其严重程度与微丝蚴感染强度有关。③对伊维菌素或伊维菌素类药物敏感的犬不宜使用本品。④不足4周龄及体重小于1kg的幼犬禁用本品。

【用法与用量】 预防心丝虫及控制内寄生虫：内服，一次量，犬0.5mg/kg，猫2mg/kg，1月一次。犬蠕形螨病：内服，一次量，犬2mg/kg，每24h一次，连用60～120d。疥螨：内服，一次量，犬2mg/kg，1周一次，连用3～5次。恙虫症：内服，一次量，犬

2mg/kg，1 周一次。

【制剂与规格】　美贝霉素肟片：2.3mg，5.75mg，11.5mg，23mg。

◆ **莫西菌素** ◆

【作用与应用】　本品属美贝霉素类抗寄生虫药，具有广谱驱电活性。本品对犬消化道线虫的驱虫作用和美贝霉素肟相似，即对犬钩口线虫、弓首蛔虫和狮弓蛔虫有高效，但对狭头钩虫效果不佳。本品还可用于控制犬的蠕形螨及疥螨。

【应用注意】　①对伊维菌素或伊维菌素类药物敏感的犬应慎用本品。②禁用于 6 月龄以下的犬。

【用法与用量】　预防心丝虫：内服，一次量，犬 0.003mg/kg，1 月一次。控制内寄生虫：内服，一次量，犬 0.025～0.3mg/kg。犬蠕形螨病：皮下注射，一次量，犬每 1～2 周一次，连用 1～4 次；内服，一次量，0.4mg/kg，每 24h 一次。疥螨：内服或皮下注射，一次量，犬 0.2～0.25mg/kg，1 周一次，连用 3～6 次。

【制剂与规格】　莫西菌素片：30μg，68μg，136μg；莫西菌素注射液，1mL：0.01g，5mL：0.05g。

（二）苯并咪唑类

本类药物是广谱、高效、低毒的抗蠕虫药，主要对线虫具有较强的驱杀作用，有的对成虫、幼虫均有作用，有些还具有杀虫卵作用。治疗剂量时，对幼龄、患病或体弱家畜都不会产生不良反应。苯并咪唑类药物对人类也可引起与动物同样的潜在危害，应引起人们的注意。

◆ **阿苯达唑** ◆

【基本概况】　本品又称为丙硫苯咪唑、抗蠕敏，为白色或类白色粉末。无臭，无味。水中不溶，冰醋酸中溶解。

【作用与应用】　本品为广谱、高效、低毒的新型驱虫药。对动物肠道线虫、绦虫、多数吸虫等均有效，可同时驱除混合感染的多种寄生虫。其驱虫机理是能抑制虫体内延胡索酸还原酶的活性，影响虫体对葡萄糖的摄取和利用，ATP 产生减少，使虫体内贮存的糖原耗竭，导致虫体肌肉麻痹而死亡。

【应用注意】　①本品是苯并咪唑类中毒性较大的一种，虽使用治疗剂量不会引起中毒反应，但连续超剂量给药，有时会引起严重反应。犬以 50mg/kg 每天 2 次给药，可能引起厌食症；猫以 100mg/kg 每天 1 次，连用 14～20d 给药，表现为体重减轻、中性粒细胞减少和精神不振。②犬、猫临床使用较高剂量阿苯达唑产生的毒性反应包括骨髓抑制（白细胞减少、贫血和血小板减少）、流产、畸形、厌食、抑郁、共济失调、呕吐和腹泻等。③连续长期使用本品，能使蠕虫产生耐药性，并且有可能产生交叉耐药性。④本品具胚胎毒性及致畸作用，在交配期和妊娠早期也不宜应用。

【用法与用量】　内服，一次量，犬、猫 25mg/kg，每 12h 一次，连用 5～10d。

【制剂与规格】　阿苯达唑片，25mg，50mg，200mg，500mg。

◆ **芬苯达唑** ◆

【基本概况】　本品又称为苯硫苯咪唑、硫苯咪唑、不溶于水，可溶于二甲亚砜和冰醋酸。

【作用与应用】　本品为广谱、高效、低毒的苯并咪唑类驱虫药，对胃肠道线虫、网尾线虫（肺线虫）、肝片吸虫和绦虫具有良好的杀虫作用。用于妊娠母犬或泌乳母犬，可减少幼犬感染线虫。犬：钩虫、毛首线虫、蛔虫作用明显。猫：蛔虫、钩虫、绦虫均有高效。

【用法与用量】 驱线虫、绦虫：内服，一次量，小于 6 月龄犬、猫 50mg/kg，每 24h 一次，连用 3d；大于 6 月龄犬、猫 100mg/kg，给药一次（毛细线虫需连续使用 10d）后每 3 个月重复用药一次；妊娠母犬 25mg/kg，每 24h 一次，妊娠 40d 至产后 2d 给药。驱猫肺线虫：内服，一次量，犬、猫 50mg/kg，每 24h 一次，连用 3d；或 20mg/kg，每 24h 一次，连用 5d。驱脉管圆线虫：内服，一次量，犬、猫 50mg/kg，每 24h 一次，连用 3d；或 20mg/kg，每 24h 一次，连用 7d。驱贾第鞭毛虫：内服，一次量，犬 50mg/kg，每 24h 一次，连用 3d；猫 20mg/kg，每 24h 一次，连用 5d。

【制剂与规格】 芬苯达唑片，0.1g；芬苯达唑粉，100g：4g；芬苯达唑口服混悬液，100mL：2.5g 或 100mL：10g；芬苯达唑咀嚼片，0.5g 或 1g。

◆ 奥芬达唑 ◆

【基本概况】 本品又称为砜苯咪唑，本品为白色或类白色粉末，有轻微的特殊气味，微溶于甲醇、丙酮、氯仿、乙醚。

【作用与应用】 本品为广谱、高效、低毒抗蠕虫药，其驱虫谱大致与芬苯达唑相同，但驱虫活性更强。本品的杀灭虫卵作用与芬苯达唑相同，对犬蛔虫、钩虫成虫及幼虫也有较好效果。对犬奥氏丝虫应按 10mg/kg 的日剂量，连用 28d 才有效。

【应用注意】 ①本品能产生耐药虫株，甚至产生交叉耐药性。②本品原料药的适口性较差，若以原料药混饲，应防止因摄食量减少、药量不足而影响驱虫效果。③妊娠早期犬、猫不宜用本品。

【用法与用量】 内服，一次量，犬 10mg/kg，每 24h 一次，连用 3d。

【制剂与规格】 奥芬达唑片：0.1g。

◆ 氧苯达唑 ◆

【基本概况】 本品又称为丙氧咪唑，本品为白色或类白色结晶性粉末，无臭、无味，极微溶于甲醇、乙醇、氯仿，溶于冰醋酸。

【作用与应用】 本品为高效广谱、低毒苯并咪唑类驱虫药，但因驱虫谱较窄，且仅对胃肠道线虫有高效，故应用不广。临床上主要与枸橼酸乙胺嗪配伍，以控制犬的心丝虫、弓首蛔虫、钩虫及狐毛首线虫；与吡喹酮组成复方制剂，用于控制犬蛔虫、钩虫、毛首线虫和绦虫。

【应用注意】 本品与乙胺嗪配伍应用可能会出现肝毒性。

【用法与用量】 氧苯达唑片：内服，一次量，犬 10mg/kg，每 24h 一次，连用 5d。氧苯达唑/枸橼酸乙胺嗪片：内服，一次量，犬为氧苯达唑 5mg/kg＋枸橼酸乙胺嗪 6.6mg/kg，每 24h 一次。

【制剂与规格】 氧苯达唑片：25mg，50mg，100mg；氧苯达唑/枸橼酸乙胺嗪片：45mg/60mg，90mg/120mg，135mg/180mg。

◆ 甲苯达唑 ◆

【基本概况】 本品又称为甲苯咪唑，本品为白色、类白色或微黄色结晶性粉末，易溶于甲酸，微溶于冰醋酸，极微溶于丙酮、氯仿。

【作用与应用】 本品对犬、猫驱虫谱较广，对犬弓首蛔虫、猫弓首蛔虫、狮弓蛔虫、犬狐毛首线虫、犬钩口线虫、犬狭头钩口线虫、豆状带绦虫、泡状带绦虫、细粒棘球绦虫、旋毛虫均有良效，还有杀灭虫卵作用，也能抑制粪便中十二指肠钩虫、美洲钩虫和犬钩口线虫虫卵发育。

【应用注意】　本品毒性较小，但治疗量即可引起个别犬厌食、呕吐、精神委顿及出血性下痢等现象；禁用于妊娠犬、猫；长期应用本品能引起蛔虫产生耐药性，而且存在交叉耐药现象。

【用法与用量】　驱犬、猫蛔虫：内服，一次量，体重<2kg 用药 50mg，体重>2kg 用药 100mg，每 24h 一次，连用 5d。驱犬、猫的其他蛔虫：内服，一次量，体重<2kg 用药 50mg，体重 2～30kg 用药 100mg，体重>30kg 用药 200mg，每 12h 一次，连用 5d。

【制剂与规格】　甲苯达唑片：100mg。

◆ **氟苯达唑** ◆

【基本概况】　本品为白色或类白色粉末，无臭，略溶于稀盐酸。

【作用与应用】　本品为甲苯达唑的对位氟同系物，驱虫谱较广。可用于驱除犬弓首蛔虫、猫弓首蛔虫、狮弓蛔虫、犬钩口线虫、管形钩口线虫、巴西钩口线虫、犬狐毛首线虫、犬狭头钩口线虫等。

【应用注意】　对苯并咪唑驱虫药产生耐药性的虫种对本品也可能存在耐药性。

【用法与用量】　内服，一次量，犬 22mg。

【制剂与规格】　氟苯达唑丸：5mg/g。

◆ **非班太尔** ◆

【基本概况】　本品又称为苯硫氨酯。本品为无色粉末，溶于丙酮、氯仿、四氢呋喃和二氯甲烷。

【作用与应用】　本品对犬钩口线虫、管形钩口线虫、犬弓首蛔虫、猫弓首蛔虫、狮弓蛔虫、犬毛首线虫、带绦虫、猫绦虫、犬复孔绦虫等虫体成虫或潜伏期均有极好的驱虫效果。

【应用注意】　①妊娠或泌乳犬不宜应用本品。②猫比犬对本品更敏感，给药后更有可能表现出不良反应，表现为呕吐、腹泻。③本品与吡喹酮并用时，在增效的同时，可能使妊娠犬、猫早产。

【用法与用量】　内服，一次量，大于 6 月龄犬、猫 10mg/kg，连用 3d；小于 6 月龄犬、猫 15mg/kg，连用 3d；3 周龄或体重 1kg 左右的犬 35.8mg。

【制剂与规格】　非班太尔颗粒，100g：10g；复方非班太尔片（拜宠清）：非班太尔 150mg＋吡喹酮 50mg＋双羟萘酸噻嘧啶 144mg；非班太尔噻嘧啶混悬液，100mL：非班太尔 1.5g＋双羟萘酸噻嘧啶 1.44g。

（三）咪唑并噻唑类

◆ **左旋咪唑** ◆

【基本概况】　本品又称为左咪唑、左噻咪唑，其盐酸盐或磷酸盐为白色结晶。易溶于水，在酸性溶液中稳定，碱性溶液中易水解失效。

【作用与应用】　本品为广谱、高效、低毒的驱线虫药，对犬、猫等动物的胃肠道线虫和肺线虫成虫及幼虫均有高效。具有免疫增强作用，能使老龄动物、慢性病动物的免疫功能低下状态恢复到正常；能使巨噬细胞数增加，吞噬功能增强；无抗微生物作用，可提高动物对细菌及病毒感染的抵抗力，但使用剂量过大会引起免疫抑制。对控制犬、猫的蛔虫和钩虫感染很有效，还可治疗血红旋尾线虫和犬欧式类丝虫的感染。治疗猫肺线虫的感染也有效。对犬狐毛首线虫无效。

【应用注意】 ①本品安全范围不广，特别是注射给药，时有发生中毒甚至死亡的事故，宜内服给药。②犬使用本品可出现流涎、呕吐、腹泻、神经毒性、粒细胞缺乏、呼吸困难、肺水肿、免疫调节性皮肤疹和嗜睡，猫的不良反应包括多涎、兴奋、瞳孔散大和呕吐。③应用本品引起的中毒可用阿托品解毒。④注射盐酸左旋咪唑时，对局部组织刺激性较强，反应严重。

【用法与用量】 犬肺毛细线虫：内服，一次量，7～12mg/kg，每24h一次，连用3～7d。犬欧式类丝虫：内服，一次量，7～12mg/kg，每24h一次，连用20～45d。猫肺线虫：内服，一次量，15mg/kg，每48h一次，连续3次，3d后30mg/kg内服一次，再2d后60mg/kg内服一次。猫肺毛细线虫：皮下注射，一次量，4.4mg/kg，连用2d，2周后8.8mg/kg给药一次；或内服，一次量5mg/kg，每24h一次，连用5d，停药9d后再重复给药一次。

【制剂与规格】 盐酸左旋咪唑片，25mg，50mg；盐酸左旋咪唑混悬液，15mg/mL；2mL：0.1g，5mL：0.25g，10mL：0.5g；盐酸左旋咪唑注射液，2mL：0.1g，5mL：0.25g，10mL：0.5g；磷酸左旋咪唑注射液，5mL：0.25g，10mL：0.5g，20mL：1g。

（四）有机磷酸酯类

◆ 敌百虫 ◆

【基本概况】 本品为白色结晶粉或小粒，氯仿味，易溶于水，水溶液呈酸性反应，性质不稳定，使用前宜新鲜配制。敌百虫在碱性水溶液中易转化成敌敌畏而毒性增强。兽用敌百虫为敌百虫精制品。

【作用与应用】 敌百虫驱虫范围广，内服或肌内注射对消化道内的大多数线虫及少数吸虫有良好的效果。如蛔虫、血矛线虫、毛首线虫、食道口线虫、仰口线虫、圆形线虫、姜片吸虫等。敌百虫杀灭体表及环境中外寄生虫的作用也很强。外用可杀死疥螨，对蚊、蝇、蚤、虱等昆虫有胃毒和接触毒，对钉螺、血吸虫卵和尾蚴也有显著的杀灭效果。敌百虫驱虫的机理是通过与虫体内胆碱酯酶结合，使酶失去活性，乙酰胆碱在虫体内蓄积，使虫体肌肉先兴奋、痉挛，随后麻痹死亡。

【毒性作用】 敌百虫对哺乳动物的毒性较低，但由于安全范围小，应用过量容易引起中毒。家畜中毒是由于大量胆碱酯酶被抑制，使体内乙酰胆碱蓄积而出现胆碱能神经兴奋性增高症状。幼畜较成年家畜感受性高。

【应用注意】 动物对其反应较大，一般不用。皮下、肌内注射较内服反应大。粗制品比精制品毒性稍大。春季比秋季反应大。碱性大的水可使之分解为敌敌畏，毒性增强。

【用法与用量】 内服，一次量，犬75mg/kg。

【制剂与规格】 敌百虫片，0.3g、0.5g。

二、驱绦虫药

◆ 氯硝柳胺 ◆

【基本概况】 本品又称为灭绦灵，为黄白色结晶性粉末。无味。不溶于水，稍溶于乙醇。置空气中易呈黄色。

【作用与应用】 本品属传统驱绦虫药，对多种绦虫均有杀灭效果。能驱除犬、猫的带绦虫、犬复孔绦虫、乔伊绦虫，但对棘球绦虫的效果不确实。另外，本品可作为杀螺剂。

【应用注意】 犬、猫对本品较敏感，2倍治疗量则出现暂时性下痢；对鱼类毒性较强，易中毒致死，注意残余药品及包装物勿污染水环境。

【用法与用量】 内服，一次量，犬、猫100～157mg/kg。

【制剂与规格】 氯硝柳胺片：0.5g。

◆ **吡喹酮** ◆

【基本概况】 本品又称为环吡异喹酮，为白色或类白色结晶性粉末。水中不溶，易溶于氯仿，能溶于乙醇。应遮光密闭保存。

【作用与应用】 本品驱虫谱广，对犬、猫的大多数绦虫成虫及未成熟虫体、血吸虫具显著的驱虫活性，对动物毒性极小，是较理想的抗寄生虫药物。本品内服或皮下注射可用于驱除犬复孔绦虫、曼氏迭宫绦虫、乔伊绦虫、巨颈绦虫、豆状带绦虫、泡状带绦虫、科特氏中殖孔绦虫、细粒棘球绦虫、多房棘球绦虫、缩小膜壳绦虫。

【应用注意】 ①本品大剂量皮下注射时，有时会出现局部刺激反应。②犬、猫出现的全身反应为疼痛、呕吐、下痢、流涎、无力、昏睡等，但多能耐过。③不宜用于4周龄以下的幼犬和幼猫。

【用法与用量】 犬：内服，一次量，体重<6.8kg的犬用药7.5mg/kg，体重>6.8kg的犬用药5mg/kg；肌内注射或皮下注射，一次量，体重<2.3kg的犬用药7.5mg/kg，体重2.7～4.5kg的犬用药6.3mg/kg，体重>5kg的犬用药5mg/kg。

猫：内服，一次量，体重<1.8kg的猫用药11.4mg，体重2.3～5kg的猫用药23mg，体重>5kg的猫用药34.5mg；肌内注射或皮下注射，一次量，体重<2.2kg的猫用药11.4mg，体重2.2～4.5kg的猫用药22.7mg，体重>5kg的猫用药34.1mg。

【制剂与规格】 吡喹酮片，0.2g或0.5g；吡喹酮注射液，10mL：0.568g或50mL：2.84g。

三、驱吸虫药

◆ **硝氯酚** ◆

【基本概况】 本品又称为拜耳9015，为深黄色结晶性粉末。无臭，无味。不溶于水，其钠盐易溶于水。应遮光密封保存。

【作用与应用】 抑制琥珀酸脱氢酶的活性，影响虫体的能量代谢过程而产生驱虫作用。它对牛、羊肝片吸虫成虫有很好的驱杀作用，具有高效、低毒、用量小的特点，是反刍兽肝片吸虫较理想的驱虫药。对肝片吸虫的幼虫虽然有效，但需要较高剂量，且不安全。可用于犬、猫的中华支睾吸虫病和犬卫氏并殖吸虫病。

【应用注意】 治疗量对动物比较安全，过量可引起中毒症状（发热、呼吸困难、窒息等）。中毒后可根据症状选用安钠咖、毒毛花苷、维生素C等治疗。

【用法与用量】 内服，一次量，犬1mg/kg，每24h一次，连用3d。

【制剂与规格】 硝氯酚片：0.1g。

◆ 三氯苯达唑 ◆

【基本概况】 本品为白色或类白色粉末，易溶于甲醇。

【作用与应用】 本品是苯并咪唑类中专用于抗肝片吸虫的药物，对各种日龄的肝片吸虫均有明显驱杀效果。国内已试用于驱除犬卫氏并殖吸虫。

【应用注意】 本品对鱼类毒性较大，残余药物及容器切勿污染水源。

【用法与用量】 内服，一次量，犬 75～100mg/kg，每 24h 一次，连用 2d。

【制剂与规格】 三氯苯达唑丸剂：250mg，900mg。

学习单元 3　抗原虫药

抗原虫药可分为抗球虫药、抗锥虫药和抗梨形虫药。

一、抗球虫药

据不完全统计约有 100 多种，目前应用于防治禽类球虫病的药物（国内应用）主要有磺胺类药物和呋喃类药物。临床上主要以预防为主，将抗球虫药混饲定期饲喂，可收到良好的果，还要进行预防免疫接种，达到防病目的。球虫对大多数抗球虫药都产生耐药性，对喹啉类药物产生耐药性最快，氯羟吡啶较快，磺胺类、呋喃类、胍类药物居中，氨丙啉、球痢灵较慢，尼卡巴嗪最慢。球虫对莫能菌素仍未产生明显的抗药性。

在使用抗球虫药时，除选用高效、低毒药，并按规定浓度使用外，还应注意抗球虫药物的作用峰期（指药物主要作用于球虫发育的某个周期）。

◆ 氨丙啉 ◆

【基本概况】 本品又称为氨宝乐，为白色结晶性粉末。易溶于水，可溶于乙醇。

【作用与应用】 本品结构与硫胺相似，是硫胺拮抗剂，能抑制球虫硫胺代谢而发挥抗球虫作用。对柔嫩、堆型艾美耳球虫作用最强，对毒害、布氏、巨型、变位艾美耳球虫作用稍差。临床常将氨丙啉与乙氧酰胺甲苯酯、磺胺喹噁啉合用，增强其抗球虫效力。其作用峰期在感染后的第 3 天，即第一代裂殖体。本品具有高效、安全、球虫不易对其产生耐药性等特点，通过饮水或混饲给药，对引起犬、猫球虫病的等孢球虫有较好疗效。运输前的幼犬或断乳前的母犬连续 7d 用药也可预防球虫病。内服，一次量，犬 300～400mg/kg，每 24h 一次，连用 5d；猫 60～100mg/kg，每 24h 一次，连用 7d。

【制剂与规格】 盐酸氨丙啉溶液：9.6%；盐酸氨丙啉粉：20%。

◆ 妥曲珠利 ◆

【基本概况】 本品又称为甲苯三嗪酮、百球清，为无色或浅黄色澄明黏稠液体。市售品为 2.5% 妥曲珠利溶液。

【作用与应用】 本品对家禽的多种球虫有杀灭作用，作用峰期是球虫裂殖生殖和配子生殖阶段，具广谱抗球虫活性，广泛用于禽、羊及兔的球虫病，也可用于犬的等孢球虫及肝簇虫感染。

【用法与用量】 内服，一次量，犬 5～10mg/kg，每 24h 一次，连用 2～6d。

【制剂与规格】　妥曲珠利溶液，100mL：2.5g，1 000mL：25g，5 000mL：125g。

二、抗弓形虫药

弓形虫病又称为弓形体病，是由刚地弓形虫所引起的人兽共患病。猫是弓形虫的终末宿主，哺乳类、鸟类、鱼类、爬行类和人均可作为中间宿主。临床上常用的抗弓形虫药物包括：克林霉素、磺胺类（磺胺二甲嘧啶、磺胺间甲氧嘧啶）、莫能菌素、阿奇霉素等。具体介绍详见相关单元。

三、抗贾第鞭毛虫药

◆ 阿的平 ◆

【基本概况】　本品盐酸盐为鲜黄色粉末，味苦，溶于热水，微溶于乙醇。

【作用与应用】　本品属吖啶类药物，为抗疟药。主要通过抑制核酸合成发挥作用。可以治疗犬、猫的贾第鞭毛虫病、阿米巴原虫病及皮肤利什曼病。

【应用注意】　本品内服后可出现呕吐，皮肤和巩膜呈微黄色。

【用法与用量】　内服，一次量，犬 6.6mg/kg，每 12h 一次，连用 5d；猫 11mg/kg，每 24h 一次，连用 2～4 周。

【制剂与规格】　盐酸阿的平片：100mg。

◆ 甲硝唑 ◆

【基本概况】　本品又称为甲硝咪唑、灭滴灵。本品为白色或微黄色结晶或结晶性粉末，有微臭，味苦而略带咸，微溶于乙醇、氯仿，极微溶于乙醚。

【作用与应用】　本品为人工合成的硝基咪唑类化合物，对大多数专性厌氧菌如拟杆菌、梭状芽孢杆菌、产气荚膜梭菌、粪链球菌及部分真菌具有强大杀菌作用。本品还具有抗原虫作用，对贾第鞭毛虫、滴虫及阿米巴原虫等均有效。

【应用注意】　①本品毒性虽小，但其代谢常使尿液呈红棕色；如果剂量过大，则出现舌炎、胃炎、恶心、呕吐、白细胞减少甚至神经症状，常能耐过。②本品能通过胎盘屏障和乳腺屏障，泌乳和妊娠早期的犬、猫不宜使用。③本品静脉注射时速度应缓慢。④食品动物禁用本品。

【用法与用量】　内服，一次量，犬 15～25mg/kg，猫 8～10mg/kg，每 12h 一次，但金吉拉猫 40mg/kg，每 24h 一次。皮下注射或缓慢静脉滴注：一次量，犬 10mg/kg，每 12h 一次。

【制剂与规格】　甲硝唑片：0.2g，0.4g，0.5g；甲硝唑注射液，1mL：5mg；甲硝唑口服液，1mL：40mg；复方甲硝唑片：甲硝唑 25mg ＋螺旋霉素 46.9mg，甲硝唑 125mg ＋螺旋霉素 234.4mg，甲硝唑 250mg ＋螺旋霉素 469mg。

◆ 替硝唑 ◆

【基本概况】　本品为白色或类白色结晶性粉末，味微苦。

【作用与应用】　本品为人工合成的硝基咪唑类化合物，抗原虫作用与甲硝唑相似，对滴虫、贾第鞭毛虫及其他肠道原虫均有效。用于犬、猫由贾第鞭毛虫、滴虫和阿米巴原虫等肠道原虫引起的腹泻及其他肠道问题，还可作为甲硝唑的替代品，用于治疗犬、猫的各种厌氧菌感染。

【应用注意】 ①本品毒性虽小，但剂量较大时会导致神经症状，如共济失调、震颤、眼球震颤、癫痫。②本品的苦味可引起恶心、呕吐。③有癫痫病史的动物及妊娠动物禁用本品。

【用法与用量】 内服，一次量，犬 15mg/kg，每 12h 一次；猫 15mg/kg，每 24h 一次。驱除贾第鞭毛虫连续给药 5d，治疗厌氧菌感染连续给药 5d 以上。

【制剂与规格】 替硝唑片：0.25g，0.5g。

四、其他抗原虫药

◆ 三氮脒 ◆

【基本概况】 本品又称为贝尼尔、血虫净，为黄色或橙黄色结晶性粉末。味微苦。水中溶解，乙醇中几乎不溶。遇光、热变成橙红色。

【作用与应用】 本品属芳香双脒类，是传统使用的广谱抗血液原虫药，对巴贝斯虫、锥虫、肝簇虫均有作用。可用于治疗犬的巴贝斯虫病，犬、猫的吉氏巴贝斯虫病，布氏锥虫病，刚果锥虫病，犬肝簇虫病。本品对猫的巴贝斯虫无效。

【应用注意】 本品毒性较大，安全范围较窄，治疗时有时会出现不良反应，注射液对局部组织刺激性较强。

【用法与用量】 肌内注射，一次量，犬 3.5～7mg/kg，每 7～14d 一次。

【制剂与规格】 注射用三氮脒：1g。

◆ 双脒苯脲 ◆

【基本概况】 本品又称为咪唑苯脲，为双脒唑啉苯基脲。其二盐酸盐或二丙酸盐，均为无色粉末，易溶于水。

【作用与应用】 本品为均二苯脲类抗梨形虫药，兼有预防及治疗作用。用于治疗犬巴贝斯虫感染，但对猫巴贝斯虫的效果不理想。还可与多西环素配伍治疗犬肝簇虫感染。

【应用注意】 ①应用本品后可出现流涎、呕吐、腹泻、呼吸困难、不安等症状；如反复严重，可用小剂量阿托品解救。②本品禁止静脉注射，否则反应强烈，甚至死亡。③高剂量注射时，对局部组织有刺激性。④本品对幼犬、泌乳犬和妊娠犬的安全性尚不清楚，应慎用。⑤为清除带虫，本品宜在用药 14d 后再用药一次。

【用法与用量】 肌内、皮下注射，一次量，犬 6.6mg/kg，2～3 周内重复用药一次。

【制剂与规格】 二丙酸双脒苯脲注射液，1mL：85mg。

◆ 甲葡胺锑 ◆

【作用与应用】 本品被广泛用于人医及兽医临床上，可用于治疗利什曼原虫病，可作为犬利什曼原虫病的首选治疗药物。

【应用注意】 肝、肾功能障碍时禁用本品。

【用法与用量】 缓慢静脉注射或皮下注射，一次量，犬 100mg/kg，每 24h 一次，连续 20～30d，停药 10～15d 后再连续用药 10d。

【制剂与规格】 甲葡胺锑注射液，1mL：300mg。

学习单元4　杀 虫 药

具有杀灭体外寄生虫作用的药物称为杀虫药。由螨、蜱、虱、蚤、蝇蚴、蚊等节肢动物引起的动物外寄生虫病，不仅能直接危害动物机体，夺取营养，损坏皮毛，妨碍增重，给畜牧业造成经济损失，而且还传播许多人兽共患病，严重地危害人体健康。为此，选用高效、安全、经济、方便的杀虫药具有重要意义。

一般说来，所有杀虫药对动物都有一定的毒性，甚至在规定剂量内，也会出现程度不同的不良反应。因此，在使用杀虫药时，除严格掌握剂量与使用方法外，还需密切注意用药后的动物反应，一旦发生中毒，应立即采取解救措施。

犬、猫应用杀虫药的方式：

（1）药浴。药浴是控制犬体外寄生虫（如螨、蜱、蚤）的较好方法，尤其是螨的感染，但猫较少应用。优点是能使全身皮肤和被毛都充分涂上药物，杀虫较彻底。每周可重复进行，至少要连续应用3周。应用时要准确计算好药浴浓度。

（2）喷雾。气体溶胶或液体喷雾剂，这些喷雾剂中有马拉硫磷、二氯苯醚菊酯等，用来驱杀虱、蚤、蚊和蚋。但喷雾时会使动物受惊。

（3）撒粉。猫受到蚤、蜱和虱严重侵袭时，可用杀虫药撒粉来控制。

（4）背部浇淋。应用溶液剂、滴剂或浇泼剂，将适量药物沿动物背部皮肤表面涂抹，药物经皮肤表层扩散而起到驱杀体表寄生虫的作用。

（5）局部涂擦。将含有杀虫药的软膏或混悬液直接涂擦于犬、猫皮肤表面的感染部位，驱杀局部寄生虫的作用。

（6）戴杀虫项圈。犬、猫灭蚤或虱的项圈是一种将杀虫药与增塑的固体热塑性树脂通过一定工艺制成的缓释剂。杀虫药由项圈缓慢释放可延续2～3个月。

（7）注射或内服杀虫药。药物经过皮下注射、肌内注射或内服给药后被吸收，进入血液循环，可杀灭吸吮动物血液的各种外寄生虫，如大环内酯类抗生素（伊维菌素、多拉菌素）、氯芬新等。

一、有机磷类

◆ **马拉硫磷** ◆

【基本概况】　纯品为淡黄色油状液体，微溶于水，易溶于多种有机溶剂。工业品含纯品80%左右，为深褐色油状液体。遇碱性或酸性物质均易分解失效。

【作用与应用】　本品是一种较早应用的有机磷杀虫剂，主要以触杀、胃毒和熏蒸毒杀死害虫。具有广谱、低毒、使用安全等特点，对蚊、蝇、虱、蜱、臭虫均有杀灭作用。

【应用注意】　本品是用于犬和猫的有机磷类杀虫药中毒性较小的品种。1月龄以内的动物禁用，对眼睛、皮肤有刺激性；动物体表应用马拉硫磷后应暂时避开日光照射和风吹，必要时隔2～3周再处理一次；本品保存不当可导致其分解而增加毒性。

【用法与用量】　马拉硫磷乳油：药浴、喷淋，配成0.2%～0.3%水溶液供药浴或喷淋背部；喷洒体表，稀释成 0.5％乳油喷洒体表；泼洒犬舍、猫舍、环境，稀释成 0.2％～0.5％溶液，每平方米用 2g。

【制剂与规格】 45％马拉硫磷乳油，500mL：225g；70％马拉硫磷乳油，500mL：350g；5％马拉硫磷粉剂，100g：5g。

◆ 二嗪农 ◆

【基本概况】 本品又称为螨净，纯品为无色、无臭液体。难溶于水，性质不稳定，在酸碱溶液中迅速分解。二嗪农溶液为二嗪农加乳化剂制成的黄色或黄棕色澄明液体。

本品是广谱有机磷杀虫剂，具有触杀、胃毒、熏蒸毒等作用，但内服作用较弱。其对蝇、蜱、虱以及各种螨均有良好杀灭效果，灭蚊、蝇的药效可维持 6～8 周。

【应用注意】 猫对本品较敏感。

【用法与用量】 二嗪农项圈，外用。

【制剂与规格】 犬、猫用二嗪农项圈，100g：15g。

◆ 巴胺磷 ◆

【基本概况】 本品为棕黄色液体，溶于水，易溶于丙酮等有机溶剂。

【作用与应用】 本品为广谱、低毒杀虫药，具有触杀、胃毒和微弱吸入杀虫作用，但无内吸杀虫作用。其优点是对人畜毒性低，使用安全，尤其适用于超低容量喷雾杀虫。其缺点是性质不稳定，室外使用残效期短，室内使用有特殊异臭味，此外对蜜蜂有剧毒，鱼也很敏感。为增加稳定性和消除臭味，可向 50％乳油中加入 1％的过氧化苯甲酰，振荡使之完全溶解，充分作用后即可消除臭味，也可以和敌敌畏、杀螟松等混合使用，能显著提高药效。

【应用注意】 本品对禽、鱼类具有明显毒性，使用时应注意防止因污染环境使其受害。

【用法与用量】 巴胺磷乳油用于喷淋、药浴时，1 000L 水加 40％乳油 500mL。

【制剂与规格】 40％巴胺磷乳油，500mL：200g。

二、拟菊酯类

拟菊酯类杀虫药，是根据植物除虫菊中的有效成分——除虫菊酯的化学结构合成的一类杀虫药，具有杀虫谱广、高效、速效、残效期短、对人畜无毒、性质稳定等优点。因此，广泛用于卫生、农业、畜牧业等，是一类有发展前途的新型杀虫药。

本类药物性质不稳定，进入机体后，即迅速降解灭活，因此，不能用内服或注射给药。对动物的毒性很低。

◆ 氯菊酯 ◆

【基本概况】 本品又称为二氯苯醚菊酯、除虫精，为无色结晶固体。有菊酯芳香味，难溶于水，易溶于乙醇、苯等多种有机溶剂。在空气和阳光下稳定，遇碱易分解。

【作用与应用】 对蚊、蝇、血蛋、虱、蜱、螨、虻等均有很好的杀灭作用，具有广谱、高效、击倒快、残效期长等特点。

【用法与用量】 一次用药能维持药效 1 个月左右。本品对鱼剧毒。氯菊酯乳油含氯菊酯 10％或 40％，喷淋时配成 0.2％～0.4％乳剂；氯菊酯气雾剂含氯菊酯 1％，供喷雾用。

◆ **溴氰菊酯** ◆

【基本概况】　本品又称为敌杀死、倍特，是使用最广泛的一种拟菊酯类杀虫药。对动物体外寄生虫有很强的驱杀作用，具有作用迅速、残效期长、低残留等特点。

【作用与应用】　对蚊、蝇以及牛羊各种虱、牛皮蝇、羊痒螨、禽虱均有良好的杀灭作用，一次用药能维持药效近 1 个月。本品对有机磷、有机氯耐药的虫体仍有高效。

【用法与用量】　溴氰菊酯乳油含溴氰菊酯 5%，药浴或喷淋，每 1 000L 水加 100～300mL。本品对鱼剧毒，蜜蜂、家蚕亦敏感。

◆ **胺菊酯** ◆

【基本概况】　本品又称为四甲司林，性质稳定，但在高温和碱性溶液中易分解。

【作用与应用】　是对昆虫最常用的拟菊酯类杀虫药。对蚊、蝇、蚤虱、螨等虫体都有杀灭作用，对昆虫击倒作用的速度居拟菊酯类之首，由于部分虫体又能复活，一般多与苄呋菊酯并用，因后者的击倒作用虽慢，但杀灭作用较强，因而有互补增效作用。对人、畜安全，无刺激性。胺菊酯、苄呋菊酯喷雾剂，用于环境杀虫。

三、其他杀虫药

◆ **双甲脒溶液** ◆

【基本概况】　本品又称为特敌克，为双甲脒加乳化剂与稳定剂配制成的微黄色澄明液体。

【作用与应用】　属高效、广谱、低毒的杀虫药。对牛、羊、猪、兔的体外寄生虫，如疥螨、痒螨、蜱、虱等各阶段虫体均有极强的杀灭效果，产生作用较慢，用药后 24h 使虫体解体，一次用药可维持药效 6～8 周。

【用法与用量】　双甲脒乳油含双甲脒 12.5%，药浴、喷淋或涂擦动物体表，每 1 000L 水加 3～4L。

◆ **升华硫** ◆

【基本概况】　本品与动物皮肤组织接触后，生成硫化氢（H_2S）和五硫磺酸（$H_2S_5O_6$）。

【作用与应用】　有杀虫、杀螨和抗菌作用。主要用于治疗疥螨及痒螨病。

【用法与用量】　制成 10%硫黄软膏局部涂擦，或配成石灰硫黄（硫黄 2%、石灰 1%）药浴。

？ ___复习思考题___

一、判断题

1. 左旋咪唑小剂量使用具有增强机体免疫力的作用。　　　　　　（　　）

2. 血吸虫病是人畜共患的寄生虫病，可用吡喹酮治疗。　　　　　（　　）

3. 吡喹酮是新型广谱驱绦虫、抗血吸虫和驱吸虫药。　　　　　　（　　）

4. 妥曲珠利对哺乳动物球虫、住肉孢子虫和弓形虫有效。　　　　（　　）

5. 聚醚类离子载体抗生素用于鸡球虫病的治疗。　　　　　　　　（　　）

二、简答题

1. 常用的抗蠕虫药有哪些品种？比较其作用与应用上的异同点。

2. 哪些抗蠕虫药会发生毒性反应？应如何解救？

3. 常用的抗球虫药有哪些品种？比较其作用特点。当鸡群出现球虫性血痢时，拟订一份抗球虫病的给药方案。

4. 抗弓形虫药与抗贾第鞭毛虫药各有哪些品种？怎样选用？

学习情境 5
犬、猫常用抗肿瘤药

知识目标

● 掌握抗肿瘤药物的概念。
● 掌握抗肿瘤药物的分类及其特点。

技能目标

● 掌握抗肿瘤药物的临床应用。

学习单元 1　肿瘤概论

机体在各种致癌因素作用下，局部组织的某一个细胞在基因水平失去对其生长的正常调控，导致其克隆性异常增生而形成的病变，称为肿瘤。肿瘤的组织结构和物质代谢，不仅与生理状态下的细胞、组织完全不同，而且与病态下的"组织再生"或"炎性增生"也有不同。这类增生的细胞新陈代谢正常，或针对一定刺激或损伤发生适应性的反应，增生的组织能分化成熟，能恢复原来的正常组织结构和功能。且增生有一定限度，增生的原因消除后，生长即停止。但肿瘤组织并非如此，它的生长不受机体一般生长规律的控制。即使致病因素去除之后，肿瘤组织仍能继续增生，并通过细胞分裂不断形成新生的肿瘤组织。肿瘤组织对机体有害，它不仅能够压迫或破坏临近的正常组织，而且能够严重地影响到整个机体，这些特性在恶性肿瘤中表现得更加突出。

肿瘤是严重威胁犬、猫健康的常发病、多发病。其病因、发病机制、临床表现尚未完全阐明，故防治效果也不理想。目前犬、猫的肿瘤病治疗中，择期进行根治性手术切除仍为一种较可行的治疗手段，但对于肿瘤不能切除或切除不全的病例，或为了消灭体内可能存在的亚临床转移灶、巩固手术治疗效果，应根据具体情况合理选用包括化学治疗、放射治疗和免疫治疗在内的综合治疗措施，以达到治愈的目的。

化学治疗简称化疗，即使用化学方法合成或从其他物质中提取的化学药物治疗肿瘤。这些药物能作用在细胞生长繁殖的不同环节，抑制或杀灭肿瘤细胞，从而达到治疗的目的。应用抗肿瘤药化疗是目前临床治疗肿瘤病的重要手段之一，在犬、猫肿瘤病的治疗中（尤其是恶性肿瘤）占重要地位，如对犬、猫淋巴癌已取得较好疗效，但仍存在着对肿瘤选择性差、免疫抑制及不良反应多而严重、可产生耐药性等缺点。

目前已用于犬、猫肿瘤治疗的药物按化学结构和来源主要分为以下几类：烷化剂类、抗代谢类、抗生素类、植物类、铂类似物。

学习单元 2　常用药物

一、烷化剂类

烷化剂是最先应用，也是临床上较常用的一类抗肿瘤药物。它们的共同特点是有一个或多个高度活跃的烷化基团，在体内能和细胞的蛋白质和核酸相结合，使蛋白质和核酸失去正常的生理活性，从而伤害细胞，抑制癌细胞分裂。而分裂旺盛的肿瘤细胞对它们特别敏感。目前此类药物的主要缺点是选择性不高，对骨髓、胃肠道上皮和生殖系统等生长旺盛的正常细胞有较大的毒性，对体液或细胞免疫功能的抑制也较明显，所以在临床应用方面受到一定的限制。

此类药物中已用于犬、猫肿瘤病治疗的主要包括：氮芥、苯丁酸氮芥、苯丙氨酸氮芥、环磷酰胺、白消安、丙卡巴肼、噻替派、卡莫司汀、洛莫司汀等。

◆ **氮芥** ◆

【基本概况】　本品盐酸盐为白色片状结晶，极易溶于水，溶于乙醇，有吸湿性。干燥结晶在 40℃以下稳定，水溶液极易分解。

【作用与应用】　本品为最早应用的烷化剂类抗癌药物，主要抑制 DNA 合成，同时对 RNA 和蛋白质合成也有抑制作用，为周期非特异性药物，作用强烈但选择性差。主要作为 MOPP 方案（即氮芥、长春新碱、甲基苄肼、泼尼松龙）的一部分，用于猫的复发性耐药淋巴瘤的治疗。

【应用注意】　①局部反应。氮芥对局部组织有较强刺激作用，反复注射静脉可引起静脉炎和栓塞性静脉炎，药液漏于血管外可引起局部肿胀、疼痛，甚至组织坏死、溃疡。②胃肠反应。食欲减退、恶心、呕吐或腹泻，其中呕吐较突出，可应用恩丹西酮或胃复安（甲氧氯普胺）及地塞米松止吐。③骨髓抑制。是氮芥的剂量限制性毒性反应，可引起白细胞、血小板明显减少。④有致畸、致癌作用。

【用法与用量】　快速静脉滴注。一次量，犬、猫 3～6mg/m^2*（以 0.9%氯化钠注射液或 5%葡萄糖注射液稀释成 1mg/mL，60 滴/min，室温下 4h 或 4℃下 6h 内用尽，勿与其他药物混合）。

【制剂与规格】　盐酸氮芥注射液，1mL：5mg，2mL：10mg。

◆ **苯丁酸氮芥** ◆

【基本概况】　本品又称为流克伦、瘤可宁、氯氨布西。

【作用与应用】　本品为氮芥衍生物，作用与环磷酰胺相似，对多种肿瘤有抑制作用，是治疗慢性淋巴性白血病的首选药物。常与泼尼松龙组成复方制剂，用于治疗慢性淋巴细胞白血病。本品给药方便，骨髓毒性小。还可用于犬、猫淋巴肉瘤的维持治疗，在环磷酰胺致膀胱炎动物治疗中替代环磷酰胺。另外，还可用于犬的多发性骨髓瘤、真性红细胞增多症、巨

　＊　文中犬、猫体重与体表面积换算见表 5-1、表 5-2。

球蛋白血症、卵巢癌、无法有效切除的肥大细胞癌，以及猫的免疫介导疾病。

【应用注意】　①日剂量超过 8mg/kg（4 倍于推荐剂量），能对犬小脑产生毒性。②本品不宜与其他具有骨髓抑制作用的药物，如氯霉素、两性霉素 B、氟胞嘧啶合用。

【用法与用量】　内服，一次量，犬、猫 0.2mg/kg，每 24～48h 一次；或 1.4mg/kg，每 1～4 周一次。

【制剂与规格】　苯丁酸氮芥片：2mg。

表 5-1　犬体重与体表面积转换

体重（kg）	BSA（m²）	体重（kg）	BSA（m²）	体重（kg）	BSA（m²）
0.5	0.06	11	0.49	24	0.83
1	0.1	12	0.52	26	0.88
2	0.15	13	0.55	28	0.92
3	0.2	14	0.58	30	0.96
4	0.25	15	0.6	35	1.07
5	0.29	16	0.63	40	1.17
6	0.33	17	0.66	45	1.26
7	0.36	18	0.69	50	1.36
8	0.4	19	0.71	55	1.46
9	0.43	20	0.74	60	1.55
10	0.46	22	0.78		

表 5-2　猫体重与体表面积转换

体重（kg）	BSA（m²）	体重（kg）	BSA（m²）	体重（kg）	BSA（m²）
0.5	0.06	2.5	0.184	4.5	0.273
1	0.1	3	0.208	5	0.292
1.5	0.134	3.5	0.231	5.5	0.316
2	0.163	4	0.252	6	0.33

$$体表面积（m^2）=\frac{K\times W^{\frac{2}{3}}}{10^4}$$

式中：K 为种属常数（犬为 10.1，猫为 10）；W 为体重（g）。

◆ 苯丙氨酸氮芥 ◆

【基本概况】　本品又称为美法仑。本品为白色或乳白色或针状结晶，无臭或微臭，溶于乙醇、丙二醇、稀酸，微溶于甲醇。对光、热及在潮湿情况下不稳定。

【作用与应用】　本品治疗犬多发性骨髓瘤疗效显著，为其首选药物，对猫的多发性骨髓瘤也有效，还与放线菌素 D、阿糖胞苷、地塞米松联合用于治疗犬淋巴瘤。另外，还用于治疗犬的乳腺癌、卵巢癌、精原细胞瘤、慢性白血病、真红细胞增多症及骨肉瘤。对猫的慢性淋巴细胞白血病也有效。

【应用注意】　①骨髓抑制。猫对本品的骨髓抑制作用比犬更敏感，应慎用。②胃肠道反应。大剂量一次用药可出现恶心、呕吐，小剂量持续给药则不明显。③长期持续给药，偶可引起白血病、脱皮、皮炎、口炎及肺纤维化。④肾功能障碍或有骨髓抑制病史的犬、猫慎用。

【用法与用量】 犬：静脉注射，一次量，0.63mg/kg，每2～4周一次；内服，一次量，0.1mg/kg，每24h一次，连续10d，之后0.05mg/kg，每24h一次。猫：内服，一次量，10mg/m²，每周一次。

【制剂与规格】 苯丙氨酸氮芥片：2mg。

◆ 环磷酰胺 ◆

【基本概况】 本品为白色絮状或结晶性粉末，失去结晶水即液化。易溶于水，溶于乙醇、丙酮；干燥状态室温下稳定，而水溶液稳定性差，应临时配用，存放时间不得超过3h。

【作用与应用】 本品属常用抗癌药物，对恶性淋巴瘤效果好，对急性淋巴白血病也具一定疗效。此外，也作为免疫抑制剂，用于肾病综合征和类风湿关节炎等的治疗。本品可单独或与其他药物联合用于治疗淋巴组织增生性疾病，如犬（猫）淋巴肉瘤、白血病、多发性骨髓瘤、软组织肉瘤（如血管肉瘤、纤维肉瘤、滑膜肉瘤）、猫的乳腺恶性肿瘤、甲状腺癌及传染性生殖道肿瘤。

【应用注意】 骨髓抑制、生殖系统毒性为本品最常见的毒性反应。其他不良反应还有恶心、呕吐等。长期应用环磷酰胺可产生继发性肿瘤及免疫抑制等。

【用法与用量】 静脉注射：一次量，犬、猫150～200mg/m²，每周一次。内服：一次量，犬、猫50mg/m²，每24h或18h一次，至每周总剂量为200～300mg/m²。也可采用一次量250mg/m²，每3周一次。

◆ 白消安 ◆

【基本概况】 本品为白色结晶性粉末，几乎无臭，溶于丙酮，微溶于水。

【作用与应用】 本品对髓样细胞具有选择性细胞毒性作用，对红细胞和淋巴细胞几乎无影响。由于选择性作用，对慢性粒细胞白血病疗效显著，为目前治疗慢性粒细胞白血病的主要药物，可用于治疗犬的慢性粒细胞白血病及真性红细胞增多症。

【应用注意】 血小板减少症、粒细胞减少症、肺纤维化病例禁用本品。

【用法与用量】 内服，犬、猫起始剂量3～6mg/m²，每24h一次，至白细胞水平接近正常水平；维持剂量2mg/m²，每24h一次，按需要重复给药。

【制剂与规格】 白消安片：0.5mg，2mg。

◆ 甲基苄肼 ◆

【基本概况】 本品又称为丙卡巴肼。本品盐酸盐为白色结晶性粉末，易溶于水，略溶于乙醇。

【作用与应用】 本品为单胺氧化酶抑制剂，与其他抗肿瘤药和放射线无交叉耐药性。主要用于治疗淋巴瘤，与氮芥、长春新碱、泼尼松龙联合用于治疗犬、猫的复发淋巴瘤。

【应用注意】 ①胃肠道反应常见有恶心、呕吐，偶见口腔炎、口干、吞咽困难、腹泻及便秘。②骨髓抑制可致白细胞、血小板减少，有出血倾向，亦可致贫血。③偶见过敏性皮炎、疱疹、痒疹、色素沉着及脱发等。④肝、肾功能不良者慎用或减量。孕犬、猫不宜应用。

【用法与用量】 内服，一次量，犬50mg/m²，每24h一次，连续7～14d，间隔4周再次给药；猫 $10mg/m^2$，每 24h 一次，连续 14d。

【制剂与规格】　甲基苄肼片：25mg，50mg；甲基苄肼胶囊：50mg。

◆ **噻替派** ◆

【基本概况】　本品为白色鳞片状晶体，无臭或几乎无臭，可溶于水，易溶于乙醇，溶于苯、乙醚、氯仿。

【作用与应用】　本品能使 DNA 变性，影响癌细胞的分裂。本品对多种肿瘤均有疗效，在兽医临床已通过静脉注射给药治疗浅表性膀胱癌，通过腔内给药控制恶性体腔积液；在人医临床上以较高剂量与其他药物合用，治疗各种与骨髓移植相关的癌症和肉瘤。

【应用注意】　①骨髓抑制。可引起白细胞及血小板下降，用药期间应检查血象。②胃肠道反应。本品胃肠道反应较轻，偶尔出现食欲减退，少数有恶心、呕吐。③超剂量用药白细胞严重下降并发感染应立即输血及抗感染。④临用前用灭菌注射用水稀释后使用、稀释后如发现混浊，即不得使用。

【用法与用量】　静脉注射、肌内注射、腔内注射，犬 0.5mg/kg，每周 1～2 次。

【制剂与规格】　噻替派注射液，1mL：10mg。

◆ **洛莫司汀** ◆

【基本概况】　本品又称为罗氮芥。本品为黄色或微黄色粉末，无臭。本品在甲醇或无水乙醇中溶解，在水中不溶，微溶于丙二醇。遇热不稳定，应置于 4℃ 下密闭、避光保存。

【作用与应用】　本品能阻断胸腺嘧啶核苷掺入 DNA，抑制核酸及蛋白质的合成。与卡莫司汀有交叉耐药性，与一般烷化剂、长春新碱、甲基苄肼及抗代谢药物无交叉耐药性。本品脂溶性高，易透过血脑屏障。在人医临床主要用于脑肿瘤，在兽医临床已单独或与长春新碱联合用于犬的肥大细胞肿瘤及淋巴肉瘤。

【应用注意】　①本品有致畸作用。②可出现肾功能减退。③本品可抑制机体免疫机制，使疫苗接种不能激发机体的抗体产生。化疗结束后 3 个月内不宜接种活疫苗。

【用法与用量】　内服，一次量，犬 75～90mg/m²，每 3 周一次。

【制剂与规格】　洛莫司汀胶囊：40mg，100mg。

◆ **卡莫司汀** ◆

【基本概况】　本品又称为卡氮芥。本品为淡黄色结晶性粉末，无臭，难溶于水，溶于乙醇、甲醇，其水溶液在酸性条件下较稳定，在碱性条件下不稳定，对热极不稳定应在 5℃ 以下保存。

【作用与应用】　本品抗肿瘤谱广、见效快、脂溶性高，能通过血脑屏障。在体内抑制 RNA 和 DNA 合成，对增殖细胞各期均有作用。在人医临床主要用于缓解恶性胶质瘤、多发性骨髓瘤、淋巴瘤。在兽医临床上曾试用于犬的胶质瘤。

【应用注意】　①本品对骨髓、淋巴组织、肝、肾、胃肠有毒性作用。②本品可与长春新碱等联合用于治疗恶性黑色素瘤。

【用法与用量】　静脉滴注，一次量，犬 50mg/m²，每 24h 一次，每 6 周重复一次。

【制剂与规格】　卡莫司汀注射液，2mL：125mg。

二、抗代谢类

抗代谢药的化学结构与机体的某些代谢物相似，但不具备它们的功能，以致干扰核酸、蛋白质的生物合成和利用，导致肿瘤细胞死亡。该类药物的选择性小，故对增殖较快的正常组织如骨髓、消化道黏膜、毛发等有毒性。

此类药物中已用于犬、猫肿瘤病治疗的主要包括甲氨蝶呤、阿糖胞苷、5-氟尿嘧啶、门冬酰胺酶、达卡巴嗪、羟基脲等。

◆ 甲氨蝶呤 ◆

【基本概况】 本品为黄色至橙色结晶粉末，溶于稀酸。

【作用与应用】 本品为叶酸拮抗剂，化学结构与叶酸相似，在体内竞争性与二氢叶酸还原酶结合，阻止二氢叶酸还原为四氢叶酸，导致嘌呤与嘧啶核苷酸合成所必需的还原型叶酸不足。在兽医临床与其他药物联合用于犬、猫的淋巴瘤和一些软组织肉瘤，还可用于治疗猫的硬化性胆管炎、犬、猫的免疫介导性多发性关节炎。

【应用注意】 ①本品毒性反应包括胃肠溃疡、肝毒性、肾毒性及血液毒性。②天冬酰胺可降低本品的毒性与抗肿瘤活性。③静脉滴注时与博来霉素、5-氟尿嘧啶、泼尼松龙磷酸钠、氟派利多、雷尼替丁有配伍禁忌。④本品与阿司匹林或磺胺类药合用时，能增强本品疗效与毒性。

【用法与用量】 内服，一次量，犬、猫 0.8mg/kg 或 2.5～5mg/m^2，每 24h 一次。

【制剂与规格】 甲氨蝶呤片：2.5mg，10mg。

◆ 阿糖胞苷 ◆

【基本概况】 本品为白色细小针状结晶或结晶性粉末，溶于水，部分溶于甲醇。

【作用与应用】 本品可抑制 DNA 聚合酶，干扰核苷酸渗入 DNA，并抑制核苷酸还原酶，阻断胞嘧啶核苷酸还原成脱氧胞嘧啶核苷酸，但对 RNA 和蛋白质的合成无显著作用。本品在兽医临床与其他药物联合用于治疗淋巴细胞白血病及非淋巴细胞白血病、淋巴瘤。因本品可通过血脑屏障，也能用于治疗中枢神经系统的淋巴瘤。

【应用注意】 ①造血系统：主要是骨髓抑制，白细胞及血小板减少，严重者可发生再生障碍性贫血或巨幼细胞性贫血。②白血病、淋巴瘤患者治疗初期可发生高尿酸血症，严重者可发生尿酸性肾病。③较少见的有口腔炎、食管炎、肝功能异常、发热反应及血栓性静脉炎。阿糖胞苷综合征多出现于用药后 6～12h，有骨痛或肌痛、咽痛、发热、全身不适、皮疹、眼睛发红等表现。

【用法与用量】 静脉注射或皮下注射：犬，一次量 600mg/m^2，一次给药或分 2～4d 给药。皮下注射：猫，一次量 10mg/m^2，每 24h 一次。

【制剂与规格】 注射用阿糖胞苷：50mg，100mg；阿糖胞苷滴眼液：0.1%。

◆ 5-氟尿嘧啶 ◆

【基本概况】 本品为白色或类白色结晶性粉末。略溶于水，在生理盐水中稳定，微溶于乙醇。在贮存时变色，应密闭、遮光保存。

【作用与应用】 本品在体内先转变为 5-氟-2-脱氧尿嘧啶核苷酸，抑制胸腺嘧啶核苷酸合成酶，阻断脱氧尿嘧啶核苷酸转变为脱氧胸腺嘧啶核苷酸，从而抑制 DNA 的生物合成。本品抗瘤谱较广，主要用于治疗消化道肿瘤。在小动物已用于治疗基底细胞癌、鳞状细胞癌、肠癌、膀胱移行细胞癌和乳腺癌。

【应用注意】 ①犬使用超过 43mg/kg 本品即可导致中毒死亡。中毒症状主要包括癫痫、呕吐、震颤、呼吸困难、流涎、腹泻、抑郁、共济失调、心律失常。犬使用非致死剂量本品可导致暂时性脱毛。②因对猫有神经毒性，易引起癫痫，禁用本品。③使用本品前应用甲氨蝶呤具有协同作用，但在使用本品之后应用甲氨蝶呤，两者则产生拮抗。④长春新碱可增强本品的毒性。⑤西咪替丁可抑制本品的代谢。

【用法与用量】　静脉注射或静脉滴注：一次量，犬 5mg/kg 或 150～200mg/m²，每周一次（肝、肾及骨髓功能障碍病例减半应用）。局部应用：涂于患处，每 24h 一次。

【制剂与规格】　5-氟尿嘧啶注射液：250mg，500mg，2500mg；5-氟尿嘧啶软膏：5%。

◆ 门冬酰胺酶 ◆

【基本概况】　本品又称为左旋门冬酰胺酶。本品为白色结晶。粉针剂应贮存于 4～8℃，溶解后应在 8h 内用完。

【作用与应用】　本品为取自大肠杆菌的酶制剂类抗肿瘤药物，能将血清中的门冬酰胺水解为门冬氨酸和氨，而门冬酰胺是细胞合成蛋白质及增殖生长所必需的氨基酸。正常细胞有自身合成门冬酰胺的功能，而肿瘤细胞则无此功能，使用本品使门冬酰胺急剧缺失时，肿瘤细胞因既不能从血中取得足够门冬酰胺，也不能自身合成，使其蛋白质合成受阻碍、增殖受抑制、细胞大量破坏而不能生长和存活。本品也能干扰细胞 DNA、RNA 的合成。本品可与其他药物联合用于治疗犬、猫的淋巴瘤，急性淋巴细胞白血病及肥大细胞肿瘤。

【应用注意】　①抑制犬的凝血因子合成。②部分犬（约 50%）应用本品后可能出现腹泻、恶心、呕吐、厌食、精神沉郁。③犬肌内注射部位会有不适感。④本品与长春新碱联合用药可能导致部分犬出现粒细胞缺乏。

【用法与用量】　肌内注射、腹腔注射或皮下注射，一次量，犬、猫 400 U/kg 或 10 000 U/m²。

【制剂与规格】　注射用门冬酰胺酶：10 000 U。

◆ 达卡巴嗪 ◆

【基本概况】　本品为微黄色结晶或粉末，易溶于酸，不溶于水，微溶于甲醇、乙醇。遇热分解，对酸和光不稳定。应贮存于 2～8℃，溶解后室温下稳定 8h，2～8℃稳定 72h，同时应遮光保存。

【作用与应用】　本品进入体内后由肝微粒体去甲基形成单甲基化合物，具有直接细胞毒作用，抑制 RNA 和蛋白质合成，同时也能干扰嘌呤的生物合成。可作为恶性黑色素瘤的首选药物，也可用于软组织肉瘤和恶性淋巴瘤。小动物临床可用于治疗淋巴组织增生性疾病、黑色素瘤及软组织肉瘤，与多柔比星联合用于治疗犬淋巴肉瘤。

【应用注意】　本品具有细胞毒性作用，仅能由专业人员在特定的区域（最好在通风橱内）进行相关操作。操作人员在操作过程中仍然要注意采取必要的防护措施，如工作服、手套、口罩、护目镜等。一旦皮肤或眼睛与药物接触，应及时用大量清水冲洗。

【用法与用量】　静脉滴注，一次量，犬 200～250mg/m²。每 24h 一次，连续 5d。以后每 3～4 周再重复给药。

【制剂与规格】　注射用达卡巴嗪：100mg，200mg，500mg。

◆ 羟基脲 ◆

【基本概况】　本品为白色针状结晶，无臭，无味，易溶于水和热乙醇，微溶于冷乙醇，遇水或热不稳定。

【作用与应用】　本品为核苷酸还原抑制剂，即抑制脱氧核糖核酸的合成，而对核糖核酸和蛋白质的合成没有干扰作用。在犬、猫主要用于治疗骨髓增生综合征、真性红细胞增多症、慢性粒细胞白血病、原发性血小板减少症、嗜碱性粒细胞白血病。

【应用注意】 猫应用本品可能引起甲沟炎。

【用法与用量】 犬：内服，一次量 50mg/kg，每 24h 一次，连续 1～2 周，然后每 48h 一次；或 80mg/kg，3d 一次；或 1g/m²，每 24h 一次，直至血液学指标正常。猫：内服，一次量 10mg/kg，每 12h 一次，每周连续给药 3d，至血液学指标正常。

【制剂与规格】 羟基脲片或胶囊：500mg。

三、抗生素类

此类药物中已用于犬、猫肿瘤病治疗的主要包括：蒽环类抗生素，如多柔比星、米托蒽醌、伊达比星、表柔比星；其他类抗生素，如博来霉素、放线菌素 D 等。

◆ 多柔比星 ◆

【基本概况】 本品又称为阿霉素。本品的盐酸盐为橘红色针尖状结晶，易溶于水、甲醇，水溶液稳定。

【作用与应用】 本品属蒽环类抗生素，可进入细胞，与染色体结合，干扰 DNA、DNA 依赖性 RNA 和蛋白质的合成。可单独或与其他抗肿瘤药联合用于控制犬、猫的多种肿瘤病，如淋巴瘤、软组织肉瘤、骨肉瘤、血管肉瘤。淋巴瘤对本品尤其敏感。在其他肿瘤病的给药方案中加入本品可明显改善治疗效果。

【应用注意】 ①犬、猫对本品较为常见的不良反应为呕吐、腹泻、结肠炎、厌食和体重减轻，以上反应常于给药后 3～5d 出现。②本品可使组胺水平增高，出现痛痒、摇头、荨麻疹、红斑和呕吐。因此，应用本品前对于犬可给予苯海拉明，猫可给予短效糖皮质激素类药物。③部分品种的犬应用本品后可能出现脱毛和色素沉着，尤其是贵妇犬和英国古代牧羊犬。腿部和尾部有较长毛的犬（如金毛寻回猎犬）会发生长毛脱落。猫应用本品后会出现胡须脱落。④本品具有心脏毒性，犬总剂量超过 240mg/m² 可导致心肌病。

【用法与用量】 犬：静脉滴注，一次量 30mg/m²，每 3 周一次；或 10mg/m²，每 24h 一次，每 4 周连续给药 3d。总剂量不超过 240mg/m²。猫：静脉滴注，一次量 20～25 mg/m²，每 3～5 周一次。

【制剂与规格】 注射用多柔比星：10mg，50mg；多柔比星注射液：10mg，50mg。

◆ 米托蒽醌 ◆

【基本概况】 本品为蓝黑色结晶，无臭，略溶于水，微溶于乙醇，易吸潮。

【作用与应用】 本品属蒽环类抗生素，可与 DNA 分子结合，抑制核酸合成而导致肿瘤细胞死亡。本品与蒽环类药物没有完全交叉耐药性。抗癌活性与多柔比星相似或略高，明显高于环磷酰胺、阿糖胞苷、甲氨蝶呤、氟尿嘧啶、长春新碱等常用的抗癌药。可用于治疗犬、猫的淋巴瘤及其他癌和肉瘤，与放射治疗结合可用于治疗猫的鳞状细胞癌。

【应用注意】 ①主要为消化道反应，如恶心、呕吐或腹泻，个别的有发热、烦躁、呼吸困难、口腔炎等。②心力衰竭主要发生于原来用过阿霉素的病犬。本品引起的心脏毒性是可逆的，亦可发生脱发、肝和肾功能损害及静脉炎，但发生率低。

【用法与用量】 静脉滴注，一次量，犬 5～6mg/m²，猫 6.5mg/m²，每 3 周一次。

【制剂与规格】　盐酸米托蒽醌注射液，2mL：2mg（按米托蒽醌计）；注射用盐酸米托蒽醌：5mg，10mg。

◆ **伊达比星与表柔比星** ◆

【作用与应用】　伊达比星与表柔比星均为多柔比星的类似物，其中伊达比星可用于猫的淋巴瘤，表柔比星可用于犬的淋巴瘤。

【应用注意】　伊达比星在猫的常见不良反应为厌食。表柔比星可引起犬的骨髓抑制、白细胞减少。

【用法与用量】　伊达比星：内服，一次量，猫 $2mg/m^2$，每3周给药3d。表柔比星：静脉注射，一次量，犬 $30mg/m^2$，每3周一次。

◆ **博来霉素** ◆

【基本概况】　本品又称为博莱霉素。本品盐酸盐为白色或浅黄色粉末，含铜离子时为淡蓝或蓝绿色，临床上应用的去铜离子盐酸盐，易溶于水、甲醇，吸湿性强，吸潮后不影响疗效。本品硫酸盐为乳白色无定形粉末，易溶于水。

【作用与应用】　本品属碱性糖肽类抗癌抗生素。主要抑制胸腺嘧啶核苷参入 DNA，与 DNA 结合使之破坏分解。在兽医临床已用于犬、猫的鳞状细胞癌、淋巴瘤及其他恶性肿瘤病。

【应用注意】　犬长期使用本品可导致间质性肺炎。

【用法与用量】　静脉注射或皮下注射，一次量，犬、猫 $10\sim20$ U/m^2，每周一次。博来霉素 1U＝1mg。

【制剂与规格】　注射用盐酸博来霉素：1.5 万 U。

◆ **放线菌素 D** ◆

【基本概况】　本品又称为更生霉素。本品为鲜红色或橙红色结晶性粉末，无臭，有引湿性，几乎不溶于水，易溶于氯仿、丙酮，略溶于甲醇，微溶于乙醇。遇光、热或氧化剂均能使其效价降低。

【作用与应用】　本品主要抑制 RNA 的合成，特别是 mRNA 的合成，高浓度时则同时影响 RNA 与 DNA 合成，从而妨碍蛋白质合成，抑制肿瘤细胞生长。可用于犬的淋巴瘤。

【应用注意】　犬的主要不良反应为呕吐。

【用法与用量】　缓慢静脉注射，一次量，犬 $0.5\sim0.75mg/m^2$。每3周一次。

【制剂与规格】　注射用放线菌素 D：0.2mg。

四、植 物 类

此类药物中已用于犬、猫肿瘤治疗的主要包括长春新碱、长春碱、秋水仙碱等。

◆ **长春新碱** ◆

【基本概况】　本品硫酸盐为白色或类白色的疏松状或无定形固体，有吸湿性，遇光或热易变黄。

【作用与应用】　本品为夹竹桃科植物长春花中提取的有效成分。抗肿瘤作用的靶点是微管，抑制微管蛋白的聚合而影响纺锤体微管的形成，使有丝分裂停止于中期。还可干扰蛋白质代谢及抑制 RNA 多聚酶的活力，并抑制细胞膜类脂质的合成和氨基酸在细胞膜上的转运。

本品为兽医临床上较常用的抗肿瘤药,在犬、猫淋巴瘤(如急性或慢性淋巴细胞白血病)、软组织瘤(如血管肉瘤)、特发性血小板减少性紫癜治疗中与其他抗肿瘤药如多柔比星、环磷酰胺等联合应用。单独使用用于治疗犬的传染性生殖道肿瘤。

【应用注意】 ①猫应用本品一段时间后可能出现严重的粒细胞减少症。犬、猫应用本品后可能出现胃肠道反应,如引起猫厌食、犬呕吐,还可能出现便秘。本品禁止鞘内给药。②本品不宜与门冬酰胺酶联合用药。

【用法与用量】 犬:静脉注射,一次量 $0.5\sim0.75mg/m^2$,每周一次。猫:静脉注射,一次量 $0.5mg/m^2$ 或 $0.025mg/kg$。每周一次。

【制剂与规格】 注射用硫酸长春新碱:1mg,2mg,5mg。

◆ **长春碱** ◆

【基本概况】 本品又称为长春花碱。本品硫酸盐为白色针状结晶,味苦。易溶于水,溶于甲醇、氯仿,难溶于乙醇。有吸湿性。遇光或热渐变黄。

【作用与应用】 本品系由夹竹桃科植物长春花中提取的一种生物碱,为细胞周期特异性抗肿瘤药。能干扰增殖细胞纺锤体的形成,使有丝分裂停止于中期,并有免疫抑制作用。可用于犬淋巴瘤、犬扁桃体鳞状细胞癌、皮肤肥大细胞瘤。

【应用注意】 ①除骨髓抑制外,还可能有胃肠道反应。②本品不宜与对肝药酶有抑制作用的药物,如钙通道阻滞剂、西咪替丁、环孢素、红霉素、甲氧氯普胺(胃复安)及酮康唑合用。

【用法与用量】 静脉注射,一次量,犬、猫 $2\sim2.5mg/m^2$,每 $1\sim2$ 周一次。猫:静脉注射,一次量 $0.5mg/m^2$ 或 $0.025mg/kg$。每周一次。

【制剂与规格】 硫酸长春碱注射液,10mL:10mg。

◆ **秋水仙碱** ◆

【基本概况】 本品又称为秋水仙素。本品为淡黄色结晶性粉末,无臭,遇光色变深。在乙醇或氯仿中易溶,在水中溶解,在乙醚中极微溶解。

【作用与应用】 本品是从百合科植物秋水仙中提取的一种生物碱。可用于治疗肺癌、皮肤病及慢性粒细胞白血病。由于其毒性大,在临床应用上受到限制。对急性痛风性关节炎也有选择性的消炎作用。

【应用注意】 本品毒性较大。常见恶心、呕吐、腹泻、腹痛等胃肠反应,是中毒的前期症状,症状出现时即行停药。肾损害可见血尿、少尿。对骨髓有直接抑制作用,可引起粒细胞缺乏、再生障碍性贫血。

【用法与用量】 内服,一次量,犬 $0.03mg/kg$,每 $8\sim72h$ 一次。

【制剂与规格】 秋水仙碱片:0.5mg。

五、铂类似物

本类药物是铂的络合物或配合物,能与 DNA 结合,引起交叉联结,从而破坏 DNA 结合,并抑制细胞的有丝分裂。

◆ **顺铂** ◆

【基本概况】 本品为橙黄色或黄色结晶性粉末,微溶于水,易溶于二甲基甲酰胺。

【作用与应用】 本品为金属铂类络合物,为一种细胞非特异性药物。能与 DNA 结合,引起交叉联合，从而破坏 DNA 的功能，并抑制细胞的有丝分裂。本品抗瘤谱较广，可用于治疗犬的骨肉瘤、鳞状细胞瘤、卵巢瘤、间皮瘤、膀胱癌、鼻腺癌、甲状腺癌，也可与其他抗肿瘤药如多柔比星等联合应用。

【应用注意】　①本品的不良反应主要是肾毒性、骨髓抑制及胃肠道反应（恶心、呕吐）、耳毒性、神经毒性、血尿酸过多、过敏反应等。②本品应避免接触铝制品。③猫禁用本品。④与氨基糖苷类合用可增加本品的肾毒性与耳毒性。

【用法与用量】　静脉注射，一次量，犬 50～70mg/m^2，每 3～4 周一次。

【制剂与规格】　顺铂注射液，1mL：1mg；注射用顺铂：10mg，50mg，150mg。

◆ 卡铂 ◆

【基本概况】　本品又称为碳铂。本品为白色结晶，溶于水，遇光易分解。

【作用与应用】　本品为第二代铂类抗肿瘤药，其作用及用途基本与顺铂相似，主要能引起靶细胞 DNA 的交叉联结，阻碍 DNA 合成，同时阻止 DNA 复制，从而抑制肿瘤细胞的生长。本品消化道、肾及耳毒性比顺铂低。对某些肿瘤的活性高于顺铂，与顺铂有交叉耐药性。可用于犬的四肢骨的骨肉瘤，猫的头部与颈部的癌、乳腺癌。

【应用注意】　①常见骨髓抑制、注射部位疼痛，偶见过敏反应、黏膜炎、周围神经毒性、耳毒性及恶心、呕吐、厌食等。②尽量避免与可能损害肾功能的药物如氨基糖苷类同时使用。③与其他抗癌药联合应用时，应适当降低剂量。④本品应避免与铝化合物接触，也不宜与其他药物混合滴注。

【用法与用量】　犬：静脉注射，一次量，300mg/m^2，每 3～4 周一次。猫：静脉注射，一次量，200mg/m^2，每 3～4 周一次。

【制剂与规格】　卡铂注射液，1mL：10mg。

六、其他抗肿瘤药

◆ 依托泊苷 ◆

【基本概况】　本品为白色或灰到黄棕色的结晶性粉末。

【作用与应用】　本品为有丝分裂抑制剂，通过抑制核苷酸转换而抑制细胞有丝分裂前期 DNA、RNA 及蛋白质的合成。其抗瘤谱广，对多种动物肿瘤均有抑制作用。可用于犬的复发淋巴瘤。

【应用注意】　①对犬的不良反应主要是骨髓抑制。肝、肾功能严重障碍、骨髓抑制，以及白细胞、血小板明显低下的犬禁用。②本品不宜静脉推注，静脉滴注时速度不得过快。

【用法与用量】　静脉滴注，一次量，犬 100mg/m^2。

【制剂与规格】　依托泊苷注射液，2mL：40mg 或 5mL：100mg。

？　复习思考题

1. 哪些药物能够治疗犬的淋巴癌？产生哪些不良反应？
2. 哪些药物能够治疗猫的乳腺癌？产生哪些不良反应？
3. 设计犬、猫淋巴癌的化学治疗方案。

学习情境 6
犬、猫常用激素、前列腺素与抗过敏药物

知识目标

- 掌握肾上腺皮质激素药的作用特点。
- 掌握胰岛素与口服降血糖药的作用特点。
- 掌握甲状腺激素及抗甲状腺药的作用特点。
- 掌握前列腺素与抗过敏药物的作用特点。

技能目标

- 掌握肾上腺皮质激素药的临床应用。
- 掌握抗过敏药物的临床应用。

学习单元 1 激素类药物

一、肾上腺皮质激素

◆ 可的松 ◆

【基本概况】 本品又称为醋酸可的松、化合物 E、皮质素。为白色或几乎白色结晶性粉末，无臭、初无味，随后有持久的苦味。易溶于氯仿，微溶于乙醇或醚，不溶于水。

【作用与应用】 本品作用和用途与氢化可的松相似，但疗效较差，不良反应较大。临床主要用于肾上腺皮质功能减退症的替代治疗。本品可迅速由消化道吸收，在肝组织中转化为具活性的氢化可的松而发挥效应，$T_{1/2}$ 约 30min。本品口服后能快速发挥作用，而肌内注射吸收较慢。主要应用于肾上腺皮质功能减退症及垂体功能减退症的替代治疗，亦可用于过敏性和炎症性疾病。

【用法与用量】 肌内注射，一次量，犬 25~100mg，每 12h 一次。

【制剂与规格】 醋酸可的松注射液，2mL：50mg，5mL：125mg，10mL：250mg。

◆ 氢化可的松 ◆

【基本概况】 本品又称为可的索，属天然皮质激素，现已人工合成。为白色或类白色结晶粉末，不溶于水，微溶乙醇。

【作用与应用】 氢化可的松有较强的消炎、抗毒素、抗休克和免疫抑制作用，水钠潴留作用较弱。临床多用静脉注射方法治疗各种危急病例，如中毒性感染、各种类型的休克等。

常用于乳腺炎、眼部炎症、皮肤过敏性炎症、关节炎和腱鞘炎等治疗。

【用法与用量】 静脉注射，一次量，犬 0.005～0.02g。用前用生理盐水或 5％葡萄糖注射液稀释，缓慢静脉注射，每天一次。

【制剂与规格】 氢化可的松注射液，2mL：10mg，5mL：25mg，20mL：100mg。

◆ 泼尼松 ◆

【基本概况】 本品又称为强的松。为人工合成品。白色或近乎白色的结晶性粉末，无臭，味苦。不溶于水，微溶于乙醇，易溶于氯仿。遮光、密封保存。

【作用与应用】 本品进入体内后转化为氢化泼尼松而起作用。其消炎作用较天然的氢化可的松强 4～5 倍，水钠潴留作用较小。本品主要供内服和局部应用，用于腱鞘炎、关节炎、皮肤炎症、眼科炎症和极其严重的感染性、过敏性疾病等。给药后作用的时间为 12～36h。

【用法与用量】 内服，一次量，犬、猫 0.5～2mg/kg。醋酸泼尼松软膏，皮肤涂擦。醋酸泼尼松眼膏，眼部外用，2～3 次/d。

【制剂与规格】 醋酸泼尼松片：5mg；醋酸泼尼松软膏：1％；醋酸泼尼松眼膏：0.5％。

◆ 泼尼松龙 ◆

【基本概况】 本品又称为氢化泼尼松、强的松龙。为人工合成品。为白色或类白色结晶性粉末，几乎不溶于水，微溶于乙醇或氯仿。

【作用与应用】 作用与醋酸泼尼松基本相似或略强。可供静脉注射、肌内注射、乳房内注入和关节腔内注射等。应用较醋酸泼尼松广泛，用于皮肤炎症、眼炎、乳房炎、关节炎、腱鞘炎及牛的酮血病等。给药后作用的时间为 12～36h。

【用法与用量】 内服：每天量，体重 7～14kg 的犬 2～5mg/kg，14kg 以上的犬 5～15mg/kg。静脉注射：一次量，5～10mg/kg。犬、猫过敏性支气管炎：静脉注射、肌内注射，一次量，1～4mg/kg，每 24h 一次。

【制剂与规格】 醋酸泼尼松片：5mg；泼尼松龙注射液，2mL：10mg；醋酸泼尼松龙注射液，1mL：25mg，5mL：125mg；醋酸泼尼松龙软膏，4g：200mg，10g：500mg。

◆ 曲安西龙 ◆

【基本概况】 本品又称为去炎松，为白色或几乎白色的结晶性粉末，无臭。本品在二甲基甲酰胺中易溶，在甲醇或乙醇中微溶，在水或氯仿中几乎不溶。

【作用与应用】 消炎作用较氢化可的松、泼尼松均强。水钠潴留作用则较轻微。口服易吸收。适用于类风湿性关节炎、其他结缔组织疾病、支气管哮喘、过敏性皮炎、神经性皮炎、湿疹等。

【用法与用量】 内服：一次量，犬 0.125mg/kg，猫 0.125～0.25mg/kg。每 12h 一次，连续 7d。肌内注射、皮下注射：一次量，犬、猫，起始量 0.1～0.2mg/kg，维持量 0.02～0.04mg/kg。关节腔或滑液腔内注射：犬 6～18mg，猫 1～3mg，必要时 3～4d 再注射一次。局部皮肤用药：涂于患处，每 8～12h 一次。

【制剂与规格】 曲安西龙片：4mg；醋酸曲安西龙混悬液，1mL：5mg，2mL：20mg，5mL：125mg；曲安西龙软膏：0.1％。

◆ 地塞米松 ◆

【基本概况】 本品又称为氟美松。为人工合成品。其磷酸钠盐为白色或微黄色粉末，无臭，味微苦。有引湿性。溶于水或甲醇，几乎不溶于丙酮或乙醚。

【作用与应用】 地塞米松的消炎作用约为氢化可的松的 25 倍，而水钠潴留作用极弱。给药后作用的时间为 48～72h。应用同其他糖皮质激素。此药目前应用日趋广泛，有取代氢化泼尼松等其他合成皮质激素的趋势。本品可用于治疗犬、猫多种疾病，如炎症、休克、过敏性疾病和皮肤科、眼科疾病及蛇或昆虫（蜜蜂、黄蜂）咬伤，还可用于犬、猫的急性白血病、恶性淋巴瘤等的辅助治疗。

【用法与用量】 治疗脑水肿或脊髓损伤：先静脉注射 2.2～4.4mg/kg，后皮下注射，一次量 1mg/kg，每 6～8h 一次。眼部用药：地塞米松眼药水，每患眼 1 滴，每 6～12h 一次。消炎：内服、静脉注射、肌内注射、皮下注射，一次量，犬、猫 0.07～0.15mg/kg，每 12～24h 一次，连续 3～5d。免疫抑制：内服、肌内注射、皮下注射，一次量，犬、猫 0.3～0.64mg/kg，每 24h 一次，不超过 5d。抗休克：地塞米松磷酸钠注射液，静脉注射，一次量，犬、猫 5mg/kg。

【制剂与规格】 醋酸地塞米松片：0.75mg；地塞米松磷酸钠注射液，1mL：1mg，1mL：2mg，1mL：5mg；地塞米松磷酸钠滴眼液：0.1%；复方地塞米松乳膏，10g：7.5mg。

◆ **倍他米松** ◆

【基本概况】 本品为人工合成品，是地塞米松的同分异构体。白色或类白色结晶性粉末，无臭，味苦。几乎不溶于水，略溶于乙醇。

【作用与应用】 本品消炎作用与糖原异生作用强于地塞米松，水钠潴留作用稍弱于地塞米松。应用同地塞米松。

【用法与用量】 眼部用药：倍他米松眼药水，每患眼 1 滴，每 6～8h 一次。局部皮肤用药：涂于患处，每 8～12h 一次。消炎：静脉注射，一次量，犬、猫 0.04mg/kg，每 3 周一次，共 4 次；内服，一次量，犬、猫 0.1～0.2mg/kg，每 12～24h 一次。抗休克：静脉注射，一次量，犬、猫 0.08mg/kg。免疫抑制：内服，一次量，犬、猫 0.2～0.5mg/kg，每 12～24h 一次。

【制剂与规格】 倍他米松片：0.5mg；倍他米松混悬液（肌内注射）：2mg/mL；倍他米松注射液（静脉注射）：2mg/mL；倍他米松滴眼液、滴耳液：0.1%。

◆ **氟轻松** ◆

【基本概况】 本品又称为肤轻松。为人工合成品。为外用糖皮质激素中消炎作用最强、不良反应最小的品种。显效快，止痒效果好。

【作用与应用】 主要用于各种皮肤炎症，如湿疹、过敏性皮炎、脂溢性皮炎等。

【用法与用量】 外用涂擦患处，每 6～8h 一次。

【制剂与规格】 醋酸氟轻松软膏，10g：2.5mg，20g：5mg。

二、胰岛素与口服降血糖药

（一）胰岛素制剂

◆ **胰岛素** ◆

【基本概况】 本品又称为正规胰岛素、普通胰岛素，胰岛素是由胰岛 β-细胞生成和分泌的一种激素。它是一种蛋白质，相对分子质量为 6 000。本品具有典型的蛋白质性质，等电点为 5.3。在酸性溶液中稳定，在碱性溶液中极易变性。蛋白酶、强酸或强碱均能破坏之。温度高时更易被破坏。其注射液应过滤性灭菌，应冷藏保存，但应避免冰冻。在 0～15℃贮存，有效期为二年。胰岛素在胃肠道中易被胃酸破坏，故口服无效，必须注射给药。皮下注射易吸收，约 1h 即呈现作用。若静脉注射，作用出现更快，但消失也较早。肝和肾是胰岛素灭活的主要器官。

【作用特点】 本品属短效胰岛素，皮下注射后 1～5h 达高峰，药效持续时间 4～10h。

【用法与用量】 胰岛素依赖型糖尿病（IDDM）：皮下注射，一次量，犬 0.5～1.0 IU/kg，猫 0.25IU/kg，每 6h 一次。糖尿病酮症酸中毒：静脉滴注，一次量，犬、猫 0.025～0.06IU/kg 或肌内注射，初始剂量 0.2IU/kg，维持量 0.1IU/kg，每小时一次。

【制剂与规格】 胰岛素注射液，10mL：400IU，10mL：800IU；注射用胰岛素：50IU，100 IU，400 IU。临用前以生理盐水稀释成 40IU/mL 或 400IU/mL。

【注意事项】 胰岛素过量可引起低血糖反应。表现为饥饿（咀嚼动作），烦躁不安，脉搏增数、呼吸促迫、肌肉震颤抑制惊厥，严重时患畜昏睡，甚至因呼吸麻痹而死亡。故使用胰岛素后应密切观察病情，以防过量。出现上述反应时，应立即静脉注射高渗葡萄糖进行抢救。

◈ **精蛋白锌胰岛素** ◈

【基本概况】 精蛋白锌胰岛素即长效胰岛素，作用同胰岛素，主要较胰岛素吸收缓慢而作用均匀，维持时间较低精蛋白胰岛素还要长，持续时间可达 24～36h，用于轻型和中型糖尿病。

【用法与用量】 胰岛素依赖型糖尿病（IDDM）：皮下注射，一次量，猫 0.25IU/kg，每 12～24h 一次；体重＞25kg 的犬 0.25～0.5IU/kg，体重＜25kg 的犬 0.5～1.0IU/kg，每 24h 一次。

【制剂与规格】 精蛋白锌胰岛素注射液，10mL：400IU，10mL：800IU。

◈ **低精蛋白胰岛素** ◈

【基本概况】 本品又称为中效胰岛素、中性精蛋白锌胰岛素、低精蛋白锌胰岛素。

【作用与应用】 一般用于中、轻度糖尿病。治疗重度糖尿病需与正规胰岛素合用，使作用出现快而维持时间长。也可与长效类胰岛素制剂合用，以延长作用时间。对于血糖波动较大、不易控制的病畜适合选用本品。

【注意事项】 ①用药过量或注射后未按规定时间进食，可表现为饥饿感、心悸、心动过速、出汗、震颤，甚至惊厥及昏迷等低血糖反应。可口服糖水，昏迷者应静脉注射高渗葡萄糖液直至清醒。本品引起低血糖反应常发生于皮下注射后 8～12h，初次用药尤需注意。②可因制剂不纯而引起过敏反应，如荨麻疹与紫癜。偶有引起过敏性休克，其处理方法同胰岛素。③因作用缓慢，不能用于抢救糖尿病性昏迷。④产生抗体而发生耐药性时，则需要更换制剂。⑤本品静置后可分为两层，皮下注射前必须摇匀。注射器消毒时不要用碱性物质。

【用法与用量】 犬胰岛素依赖型糖尿病（IDDM）：皮下注射，一次量，体重＞25kg 的犬 0.5IU/kg，体重＜25kg 的犬 1.0IU/kg，每 12～24h 一次。

【制剂与规格】 低精蛋白胰岛素注射液，10mL：400IU，10mL：800IU。

◆ 慢胰岛素 ◆

【基本概况】 慢胰岛素锌混悬液为30％无定形的半慢胰岛素锌和70％结晶性极慢胰岛素锌粒子组成的混悬液。

【作用与应用】 作用类同低精蛋白锌胰岛素。用药后作用在2～3h开始，高峰在8～12h，持续18～24h。

【注意事项】 ①用药过量或注射后未按规定时间进食，可表现为饥饿感、心悸、心动过速、出汗、震颤，甚至惊厥及昏迷等低血糖反应。可口服糖水，昏迷者应静脉注射高渗葡萄糖液直至清醒。本品引起低血糖反应常发生于皮下注射后8～12h，初次用药尤需注意。②可因制剂不纯而引起过敏反应，如荨麻疹与紫癜。偶有引起过敏性休克。

【用法与用量】 同低精蛋白胰岛素。

【制剂与规格】 慢胰岛素锌混悬液，10mL：400IU，10mL：800IU，10mL：1 000IU。

（二）口服降血糖药

◆ 氯磺丙脲 ◆

【基本概况】 本品又称为特泌胰、P－607、氯苯磺山丙脲、氯磺碘丙料脲。白色结晶性粉末。无臭或几乎无臭，味略苦。在氯仿中易溶，在乙醇中溶解，在水中不溶，在氢氧化钠溶液中易溶。熔点为125～130℃。

【作用与应用】 用于治疗轻、中度成年型糖尿病。

【注意事项】 老龄病畜可引起严重低血糖反应。

【用法与用量】 内服，一次量，犬、猫5～40mg/kg，每24h一次。

【制剂与规格】 氯磺丙脲片：0.1g，0.25g。

◆ 格列本脲 ◆

【基本概况】 本品又称为优降糖，白色晶体粉末，不溶于水，微溶于乙醇、丙酮、氯仿。

【作用与应用】 适用于单用饮食控制疗效不满意的轻、中度非胰岛素依赖型糖尿病，病畜胰岛B细胞有一定的分泌胰岛素功能，并且无严重的并发症。用于非胰岛素依赖型（成年型、肥胖型）的糖尿病患畜。由于它清除率长，最易发生低血糖反应，故临床使用要谨慎，可用于某些格列齐特、格列吡嗪降血糖药效果不明显的患畜。

【注意事项】 少数病畜有胃肠道不适、发热、皮肤过敏及低血糖症状，应减量或停药；肝功能不全病畜慎用；严重代偿失调性酸中毒、糖尿病性昏迷、肾功能不全、糖尿病酮症及妊娠母畜不宜应用；此药有轻度利尿作用；胰岛素依赖型糖尿病合并急性并发症及肝、肾功能不良者禁用。

【用法与用量】 内服，一次量，犬、猫0.25～0.5mg/kg，每12h一次。

【制剂与规格】 格列本脲片：2.5mg，5mg。

◆ 格列吡嗪 ◆

【基本概况】 本品又称为吡磺环己脲、美吡达、捷贝、迪沙片，主要化学成分是格列吡嗪。

【作用与应用】 本品主要用于单用饮食控制治疗未能达到良好效果的轻、中度非胰岛素依赖型病畜。过去虽用胰岛素治疗，但每日需要量在30IU以下者；无症状病畜，在饮食控制基础上仍有显著高血糖者；对胰岛素有抗药者可加用本品。本药治疗有效率约87％。

【注意事项】　少数病畜可出现轻度恶心，头晕。个别病畜有低血糖。恶心、呕吐、腹泻、腹痛、头痛等，其发生率为 $1\%\sim2\%$，但继续治疗其症状会消失。个别病畜会发生暂时性皮疹，偶见低血糖症。格列吡嗪有肝毒性，并且是剂量相关的。

【用法与用量】　内服，一次量，猫 0.2mg/kg，每 24h 一次；或 2.5～7.5mg/只，每12h一次。

【制剂与规格】　格列吡嗪片：5mg，10mg。

◆ 甲福明 ◆

【作用与应用】　本品又称为二甲双胍，与甲苯磺丁脲不同，本品不促进胰岛素的分泌，其降血糖作用是促进组织无氧糖酵解，使肌肉等组织利用葡萄糖的作用加强，同时抑制肝糖原的异生，减少葡萄糖的产生，结果使血糖降低。还具有降血脂的作用。用于轻症糖尿病。主要用于非胰岛素依赖型糖尿病，其中肥胖病畜可将其作为首选药，对于胰岛素依赖型糖尿病亦可与胰岛素联合使用。

【注意事项】　①肝、肾功能不全病畜、充血性心力衰竭、糖尿病昏迷、急性发热感染病畜等禁用。②低氧血症、糖尿病酮症酸中毒、充血性心力衰竭病畜禁用。③孕畜（通过胎盘影响胚胎发育）禁用。④放射检查用造影剂可诱发甲福明相关性乳酸酸中毒。

【用法与用量】　内服，一次量，猫 5～10mg/kg，每 12h 一次。

【制剂与规格】　盐酸甲福明片：500mg，850mg。

三、甲状腺激素及抗甲状腺药

（一）甲状腺激素

◆ 左旋甲状腺素 ◆

【基本概况】　本品成分为左甲状腺素钠，又称为 T_4、优甲乐。

【作用与应用】　为人工合成的四碘甲状腺原氨酸的钠盐，作用与应用与甲状腺片相似，口服吸收 50%，起效缓慢，平稳，近似于生理激素。适用于甲状腺激素的替代治疗、单纯性甲状腺肿，及甲状腺切除手术后服用，可以预防甲状腺肿的复发，还可作为各种原因引起的甲状腺功能减退的补充治疗等。

【注意事项】　各种原因引起的甲状腺功能亢进病畜禁用。

【用法与用量】　内服，一次量，犬 0.018～0.022mg/kg，每 12h 一次；猫 0.01～0.02mg/kg，每 12h 一次。

【制剂与规格】　左旋甲状腺素钠片：0.1mg，0.2mg，0.5mg，0.8mg。

◆ 甲碘氨 ◆

【基本概况】　本品又称为碘噻罗宁、甲碘安、三碘甲状腺素钠、三碘甲状腺原氨酸钠、碘甲腺氨酸钠、三碘甲状腺氨酸钠。

【作用与应用】　常用于黏液性水肿及其他严重甲状腺功能不足状态，还可用作甲状腺功能的诊断药。

【注意事项】　同甲状腺素。

【用法与用量】　内服，一次量，犬 0.002～0.006mg/kg，每 8～12h 一次。

【制剂与规格】　甲碘氨片：0.02mg。

（二）抗甲状腺药

◆ 丙硫氧嘧啶 ◆

【基本概况】 本品为白色结晶或结晶性粉末，无臭，味苦。略溶于乙醇，极微溶于水，溶于氢氧化钠溶液或氨溶液。

【作用与应用】 用于各种类型的甲状腺功能亢进症。

【注意事项】 ①应定期检查血象及肝功能。②对诊断的干扰，可使凝血酶原时间延长，AST、ALT、ALP升高。③外周血白细胞偏低、肝功能异常病畜慎用。

【用法与用量】 内服，一次量，猫 11mg/kg，每 12h 一次。

【制剂与规格】 丙硫氧嘧啶片：0.05g，0.1g。

◆ 甲巯咪唑 ◆

【基本概况】 本品又称为他巴唑，为抗甲状腺药物。其作用机制是抑制甲状腺内过氧化物酶，从而阻碍吸聚到甲状腺内碘化物的氧化及酪氨酸的偶联，阻碍甲状腺素（T_4）和三碘甲状腺原氨酸（T_3）的合成。动物实验观察到可抑制 B 淋巴细胞合成抗体，降低血液循环中甲状腺刺激性抗体的水平，使抑制性 T 细胞功能恢复正常。

【作用与应用】 用于各种类型的甲状腺功能亢进症，包括 Graves 病（伴有自身免疫功能紊乱、甲状腺弥漫性肿大，可有突眼），甲状腺腺瘤，结节性甲状腺肿及甲状腺癌所引起的疾病。

【用法与用量】 内服，一次量，猫 2.5mg，每 12h 一次，连续 1～2 周后改 5～10mg，每 12h 一次，并监测 T_4 浓度。

【制剂与规格】 甲巯咪唑片：2.5mg，5mg。

◆ 卡比马唑 ◆

【基本概况】 本品又称为新唛苄唑、甲亢平，为白色片。

【作用与应用】 本品属咪唑类抗甲状腺药，抑制甲状腺合成的作用机理与甲巯咪唑相同，不良反应较甲巯咪唑小，可用于猫的甲状腺功能亢进。

【注意事项】 骨髓抑制或血小板减少的猫禁用本品。

【用法与用量】 内服，一次量，猫 5mg，每 8h 一次。给药后 3 周后无反应可增加剂量。

【制剂与规格】 卡比马唑片：5mg。

学习单元 2　前列腺素

【基本概况】 本品又称为前列腺素 $F_{2\alpha}$、地诺前列素、黄体溶解素，为无色晶体。易溶于无水乙醇、乙酸乙酯、氯仿，微溶于水。

【作用与应用】 本品对生殖系统的作用主要是溶解黄体、促进子宫收缩。对妊娠和未妊娠子宫均有作用，妊娠末期子宫对本品尤为敏感，可使子宫张力增加、子宫颈松弛，适于催产、引产和人工流产，并可用于子宫蓄脓。

【用法与用量】 引产：皮下注射，一次量，妊娠 40d 以上的猫 0.025mg/kg，每 24h 一次，连续 5d；妊娠前 1/2 阶段（发情或交配后至少 5d 后）0.05～0.25mg/kg，每 12h 一次，连续4d；妊娠后1/2阶段犬0.05～0.25mg/kg，每12h一次，至流产。开放式子宫蓄脓：皮下注射，一次量，犬0.1～0.2mg/kg，每24h一次，连续5d；猫0.1～0.25mg/kg，每12h一次，连续3～5d。

【制剂与规格】 前列腺素$F_{2\alpha}$注射液，1mL：1mg，1mL：5mg；前列腺素$F_{2\alpha}$缓血酸胺注射液，10mL：50mg。

学习单元3 抗过敏药

◆ **苯海拉明** ◆

【基本概况】 本品又称为苯那君、可他明。为白色结晶性粉末。无臭，味苦，随后有麻木感。在水中极易溶解，在乙醇或氯仿中易溶。应避光、密封保存。

【作用与应用】 本品有明显的抗组胺作用。能解除支气管和肠道平滑肌痉挛，降低毛细血管的通透性，减弱变态反应，但对组胺引起的腺体分泌无拮抗作用。还有镇静、抗胆碱、止吐和轻度局麻作用。显效快，维持时间短。主要用于过敏性疾病，如荨麻疹、血清病、湿疹、皮肤瘙痒病、水肿、神经性皮炎、药物过敏反应等；也用于组织损伤并伴有组胺释放的疾病，如烧伤、冻伤、脓毒性子宫炎等；还用于饲料过敏引起的腹泻等，但对过敏性支气管炎效果较差。本品常与氨茶碱、维生素C或钙剂配合使用，可增强疗效。

【用法与用量】 抗过敏、止吐：内服，一次量，犬、猫2～4mg/kg，每8～12h一次；肌内注射或静脉注射，一次量，犬、猫1mg/kg，每8h一次。严重的荨麻疹和血管性水肿：肌内注射，一次量，犬、猫2mg/kg，每12h一次，同时肌内注射泼尼松2mg/kg，每12h一次，并皮下注射肾上腺素（1：10 000）0.5～2.0mL。

【制剂与规格】 盐酸苯海拉明片：25mg，50mg；盐酸苯海拉明注射液，1mL：20mg，5mL：100mg。

◆ **异丙嗪** ◆

【基本概况】 本品又称为非那根，为白色或几乎白色的粉末或颗粒。无臭，味苦。在空气中日久变为蓝色。极易溶解于水，在乙醇、氯仿中易溶。应遮光、密封保存。

【作用与应用】 异丙嗪的抗组胺作用与苯海拉明相似，但作用强而持久，不良反应较小。可加强局麻药、镇静药和镇痛药的作用，还有降温、止吐作用。应用同苯海拉明。

【用法与用量】 内服、肌内注射或静脉注射：一次量，犬、猫0.2～0.4mg/kg，每6～8h一次（最高剂量不超过1mg/kg）。

【制剂与规格】 盐酸异丙嗪片：12.5mg，25mg；盐酸异丙嗪注射液，2mL：0.05g，10mL：0.25g。

◆ **马来酸氯苯那敏** ◆

【基本概况】 本品又称为扑尔敏、氯苯吡胺。

【作用与应用】 本品抗组胺作用比苯海拉明、异丙嗪强而持久，但中枢抑制和嗜睡的不良反应小，用量少。应用同苯海拉明。

【用法与用量】 内服：一次量，小型至中型犬2～4mg，中型至大型犬4～8mg；猫2～4mg。每8～12h一次。肌内注射：一次量，小型至中型犬2.5～5mg，中型至大型犬5～

10mg。犬、猫最高剂量不超过 0.5mg/kg，每 12h 一次。

【制剂与规格】 马来酸氯苯那敏片：4mg；马来酸氯苯那敏注射液，1mL：10mg，2mL：20mg。

◆ 曲吡那敏 ◆

【基本概况】 本品又称为去敏灵、扑敏宁、苄吡二胺。本品为乙二胺类药物，白色结晶性粉末，遇光其色渐变深，极易溶于水（1∶1），易溶于乙醇（1∶6），水溶液呈中性。应密封、避光保存。

【作用与应用】 本品抗组胺作用较苯海拉明强而持久，对中枢神经系统的抑制作用较轻，但对胃肠道有刺激性。可用于动物的肺水肿、荨麻疹、药疹、湿疹等过敏性疾病。

【用法与用量】 内服，一次量，犬、猫 1～1.5mg/kg，每 12h 一次。

【制剂与规格】 盐酸曲吡那敏片：25mg，50mg；盐酸曲吡那敏注射液，1mL：20mg。

◆ 茶苯海明 ◆

【基本概况】 本品为苯海拉明和氨茶碱的复合物，为白色透明结晶性粉末，无臭，微溶于水，易溶于乙醇。

【作用与应用】 本品较苯海拉明的抗过敏作用更强，对于小动物有镇吐、防晕的作用。临床中主要用于小动物抗过敏、妊娠呕吐和运输防晕的防治。临床中应用应注意用量。

【用法与用量】 内服，一次量，犬 4～8mg/kg，猫 12.5mg/kg，每 8h 一次。

【制剂与规格】 茶苯海明片：50mg。

◆ 美克洛嗪 ◆

【基本概况】 本品又称为敏可静、氯苯甲嗪。本品为白色或淡黄色结晶粉末。无臭，几乎无味，溶于水。组胺受体的拮抗剂，其作用远较苯海拉明持久，可维持 12～24h。

【作用与应用】 本品为组胺受体的拮抗剂，可对抗组胺引起的降压效应、并对致死量的组胺引起的动物死亡起保护作用。有中枢抑制和局麻作用。抗晕动症和眩晕效应与其抗胆碱作用有关。皮肤、黏膜过敏性疾病，亦可用于放疗及晕动症引起的恶心、呕吐。

【用法与用量】 内服，一次量，犬 25mg（对于晕动症，可于开始旅行前 1h 服药），猫 12.5mg，每 24h 一次。

【制剂与规格】 盐酸美克洛嗪片：12.5mg，25mg，50mg。

◆ 阿斯咪唑 ◆

【基本概况】 本品又称息斯敏，为新型 H_1 受体阻断药。

【作用与应用】 抗组胺作用强而持久，药效达 24h。不透过血脑屏障，无中枢镇静作用，有较强的抗胆碱作用。主要用于过敏性鼻炎、过敏性结膜炎、荨麻疹以及其他过敏反应的治疗。

【用法与用量】 内服，一次量，犬 0.2～1mg/kg，每 12h 一次。

【制剂与规格】 阿斯咪唑片：3mg，5mg，10mg。

? 复习思考题

1. 列举犬、猫常用的激素类药物，并简述其作用与应用。

2. 列举犬、猫常用的抗过敏药物，并简述其作用与应用。

学习情境 7
犬、猫常用水盐代谢调节药和营养药

知识目标

- 掌握电解质与酸碱平衡调节药的作用与应用。
- 掌握钙、磷等代谢调节药的作用与应用。
- 掌握维生素的分类、作用与应用。
- 掌握常见生化制剂的作用与应用。

技能目标

- 掌握体液补充药的临床应用。

学习单元 1   体液补充药

体液是机体细胞正常代谢所需要的相对稳定的内环境，主要由水分和溶于水中的电解质、葡萄糖和蛋白质等构成，占成年动物体重的 $60\%\sim70\%$，分为细胞内液（约占体液的 2/3）和细胞外液（约占体液的 1/3）。其中，细胞内液主要含有 K^+、Mg^{2+}、HPO_4^{2-} 等，细胞外液（包括血管内液、组织间质液、淋巴液、胃肠道分泌液、腹腔液、脑脊髓液、胸膜腔液等）主要含有 Na^+、Cl^-、HCO_3^- 等。细胞正常代谢需要相对稳定的内环境，这主要指体液容量和分布、各种电解质的浓度及彼此间比例和体液酸碱度的相对稳定性，即体液平衡。虽然动物每日摄入水和电解质的量变动很大，但在神经-内分泌系统调节下，体液的总量、组成成分、酸碱度和渗透压总是在相对平衡的范围内波动。在很多疾病过程中，尤其是胃肠道疾病、高热、创伤、疼痛、休克时，体液平衡常被破坏，导致机体脱水、缺盐和酸碱中毒等一系列变化，影响正常机能活动，严重时可危及生命。

一、血容量扩充药

机体在大量失血或失血浆时，由于血容量的降低，可导致休克。迅速补足和扩充血容量是抗休克的基本疗法。全血、血浆等血液制品是理想的血容量扩充剂，但其来源有限，应用受到一定限制。葡萄糖和生理盐水有扩容作用，但维持时间短暂，而且只能补充水分、部分能量和电解质，不能代替血液和血浆的全部功能。所以，目前最常用的血容量扩充药是血液代用品（如右旋糖酐等）。

◆ 右旋糖酐 ◆

【基本概况】 本品为白色或类白色无定形粉末或颗粒。本品分为中分子（平均相对分子质量 7 万，又称右旋糖酐 70）、低分子（平均相对分子质量 4 万，又称右旋糖酐 40）和小分子（平均相对分子质量 1 万）三种右旋糖酐，均易溶于水，常制成注射液。

【作用与应用】 ①补充有效循环血容量。②改善微循环，防止弥散性血管内凝血。③渗透性利尿作用。右旋糖酐在肾小管中不被重吸收，可使其渗透压升高，产生渗透性利尿作用，但维持时间短。中分子右旋糖酐用于低血容量性休克；低分子右旋糖酐用于低血容量性休克、预防术后血栓和改善微循环；小分子右旋糖酐用于解除弥散性血管内凝血和急性肾中毒。

【应用注意】 ①静脉注射应缓慢，用量过大可致出血。②充血性心力衰竭和有出血性疾患动物禁用，肝、肾疾患动物慎用。③偶见过敏反应，可用苯海拉明或肾上腺素药物治疗。④与维生素 B_{12} 混合可发生变化，与卡那霉素、庆大霉素合用可增强其毒性。

【用法与用量】 静脉注射，每日量，犬、猫 10～20mL/kg。

【制剂与规格】 右旋糖酐 40（或 70）葡萄糖注射液，500mL：［30g 右旋糖酐 40（或 70）＋25g 葡萄糖］；右旋糖酐 40（或 70）氯化钠注射液，500mL：［30g 右旋糖酐 40（或 70）＋4.5g 氯化钠］。

二、能量补充药

能量是维持机体生命活动的基本要素。糖类、脂肪和蛋白质在体内经生物转化变为能量。体内 50％ 的能量被转化为热能以维持体温；其余以三磷酸腺苷（ATP）形式贮存供生理和生产之需。能量代谢过程中的释放、贮存、利用任一环节发生障碍，都会影响机体的功能活动。能量补充药有葡萄糖、ATP 等，其中以葡萄糖最常用。

◆ 葡萄糖 ◆

【基本概况】 本品为白色或无色结晶粉末。易溶于水，常制成注射液。

【作用与应用】 ①供给能量，补充血糖。葡萄糖是机体重要能量来源之一，在体内氧化代谢过程中释放出能量，供机体需要。②等渗补充体液，高渗可消除水肿。5％ 葡萄糖溶液与体液等渗，输入机体后，葡萄糖很快被吸收、利用，并供给机体水分。25％～50％ 葡萄糖溶液为高渗液，大量输入机体后能提高血浆渗透压，使组织水分吸收入血，经肾排出带走水分，从而消除水肿。但作用较弱，维持时间较短，且可引起颅内压回升。③强心利尿。葡萄糖可供给心肌能量，改善心肌营养，从而增强心脏功能。胰岛素可提高心肌细胞对葡萄糖的利用率。因此以每 4g 葡萄糖加入 1 IU 的胰岛素的比例混合静脉注射，疗效更好。大量输入葡萄糖溶液，尤其是高渗液，由于体液容量的增加和部分葡萄糖自肾排出并带走水分，因而产生渗透性利尿作用。④解毒。肝的解毒能力与肝内糖原含量有关。某些毒物通过与葡萄糖的氧化产物葡萄糖醛酸结合或依靠糖代谢的中间产物乙酰基的乙酰化作用而使毒物失效，故具有一定的解毒作用。本品用于重病、久病、体质虚弱的动物以补充能量，也用于脱水、失血、低血糖症、心力衰竭、酮血症、妊娠中毒症、药物与农药中毒、细菌毒素中毒等的辅助治疗。

【应用注意】 本品的高渗性注射液静脉注射应缓慢，以免加重心脏负担，切勿漏到血管外。

【用法与用量】 葡萄糖注射液：静脉注射，一次量，犬 10～50g，猫 2～10g。葡萄糖氯化钠注射液：静脉注射，一次量，犬、猫 50～60mL/kg，每 24h 一次（脱水动物剂量可加大）。50％葡萄糖注射液：用于治疗低血糖症，缓缓静脉注射，一次量，犬、猫 1～5mL。

【制剂与规格】 葡萄糖注射液，20mL：5g，20mL：10g，250mL：12.5g，250mL：25g，500mL：25g，500mL：50g；葡萄糖氯化钠注射液，500mL：［葡萄糖 25g＋氯化钠 4.5g］，1 000mL：［葡萄糖 50g＋氯化钠 9g］。

学习单元 2　电解质与酸碱平衡调节药

一、电解质平衡药物

细胞的正常代谢需要在相对稳定的内环境中进行。水和电解质摄入量过多或过少，排泄过多或过少，均对机体的正常机能产生影响，使机体出现脱水或水肿。腹泻、呕吐、大面积烧伤、过度出汗、失血等，往往引起机体丢失大量水和电解质。水和电解质若按比例丢失，细胞外液的渗透压无大变化的称为等渗性脱水；水丢失多，电解质丢失少，细胞外液渗透压升高称为高渗性脱水；反之称为低渗性脱水。机体内的钠大部分以氯化钠的形式存在于细胞外液中，细胞内液中的钠很少。

◆ **氯化钠** ◆

【基本概况】 本品为无色、透明的立方形结晶或白色结晶性粉末，无臭，味咸。本品易溶于水，常制成注射液。

【作用与应用】 ①调节细胞外液的渗透压和容量。细胞外液中 Na^+ 占阳离子含量的 92％左右，Cl^- 是细胞外液的主要阴离子，因此细胞外液中 90％的晶体渗透压由氯化钠维持，具有调节细胞内外水分平衡的作用。0.9％氯化钠水溶液等于哺乳动物体液的等渗压，故名生理盐水。②参与酸碱平衡的调节。血浆缓冲体系中以碳酸氢钠/碳酸组成的缓冲系统最重要，碳酸氢根离子又常因钠离子的增减而升降，因此钠盐能影响酸碱平衡的调节。③维持神经肌肉的兴奋性。静脉注射 10％的高渗氯化钠溶液，血液中 Na^+、Cl^- 增加，可刺激血管壁的化学感受器，反射性兴奋迷走神经，促进胃肠蠕动和分泌。主要用于防治各种原因所致的低血钠综合征，也用于失水兼失盐的脱水症。

【应用注意】 ①脑、肾、心脏功能不全及血浆蛋白过低症患畜慎用，肺水肿动物禁用。②生理盐水所含有的氯离子比血浆中氯离子浓度高，已发生酸中毒的动物若应用大量的生理盐水可引起高氯性酸中毒，此时可改用碳酸氢钠-生理盐水或乳酸钠-生理盐水。

【用法与用量】 ①0.9％氯化钠注射液，静脉注射，一次量，犬、猫 50～60mL/kg，每 24h 一次（脱水动物剂量可增大）。②5％～7.5％氯化钠注射液，用于治疗低血压或休克。静脉注射，一次量，犬、猫 3～8mL/kg。③肾上腺皮质机能减退，内服，一次量，犬、猫 1～5g，每 24h 一次。④复方氯化钠注射液，静脉注射，一次量，犬 100～500mL。

【制剂与规格】 氯化钠注射液，10mL：0.09g，250mL：2.25g，500mL：4.5g，

1 000mL：9g；复方氯化钠注射液，500mL：［氯化钠 4.25g＋氯化钾 0.15g＋氯化钙 0.165g］，1 000mL：［氯化钠 8.5g＋氯化钾 0.3g＋氯化钙 0.33g］。

◆ **氯化钾** ◆

【基本概况】 本品为无色长菱形、立方形结晶或白色结晶性粉末，无臭、味咸涩。易溶于水，常制成注射液。

【作用与应用】 ①K^+是细胞内的主要阳离子，是维持细胞内渗透压的重要成分。钾离子通过与细胞外的氯离子交换参与酸碱平衡的调节。②K^+在维持心肌、骨骼肌、神经系统的正常功能方面也具有重要作用。适当浓度的钾离子可保持神经肌肉的兴奋性，缺钾则导致神经肌肉间的传导阻滞、心肌的自律性增高。③K^+还参与糖、蛋白质的合成及二磷酸腺苷转化为三磷酸腺苷的能量代谢。

本品主要用于钾摄入不足或排钾过量所致的低血钾症和强心苷中毒的解救。

【应用注意】 ①内服对胃肠道有刺激性，不宜在空腹时内服给药。②使用时必须用5％葡萄糖注射液稀释成0.3％以下的浓度。应用剂量过大或静脉滴注过快易引起高血钾症或导致心搏骤停。③肾功能减退或动物尿少时慎用，无尿时忌用。④脱水病例一般应先给予不含钾的液体，等排尿后再补钾。⑤糖皮质激素可促进尿钾排泄，应用时会降低钾的疗效；抗胆碱药物可抑制胃肠蠕动，合并应用时会增强钾的刺激性。

【用法与用量】 氯化钾片：内服，一次量，犬 0.1～1g。10％氯化钾注射液：静脉注射，一次量，犬 2～5mL，猫 0.5～2mL。

【制剂与规格】 氯化钾片：0.5g；氯化钾注射液，10mL：1g。

二、酸碱平衡药物

家畜体液（以血浆为代表）呈弱碱性反应，pH 一般为 7.24～7.54，各种家畜之间差别不大。机体的正常活动要求相对稳定的体液酸碱度，体液 pH 的相对稳定性称为酸碱平衡。血液的缓冲系统、呼吸系统和肾，能维持和调节体液的酸碱平衡。肺、肾功能障碍，机体代谢失常，高热、缺氧和腹泻等，都会引起酸碱平衡紊乱。当体液 pH 超出其极限值范围时（pH6.8～7.8），动物即会死亡。因此，给予酸碱平衡调节药，使其恢复正常的体液酸碱平衡是十分重要的治疗措施。

◆ **碳酸氢钠** ◆

【基本概况】 本品又称为小苏打，为白色结晶性粉末，无臭，味咸。本品易溶于水，常制成注射液和片剂。

【作用与应用】 ①本品能直接增加机体的碱储。由于碳酸氢根离子与氢离子结合成碳酸，再分解为二氧化碳和水，二氧化碳由肺排出体外，致使体液的氢离子浓度降低，代谢性酸中毒得以纠正。②还具有碱化尿液、中和胃酸、祛痰、健胃等作用。本品主要用于解除酸中毒、胃肠卡他；也用于碱化尿液，以防止磺胺代谢物等对肾的刺激，以及加速酸性药物的排泄等。

【应用注意】 ①静脉注射碳酸氢钠应避免与酸性药物混合应用。②过量静脉注射时，可引起代谢性碱中毒和低血钾。③充血性心力衰竭、肾功能不全、水肿、缺钾等病例慎用。④与糖皮质激素合用，易发生高血钠症和水肿等。

【用法与用量】 继发于肾衰的代谢性酸中毒或碱化尿液：内服，一次量，犬、猫，初始剂量 8～12mg/kg，每 8h 一次。肾衰：内服，一次量，犬、猫 10mg/kg，每 8～12h 一次。溶解或预防犬尿酸盐结石：内服，一次量，犬 0.1～0.2g/kg，每 8h 一次，使尿液 pH 达到 7～7.5。

【制剂与规格】 碳酸氢钠片：0.3g，0.5g；碳酸氢钠注射液，10mL：0.5g，250mL：12.5g，500mL：25g。

◆ 乳酸钠 ◆

【基本概况】 本品为无色或几乎无色透明液体。易溶于水，常制成注射液。

【作用与应用】 本品在体内经乳酸脱氢酶转化为丙酮酸，再经三羧酸循环氧化脱羧生成二氧化碳，继而转化为碳酸根离子而纠正酸中毒，但作用不及碳酸氢钠迅速和稳定。用于治疗代谢性酸中毒，尤其是高血钾症等引起的心律失常伴有酸血症的病畜。

【应用注意】 ①水肿、肝功能障碍、休克、缺氧、心功能不全动物慎用。②一般不宜用生理盐水或其他含氯化钠溶液稀释本品，以免形成高渗溶液。

【用法与用量】 静脉注射，一次量，犬 40～50mL/kg，使用时需 5 倍稀释。

【制剂与规格】 乳酸钠注射液，20mL：2.24g，50mL：5.6g，100mL：11.2g。

学习单元3　钙、磷等代谢调节药

钙、磷是动物机体所必需的常量元素，具有重要的生理功能。钙含量为体重的 1％～2％，磷为 0.7％～1.1％。体内 99％的钙和 80％～85％的磷存在于骨骼和牙齿中，其余的钙与磷存在于体液中。

◆ 氯化钙 ◆

【基本概况】 本品为白色坚硬的碎块或颗粒。本品极易溶于水，常制成注射液。

【作用与应用】 ①促进骨骼和牙齿钙化，保证骨骼正常发育。②维持神经肌肉的正常兴奋性。血浆钙离子浓度的稳定是神经肌肉正常功能的必要条件。当血浆中钙离子浓度过高，神经肌肉兴奋性降低，肌肉收缩无力；反之，神经肌肉兴奋性升高，骨骼肌痉挛，动物表现抽搐。③增加毛细血管的致密度，降低其通透性。④参与正常凝血过程。钙是重要的凝血因子，是正常凝血过程所必需的物质，可促进机体凝血。⑤对镁离子的作用。钙离子能对抗因镁离子浓度过高而引起的中枢抑制和横纹肌松弛等症状。本品用于缺钙而引起的佝偻病、软骨病、产后瘫痪等；也用于毛细血管渗透性升高所致的荨麻疹、渗出性水肿、瘙痒性皮肤病等过敏性疾病；还用于作硫酸镁中毒的解毒剂。

【应用注意】 ①本品注射剂刺激性强，只适宜静脉注射。静脉注射应避免漏出血管，防止引起局部肿胀或坏死。②禁止与强心苷、肾上腺素等药物合用。③静脉注射速度应缓慢，以防止血钙浓度骤升导致心律失常乃至心搏骤停等。④常与维生素 D 合用，提高佝偻病、软骨症、产后瘫痪等的疗效。

【用法与用量】 氯化钙注射液：静脉注射，一次量，犬、猫 5～10mg/kg。心搏骤停时，静脉注射，一次量，犬、猫 100～200mg。氯化钙葡萄糖注射液：静脉注射，一次量，犬 5～10mL。

【制剂与规格】 氯化钙注射液，10mL：0.3g，10mL：0.5g，20mL：0.6g，20mL：1g；氯化钙葡萄糖注射液，20mL：[氯化钙 1g＋葡萄糖 5g]，50mL：[氯化钙 2.5g＋葡萄糖 12.5g]，100mL：[氯化钙 5g＋葡萄糖 25g]。

◆ 葡萄糖酸钙 ◆

【基本概况】 本品为白色颗粒型粉末，无臭，无味。本品溶于水，常制成注射液。

【作用与应用】 同氯化钙。

【应用注意】 ①对组织刺激性小，比氯化钙安全。②注射液若析出沉淀，宜微温溶解使用。③静脉注射速度应缓慢，且禁止与强心苷、肾上腺素等药物合用。

【用法与用量】 静脉注射，一次量，犬、猫 50～150mg/kg。

【制剂与规格】 葡萄糖酸钙注射液，10mL：1g，50mL：5g，100mL：10g，500mL：50g。

◆ 碳酸钙 ◆

【基本概况】 本品为白色极细微的结晶性粉末，无味。本品不溶于水，常制成粉剂。

【作用与应用】 ①内服补充钙。②有吸附性止泻作用。本品为钙补充药，用于治疗钙缺乏引起的佝偻病、软骨症及产后瘫痪等疾病；也用于治疗动物腹泻；还可作为抗酸药，治疗胃酸过多。

【应用注意】 本品防治佝偻病、软骨症及产后瘫痪等时，最好与维生素 D 联用。

【用法与用量】 内服，一次量，犬、猫 70～185mg/kg，每 24h 一次。

◆ 磷酸氢钙 ◆

【基本概况】 本品为白色极细微的结晶性粉末，无味。本品不溶于水，常制成片剂。

【作用与应用】 具有补充钙、磷的作用。本品主要用于防治动物钙、磷等缺乏症。

【应用注意】 同碳酸钙。

【用法与用量】 内服，一次量，犬、猫 0.6g。

【制剂与规格】 磷酸氢钙片：0.3g。

学习单元 4　维 生 素

维生素是维持动物正常生理功能所必需的低分子有机化合物。其本身不是构成机体的主要物质和能量的来源。但它们主要以辅酶和催化剂的形式广泛参与机体新陈代谢，保证机体组织器官的细胞结构和功能的正常，以维持动物的健康和正常生产。动物对维生素的需要量虽少，但如果长期缺乏，可影响生长发育和生产性能，降低对疾病的抵抗力，产生各种病状，严重时可导致动物死亡。动物机体所需要的维生素主要由饲料供应，少数在体内合成。常用的维生素类药物按其溶解性分为两大类。水溶性维生素包括 B 族维生素和维生素 C 等，它们都能溶于水，在饲料中的分布和溶解度大体相同，体内存量不大，摄入过多即从尿中排出；脂溶性维生素包括维生素 A、维生素 D、维生素 E、维生素 K 等，它们可溶于脂或油类溶剂而不溶于水，在肠道内随脂肪一同被吸收，吸收后可在体内尤其是肝内贮存，但矿物油（液状石蜡等）、新霉素能干扰其吸收。

一、脂溶性维生素

◆ **维生素 A** ◆

【基本概况】　本品为淡黄色的油溶液。本品不溶于水，常制成注射液、微胶囊。

【作用与应用】　①本品是视觉细胞内有维持暗视觉作用的感光物质视紫红质合成的原料，可维持正常的视觉功能。维生素 A 缺乏时，弱光下的视紫红质合成不足，可出现在弱光下视物不清，即夜盲症。②维持上皮组织正常的结构和功能。维生素 A 能促进黏液分泌上皮黏多糖的合成。维生素 A 不足时，黏多糖的合成受阻，引起上皮组织干燥和过度角质化，易受细菌感染，发生多种疾病。③促进动物的生长发育。维生素 A 能调节脂肪、糖类、蛋白质及矿物质的代谢。缺乏时，可影响体蛋白的合成和骨组织的发育，导致幼龄动物生长发育受阻。重者出现肌肉、脏器萎缩乃至死亡。④促进类固醇激素的合成减少，公畜性欲下降，睾丸及附睾退化，精液品质下降。母畜发情不正常，不易受孕；妊娠母畜流产、难产，生下弱胎、死胎或瞎眼仔畜。本品主要用于防治维生素 A 缺乏症，如干眼症、夜盲症、角膜软化症和皮肤硬化症等；也用于体质虚弱的畜禽、妊娠及泌乳的母畜，以增强机体免疫力。

【应用注意】　本品大剂量对抗糖皮质激素的消炎作用，且过量可致中毒。

【用法与用量】　维生素 AD 油：内服，一次量，犬 5～10mL。维生素 AD 注射液：肌内注射，一次量，0.5～2mL，猫 0.1mL/kg。

【制剂与规格】　维生素 A D 油，1g：维生素 A 5 000IU＋维生素 D 500IU；维生素 A D 注射液，0.5mL：［维生素 A 2.5 万 IU＋维生素 D 0.25 万 IU］，5mL：［维生素 A 25 万 IU＋维生素 D 2.5 万 IU］。

◆ **维生素 D** ◆

【基本概况】　本品为无色针状结晶或白色结晶性粉末，无臭，无味。本品种类有很多，主要有 D_2 和 D_3 两种形式，不溶于水，常制成注射液。

【作用与应用】　本品被动物机体吸收后并无活性，维生素 D_2 和维生素 D_3 须在肝内羟化酶的作用下，分别转变成 25-羟胆钙化醇，然后随血液转运到肾，在甲状旁腺素的作用下进一步羟化形成 1，25-二羟麦角钙化醇或 1，25-羟胆钙化醇后，能促进小肠对钙、磷的吸收，调节血液中钙、磷的浓度，维持骨骼的正常钙化。缺乏时，肠道对钙、磷的吸收减少，血中钙、磷的浓度下降，骨骼钙化异常，引起佝偻病和软骨症等，奶牛产乳量下降，蛋壳易碎等。用于防治维生素 D 缺乏症，如佝偻病、软骨症等。

【应用注意】　①长期应用大剂量维生素 D，可使骨骼变脆，易于变形和骨折等。②应注意与钙、磷合用。③休药期：维生素 D_3 注射液，28d，弃乳期 7d。

【用法与用量】　维生素 D_2 注射液：皮下、肌内注射，一次量，犬 2500～5 000 IU。维生素 D_3 注射液：肌内注射，一次量，犬、猫 1 500～3 000 IU/kg。

【制剂与规格】　维生素 D_2 注射液，1mL：20 万 IU，1mL：40 万 IU；维生素 D_3 注射液，0.5mL：15 万 IU，1mL：30 万 IU，5mL：60 万 IU。

◆ **维生素 E** ◆

【基本概况】　本品又称生育酚，为微黄色透明的黏稠液体，几乎无臭。本品不溶于水，遇氧迅速氧化，常制成注射液、预混剂。

【作用与应用】 ①抗氧化作用。维生素 E 是一种细胞内抗氧化剂，可阻止过氧化物的产生，保护和维持细胞结构的完整和改善膜的通透性。与硒合用可提高作用效果。②维持正常的繁殖机能。维生素 E 可促进性激素分泌，调节性机能。缺乏时，公畜睾丸变性萎缩，精细胞形成受阻，甚至不产生精子；母畜性周期失常，不受孕。③保证肌肉的正常发育。缺乏时，肌肉中能量代谢受阻，肌肉营养不良，易患白肌病。④维持毛细血管结构的完整和中枢神经系统的机能健全。⑤增强机体免疫力。维生素 E 可促进抗体的形成和淋巴细胞的增殖，提高细胞免疫反应，降低血液中免疫抑制剂皮质醇的含量，提高机体的抗病力。本品主要用于防治维生素 E 缺乏症。

【应用注意】 ①本品的毒性小，但过高剂量可诱导雏鸡、犬凝血障碍。日粮中高浓度可抑制雏鸡生长，并可加重钙、磷缺乏引起的骨钙化不全。②偶尔可引起过敏反应。

【用法与用量】 内服：一次量，犬 0.03～0.1g。皮下、肌内注射：一次量，犬 0.03～0.1g。

【制剂与规格】 维生素 E 片：50mg，100mg；维生素 E 注射液，1mL：50mg，10mL：500mg；亚硒酸钠维生素 E 注射液：含 0.1% 亚硒酸钠，5% 维生素 E。

◆ 维生素 K_1 ◆

【基本概况】 本品为黄色至澄清的黏稠液体。不溶于水，常制成注射液。

【作用与应用】 维生素 K_1 能促进肝合成凝血酶原（凝血因子Ⅱ）、凝血因子Ⅶ、凝血因子Ⅸ、凝血因子Ⅹ，并激活作用，从而参与机体的凝血过程。若动物缺乏维生素 K_1 可导致内出血，凝血时间延长或流血不止。本品主要用于防治维生素 K 缺乏所引起的出血性疾病，如长期使用抗菌药物引起维生素 K 缺乏时而导致的出血，也用于霉烂的干草或青饲料中所含的双香豆素引起的低凝血酶症而导致的出血等。

【应用注意】 ①本品静脉注射时可出现包括死亡在内的严重反应，应缓慢注射。注射液可用生理盐水、5% 葡萄糖注射液或 5% 葡萄糖生理盐水稀释，稀释后应立即注射，成年家畜每分钟不应超过 10mg，新生仔畜或幼畜每分钟不应超过 5mg。②维生素 K_1 注射液如有油滴析出或分层，则不宜使用，但可在遮光条件下加热至 70～80℃，振摇使其自然冷却，若澄明度正常仍可使用。

【用法与用量】 肌内、静脉注射，一次量，犬、猫 0.5～2.0mg/kg。

【制剂与规格】 维生素 K_1 注射液，1mL：10mg。

二、水溶性维生素

◆ 维生素 B_1 ◆

【基本概况】 本品又称硫胺素，为白色结晶或结晶性粉末，有微弱的特臭。人工合成的常为其盐酸盐，易溶于水，常制成片剂和注射液。

【作用于应用】 ①参与糖代谢。维生素 B_1 与焦磷酸缩合成硫胺焦磷酸酯，参与糖类的代谢过程，促进体内糖代谢的正常进行，对维持神经组织和心肌的正常功能，促进生长发育，提高免疫力等起着重要作用。②增强乙酰胆碱的作用。维生素 B_1 可轻度抑制胆碱酯酶的活性，使乙酰胆碱作用加强。维生素 B_1 缺乏时，动物机体内丙酮酸和乳酸蓄积，表现食欲不振，生长发育缓慢，雏鸡易患多发性神经炎等。用于防治维生素 B_1 缺乏症或作为食欲不振，胃肠道功能障碍、神经炎、心肌炎、牛酮血病等辅助治疗药物。此外，高热、重度使役和大量输注葡萄糖时，也应补充本品。

【应用注意】　①本品对多种抗生素（如氨苄西林、多黏菌素等）均有不同程度的灭活作用。②生鱼肉、某些鲜海产品中含有硫胺素酶，能破坏维生素 B_1 的活性，故不可生喂。③可影响氨丙啉的抗球虫活性。

【用法与用量】　内服：一次量，犬 10～50mg、猫 5～30mg，每 12～24h 一次。皮下、肌内注射：一次量，犬 10～25mg、猫 10～15mg，每 12～24h 一次。

【制剂与规格】　维生素 B_1 片：10mg，50mg；维生素 B_1 注射液，1mL：10mg，1mL：25mg，10mL：250mg。

◆ **维生素 B_2** ◆

【基本概况】　本品又称核黄素，为橙黄色结晶性粉末，微臭、味微苦。本品易溶于水，常制成注射液和片剂。

【作用与应用】　本品是机体内黄素酶类的两种辅基即黄素腺嘌呤二核苷酸（FAD）和黄素单核苷酸（FMN）的合成原料，在生物氧化中起着递氢的作用，参与物质代谢。主要用于防治维生素 B_2 缺乏症，如口炎、脂溢性皮炎、角膜炎及雏鸡曲趾病等。

【应用注意】　①本品对多种抗生素（如氨苄西林、四环素、金霉素、土霉素、链霉素、卡那霉素、林可霉素、多黏菌素等）均有不同程度的灭活作用。②内服后尿液呈黄绿色。③常与维生素 B_1 合用。

【用法与用量】　内服，肌内注射或皮下注射，一次量，犬 10～20mg、猫 5～10mg。

【制剂与规格】　维生素 B_2 片：5mg，10mg；维生素 B_2 注射液，2mL：10mg，5mL：25mg，10mL：50mg。

◆ **维生素 B_6** ◆

【基本概况】　本品为白色或类白色结晶或结晶性粉末，无臭，味酸苦。本品包括吡哆醇、吡哆醛、吡哆胺三种吡啶衍生物，易溶于水，常制成片剂和注射液。

【作用与应用】　①维生素 B_6 在机体内是以转氨酶和脱羧酶等多种酶系的辅酶形式参与氨基酸、蛋白质、脂肪和糖类的代谢。②促进血红蛋白中原卟啉的合成。③提高抗体水平。缺乏维生素 B_6 时，动物生长缓慢或停滞，皮肤发炎，脱毛，心肌变性。主要用于防治维生素 B_6 缺乏症，如皮炎、周围神经炎等。

【应用注意】　常用于配合治疗维生素 B_1、维生素 B_6 及烟酸或烟酰胺等缺乏症。

【用法与用量】　内服，肌内注射、皮下注射或静脉注射，一次量，犬 0.02～0.08g。

【制剂与规格】　维生素 B_6 片：10mg；维生素 B_6 注射液，1mL：25mg，1mL：50mg，2mL：100mg，10mL：500mg。

◆ **维生素 B_{12}** ◆

【基本概况】　本品又称钴胺素，为深红色结晶或结晶性粉末；无臭、无味。本品略溶于水，常制成注射液。

【作用与应用】　①参与动物体内一碳基团的代谢，是传递甲基的辅酶，参与核酸和蛋白质的生物合成以及糖类和脂肪的代谢。②促进红细胞的发育和成熟，维持骨髓的正常造血机能。③维生素 B_{12} 还能促进胆碱的生成。缺乏时，动物表现营养不良，贫血，生长发育障碍。

④还促使甲基丙二酸转变为琥珀酸，参与三羧酸循环。此作用关系到神经髓鞘脂类的合成及维持有鞘神经纤维功能完整。多用于治疗维生素 B_{12} 缺乏症，也可用于神经炎、神经萎缩、再生障碍性贫血及肝炎等的辅助治疗。

【应用注意】 本品在防治巨幼红细胞性贫血症时，常与叶酸合用。

【用法与用量】 肌内注射或皮下注射，一次量，犬、猫 0.02mg/kg，每 24h 一次。

【制剂与规格】 维生素 B_{12} 注射液，1mL：0.05mg，1mL：0.1mg，1mL：0.25mg，1mL：0.5mg，1mL：1mg。

◆ **维生素 C** ◆

【基本概况】 本品又称抗坏血酸，为白色结晶或结晶性粉末，无臭、味酸，易溶于水，常制成注射液和片剂。

【作用与应用】 ①在体内参与氧化还原反应而发挥递氢作用，如本品可使 Fe^{3+} 还原为易吸收的 Fe^{2+}，促进铁的吸收；可使红细胞的高铁血红蛋白还原为有携氧功能的低铁血红蛋白；使叶酸还原成二氢叶酸，继而还原成有活性的四氢叶酸等。②促进胶原纤维和细胞间质的合成，增加毛细血管的致密性。本品是脯氨酸羟化酶和赖氨酸羟化酶的辅酶，参与胶原蛋白合成，促进胶原组织、骨骼、结缔组织、软骨、牙齿和皮肤等细胞间质的形成，可增加毛细血管致密性，降低其通透性和脆性。③解毒作用。本品可使氧化型谷胱甘肽还原为还原型谷胱甘肽，还原型谷胱甘肽的巯基（—SH）可与铅、汞、砷等金属离子及苯等毒物结合而排出体外，保护含巯基酶的—SH 不被毒物破坏，从而发挥解毒的功能。④消炎及抗过敏作用，本品具有拮抗组胺和缓激肽的作用，可直接作用于支气管受体而松弛支气管平滑肌，还能抑制糖皮质激素在肝中的分解破坏，故具有消炎与抗过敏的作用。⑤增强机体抵抗力。本品能促进抗体的形成，增强白细胞的吞噬能力和肝的解毒能力，从而提高机体免疫功能和抗应激能力。本品除用于维生素 C 缺乏症的治疗外，还可作为急性或慢性传染病、热性病、中毒、贫血、高铁血红蛋白血症、慢性出血、心源性和感染性休克等的辅助治疗，也用于风湿病、关节炎、骨折与愈合不良及过敏性疾病等的辅助治疗。

【应用注意】 ①本品在瘤胃中易被破坏，故反刍动物不宜内服。②不宜与钙制剂、氨茶碱等药物混合注射。③对氨苄西林、四环素、金霉素、土霉素、多西环素、红霉素、卡那霉素、链霉素、林可霉素和多黏菌素等均有不同程度的灭活作用。

【用法与用量】 内服：一次量，犬、猫 50～80mg/kg，每 24h 一次。肌内或皮下注射：一次量，犬、猫 30～40mg/kg，每 6h 一次，连续 7 次。

【制剂与规格】 维生素 C 片：100mg；维生素 C 注射液，2mL：0.1g，2mL：0.25g，5mL：0.5g，20mL：2.5g。

◆ **维生素 B_5** ◆

【基本概况】 本品又称维生素 PP，包括尼克酸（烟酸）与尼克酰胺（烟酰胺），为白色结晶或结晶性粉末，无臭或微臭，味微酸。本品溶于沸水，常制成注射液和片剂。

【作用与应用】 烟酸和烟酰胺具有相同的生理功能。烟酸在动物体内可转化为烟酰胺，烟酰胺在体内与核糖、磷酸、腺嘌呤构成辅酶Ⅰ（NAD）和辅酶Ⅱ（NADP），成为许多脱氢酶的辅酶，起着传递氢的作用，可维持皮肤和消化器官的正常功能。缺乏时，动物表现生长缓慢，食欲下降。本品主要用于烟酸缺乏症。

【应用注意】 常与维生素 B_1 和维生素 B_2 合用，对多种疾病进行综合治疗。

【用法与用量】 烟酸：内服，一次量，家畜 3～5mg/kg。烟酰胺：内服，一次量，犬 0.2～0.6mg/kg，猫 2.6～4mg/kg；肌内注射，一次量，犬 0.2～0.6mg/kg，猫 2.6～4mg/kg。

【制剂与规格】 烟酸片：50mg，100mg；烟酰胺片：50mg，100mg；烟酰注射液，1mL：50mg 或 1mL：100mg。

◆ 泛酸 ◆

【基本概况】 本品为白色粉末，无臭，味微苦。易溶于水，常制成片剂。

【作用与应用】 泛酸是辅酶 A 的组成成分，参与糖、脂肪和蛋白质三大营养物质的代谢，促进脂肪代谢及类固醇和抗体的合成，是动物生长所必需的营养成分。主要用于动物泛酸缺乏症。

【应用注意】 本品在 B 族维生素中最易缺乏，单胃动物易缺乏，反刍动物不缺乏。

【用法与用量】 内服，一次量，犬 0.055mg/kg。

【制剂与规格】 泛酸钙片：5mg，10mg。

◆ 叶酸 ◆

【基本概况】 本品为黄色或橙黄色结晶性粉末，无臭，无味。不溶于水，常制成注射液和片剂。

【作用与应用】 ①本品在动物体内先被还原酶还原为四氢叶酸，再以四氢叶酸的形式参与物质代谢，通过对一碳基团的传递参与嘌呤、嘧啶的合成及氨基酸的代谢，从而影响核酸的合成和蛋白质的代谢。②可促进正常血细胞和免疫球蛋白的形成。缺乏时，动物表现生长缓慢，贫血，慢性下痢，繁殖性能和免疫机能下降。

本品用于防治叶酸缺乏症，如犬、猫等的巨幼红细胞性贫血、再生障碍性贫血等。

【应用注意】 ①本品对甲氧苄啶所致的巨幼红细胞性贫血无效。②可与维生素 B_6、维生素 B_{12} 等联用，以提高疗效。

【用法与用量】 内服：一次量，犬 5mg，猫 2.5mg，每 24h 一次。肌内注射：一次量，犬 5～10mg，猫 2.5～5mg，每 24h 一次。

【制剂与规格】 叶酸片：5mg；叶酸注射液，1mL：15mg。

学习单元 5　生化制剂

生化制剂系指自生物体中经分离提取、生物合成、生物化学合成、DNA 重组等生物技术获得的一类防病、治病的药物，主要包括蛋白质、多肽类、氨基酸、酶、辅酶、核苷酸及其衍生物、脂质及多糖类等。这些物质能直接参加动物机体的新陈代谢，补充、调整、增强、抑制、替代或纠正代谢失调。

◆ 三磷酸腺苷 ◆

【基本概况】 本品又称为腺三磷，为白色无定形粉末，无臭，无味。易溶于水，不溶于乙醇、乙醚等有机溶剂。

【药理作用】 三磷酸腺苷为一种辅酶，是体内生化代谢中的主要能量来源，体内脂肪、蛋白质、糖、核酸等的合成都需要三磷酸腺苷供给能量。在体内生化反应等过程中需要能量时，三磷酸腺苷即分解为二磷酸腺苷（ADP）及磷酸基，同时释放出大量的自由能，以供体内需能反应的进行。

【作用与应用】　可用于治疗犬的进行性肌肉萎缩、心力衰竭、心肌炎、心肌梗死和血管痉挛等。也可用于犬的传染性肝炎的辅助治疗。

【用法与用量】　肌内注射或静脉滴注（静脉滴注速度要慢），一次量，小型犬 10～20mg，中大型犬 20～40mg。

【制剂与规格】　三磷酸腺苷二钠注射液，2mL：20mg；注射用三磷酸腺苷：20mg。

◆ 细胞色素 C ◆

【基本概况】　注射用细胞色素 C（冻干型）为桃红色海绵状物。

【作用与应用】　本品为生物氧化过程中的电子传递体。其作用原理为在酶存在的情况下，对组织的氧化、还原有迅速的酶促作用。通常外源性细胞色素 C 不能进入健康细胞，但在缺氧时，细胞膜的通透性增加，细胞色素 C 便有可能进入细胞及线粒体内，增强细胞氧化，提高氧的利用。本品可单独或与三磷酸腺苷、辅酶 A 联合用于组织缺氧的急救和辅助。

【用法与用量】　肌内注射或静脉注射，一次量，犬 15～30mg。每 24h 一次。

【制剂与规格】　细胞色素 C 注射液，2mL：15mg；注射用细胞色素 C：15mg。

◆ 肌苷 ◆

【基本概况】　本品为无色或几乎无色的澄明液体。

【作用与应用】　本品参与体内能量代谢及蛋白质的合成，提高辅酶 A 的活性，改善肝功能，刺激体内产生抗体。常用于各种类型的肝疾患、白细胞减少症及血小板减少症。在犬病中用于多种传染病、心肌炎的辅助治疗，常与三磷酸腺苷配合使用。

【用法与用量】　肌内注射或静脉注射，一次量，犬 25～50mg。每 8～24h 一次。

【制剂与规格】　肌苷注射液，5mL：100mg。

◆ 辅酶 A ◆

【基本概况】　本品为白色或微黄色粉末，有吸湿性，易溶于水或生理盐水。

【作用与应用】　本品为体内乙酰化反应的辅酶，对脂肪、蛋白质及糖的代谢起重要作用。动物体内三羧酸循环的进行、肝糖原的贮存、乙酰胆碱的合成及血浆脂肪含量的调节等均与辅酶 A 有密切关系，同时辅酶 A 与机体解毒过程的乙酰化有关。主要用于治疗白细胞减少症及原发性血小板减少性紫癜，以及各种肝炎、脂肪肝、心肌炎、慢性肾功能衰退等引起的肾病综合征、尿毒症的辅助治疗。与细胞色素 C、三磷酸腺苷合用效果更佳。

【用法与用量】　肌内注射，一次量，犬 35～50 IU。每 12～24h 一次。

【制剂与规格】　注射用辅酶 A：50IU，100IU。

❓ 复习思考题

一、选择题

1. 缺铁性贫血的患病动物可服用（　　）进行治疗。

    A. 叶酸　　　　　　B. 维生素 B_{12}　　　　　C. 硫酸亚铁　　　　　D. 华法林

2. 可预防阿司匹林引起的凝血障碍的维生素是（　　）。

    A. 维生素 A　　　B. 维生素 B_1　　　　C. 维生素 K　　　　　D. 维生素 E

3.（　　）能促进机体合成某些凝血因子。

　　A. 维生素 A　　　　B. 维生素 B_1　　　　　　C. 维生素 K_3　　　　　D. 维生素 E

二、简答题

1. 血容量扩充药有哪些临床应用？

2. 右旋糖酐的药理作用有哪些？应用时需注意哪些问题？

3. 葡萄糖的药理作用有哪些？

4. 等渗性脱水的概念是什么？电解质平衡药物有哪些？

5. 氯化钠和氯化钾的药理作用分别有哪些？应用时需注意哪些问题？

6. 酸碱平衡用药有哪些？碳酸氢钠解除酸中毒的机理是什么？

7. 简述氯化钙在临床上的作用及注意事项。

8. 维生素 E、维生素 C 在临床上有哪些作用？应用维生素 B_1 应注意哪些问题？

学习情境 8
犬、猫常用影响神经系统功能的药物

知识目标

- 掌握中枢神经兴奋药的分类，作用特点及临床应用。
- 掌握中枢神经抑制药的作用特点及临床应用。
- 掌握外周神经系统用药的类型，作用特点及临床应用。

技能目标

- 局麻药的作用观察。
- 全麻药的作用观察。

学习单元 1　中枢神经兴奋药物

中枢兴奋药是指能选择性的兴奋中枢神经系统，提高其机能活动的一类药物。根据它们在治疗时的主要作用部位分为：

大脑兴奋药，如咖啡因、茶碱，临床常用于中枢功能抑制。

延髓兴奋药，如尼可刹米、樟脑等，临床上常用于呼吸中枢抑制。

脊髓兴奋药，如士的宁等，临床上常用于神经不全麻痹等。

一、大脑兴奋药

大脑兴奋药主要作用部位为大脑皮层，提高大脑皮层的高级神经活动，对抗皮层下中枢的抑郁。这类药物有咖啡因、苯丙胺等，能提高大脑的兴奋性和改善全身代谢活动。

◆ 咖啡因 ◆

【基本概况】 咖啡因为黄嘌呤类生物碱，这类药物包括咖啡因、茶碱、柯柯碱等。目前我国主要用人工合成法生产咖啡因和茶碱。咖啡因是白色针状结晶，味苦。难溶于水，在热水中能提高溶解度，略溶于乙醇。临床上常用其可溶性复盐，如与苯甲酸钠形成苯甲酸钠咖啡因。苯甲酸又称为安息香酸，故苯甲酸钠咖啡因常称为"安钠咖"。

【作用与应用】

1. 作用　抑制体内磷酸二酯酶的活性，减少磷酸二酯酶对环磷酸腺苷（cAMP）的降解，提高细胞内 cAMP 的含量。而 cAMP 在组织细胞内参与多种生化过程，从而产生广泛的生理效应。

（1）对大脑的作用。直接兴奋大脑皮层，能提高皮层细胞的兴奋性，表现为增强动物对刺激的反应，缩短反射的潜伏期，消除疲劳，并能短暂地增加肌肉的工作能力。咖啡因对大脑的兴奋作用，一方面取决于动物的神经类型和机能状态；另一方面则取决于咖啡因的剂量。当动物的中枢处于抑制状态时，需要稍大的剂量才能产生治疗效应；如果动物处于清醒和敏感状态，剂量稍大易致过度兴奋。

（2）对延髓的作用。较大剂量能兴奋延髓的呼吸中枢、血管运动中枢和迷走神经中枢。对麻醉药及疾病导致的中枢抑制、呼吸减弱、血压下降有明显的治疗作用。

（3）对脊髓的作用。咖啡因对脊髓的兴奋作用较弱，但在大剂量时也会出现脊髓的过度兴奋，表现为不安和强直性惊厥。

（4）对心脏的作用。咖啡因对心脏的直接作用是使其收缩力加强，心率加快，心排血量增加。但在整体动物中，由于咖啡因对迷走中枢的兴奋作用，可部分抵消其直接加快心率的作用，因此在一般治疗量时，心率并无显著变化。当动物由于血量不足，心力衰竭导致循环血量不足而表现为代偿性心率加快时，咖啡因可加强心脏的作用，使心脏每搏输出量增加，并使心率趋向正常。过大剂量的咖啡因，其直接作用超过中枢作用，会导致心率加快甚至出现心律失常。在强心苷中毒时，心率减慢。这时使用咖啡因将会因其中枢作用而使心率减慢更显著。此外，咖啡因类药物对心脏的作用，可能还有交感神经参与。

（5）对血管的作用。治疗剂量的咖啡因对血管的直接作用大于对中枢的作用，使冠状血管、肺血管、肾血管、骨骼肌血管舒张，有助于提高骨骼肌的活动力。在一般情况下，对血压没有明显的影响，但当低血压时，则可使血压回升。

（6）其他作用。抑制肾小管对钠和水的重吸收，利尿作用明显，但比其他专用的利尿药要弱得多；可增强骨骼肌的收缩，提高肌肉的工作能力和减轻疲劳；松弛支气管平滑肌和胆管平滑肌，有轻微的止喘和利胆作用；加强代谢，能升高血糖和血中脂肪酸的含量。

2. 应用

（1）作中枢兴奋药。用于麻醉药中毒、危重病、过度劳役引起的精神沉郁、血管运动中枢和呼吸中枢衰竭，剧烈腹痛、牛产后麻痹和肌红蛋尿症。

（2）作强心药。用于高热、中毒、中暑（日射病、热射病）等引起的急性心力衰竭。咖啡因是一种良好的中枢兴奋药和强心药，能提高机体各种生理功能。但咖啡因本身不能产生能量，而是一种消耗性药物，故衰竭症需用咖啡因时，应以小剂量配合葡萄糖静脉注射，并配合营养疗法。切忌急于求成，单独使用大剂量咖啡因，以免动物在一度兴奋后，又迅速衰竭而致死。

（3）用于心、肝和肾病引起的水肿。咖啡因与溴化物合用，调节皮层活动，使紊乱的兴奋与抑制过程的平衡得到恢复。

【应用注意】　咖啡因是一种比较安全的中枢兴奋药，治疗剂量一般无不良反应，但剂量过大会引起脊髓兴奋而发生惊厥，最后可因超限性抑制而死亡。肌内注射高浓度的安钠咖，可引起局部硬结，一般能自行恢复。

【用法与用量】　咖啡因，内服量：犬 0.2～0.5g。安钠咖注射液，静脉注射、肌内或皮下注射，一次量，犬 0.1～0.3g，猫 0.03～0.1g。

【制剂与规格】　安钠咖注射液，5mL：（无水咖啡因 0.24g＋苯甲酸钠 0.26g），5mL；

（无水咖啡因 0.48g＋苯甲酸钠 0.52g），10mL：（无水咖啡因 0.48g＋苯甲酸钠 0.52g），10mL：（无水咖啡因 0.96g＋苯甲酸钠 1.04g）。

◆ 哌醋甲酯 ◆

【基本概况】 本品的盐酸盐为白色结晶性粉末，无臭，易溶于水、甲醇、氯仿，微溶于乙醇。

【作用与应用】 本品为中枢神经兴奋药，作用较温和，能改善精神活动，解除轻度中枢抑制，大剂量也能引起惊厥。可用于犬的运动功能亢进及嗜睡病。

【应用注意】 最常见的不良反应为食欲不振，癫痫、心血管系统疾病及青光眼病例禁用本品，本品有成瘾性。

【用法与用量】 运动机能亢进：内服，一次量，犬 2～4mg/kg，每 8～12h 一次；嗜睡病：内服，一次量，犬 0.25mg/kg。

【制剂与规格】 盐酸哌醋甲酯片：10mg。

二、延髓呼吸中枢兴奋药

延髓呼吸中枢兴奋药主要作用部位为延脑呼吸中枢及血管运动中枢，多用于抢救一般呼吸抑制，抢救呼吸肌麻痹的效果不佳。最常用的是尼可刹米。

◆ 尼可刹米 ◆

【基本概况】 本品又称为可拉明，是人工合成的吡啶类衍生物。为无色或淡黄色澄明油状液体，放置于冷处即成结晶。微有特异的香味，味微苦，有引湿性。能与水任意混合，易溶于乙醇、乙醚等有机溶剂。须密封保存。

【作用与应用】 尼可刹米吸收后，能直接兴奋延髓呼吸中枢，并能刺激颈动脉体和主动脉体的化学感受器，反射地兴奋呼吸中枢，当呼吸中枢处于抑制状态时，这种作用表现得特别明显。本品对延髓有一定的兴奋作用，对心血管没有直接作用，对循环系统的改善作用很弱，在中枢神经系统抑制时亦有苏醒作用。作为常用的呼吸中枢兴奋药，主要用于中枢抑制药中毒或其他疾病引起的中枢性呼吸抑制，也可用于一氧化碳中毒、溺水及初生动物窒息等。对呼吸肌麻痹（如司可林中毒和链霉素急性中毒所导致的呼吸抑制）则效果不佳。

【应用注意】 尼可刹米的安全范围较大，很少出现不良反应。但过量的尼可刹米则导致大脑和脊髓的过度兴奋，引起阵发性惊厥，最后转入抑制而死。

【用法与用量】 静脉、肌内或皮下注射，一次量，犬 0.125～0.5g。必要时可间歇 2h 重复 1 次。

【制剂与规格】 尼可刹米注射液，1.5mL：0.375g，2mL：0.5g。

◆ 多沙普仑 ◆

【基本概况】 本品的盐酸盐为白色或类白色结晶性粉末，无臭，略溶于水、乙醇和氯仿。

【作用与应用】 本品为人工合成的新型呼吸兴奋剂。作用、用途及应用注意与尼可刹米相似，但作用较尼可刹米强。

【用法与用量】 静脉注射：一次量，犬 1～5mg/kg，猫 5～10mg/kg。新生犬、猫皮下注射或舌下、脐静脉给药，一次 1～5mg。

【制剂与规格】　盐酸多沙普仑注射液，5mL：100mg。

三、脊髓兴奋药

此类药物主要作用部位在脊髓，易化脊髓传导，提高脊髓的反射兴奋性，解除脊髓反射低落症状。这类药物的代表是士的宁。

◆ **士的宁** ◆

【基本概况】　士的宁本品又称为番木鳖碱，是由马钱子的种子提取出的生物碱。常用其硝酸盐或盐酸盐，是无色结晶或白色粉末，无臭，味极苦。略溶于水，微溶于乙醇。应避光密封保存。

【作用与应用】　本品可兴奋中枢神经各个部位。特别是对脊髓有高度选择性，能提高脊髓的反射机能，使已降低的反射机能得以恢复，并能增强听觉、味觉、视觉和触觉的敏感性，提高骨骼肌的张力。常用于治疗直肠、膀胱括约肌的不全麻痹，因挫伤引起的臀部、尾部与四肢的不全麻痹以及颜面神经麻痹，也可用于治疗公畜性功能减退和非损伤性阴茎下垂等。本品味极苦，临床上常用作苦味健胃药，内服后能反射性地引起胃肠的分泌增加，促进食欲，改善消化功能。本品有改善视神经营养、兴奋视网膜的作用，常有用来治疗视弱和角膜翳者。

【应用注意】　①本品毒性较大，安全范围小，过量易出现肌肉震颤、惊厥、角弓反张等。②本品排泄缓慢，有蓄积作用，使用时间不宜太长。如出现惊厥，应立即静脉注射戊巴比妥以对抗。内服本品中毒时，待惊厥控制后，以 0.1％高锰酸钾溶液洗胃。③中毒解救期间应保持环境安静，避免声音及光线刺激。④因吗啡中毒使脊髓处于兴奋状态者禁用本品解救。⑤高血压，肝、肾功能不全、癫痫、破伤风病例禁用本品。

【用法与用量】　皮下注射：犬 0.03～0.06mg/kg。

【制剂与规格】　硝酸士的宁注射液，1mL：2mg，10mL：20mg。

学习单元 2　中枢神经抑制药物

中枢神经抑制药物能降低中枢神经系统的机能活动，主要包括全身麻醉药、镇痛药、解热镇痛药、镇静安定与抗惊厥药。

一、全身麻醉药

全身麻醉药简称全麻药，是一类能可逆性的抑制中枢神经系统，暂时引起意识、感觉、运动及反射消失、骨骼肌松弛，但仍保持延髓生命中枢功能的药物。动物在麻醉状态下进行手术，对术者和动物都很有好处，还能避免动物发生疼痛性休克。

全麻药对中枢神经系统的作用是由浅入深的过程。全麻药的麻醉程度与药物在该部位的浓度有关，低量时产生镇静作用，随着剂量的增加可产生全身麻醉作用，进一步可引起麻痹甚至死亡。为了增强全麻药作用效果，降低其毒副作用，临床上常采用联合用药或辅助其他药物进行复合麻醉。常用的麻醉方式也因此有以下几种：麻醉前给药、诱导麻醉、基础麻醉、配合麻醉和混合麻醉。常用的药物主要用于外科手术，可分为吸入麻醉药和非吸入麻醉药两大类。

（一）全身麻醉分期

中枢神经系统各部位对麻醉药的敏感程度不同，随着血药浓度的变化，中枢的各个部位出现不同程度的抑制，因而出现不同的麻醉时期。最先抑制的是大脑皮层，然后是间脑、中脑、脑桥，再次为脊髓，最后是延髓。

1. 麻醉诱导期 又可分为镇痛期与兴奋期。镇痛期短，不易察觉，也没有显著的临床意义。兴奋期动物作不自主运动，有一定危险性，是麻醉药作用于大脑，导致皮层失去对皮层下中枢的调节与抑制作用而产生的。

2. 外科麻醉期 随着血药浓度的升高，间脑、中脑、脑桥和脊髓受到不同程度的抑制，因而表现出意识消失、反射性兴奋减弱、痛觉消失、肌肉松弛等一系列麻醉现象，适于进行手术。

①浅麻醉期。动物安静，痛觉反应减弱或消失，骨骼肌松弛，呼吸脉搏转慢，瞳孔逐渐缩小，角膜反射、肛门反射减弱。

②深麻醉期。呼吸减慢变浅，血压下降，骨骼肌极度松弛，瞳孔轻度扩张，对光反射减弱，角膜反射消失，仍有肛门反射。兽医临床一般不应麻醉至此深度。

③麻痹期。又称呼吸麻痹期。这一时期延髓的生命中枢已经受到严重抑制，呼吸微弱，脉搏细弱，血压降至危险线，瞳孔突然扩大，呼吸停止，心跳也随即停止，动物死亡。

麻醉后的苏醒则按麻醉相反的顺序进行。在完成手术后，一般应使苏醒过程尽量缩短，以减少在苏醒过程中动物挣扎所造成的意外损伤。

（二）复合麻醉

为了增强麻醉药的作用，减少不良反应，复合麻醉常用下列几种方式：

1. 麻醉前给药 在使用全麻药前先给一种或几种药物，以减少麻醉药的不良反应。例如在使用水合氯醛之前使用阿托品，能减少呼吸道黏膜腺体和唾液腺的分泌，减少干扰呼吸的机会。

2. 混合麻醉 把几种麻醉药混合在一起进行麻醉，使它们互补长短，增强作用，减少毒性。如水合氯醛与硫酸镁、水合氯醛与乙醇等。

3. 强化麻醉 先使用一种中枢抑制药，再使用全麻药。例如在使用水合氯醛之前先使用氯丙嗪，动物较安静，易于接近静脉注射全麻药，并能增强全麻和镇痛效果，减少全麻药的用量，从而减少全麻过程中对各种生理活动的干扰，而且可以缩短全麻过程的苏醒期。

4. 配合麻醉 兽医临床常用的配合麻醉是先用较少剂量的全麻药使动物轻度麻醉，再在术部配合局麻，这样可以减少全麻药的用量，使动物在比较安全又能保证手术无痛的情况下进行，是兽医临床上比较常用的一种麻醉方式。

（三）全身麻醉药分类

1. 非吸入麻醉药 巴比妥类药物均为巴比妥酸的衍生物。巴比妥类药物主要能抑制脑干网状结构上行激活系统。根据施用剂量的不同可产生镇静、抗惊厥、催眠和麻醉作用。临床上常根据其作用时间的长短而将其分为长时（苯巴比妥钠）、中时（异戊巴比妥钠）、短时（戊巴比妥钠）和超短时（硫喷妥钠）等几类。

兽医临床上常把巴比妥类药物作为基础麻醉药和全身麻醉药使用，有时也作为镇静和催眠药以及中枢兴奋药中毒的解救药。

◆ 戊巴比妥 ◆

【基本概况】　常用其钠盐，本品为无色结晶或白色结晶性粉末，无臭，味微苦，易溶于水，水溶液呈碱性，久置遇热易分解。

【作用与应用】　戊巴比妥钠属中效的巴比妥类药，可作为镇静药和麻醉药使用。麻醉持续时间的种属差异和个体差异都比较显著，恢复期长。用于全身麻醉时不出现兴奋期，但苏醒后有兴奋现象。戊巴比妥钠麻醉的持续时间：犬为 1~2h，一般要 6~8h 才能完全苏醒，猫可长达 24~72h。

【应用注意】　戊巴比妥钠的不良反应是能明显地抑制呼吸和循环，还能减少红、白细胞数，加快血沉，延长凝血时间，剂量加大对肾也有一定影响。

使用戊巴比妥钠麻醉后，在其苏醒阶段注射葡萄糖，会使动物重新进入麻醉，这种作用称为葡萄糖反应（目前已知巴比妥类药物均有此作用）。这种反应有种属差异：鼠、兔、雏鸡、鸽极敏感，有时可因此而导致死亡；犬中度敏感（有报道称死亡率可达 25%）；大鼠等不敏感或呈阴性反应。

【用法与用量】　静脉注射，一次量，犬、猫镇静 2~4mg/kg，麻醉 25~30mg/kg，抗癫痫 3~15mg/kg。

【制剂与规格】　注射用戊巴比妥钠：0.1g，0.5g。

◆ 异戊巴比妥 ◆

【基本概况】　常用其钠盐，本品为白色颗粒或粉末，无臭，味苦，有引湿性，易溶于水，水溶液呈碱性，溶液久置、加热均易分解。

【作用与应用】　本品为戊巴比妥的异构体，作用与戊巴比妥相似，小剂量能镇静、催眠，较大剂量能产生麻醉和抗惊厥作用。麻醉维持时间约为 30min。可用于犬、猫的镇静、抗惊厥和基础麻醉。在苏醒时有较强烈的兴奋现象，现已被戊巴比妥所取代。

【用法与用量】　静脉注射，一次量，犬、猫 2.5~10mg/kg。临用时以生理盐水配制成 3%~6% 的溶液。

【制剂与规格】　注射用异戊巴比妥钠：0.1g，0.25g。

◆ 硫喷妥钠 ◆

【基本概况】　本品为淡黄色粉末，味苦，易潮解，易溶于水，水溶液不稳定，呈强碱性，可溶于乙醇。粉针剂潮解后易变质而增加毒性，故其安瓿有裂痕或粉末不易溶解时，不宜使用。

【作用和应用】　硫喷妥钠是超短效的巴比妥类药，静脉注射后能使动物迅速麻醉，没有明显的兴奋期。麻醉的持续时间很短，为 20~30min，苏醒期也较短，苏醒过程的兴奋现象较弱，可以根据需要不断地补给药物来控制麻醉深度和持续时间。硫喷妥钠的抗惊厥作用比戊巴比妥强，可对抗中枢兴奋药、破伤风等引起的惊厥，但因维持时间过短，临床使用时应及时补给作用时间较长的药物。临床上多用于中、小家畜及实验动物的麻醉。

【应用注意】 ①本品只供静脉注射，不可漏出血管外，否则易引起静脉周围炎；不宜快速注射，否则将引起血管扩张和低血糖。②猫注射本品后可出现窒息、轻度的动脉低血压。③肝和肾功能障碍、重病、衰弱、休克、腹部手术、支气管哮喘病例禁用本品。④本品过量引起的呼吸与循环抑制，可用尼可刹米等解救。

【用法与用量】 静脉注射，一次量，犬、猫 20～25mg/kg。临用前用注射用水或生理盐水配制成 2.5% 溶液。

【制剂与规格】 注射用硫喷妥钠：0.5g，1g。

◆ 氯胺酮 ◆

【基本概况】 白色结晶性粉末，溶于水，水溶液呈酸性，微溶于乙醇。遮光、密闭保存。

【作用与应用】 本品具有明显的镇痛作用，作用迅速。氯胺酮是典型的分离麻醉药，能抑制大脑皮层中的一些部分，又能兴奋大脑皮层中的另一些部分，麻醉时动物存在吞咽或喉反射，对光反射和角膜反射亦存在，肌肉张力升高，还能产生轻度的心脏兴奋和血压升高。本品主要用于犬、猫的基础麻醉、全身麻醉及化学保定。

【应用注意】 本品不良反应有血压升高，唾液分泌增多，呼吸抑制，体温升高，呕吐，惊厥，肌肉震颤，张力增加，痉挛性急冲运动，苏醒期长而无规律，角弓反张，心脏停搏等。

【用法与用量】 犬：肌内注射或静脉注射，一次量 5.5～22mg/kg。猫：肌内注射，一次量，镇痛 1～2mg/kg；化学保定 11mg/kg；麻醉 22～23mg/kg；镇静，氯胺酮 5mg/kg＋美托咪啶 0.08mg/kg，或氯胺酮 5～10mg/kg＋咪达唑仑 0.25mg/kg。

【制剂与规格】 盐酸氯胺酮注射液，2mL：0.1g，10mL：0.1g，20mL：0.2g。

◆ 赛拉嗪 ◆

【基本概况】 本品又称为二甲苯胺噻嗪、隆朋。白色结晶性或类白色结晶性粉末，味微苦，不溶于水，易溶于丙酮和苯。

【作用与应用】 本品为镇痛性化学保定药，有明显的镇静、镇痛和肌肉松弛作用。本品主要用于犬、猫的基础麻醉、全身麻醉及化学保定。

【应用注意】 犬、猫应用本品可引起呕吐；胃肠道机械性梗阻的犬、猫及妊娠后期犬、猫不宜应用本品。

【用法与用量】 麻醉：肌内注射，一次量犬 1～3mg/kg，猫 3mg/kg。镇痛：肌内注射、静脉注射或皮下注射，一次量，犬、猫 0.1～0.5mg/kg。催吐：静脉注射，一次量，猫 0.4～0.5mg/kg。

【制剂与规格】 盐酸赛拉嗪注射液，5mL：0.1g，10mL：0.2g。

◆ 赛拉唑 ◆

【基本概况】 本品又称为二甲苯胺噻唑、静松灵、保定宁，为白色结晶，味微苦。易溶于丙酮、氯仿或乙醚，极微溶于石油醚，不溶于水。

【作用与应用】 本品为我国合成的一种镇痛性化学保定药，其作用与赛拉嗪相同，具有镇静、镇痛和中枢性肌肉松弛作用；本品与氟哌啶醇及双氢埃托啡组成的复方制剂（速眠新Ⅱ注射液）广泛用于兽医临床，可作为犬、猫等小动物的全身麻醉和化学保定药物。

【应用注意】 ①犬使用本品的麻醉诱导期常出现呕吐，可在麻醉前 10～15min 应用阿托品。②速眠新Ⅱ注射液可能会通过胎盘屏障，从而造成新生幼犬处于麻醉状态，抑制呼吸系统的功能。

【用法与用量】　盐酸赛拉唑注射液：肌内注射，一次量，犬 2.2mg/kg，猫 1.8～2.1mg/kg。速眠新Ⅱ注射液：肌内注射，一次量，杂种犬 0.08～0.1mL/kg，纯种犬0.04～0.08mL/kg；杂种猫 0.1～0.15mL/kg，个别猫可增到 0.2～0.3mL/kg。

【制剂与规格】　盐酸赛拉唑注射液，5mL：0.1g，10mL：0.2g。速眠新Ⅱ注射液（846合剂），1.5mL：（赛拉唑 90mg＋氟哌啶醇 3.75mg＋双氢埃托啡 6μg）。

◆ 阿法沙龙 ◆

【作用与应用】　本品为类固醇类快效静脉注射麻醉药，诱导麻醉作用迅速而平稳，肌肉松弛效果好，重复剂量注射对恢复期影响不大。用于犬、猫的短期麻醉或吸入性麻醉药的诱导麻醉。

【应用注意】　①本品皮下注射无效。②本品不宜与巴比妥类合用。

【用法与用量】　阿法沙龙注射液：深部肌内注射，一次量，猫，镇静 9mg/kg，麻醉12～18mg/kg。诱导麻醉，静脉注射，一次量，犬 2～3mg/kg，猫 5mg/kg。复方阿法沙龙/阿法多龙注射液：静脉注射，一次量，猫 9mg/kg；肌内注射，一次量，猫 12～18mg/kg。

【制剂与规格】　阿法沙龙注射液，1mL：10mg；复方阿法沙龙/阿法多龙注射液，1mL：（阿法沙龙 9mg＋阿法多龙 3mg）。

2. 吸入麻醉药　吸入麻醉药经呼吸由肺吸收，并以原形经肺排出。包括挥发性液体（如乙烷、氟烷、甲氧氟烷等）和气体（如氧化亚氮、环丙烷等），该类药物在使用时需一定设备，基层难以实行。有些吸入麻醉药具有易燃、易爆的缺点及刺激呼吸道等不良反应。

◆ 氟烷 ◆

【基本概况】　本品为无色、易流动的重质液体，有类似氯仿的香气、味甜，能与乙醇、氯仿、乙醚或非挥发性油类混合，微溶于水；不易燃、不易爆；遇光、热及潮湿空气缓慢分解。

【作用与应用】　本品麻醉起效快，苏醒快，麻醉作用强，无黏膜刺激性，不会引起支气管黏液及唾液增多。但肌肉松弛及镇痛作用较弱，全身麻醉时需要配合应用肌肉松弛药和镇痛药。本品用于犬、猫及其他小动物的全身麻醉。应用时于麻醉前可先给予琥珀胆碱、地西泮做辅助麻醉，增强肌肉松弛效果；也可与氧化亚氮混合使用，减轻两者的毒副作用。

【应用注意】　本品不宜用于难产或剖宫产麻醉；心、肝功能障碍的动物禁用本品，尤其是心肌病、心律失常的病例；麻醉时给药速度不宜过快，如呼吸减弱或肺通气量减少，应立即输氧、人工呼吸，同时迅速减浅麻醉或停止吸入。

【用法与用量】　多用封闭式吸入麻醉法给药，犬、猫应先吸入含70%氧化亚氮和30%氧的气体，1min 后再加氟烷于上述合剂中，使其浓度为 0.5%，时间 1.5min；以后浓度逐渐增大到 1%，约经 4min 达 5%为止。再经 4min 使氧化亚氮浓度减至 60%，余下的麻醉过程中氧浓度为 40%。在诱导麻醉前 10min，犬、猫应预先肌内注射阿托品。

【制剂与规格】　氟烷：20mL，100mL，250mL。

◆ 甲氧氟烷 ◆

【基本概况】　本品为无色、易流动的透明液体，有水果香味。室温下不易燃、不易爆，对光稳定。

【作用与应用】 本品麻醉作用较氟烷或氧化亚氮强，对黏膜无刺激性，不会引起气管平滑肌痉挛，具有良好的镇痛效果。骨骼肌松弛效果好。但苏醒较慢，一般会影响子宫收缩力。本品用于犬、猫诱导麻醉并维持麻醉。也可在赛拉嗪、氯胺酮的诱导下进行麻醉。麻醉前给药可选用阿托品（0.044mg/kg）。

【应用注意】 肝、肾功能不全动物禁用本品；本品对呼吸系统、循环系统有一定毒性，吸入浓度不宜过高。

【用法与用量】 多用开放式、半开放式、封闭式或半封闭式吸入麻醉法给药，吸入量视手术需要而定，诱导麻醉浓度为 3%，维持麻醉浓度为 0.5%。在诱导麻醉进行前的 10min，犬、猫应预先肌内注射阿托品。

【制剂与规格】 甲氧氟烷：20mL，150mL。

◆ 氧化亚氮 ◆

【基本概况】 本品又称为笑气，为无色、味甜、无刺激性的液态气体，性质稳定，不易燃、不易爆。

【作用与应用】 本品麻醉作用较弱，仅为乙醚的 1/7，镇痛作用强，苏醒快，对呼吸和循环系统无抑制作用，也不影响肝、肾功能，但只能维持浅麻醉，且骨骼肌松弛作用较差。一般与氟烷、甲氧氟烷等合并使用。本品用于犬、猫各种手术的维持麻醉。一般可选用硫喷妥钠、氯胺酮或芬太尼作诱导麻醉，麻醉前注射硫酸阿托品（0.044mg/kg）。或可与氟烷混合应用，以减轻氟烷对呼吸和循环系统的抑制作用。

【应用注意】 本品麻醉前，应先给予动物吸氧 5min，麻醉结束后再吸氧 5～10min；本品的主要危险是缺氧，应少应用全封闭式吸入麻醉。

【用法与用量】 应用半封闭式吸入麻醉法给药，犬、猫用 75% 本品与 25% 氧混合，通过面罩给予 2～3min，然后再加入氟烷，使其在氧化亚氮与氧的混合气体中达到 3% 的浓度。吸入量视手术需要而定，诱导麻醉浓度为 3%，维持麻醉浓度为 0.5%。当出现下颌松弛及其他临床麻醉体征时，表明已达外科麻醉期。

◆ 异氟烷 ◆

【基本概况】 本品为无色透明液体，性质稳定，不易燃、不易爆。

【作用与应用】 本品与恩氟烷是同分异构体，与氟烷相比，麻醉诱导平稳、迅速和舒适，苏醒快，肌肉松弛良好，对心肌抑制是同类中最轻的一种。可用于犬、猫的各种手术的维持麻醉。

【应用注意】 本品麻醉前，应先给予动物吸氧 5min，麻醉结束后再吸氧 5～10min；本品的主要危险是缺氧，应少应用全封闭式吸入麻醉。

【用法与用量】 可用开放式、半开放式、封闭式或半封闭式吸入麻醉，吸入量视手术需要而定。犬、猫诱导麻醉浓度 5%，维持麻醉浓度 1.5%～2.5%。

【制剂与规格】 异氟烷：100mL。

◆ 七氟烷 ◆

【基本概况】 本品又称为七氟醚，为无色、澄明的挥发性液体，对热和强酸稳定，不易燃、不易爆。

【作用与应用】 本品诱导麻醉和苏醒较异氟烷快，对心血管影响比异氟烷小，对呼吸道刺激性很小，心律失常少见，与肾上腺素合用无妨。可用于犬、猫的各种手术的维持麻醉。

【用法与用量】 犬、猫诱导麻醉浓度 8%，维持麻醉浓度 3%～6%。

【制剂与规格】 七氟烷：120mL，250mL。

二、镇 静 药

镇静药是对中枢神经系统产生轻度抑制作用，起到减轻或消除动物狂躁不安，恢复安静的一类药物。较大剂量可以促进睡眠，大剂量呈现抗惊厥作用和麻醉作用。主要用于兴奋不安或具有攻击行为的动物或患畜，以便于治疗或进行生产管理。较大剂量的镇静药可以促进催眠，故镇静药也常称为镇静催眠药。

犬、猫的镇静药主要包括吩噻嗪类（氯丙嗪、乙酰丙嗪）、苯二氮䓬类（地西泮、奥沙西泮）及美托咪啶、氟哌啶、氟哌啶醇等。

◆ 氯丙嗪 ◆

【基本概况】 本品又称为冬眠灵。氯丙嗪是吩噻嗪类药物，为白色或微黄色结晶性粉末，味极苦，易溶于水、醇及氯仿。其注射液多加入抗坏血酸等作稳定剂。可与普鲁卡因溶液任意混合，但不可与巴比妥类的钠盐溶液混合，以免产生凝胶样物。

【作用与应用】 强化中枢抑制药如麻醉药、镇痛药与抗惊厥药的中枢抑制作用；能使体温显著降低；具有强烈的镇吐作用。另外，氯丙嗪能阻断外周 α 受体，扩张血管，解除小动脉和小静脉痉挛，改善微循环，具抗休克作用。可用于犬、猫的镇静，消除各种疾病及中毒导致的烦躁、狂暴症状及降低攻击性，使动物安静、驯服，便于保定和治疗。也可用于麻醉前给药，显著增强麻醉药时效，减少麻醉药的用量，减轻麻醉药的毒副作用。还用于高温季节犬、猫长途运输时减轻应激反应。

【应用注意】 犬、猫会因剂量过大而出现心律不齐，四肢与头部震颤，甚至四肢、躯干僵硬等不良反应；本品遇光变红后，不可再用。

【用法与用量】 内服：犬、猫 2～3mg/kg。肌内注射，一次量，犬、猫 1～3mg/kg。

【制剂与规格】 盐酸氯丙嗪片：12.5mg，25mg，50mg；盐酸氯丙嗪注射液，1mL：25mg，10mL：250mg。

◆ 乙酰丙嗪 ◆

【基本概况】 本品为马来酸盐，黄色粉末，无臭，味苦，易溶于水、醇及氯仿，微溶于乙醚。

【作用与应用】 本品作用和氯丙嗪类似，具有镇静、降温、降压、止吐等作用。镇静和强化麻醉效力强于氯丙嗪，而降温效力与氯丙嗪相似。毒性低于氯丙嗪，但仍能使心率加快。静脉注射、肌内注射和内服给药。应用基本同氯丙嗪，本品与哌替啶配合治疗痉挛疝，呈良好的安定、镇痛效果，此时用药量仅为原药的 1/3 量即可。

【应用注意】 同氯丙嗪。

【用法与用量】 内服：一次量，犬 0.5～2.2mg/kg，猫 1.1～2.2mg/kg。每 6～8h 一次。肌内注射、静脉注射或皮下注射：一次量，犬 0.025～0.1mg/kg（每只犬总剂量不超过 3mg），猫 0.05～0.2mg/kg。

【制剂与规格】 马来酸乙酰丙嗪片：10mg，25mg；马来酸乙酰丙嗪注射液，

2mL：20mg。

◆ **奥沙西泮** ◆

【基本概况】 本品为乳白色或淡黄色粉末，无臭，味苦，对光稳定，不吸潮。微溶于乙醇及氯仿，极微溶于水。

【作用与应用】 本品为苯二氮类镇静药和催眠药。对中枢神经系统的作用与地西泮相似，具有抗惊厥、抗癫痫、抗焦虑、镇静催眠、中枢性骨骼肌松弛作用。主要用于犬、猫的镇静及刺激食欲，也可用于犬、猫的行为障碍及焦虑症，如恐惧症、惊恐障碍、创伤后应激障碍等。

【应用注意】 长期应用可产生依赖性。

【用法与用量】 行为障碍：内服，一次量，猫 0.2～0.5mg/kg，每 12～24h 一次；或 1～2mg，每 12h 一次。刺激食欲：内服，一次量，猫 2.5mg。行为障碍或镇静：内服，一次量，犬 0.2～1mg/kg，每 12～24h 一次。

【制剂与规格】 奥沙西泮片：15mg。

◆ **地西泮** ◆

【基本概况】 本品又称为安定，为白色粉末，无臭，味微苦，在水中微溶，溶于乙醇，易溶于氯仿及丙酮。

【作用与应用】 安定具有镇静、催眠、中枢性肌肉松弛和抗惊厥作用，并能减弱动物的攻击性，使之驯服。安定的抗应激作用亦已受到注意，临床上可用于各种动物的镇静、保定、癫痫发作、基础麻醉及麻前给药。能对抗士的宁等中枢兴奋药过量而致的惊厥。

【应用注意】 静脉注射宜缓，以防造成心血管和呼吸抑制。

【用法与用量】 内服量，犬 5～10mg，猫 2～5mg。肌内注射、静脉注射：一次量，犬、猫 0.6～1.2mg/kg。

【制剂与规格】 地西泮片：2.5mg，5mg；地西泮注射液，2mL：10mg。

◆ **咪达唑仑** ◆

【作用与应用】 本品又称为咪唑安定，为短效苯二氮䓬类药物。具有抗焦虑、镇静、催眠、抗惊厥及肌肉松弛作用，其作用强于地西泮。作用快，代谢灭活快，持续时间短，对组织刺激性小。与氯胺酮合用以消除后者所致的肌肉张力增加，还可与阿片类药物或乙酰丙嗪合用于麻醉前给药。

【应用注意】 本品长期服用可产生依赖性；严重呼吸功能不全、重症肌无力病例慎用本品；当注射本品过量时，可用苯二氮䓬类拮抗剂氟马西尼拮抗。

【用法与用量】 静脉注射、肌内注射或皮下注射，一次量，犬、猫 0.066～0.3mg/kg；或肌内注射，一次量，咪达唑仑 0.25mg/kg＋氯胺酮 5～10mg/kg；或静脉注射，一次量，咪达唑仑 0.2mg/kg＋氯胺酮 2mg/kg。

【制剂与规格】 马来酸咪达唑仑注射液，1mL：5mg，3mL：15mg。

◆ **阿普唑仑** ◆

【作用与应用】 本品为新型苯二氮䓬类药物。引起中枢神经系统不同部位的抑制，随着用量的加大，临床表现可自轻度的镇静到催眠甚至昏迷。具有抗焦虑、镇静、催眠、抗惊厥、使骨骼肌松弛等作用。用于焦虑不安、恐惧、抑郁及癫痫等的治疗。

【应用注意】 本品对肝毒性低于地西泮。

【用法与用量】 内服，一次量，犬 0.125～0.25mg/kg，猫 0.01～0.1mg/kg，每 12h 一次。

【制剂与规格】 阿普唑仑片：0.4mg。

◆ 美托咪啶 ◆

【基本概况】 本品盐酸盐为白色或类白色结晶性粉末。

【作用与应用】 本品属 α_2 肾上腺素受体激动剂，具有镇静、镇痛及肌肉松弛作用，对犬的镇静与镇痛作用强于赛拉嗪。单独应用于化学保定、镇静、麻醉前给药，或与其他麻醉药应用于复合麻醉。

【应用注意】 心肺功能障碍、呕吐及妊娠动物禁用本品，可能引起呕吐。

【用法与用量】 镇静、镇痛：肌内注射、静脉注射或皮下注射，一次量，猫 0.05～0.15mg/kg，犬 0.01～0.08mg/kg。麻醉前给药：肌内注射、静脉注射或皮下注射，一次量，犬 0.01～0.02mg/kg。

【制剂与规格】 盐酸美托咪啶注射液，1mL：1mg。

◆ 氟哌啶 ◆

【基本概况】 本品为白色或淡黄色晶粉，无臭，无味，易溶于水及乙醇。

【作用与应用】 本品作用及机理与氯丙嗪相似，对抗苯丙胺对中枢神经系统的兴奋作用和阿扑吗啡的催吐效应，还可阻断肾上腺素能神经的作用。强效镇吐药，作用强，维持时间短，安全范围大。但降低体温作用不如氯丙嗪明显。此外，可通过抑制动脉血管收缩而呈现抗创伤性休克的作用。主要用于治疗顽固性呕吐。与芬太尼配伍产生神经安定和镇痛作用，使动物产生精神恍惚、活动减少和痛觉消失的特殊麻醉状态，可进行某些手术。作为麻醉前给药或创伤性休克的辅助治疗药。

【应用注意】 不良反应表现为排粪、流涎、心动过缓等；大剂量可使呼吸及心率减慢、血压降低、心缩力减弱；大剂量引起肌肉震颤、痉挛和应激性过高；肝、肾功能障碍的动物慎用本品；本品对猫常有不良的中枢兴奋效应，故较少应用。

【用法与用量】 氟哌啶-芬太尼注射液：静脉注射，一次量，犬 0.037～0.08mL/kg；肌内注射，一次量，犬 0.11～0.15mL/kg。

【制剂与规格】 氟哌啶-芬太尼注射液，1mL：（氟哌啶 20mg＋芬太尼 0.4mg）。

◆ 氟哌啶醇 ◆

【基本概况】 本品为白色或类白色的结晶性粉末，无臭，无味。溶于氯仿，略溶于乙醇，微溶于乙醚，几乎不溶于水。

【作用与应用】 本品与氯丙嗪及氟哌啶作用相似。具有较强的抗焦虑作用，可控制动物的狂躁症，并有较强的镇吐作用。但镇痛作用较弱，降体温作用不明显。与氟哌啶合用，可增强其镇痛作用。临床上常与镇痛药合用产生镇静、镇痛效应，以进行某些外科手术，或治疗呕吐。

【应用注意】 妊娠及心功能障碍动物禁用本品；本品影响肝功能，但停药后能逐渐恢复；与麻醉药、镇痛药、巴比妥类合用时，应酌情减量；用药后，有时出现肌肉僵硬、震颤等，但降低给药剂量即可消失。

【用法与用量】 肌内注射：一次量，犬 1～2mg/kg。静脉注射：一次量，犬 1mg/kg

（用 25％葡萄糖液稀释后缓慢静脉注射）。

【制剂与规格】 氟哌啶醇注射液，1mL：5mg。

三、抗癫痫药与抗惊厥药

◆ 苯妥英 ◆

【基本概况】 本品钠盐为白色粉末，无臭，味苦，微有引湿性。在空气中渐渐吸收二氧化碳，分解成苯妥英。水溶液呈碱性，常因部分水解而发生混浊。

【作用与应用】 本品对癫痫的大发作有良效，对小发作效果不佳。对洋地黄诱发的心律失常有治疗作用，还可抑制胰岛素、加压素的分泌。本品为治疗癫痫及抗惊厥的二线药物，临床治疗犬的癫痫大发作时，应首先应用苯巴比妥钠，以立即控制症状，然后用本品进行预防和维持治疗。治疗生效后，用量即可减少，若仍不产生疗效时，应迅速增量。此外，苯妥英钠还有抗心律失常及降压作用，可用于纠正或预防动物心律失常，尤其用于强心苷中毒时心动过速的治疗。

【应用注意】 本品在猫代谢缓慢，易引起蓄积中毒，不宜应用。对犬副作用较小，但长期服用仍会导致厌食、共济失调、眼球震颤、白细胞减少和视力障碍等；停药前应逐渐减量，不能突然停药，以免使癫痫发作加剧或诱发持续癫痫状态；长期服用，可引起佝偻病、低血钙；有致畸作用，妊娠动物禁用；作用缓慢，连服数天才能出现疗效。

【用法与用量】 抗癫痫及抗惊厥：内服，一次量，犬 20～35mg/kg。每 6～8h 一次。抗心律失常：内服，一次量，犬 30mg/kg，每 8h 一次。

【制剂与规格】 苯妥英钠片：50mg，100mg。

◆ 苯巴比妥 ◆

【基本概况】 本品为白色、光泽的结晶性粉末，无臭，味微苦。溶于乙醇或乙醚，略溶于氯仿，极微溶于水。

【作用与应用】 本品属长效巴妥类药物，中枢抑制性作用随剂量而异。具有镇静、催眠和抗惊厥作用，也可抗癫痫。可用于犬、猫的镇静和癫痫的治疗，也可用于缓解脑炎、犬瘟热、破伤风等疾病及中枢兴奋药如士的宁及其他药物中毒所致的惊厥。

【应用注意】 犬用药后可表现抑郁与烦躁不安，有时会出现运动失调；猫对本品敏感，易引起呼吸抑制。

【用法与用量】 镇静、催眠和抗惊厥：内服，一次量，犬 2～8mg/kg，猫 2～4mg/kg，每 12h 一次。抗癫痫：静脉注射，一次量，犬、猫 10～20mg/kg（剂量逐次递增）。

【制剂与规格】 苯巴比妥片：15mg，30mg，100mg；注射用苯巴比妥钠：0.1g，0.5g。

◆ 扑米酮 ◆

【基本概况】 本品又称为扑癫酮。本品为白色结晶性粉末，无臭，味微苦，微溶于醇类，几乎不溶于水。

【作用与应用】 本品化学结构类似苯巴比妥，在犬体内可代谢为苯巴比妥和苯乙基丙二酰胺，其本身及两种代谢产物均有抗癫痫作用。用于犬、猫镇静和抗癫痫。

【应用注意】 不良反应主要包括嗜睡、眩晕和共济失调等；因消除较慢，长期使用有蓄积性；停药时用量应递减，防止重新发作。

【用法与用量】　内服，一次量，犬、猫的起始剂量 8～10mg/kg，每 8～12h 一次；然后增至 10～15mg/kg，每 8h 一次。

【制剂与规格】　扑米酮片：0.25mg。

◆ 硫酸镁 ◆

【基本概况】　本品为细小的无色针状晶体，略有苦味，易溶于水，微溶于乙醇。

【作用与应用】　镁离子具有抑制中枢神经，随着剂量的增加而产生镇静、抗惊厥和全身麻醉作用。但产生麻醉作用的剂量却可麻痹呼吸中枢，故不适于单独作麻醉药而常与水合氯醛配伍用。能直接阻断运动神经末梢释放乙酰胆碱递质，并减弱运动终板对乙酰胆碱递质的敏感性，从而阻断运动中枢向骨骼肌兴奋的传导，使肌肉松弛，常用于治疗破伤风、膈肌痉挛等。镁离子对周围血管有舒张作用，可致血压下降，心肌对镁离子虽不如神经系统敏感，但剂量过大亦可使心肌传导阻滞。

【应用注意】　内服硫酸镁难吸收，在血中不能达到有效的血药浓度，因此必须采取注射给药。镁离子对中枢的抑制作用和对神经肌肉的阻断作用可为钙离子所拮抗，因此当镁离子中毒时可迅速静脉注射 5%氯化钙进行解救。静脉注射硫酸镁注射液作用迅速而短暂，安全范围较小，宜严格控制剂量和注射速度，一般以肌内注射为宜。

【用法与用量】　肌内注射或静脉注射：一次量，犬、猫 1～2g。如用于导泻（6%～8%溶液）内服，一次量，犬 10～20g，猫 2～5g。

【制剂与规格】　硫酸镁注射液，10mL：1g，10mL：2.5g。

四、抗抑郁症药

抑郁症是情感障碍类精神病的一种，也是困扰犬、猫的心理疾病之一。临床主要表现为过度嗜睡、食欲下降、过度冷漠、狂躁、攻击性强、过度吠叫、自我伤害等。症状较轻的犬、猫，可通过改善生活环境，给予更多关爱和照顾，帮助其克服抑郁症；对于较严重的病例，则需要通过使用抗抑郁症药来进行辅助治疗。

◆ 阿米替林 ◆

【基本概况】　本品又称为依拉维。本品盐酸盐为无色结晶或白色、类白色粉末，无臭或几乎无臭，味苦，易溶于水、甲醇、乙醇和氯仿。

【作用与应用】　本品为人医临床常用的三环类抗抑郁药，能阻断突触前膜对去甲肾上腺素及 5-羟色胺的再摄取，具有较强的抗抑郁和镇静作用，还有较强的抗胆碱作用。可用于犬、猫各种行为异常的治疗，如瘙痒症、精神障碍导致的烦躁不安、犬的神经退化性疾病、猫的尿液标记症、下泌尿道疾病、感觉过敏症等。

【应用注意】　不良反应主要有口干、腹泻、呕吐、兴奋、心律不齐、紧张、晕厥等；有心律不齐、尿潴留、闭角型青光眼、同时应用高血压药物、痉挛等情况的病例禁用本品；与麻醉药及抗心律失常药同用可增加心律不齐的危险，不宜同用；可拮抗抗癫痫药的作用；不宜与单胺氧化酶抑制剂同用。

【用法与用量】　内服，一次量，犬 1～4mg/kg，每 12～24h 一次；猫 0.5～1mg/kg，每 24h 一次。在治疗猫自发性膀胱炎时，内服，一次量 2mg/kg，每 2h 一次。

【制剂与规格】　盐酸阿米替林片：10mg，25mg，50mg；盐酸阿米替林口服溶液，

1mL：5mg，1mL：10mg。

◆ 多塞平 ◆

【作用与应用】 本品为三环类抗抑郁药，其作用在于抑制中枢神经系统对5-羟色胺及去甲肾上腺素的再摄取，从而使突触间隙中这两种神经递质浓度增高而发挥抗抑郁作用，同时具有抗焦虑和镇静作用。用于犬、猫各种行为异常，如瘙痒症、犬的神经退化性疾病、强迫症、犬嗜舔性皮肤炎。

【应用注意】 与阿米替林相同。

【用法与用量】 抑郁症：内服，一次量，犬 3～5mg/kg，猫 0.5～1mg/kg。犬每 12h 一次，猫每 12～24h 一次。强迫症、嗜舔性皮肤炎：内服，一次量，犬 0.5～1mg/kg，每 12h 一次。

【制剂与规格】 多塞平片：10mg，25mg，50mg，75mg。

◆ 氯米帕明 ◆

【作用与应用】 本品为三环类抗抑郁药，作用与其他三环类抗抑郁药相似，主要是抑制神经元对去甲肾上腺素和5-羟色胺的再摄取。用于治疗犬、猫的各种行为异常疾病，包括强迫症、分离焦虑，吸吮侧身、追逐尾巴、嗜舔性皮肤炎，猫的异常喷尿、感觉过敏。本品治疗犬的强迫症效果优于阿米替林。

【应用注意】 本品禁用于雄性种犬；偶尔可见呕吐；有癫痫、心血管功能障碍、闭角型青光眼、胃动力不足和尿潴留的犬禁用本品。

【用法与用量】 犬：内服，一次量 1～2mg/kg，每 12h 一次，连续 2 周；然后调整为 3mg/kg，每 24h 一次，连续给药至少 3 个月。猫：内服，一次量，25～100mg/kg，每 24h 一次。

【制剂与规格】 盐酸氯米帕明片：20mg，40mg，80mg；盐酸氯米帕明胶囊：25mg，50mg，75mg。

◆ 氟西汀 ◆

【作用与应用】 本品又称为百忧解。本品为选择性5-羟色胺再摄取抑制药，没有抗胆碱作用，不引起低血压，镇静作用较弱，不良反应轻。用于治疗各种异常强迫行为，如嗜舔性皮肤炎、自残、精神性瘙痒、神经性脱毛，以及猫的尿液标记症；也可用于犬、猫的广泛性焦虑症、复发性抑郁症。

【应用注意】 常见胃肠道反应，心、肝、肾功能不良者慎用，禁用于妊娠及泌乳动物，本品禁与单胺氧化酶抑制剂、抗癫痫药、抗心律失常药、普萘洛尔及苯二氮䓬类同用。

【用法与用量】 内服，一次量，犬 1mg/kg，猫 0.5mg/kg，每 12～24h 一次。用于治疗嗜舔性皮肤炎时，犬 0.5～1mg/kg，每 12h 一次。

【制剂与规格】 盐酸氟西汀胶囊：10mg，40mg；盐酸氟西汀片：10mg。

◆ 舍曲林 ◆

【作用与应用】 本品为选择性5-羟色胺再摄取抑制药。用于治疗犬的焦虑症、恐惧症、恐慌发作、分离焦虑及强迫症。

【应用注意】 给药前几天可见胃肠道反应，随后即减轻；会出现心动过速、心动过缓、共济失调、胰腺炎、肝炎和肝功能障碍等；禁用于妊娠、泌乳、癫痫、心血管疾患动物。

【用法与用量】 内服，犬 1mg/kg，每 24h 一次。连续给药 1 周后，增至 2mg/kg，每 24h 一次。再连续给药 1 周后，如有必要，增到 3mg/kg，每 24h 一次。

【制剂与规格】 盐酸舍曲林片：50mg，100mg。

◆ 氟伏沙明 ◆

【作用与应用】 本品为选择性 5-羟色胺再摄取抑制药。用于治疗犬的强迫症、恐惧症、恐慌发作、分离焦虑、广泛性焦虑症，尤其适用于表现有冲动或攻击性症状的病例。还可用于治疗猫的异常喷尿、强迫症及攻击性强等异常行为。

【应用注意】 禁用于妊娠、泌乳动物及有癫痫、心血管疾病、糖尿病、出血性病症史和肝、肾功能障碍的动物；可能会出现心动过速或心动过缓。

【用药与用量】 内服，犬 0.5～2mg/kg（如有需要，可增至 5mg/kg），每 12h 一次；猫 0.25mg/kg（如有需要，可增至 1～2mg/kg），每 12h 一次。

【制剂与规格】 马来酸氟伏沙明片：50mg，100mg。

◆ 丁螺环酮 ◆

【作用与应用】 本品主要作用于脑内神经突触前膜多巴胺受体，产生抗焦虑、抗抑郁作用，无镇静、肌松弛和抗惊厥作用。用于治疗轻度到中度的与焦虑有关的行为问题，如猫的喷尿症。

【应用注意】 肝、肾功能障碍，癫痫，青光眼及重症肌无力动物禁用本品，本品不宜与乙醇、中枢抑制药、降压药、降糖药、抗凝药合用。

【用法与用量】 抑郁症：内服，一次量，犬 1～2mg/kg，猫 0.5～1mg/kg，每 8～12h 一次。喷尿症：内服，一次量，猫 5mg，每 12h 一次，连续给药至少 2 周。如有效果，则给药 8 周，然后逐渐停药；如无效果，则停止给药。

【制剂与规格】 丁螺环酮片：5mg，10mg。

◆ 司来吉兰 ◆

【作用与应用】 本品为选择性不可逆单胺氧化酶 B 抑制剂，抑制多巴胺的再摄取及突触前受体。用于治疗犬的认知功能障碍及因情感原因所致的行为障碍，如抑郁或焦虑、过度活跃、分离问题、恐惧、不合群等。还用于猫的与恐惧相关的行为问题，也用于治疗犬的肾上腺皮质功能亢进症。

【应用注意】 妊娠及泌乳动物禁用本品；本品不宜与 α_2 受体阻断药、哌替啶、氟西汀、三环类抗抑郁药、麻黄碱、吩噻嗪类等联合应用，因其可增强阿片类药的毒性作用。

【用法与用量】 内服，犬 0.5mg/kg，猫 1mg/kg，每 24h 一次（行为纠正至少连续给药 2 个月）。治疗脑垂体依赖性肾上腺皮质机能亢进，犬 2mg/kg，每 24h 一次。

【制剂与规格】 盐酸司来吉兰片：50mg，100mg。

五、麻醉性镇痛药

◆ 吗啡 ◆

【基本概况】 吗啡是从鸦片中提取的生物碱，是鸦片中起主要药理作用的成分。为白色针状结晶或结晶性粉末，有苦味，遇光易变质，溶于水，略溶于乙醇。

【作用与应用】 吗啡是典型的强镇痛药，常被用作其他镇痛药镇痛效果的比较标准，因此在兽医临床上很少使用。吗啡对各种原因引起的疼痛，如创伤、手术、内脏疾患等引起的疼痛，都有良好的镇痛效果，对钝痛的效果比锐痛好。外源性的吗啡亦能与阿片受体结合，从而产生镇痛作用，但有成瘾性。

吗啡对咳嗽中枢也有较强的抑制作用，所以有一定的止咳作用。吗啡对呼吸中枢有明显的抑制作用，能降低延髓呼吸中枢对二氧化碳的敏感性。吗啡对消化道功能的影响随剂量的不同而异，小剂量使胃肠蠕动减慢，大剂量反致胃肠蠕动增加。

【应用注意】 吗啡作用的种属差异很大。犬在用药后初期有短暂的兴奋症状，表现为不安、唾液分泌增加、呕吐、排粪等，随即转入昏睡。而猫则相反，用药后几小时内持续兴奋。

【用法与用量】 肌内注射或皮下注射：镇痛，犬 0.5～1mg/kg，每 2h 一次；猫 0.1mg/kg，每 3～6h 一次。麻醉前给药，皮下注射，犬 0.5～2mg/kg。

【制剂与规格】 盐酸吗啡注射液，1mL：10mg，10mL：100mg。

◆ 羟吗啡酮 ◆

【基本概况】 本品的盐酸盐为白色结晶性粉末，溶于水，微溶于乙醇。

【作用与应用】 本品属半合成强效阿片受体激动剂，作用、用途与吗啡相同，但无止咳作用，镇痛作用为吗啡的 10～15 倍，但成瘾性更高，对心血管系统的不良反应弱于吗啡。用于解除犬的中度至重度疼痛，镇静，也与麻醉药配合用于全身麻醉。

【应用注意】 本品内服对犬的重度疼痛效果不理想；本品与乙酰丙嗪有协同作用。

【用法与用量】 镇痛：静脉注射、肌内注射或皮下注射，犬、猫首剂量 0.1～0.2mg/kg，维持量 0.05～0.1mg/kg，每 1～2h 一次。镇静：肌内注射或皮下注射，一次量，犬、猫 0.05～0.2mg/kg。麻醉前给药：肌内注射或皮下注射，一次量，犬、猫 0.025～0.05mg/kg。

【制剂与规格】 盐酸羟吗啡酮注射液，1mL：1mg，1mL：1.5mg。

◆ 氢吗啡酮 ◆

【基本概况】 本品的盐酸盐为白色结晶性粉末，溶于水，微溶于乙醇。

【作用与应用】 本品属半合成阿片受体激动剂，作用与用途与吗啡相同，镇痛作用为羟吗啡酮的 1/2、吗啡的 6～7 倍，在犬的镇静作用与羟吗啡酮相近。用于犬、猫的镇痛、镇静及麻醉前给药。

【应用注意】 猫对本品敏感，易引起兴奋，应慎用。

【用法与用量】 犬，静脉注射、肌内注射或皮下注射，一次量 0.22mg/kg，如有需要每 4～6h 一次。猫：静脉注射，一次量 0.05～0.1mg/kg；肌内注射，一次量 0.1～0.2mg/kg。

【制剂与规格】 盐酸氢吗啡酮注射液，1mL：1mg，1mL：2mg，1mL：4mg，1mL：10mg。

◆ 二氢埃托啡 ◆

【作用与应用】 本品为人工合成的高效麻醉性镇痛药，是阿片受体的纯激动剂，镇痛作用强大，等效镇痛剂量为吗啡的 1/500～1/1 000，但有效维持时间短于吗啡，有较强的镇静、胃肠道平滑肌松弛作用，呼吸抑制作用，成瘾性相对轻于吗啡。用于创伤、手术后及诊断明确的各种剧烈疼痛的止痛，包括对吗啡或哌替啶无效的慢性顽固性疼痛，也可用于诱导麻醉或复合麻醉。

【应用注意】　本品有耐受性和依赖性；纳洛酮、烯丙吗啡为本品的拮抗剂，能有效解除本品中毒。

【用法与用量】　肌内注射，一次量，犬 0.1～0.15mL/kg，猫 0.2～0.3mL/kg。

【制剂与规格】　盐酸二氢埃托啡注射液，1mL：20μg。

◆ 丁丙诺啡 ◆

【作用与应用】　本品又称为布诺啡。本品为长效阿片受体激动剂，镇痛作用强于哌替啶，起效慢（15～30min），持续时间长（3～8h），镇静作用较弱，对呼吸抑制作用弱。用于犬、猫各种手术后止痛，及癌、烧伤、肢体痛等。

【应用注意】　本品不宜用于已使用过吗啡、哌替啶的动物，药物成瘾性近似吗啡。

【用法与用量】　静脉注射、肌内注射或皮下注射：一次量，犬、猫 0.01～0.02mg/kg，每 8h 一次。

【制剂与规格】　盐酸丁丙诺啡注射液，1mL：0.15mg，1mL：0.3mg，2mL：0.6mg。

◆ 布托啡诺 ◆

【作用与应用】　本品为人工合成的中效阿片受体激动剂，具有镇痛及较强的镇咳作用，镇静作用弱于吗啡。给药后 15min 起效，持续时间 3h。可与乙酰丙嗪合用于麻醉前给药，具镇静、止痛作用，还可与非甾体镇痛药合用。用于犬、猫术后急性疼痛的止痛。

【用法与用量】　镇痛：静脉注射、肌内注射或皮下注射，一次量，犬 0.2～0.4mg/kg，每 2～4h 一次；猫 0.2～0.8mg/kg，每 2～6h 一次。内服，一次量，犬 1～4mg/kg，每 6h 一次；猫 1.5mg/kg，每 4～8h 一次。麻醉前给药：静脉注射、肌内注射或皮下注射，一次量，犬 0.2～0.4mg/kg（与乙酰丙嗪合用）。镇咳：静脉注射、肌内注射或皮下注射，一次量，犬 0.05～0.1mg/kg；内服，犬 0.5～1mg/kg，每 6～12h 一次。化疗前止吐：皮下注射，一次量，犬 0.2～0.6mg/kg。

【制剂与规格】　酒石酸布托啡诺片：1mg，5mg，10mg；酒石酸布托啡诺注射液，1mL：0.5mg，1mL：1mg。

◆ 纳布啡 ◆

【作用与应用】　本品为人工合成的阿片受体激动剂，属麻醉性镇痛药，能拮抗作为麻醉前给药的阿片类激动剂的部分不良反应，镇静作用不如吗啡。

【应用注意】　主要不良反应为呼吸抑制，对剧痛效果不佳，纳洛酮可特异性拮抗本品的作用，患胰腺炎的犬不宜用本品。

【用法与用量】　肌内注射、静脉注射或皮下注射：一次量，犬 0.1～0.2mg/kg。

【制剂与规格】　纳布啡注射液，1mL：10mg。

◆ 哌替啶 ◆

【基本概况】　本品又称为度冷丁。为白色结晶性粉末，味微苦，无臭。常用其盐酸盐。

【作用与应用】　镇痛作用为吗啡的 1/10～1/7。注射后作用较快，约 10min；持续时间短，2～4h。解痉作用仅为阿托品的 1/20～1/10。有轻度的镇静作用。抑制呼吸的作用比其他镇痛药弱，有成瘾性。

【用法与用量】　肌内或皮下注射，一次量，犬、猫 5～10mg/kg。

【制剂与规格】　盐酸哌替啶注射液，1mL：25mg，1mL：50mg，2mL：100mg。

◆ **芬太尼** ◆

【基本概况】 本品枸橼酸盐为白色晶粉，味苦，水溶液呈酸性，溶于甲醇，略溶于水、氯仿。

【作用与应用】 本品为阿片受体激动剂，属人工合成的强效麻醉性镇痛药。作用与哌替啶相似，比哌替啶约强 650 倍，比吗啡强 80～100 倍，镇痛作用产生快，但持续时间较短。与氟哌啶合用可增强镇痛作用、减少不良反应。主要用于犬的小手术、牙科和眼科手术或需时短暂的手术，作为麻醉前、中、后的镇静与镇痛，或用于各种原因引起的疼痛，也可作为有攻击性犬的化学保定药。猫可用作镇静、镇痛。与全身麻醉药或局部麻醉药合用，以减少麻醉药用量。与戊巴比妥钠或氧化亚氮合用有良好效果，但应给予阿托品进行麻醉前给药。

【应用注意】 本品不良反应与剂量呈正相关，犬、猫在高剂量时可出现流涎、呼吸抑制、血压降低，犬心率增加、猫心率减少；有弱成瘾性，不宜与单胺氧化酶抑制剂合用。

【用法与用量】 镇痛：静脉注射、肌内注射或皮下注射，犬、猫 0.005～0.01mg/kg，每 2h 一次。麻醉：静脉注射、肌内注射或皮下注射，犬、猫 0.02～0.04mg/kg，每 2h 一次，如与乙酰丙嗪或地西泮联合应用则减至 0.01mg/kg。

【制剂与规格】 枸橼酸芬太尼注射液，2mL：0.1mg。

◆ **阿芬太尼** ◆

【作用与应用】 本品为芬太尼的类似物，为静脉注射用速效强麻醉性镇痛药，起效快，作用持续时间较短。与芬太尼相比，本品起效比芬太尼快 4 倍，作用时间为芬太尼的 1/3，而镇痛的作用比芬太尼小 1/4。本品为麻醉时用的强效镇痛药，适用于短小手术和时间较长的手术，推注一次后可根据需要静脉滴注或附加滴注。

【用法与用量】 静脉注射：一次量，犬 0.001～0.005mg/kg。

【制剂与规格】 盐酸阿芬太尼注射液，2mL：1mg，10mL：5mg。

◆ **美沙酮** ◆

【基本概况】 本品的盐酸盐为无色结晶或白色结晶性粉末，无臭、味苦，易溶于乙醇或氯仿，溶于水。

【作用与应用】 本品属人工合成的镇痛麻醉剂，作用类似于吗啡，有较强的镇痛作用，作用时间 4～6h，毒副作用较小，成瘾性也比吗啡小。镇痛、镇咳和平滑肌兴奋作用弱，抑制呼吸中枢和缩瞳作用明显。用于腹痛、创伤性剧痛、术后镇痛、镇静，以及犬、猫的麻醉前给药。

【应用注意】 犬应用本品后可能会出现气喘；本品可抑制胎儿呼吸，妊娠动物产前忌用；犬内服本品吸收不完全。

【用法与用量】 肌内注射、皮下注射：一次量，犬 0.5～2.2mg/kg，猫 0.1～0.5mg/kg，每 3～4h 一次。静脉注射：一次量，犬 0.1mg/kg，猫 0.05～0.1mg/kg。

【制剂与规格】 盐酸美沙酮注射液，1mL：5mg。

◆ **喷他佐辛** ◆

【基本概况】 本品又称为镇痛新。本品为白色或类白色结晶性粉末，无臭，味苦。不溶于水，易溶于氯仿，溶于乙醇。其盐酸盐及乳酸盐溶于水。

【作用与应用】 本品属人工合成镇痛药，作用与丁丙诺啡、布托啡诺相似，镇痛效力约为吗啡的 1/3、哌替啶的 5 倍，适用于各种慢性剧痛。镇静作用较弱，一般不用作术前给药。一般用于术后恢复、骨折、脊髓障碍和外伤的镇痛。

【应用注意】　用量过大可引起呼吸抑制、血压上升、运动失调和惊厥等，连续长期应用仍有成瘾可能性，猫能否应用本品目前尚有争议。

【用法与用量】　肌内注射：犬 1～3mg/kg，每 4h 一次。内服：犬 2～6mg/kg，每3～4h 一次。静脉注射、肌内注射或皮下注射：猫 2.2～3.3mg/kg，每 4h 一次。

【制剂与规格】　乳酸喷他佐辛注射液，1mL：15mg，1mL：30mg。

学习单元 3　外周神经系统药物

一、传出神经系统的分类

传出神经系统包括植物神经系统和运动神经系统两部分。

（一）植物神经

植物神经自中枢发出后，经过神经节中的突触更换神经元，才能到达所支配的效应器。植物神经有节前纤维和节后纤维之分。植物神经分为交感神经和副交感神经两种。

1. 交感神经　主要起源于脊髓的胸腰段，在交感神经节，或腹腔神经节，或肠系膜神经节更换神经元，然后到达所支配的组织器官。

2. 副交感神经　主要起源于中脑、延髓和脊髓的骶部，在效应器附近或效应器内的神经节更换神经元，然后到达所支配的组织器官。因此与交感神经相比，副交感神经节前纤维较长，节后纤维较短。

交感与副交感神经在大多数组织器官中是同时分布的（但肾上腺髓质只受交感神经节前纤维支配），而生理功能则是相互制约而协调地维持组织器官的正常机能活动的。

（二）运动神经

运动神经自中枢神经发出后，中途不需要更换神经元，就可以直接到达所支配的骨骼肌，因此无节前纤维与节后纤维之分。

二、传出神经的传递特点

神经元是神经组织的功能单位，由胞体和突起两部分组成。一个神经元的突起与另一个神经元的胞体发生接触而进行信息传递的接触点称为突触。神经末梢到达效应器官与效应细胞相接触时，其结构与突触极为相似，称为接点（如神经肌肉接头）。

突触由突触前膜、突触间隙和突触后膜三部分组成。突触前膜神经末梢内含有许多线粒体和大量的囊泡，线粒体内有合成递质的酶类，囊泡内含有递质。当神经冲动到达突触前膜时，膜对 Ca^{2+} 的通透性增加，Ca^{2+} 进入神经末梢内与三磷酸腺苷（ATP）协同作用促进突触前膜上的微丝收缩，使突触囊泡接近突触前膜。接触的结果，使突触囊泡膜与突触前膜相接处的蛋白质发生构型改变，继而出现裂孔，神经递质经裂孔进入突触间隙。

递质通过突触间隙与突触后膜上的受体结合，改变突触后膜对离子的通透性，使突触后膜电位发生变化，从而改变突触后膜的兴奋性。如果递质使突触后膜对 Na^+ 的通透性增加，则使膜电位降低，去极化，并发展为反极化（即膜内为正电荷，膜外为负电荷），突触后神经元或效应细胞兴奋；如果递质使突触后膜对 K^+ 和 Cl^- 的通透性增加，Cl^- 进入膜内，K^+ 透出膜外，膜内负电荷和膜外正电荷都增加，出现超极化，突触后神经元或效应细胞抑制。

三、传出神经的化学递质及分类

传出神经纤维，不论是运动神经，还是植物神经，在传递信息上都具有一个共同的特点，就是当神经冲动到达神经末梢时，便释放出某种化学递质，通过递质再作用于次一级神经元或效应器而完成传递过程。然后递质很快被其特异性酶所破坏或被神经末梢再摄入（如乙酰胆碱被胆碱酯酶分解破坏；去甲肾上腺素和肾上腺素可被单胺氧化酶和儿茶酚胺氧位甲基转移酶分解破坏或被再摄入），而使其作用消失。就目前所知，传出神经末梢释放的化学递质有两类：一类是乙酰胆碱；另一类是去甲肾上腺素和少量的肾上腺素。根据传出神经末梢释放的递质不同，又将传出神经分为胆碱能神经和肾上腺素能神经。

1. 胆碱能神经 凡是其神经末梢能够借助胆碱乙酰化酶的作用，使胆碱和乙酰辅酶 A 合成乙酰胆碱贮存于囊泡内，作为其化学递质的传出神经纤维，称为胆碱能神经。包括：①全部交感神经和副交感神经的节前纤维；②全部副交感神经的节后纤维；③少部分交感神经的节后纤维，如骨骼肌的血管扩张神经和犬、猫的汗腺分泌神经；④运动神经。

2. 肾上腺素能神经 凡是其神经末梢能以酪氨酸为基本原料，经一系列酶促反应先后合成多巴胺、去甲肾上腺素和少量肾上腺素等儿茶酚胺类物质，贮存于囊泡内，作为其化学递质的传出神经纤维，称为肾上腺素能神经。主要包括上述胆碱能神经以外的所有交感神经的节后纤维。

四、传出神经受体的分布与效应

1. 传出神经的受体 受体是传出神经所支配的效应器细胞膜上的一种特殊蛋白质或酶的活性中心，具有高度的选择性，能与不同的神经递质或类似递质的药物发生反应。根据其所结合的递质不同，传出神经的受体可分为胆碱受体和肾上腺素受体两类。

（1）胆碱受体。凡能选择性地与乙酰胆碱递质或其类似药物相结合的受体为胆碱受体。胆碱受体主要分布于副交感神经节后纤维所支配的效应器、植物神经节、骨骼肌及交感神经节后纤维所支配的汗腺等细胞膜上。由于不同部位的胆碱受体对药物的敏感性不同，进而又将胆碱受体分为：

①毒蕈碱型胆碱受体。副交感神经的节后纤维及少部分交感神经的节后纤维所支配的效应器上的胆碱受体，对以毒蕈碱为代表的一些药物特别敏感，能引起胆碱能神经产生兴奋效应，并能被阿托品类药物所阻断，这部分胆碱受体称为毒蕈碱型胆碱受体，简称 M 胆碱受体或 M 受体。

②烟碱型胆碱受体。位于神经节细胞膜和骨骼肌细胞膜上的胆碱受体对烟碱比较敏感，

这部分胆碱受体称为烟碱型胆碱受体，简称 N 胆碱受体或 N 受体。

（2）肾上腺素受体。凡能选择性地与递质去甲肾上腺素或肾上腺素及其类似药物相结合的受体，称为肾上腺素受体，它主要分布于交感神经节后纤维所支配的效应器细胞膜上。根据其对不同拟交感胺类药物及阻断药物反应性质的不同，也分为两种亚型，即 α 肾上腺素受体（简称 α 受体）和 β 肾上腺素受体（简称 β 受体）。α 受体又可分为 α_1 受体和 α_2 受体两种。β 受体也可以为 β_1 受体和 β_2 受体两种。一般来说。一种效应器上只有一种受体，如心脏只有 β_1 受体，支气管平滑肌只有 β_2 受体，大部分血管平滑肌只有 α 受体。

2. 传出神经的受体分布及生理效应　传出神经系统的药物的作用多数是通过影响胆碱能神经和肾上腺素能神经的突触传递过程而产生不同的效应。因此，熟悉这两类神经所支配的效应器上的受体的分布及其效应，对于掌握这些药物的药理作用是十分重要的。

动物外周神经系统包括传入神经系统和传出神经系统，因此，作用于外周神经系统的药物可相应地分为作用于传出神经系统的药物和作用于传入神经系统的药物。

传入神经系统主要是感觉神经，作用于感觉神经的药物主要包括局部麻醉药、皮肤黏膜保护药和刺激药三大类。

传出神经按其神经纤维末梢所释放的递质不同可相应地分为胆碱能神经和肾上腺素能神经。因此作用于传出神经纤维的药物可相应地分为拟胆碱药、抗胆碱药、拟肾上腺素药、抗肾上腺素药共四大类。

五、药物分类

1. 作用于传入神经系统的药物　局部麻醉药简称局麻药，是主要作用于局部、能可逆地阻断神经冲动的传导、引起机体特定区域丧失感觉的药物。

局部麻醉药对其所接触到的神经，包括中枢和外周神经都有阻断作用，使兴奋阈升高，动作电位降低，传递速度减慢，不应期延长，直至完全丧失兴奋性和传导性。此时神经细胞膜保持正常的静息跨膜电位，任何刺激都不能引起去极化，故名非去极化型阻断。局麻药在较高浓度时也能抑制平滑肌及骨骼的活动。局部麻醉作用是可逆的，对组织无损伤。

（1）影响局部麻醉作用的因素。

①神经干或神经纤维的特性。在临床上可以看出局部麻醉药对感觉神经作用较强，对传出神经作用较弱，神经纤维的直径越小越易被阻断；无髓鞘的神经较易被阻断；有髓鞘神经中的无髓鞘部分较易被阻断。

②药物的浓度。在一定范围内药物的浓度与药效呈正相关，但增加药物浓度并不能延长作用时间，反而有增加吸收入血引起毒性作用的可能。

③加入血管收缩药。在局部麻醉药中加入微量的肾上腺素（1/100 000），能使局部麻醉药的维持时间明显延长。但作四肢环状封闭时则不宜加血管收缩药。

④用药环境。用药环境（包括制剂、体液、用药的局部等）的 pH 对局部麻醉药的离子化程度有直接影响，因此应使用药环境的 pH 尽量接近药物的解离常数，才能取得更好的局部麻醉效果。

（2）局部麻醉方式。

①表面麻醉。将药液滴眼、涂布或喷雾于黏膜表面，使其透过黏膜而达感觉神经末梢。

这种方法麻醉范围窄，持续时间短，一定要选择穿透力较强的药物。

②浸润麻醉。将低浓度的局部麻醉药注入皮下或术野附近组织，使神经末梢麻醉。此法局部麻醉范围较集中，适用于小手术及大手术的术野麻醉。除使局部痛觉消失外，还因大量低浓度的局部麻醉药压迫术野周围的小血管，可以减少出血。一般选用毒性较低的药物。

③传导麻醉。把药液注射在神经干、神经丛或神经节周围，使该神经支配的区域麻醉。此法多用于四肢和腹腔的手术。使用的药液宜稍浓，但药液的量不能太多。

④硬膜外麻醉。把药液注入硬脊膜外腔，阻滞由硬膜外出的脊神经。根据手术的需要，又可分为尾荐硬膜外麻醉（从第一、二尾椎间注入局部麻醉药，以麻醉盆腔）和腰荐硬膜外麻醉（牛从腰椎与荐椎间注入局部麻醉药，以麻醉腹腔后段和盆腔）两种。

（3）常用的局部麻醉药。

◆ 普鲁卡因 ◆

【基本概况】 普鲁卡因的化学名称是对氨基苯甲酸二氨基乙醇脂，其盐酸盐又称奴佛卡因。本品为白色结晶或结晶性粉末，无臭，味微苦，在水中易溶解，在醇中略溶。在水溶液中易水解。高热也使水解增加。

【作用与应用】 本品对组织黏膜的穿透力差，不适于表面麻醉。可用作浸润、传导、硬膜外麻醉以及封闭疗法等。静脉注射或滴注低浓度的普鲁卡因，对中枢神经系统有轻度抑制而产生轻度的镇痛，制止全身性瘙痒等。

【应用注意】 本品在体内可分解出对氨基苯甲酸可减弱磺胺类药物的抑菌作用，故不宜与磺胺类药物配伍使用；碱类、氧化剂易使本品分解，不宜配合使用。用量过大可引起中枢神经先兴奋后抑制，甚至造成呼吸麻痹等毒性反应。中毒时应对症治疗。为了延长麻醉时间，应用时可加入 1∶100 000 的盐酸肾上腺素。普鲁卡因的毒性较低，其毒性作用是对中枢的抑制。

【用法与用量】 浸润麻醉、封闭疗法：0.25%～0.5%溶液。传导麻醉：2%～5%溶液，每点 2～5mL。

【制剂与规格】 盐酸普鲁卡因注射液，5mL∶0.15g，10mL∶0.3g，50mL∶1.25g，50mL∶2.5g。

◆ 丁卡因 ◆

【基本概况】 本品为人工合成药。常用其盐酸盐，为白色结晶性粉末，无臭，有苦麻味。

【作用与应用】 穿透能力强，适于表面麻醉，麻醉过程及持续时间与药物的浓度、药物接触组织的时间有关。不同动物和不同组织对丁卡因的反应也不一样。中小动物的眼角膜用0.5%～1%的溶液滴眼，2min 内即可麻醉，持续 50min 以上。本品的麻醉时间比普鲁卡因长，可维持近 3h。毒性也比普鲁卡因大 10 倍。

【应用注意】 注射后麻醉作用出现慢，吸收后的代谢也慢，适用于硬膜外麻醉，而不宜单独用于浸润麻醉和传导麻醉。滴眼时如用量过大，浓度过高，可使角膜再生减慢。

【用法与用量】 眼科表面麻醉用 0.5%～1%的等渗溶液，一次量，犬、猫每眼1～2滴。

【制剂与规格】 盐酸丁卡因溶液：0.5%，1%。

◆ 利多卡因 ◆

【基本概况】　本品为白色结晶性粉末，无臭，味苦。易溶于水，常制成注射液。

【作用与应用】　利多卡因的局部麻醉作用和穿透力都比普鲁卡因强，作用较快，麻醉时间也较长，可达 1h 以上，但穿透力不如丁卡因。静脉注射能抑制心室的自律性，缩短不应期。用于表面麻醉、浸润麻醉、传导麻醉和硬膜外麻醉。

【应用注意】　剂量过大或静脉注射时可引起毒性反应，出现嗜睡、头晕等中枢神经系统抑制症状，继而可出现惊厥或抽搐、血压下降或心搏骤停；表面麻醉时必须严格控制剂量，以防中毒；本品弥散性广，一般不做腰麻。

【用法与用量】　局部麻醉：2%溶液，一次量，犬、猫 1～5mL。局部喉头麻醉：气管插管前 30～90s，以 2%溶液 0.1～0.3mL 喷于咽喉部。食管炎：内服，一次量，犬、猫 2mg/kg。每 4～6h 一次。硬膜外腔麻醉：2%溶液，一次量，犬、猫 0.22～0.3mL/kg。治疗室性心律失常：静脉注射，一次量，犬 2～8mg/kg，之后静脉滴注 0.025～0.1mg/（kg·min）；或缓慢静脉注射，一次量，猫 0.25～1mg/kg，之后静脉滴注 0.01～0.04mg/（kg·min）。

【制剂与规格】　盐酸利多卡因注射液，5mL：0.1g，10mL：0.2g，10mL：0.5g，20mL：0.4g，20mL：0.1g。

◆ 布比卡因 ◆

【基本概况】　本品又称为丁哌卡因。本品的盐酸盐为白色结晶或结晶性粉末，无臭，味苦。易溶于乙醇，溶于水，微溶于氯仿。

【作用与应用】　本品为长效局麻药。麻醉性能强，其麻醉强度是利多卡因的 4 倍以上。作用时间长，其镇痛作用时间比利多卡因长 2～3 倍。在 0.25%～0.5%浓度时对感觉神经阻滞良好，但几乎无肌肉松弛作用，0.75%溶液可产生良好的运动神经阻滞作用。本品用于犬、猫的浸润麻醉（用于局部伤口止痛）、传导麻醉、硬膜外麻醉、蛛网膜下腔麻醉。

【用法与用量】　浸润麻醉：0.125%～0.25%溶液。传导麻醉、硬膜外麻醉：0.25%～0.5%溶液。蛛网膜下腔麻醉：0.5%～0.75%溶液。

【制剂与规格】　盐酸布比卡因注射液，5mL：12.5mg，5mL：25mg，5mL：37.5mg。

◆ 甲哌卡因 ◆

【作用与应用】　本品为酰胺类局部麻醉药，麻醉作用与利多卡因相似，在浸润、神经阻滞和硬膜外麻醉等临床应用方面的疗效为普鲁卡因的两倍，而与利多卡因和普鲁卡因相比毒性更小，对组织刺激性更小。用于浸润、神经阻滞和硬膜外麻醉，也用于表面麻醉。

【用法与用量】　根据局部麻醉方法调整药物剂量。硬膜外麻醉：2%盐酸甲哌卡因注射液 0.5mL，每 30s 一次，至反应消失。

【制剂与规格】　盐酸甲哌卡因注射液：2%。

◆ 丙美卡因 ◆

【基本概况】　本品的盐酸盐为白色结晶粉末。

【作用与应用】　本品为酰胺类快效表面麻醉剂，作用强度与丁卡因相似。用于结膜囊、外耳道、鼻部及耳部的手术，滴药后 10s 内起效，作用可持续 10～20min。

【应用注意】　用药部位给药后几小时偶见局部刺激；所有局部麻醉药均对角膜上皮有毒性，可延缓溃疡痊愈，因此不宜用于治疗目的。

【用法与用量】 眼部用药：一次量，犬、猫每眼1～2滴，在2～3min内每眼4～5滴可达最佳镇痛效果。耳部或鼻部用药：一次量，犬、猫每耳或鼻5～10滴，每5～10min一次。

【制剂与规格】 盐酸丙美卡因溶液：0.5%。

2. 作用于传出神经系统的药物 作用于传出神经系统的药物，其基本作用是直接作用于受体或通过影响递质的代谢过程而产生兴奋或抑制效应。其作用与刺激或阻断传出神经的效应基本类似。本类药物在兽医临床上常用的主要有拟胆碱药、抗胆碱药、拟肾上腺素药三大类。其中拟胆碱药是指药理作用与递质乙酰胆碱相类似的一类药物，主要有：氨甲酰胆碱、毛果芸香碱和甲硫酸新斯的明；抗胆碱药是指能与胆碱受体结合，阻碍递质乙酰胆碱或拟胆碱药与受体结合，产生抗胆碱作用的一类药物，常用的药物为阿托品、东莨菪碱等M胆碱受体阻断药；拟肾上腺素药是指药理作用与递质去甲肾上腺素相类似的一类药物，包括α和β受体激动药如肾上腺素、麻黄碱等。α受体激动药，如去甲肾上腺素等；β受体激动药，如异丙肾上腺素等。

此类药物种类繁多，临床应用广泛，常涉及对休克、心脏停搏、支气管哮喘、有机磷农药中毒、肠痉挛等很多疾病的治疗。

（1）拟胆碱药。拟胆碱药是作用与胆碱能神经递质乙酰胆碱相似或兴奋胆碱能神经产生效应的一类药物。拟胆碱药根据其作用机理的不同分为胆碱受体激动药和抗胆碱酯酶药。胆碱受体激动药是指能直接作用于效应器细胞的胆碱受体，从而产生与乙酰胆碱相似的药理作用的药物，如氨甲酰胆碱、氨甲酰甲胆碱等。抗胆碱酯酶药是能抑制胆碱酯酶的活性，阻碍乙酰胆碱被胆碱酯酶水解，从而造成效应器的神经末梢内乙酰胆碱蓄积，并表现出胆碱能神经兴奋效应的一类药物，如新斯的明，有机磷酸酯类杀虫剂也属此类药物。

◆ **氨甲酰胆碱** ◆

【基本概况】 本品又称为比赛可灵、乌拉胆碱。为白色或无色结晶，无臭或微有脂肪胺臭，有吸湿性，易溶于水，略溶于乙醇。水溶液稳定，加热煮沸不被破坏。本品为人工合成的拟胆碱酯类药物，与乙酰胆碱不同之处就是此药的酸性部分不是乙酸而是氨甲酸，氨甲酸酯不易被胆碱酯酶水解破坏。

【作用与应用】 氨甲酰胆碱具有乙酰胆碱的全部作用，能直接兴奋M胆碱受体和N胆碱受体，也能通过促进胆碱能神经末梢释放递质乙酰胆碱而间接兴奋胆碱能神经，是拟胆碱药物中作用最强的一种。在治疗剂量时，主要表现为M样作用。其特点是作用强而持久，对心血管系统作用较弱，对胃肠道、膀胱、子宫平滑肌器官作用较强，剂量过大常会引起剧烈的痉挛性疝痛。由于本品作用强烈，阿托品又只能阻断其与M胆碱受体结合，而对N胆碱受体作用较弱，因此在临床应用上受到一定的限制。临床上可用于治疗胃肠弛缓、胎衣不下、子宫蓄脓等。

【应用注意】 大剂量可引起肌束震颤，乃至麻痹；本品切勿肌内注射或静脉注射；为避免不良反应，或将一次剂量分为2～3次注射，每次间隔30min左右。

【用法与用量】 皮下注射：一次量，犬0.025～0.1mg。

【制剂与规格】 氯化氨甲酰胆碱注射液，1mL：0.25mg，5mL：1.25mg。

◆ **氨甲酰甲胆碱** ◆

【基本概况】 本品为白色结晶或结晶性粉末，有氨臭，易溶于水、乙醇，置于空气中易潮解。

【作用与应用】　氨甲酰甲胆碱仅激动 M 胆碱受体，对 N 胆碱受体几乎无作用。对胃肠道和膀胱平滑肌的选择性较高，收缩平滑肌作用显著，对心血管系统作用很弱。临床上可用于治疗胃肠弛缓，也用于膀胱积尿和子宫蓄脓等。

【用法与用量】　皮下注射：一次量，犬、猫 0.25～0.5mg。

【制剂与规格】　氯化氨甲酰甲胆碱注射液，1mL：2.5mg，5mL：12.5mg，10mL：25mg。

◆ **毛果芸香碱** ◆

【基本概况】　本品又称为匹鲁卡品，是从毛果芸香属植物中提取的一种生物碱，其水溶液稳定，现已能人工合成。其硝酸盐为白色结晶性粉末，易溶于水，遮光、密闭保存。

【作用与应用】　本品能直接选择性地作用于 M 胆碱受体，产生与节后胆碱能神经兴奋相似的效应。其特点是对多种腺体、胃肠道平滑肌及眼虹膜括约肌具有强烈的兴奋作用，而对心血管系统及其他器官的影响比较小，一般不引起心率减慢和血压下降。

对唾液腺、泪腺、支气管腺的兴奋作用最为明显，其次是胃腺、肠腺和胰腺等，而对汗腺的作用则较弱。

对眼具有缩瞳、降低眼内压和调节痉挛等作用。通过激动瞳孔括约肌的 M 胆碱受体，使瞳孔括约肌收缩，瞳孔缩小。缩瞳引起前房角间隙扩大，房水易于循环，眼内压降低。

本品可用于治疗不全阻塞的肠便秘、前胃弛缓、肠弛缓等。其作用较氨甲酰胆碱缓和，但不良反应是易致支气管腺体分泌和支气管平滑收缩加强而引起呼吸困难。此外，还可用其 0.5%～2.0% 的溶液点眼作为缩瞳剂，配合扩瞳药交替使用，可治疗虹膜粘连等。

【应用注意】　本品吸收后可引起腹泻、心动过速、肺水肿、哮喘、多汗、流涎等；禁用于老年、瘦弱、妊娠、心肺有疾患动物。

【用法与用量】　皮下注射：一次量，犬 3～20mg。治疗开角型青光眼，用 1% 硝酸毛果芸香碱滴眼液，每患眼一滴，每 12h 一次。

【制剂与规格】　硝酸毛果芸香碱注射液，1mL：30mg，5mL：150mg；硝酸毛果芸香碱滴眼液：0.5%，1%，2%。

◆ **新斯的明** ◆

【基本概况】　本品又称为普洛色林，是人工合成的抗胆碱酯酶药。为白色结晶粉末。易溶于水，可溶于乙醇，常制成注射液。临床上常使用的是溴化新斯的明和甲基硫酸新斯的明的两种盐。

【作用与应用】　新斯的明的作用与毒扁豆碱相似，也能可逆性地抑制胆碱酯酶的活性，呈现全部胆碱能神经兴奋的效应。其特点是：对胃肠、膀胱和骨骼肌的作用最强。尤其是对骨骼肌，除能抑制胆碱酯酶增强乙酰胆碱的作用外，还能直接作用于骨骼肌的运动终板。另外，本品和毒扁豆碱还能促进运动神经末梢释放乙酰胆碱。由于这些原因，所以兴奋骨骼肌的作用最强，但对各种腺体、心血管系统、支气管平滑肌和虹膜括约肌的作用较弱。临床上用于治疗胃肠弛缓、重症肌无力症等，也可用于竞争性骨骼肌松弛药中毒的解救。

【应用注意】　本品治疗量时不良反应较小，过量时会引起出汗、心动过缓、肌肉震颤或肌麻痹。

【用法与用量】　重症肌无力：静脉注射、肌内注射或皮下注射，犬、猫 0.01～1mg/kg（给药间隔时间依据动物对药物的反应而定）；内服，犬、猫 0.1～0.25mg/kg，每 4h 一次

（每日总剂量不超过 2mg/kg）。拮抗非去极化肌松药：静脉注射，一次量，犬、猫0.05mg/kg，待心率加快后，在静脉注射 0.05mg/kg 阿托品。

【制剂与规格】 甲硫酸新斯的明注射液，1mL：0.5mg，1mL：1mg，10mL：10mg。

（2）抗胆碱药。抗胆碱药能与递质乙酰胆碱竞争胆碱受体，但与胆碱受体结合后并不引起受体发生构型变化，也不产生药理效应，却能阻断胆碱受体再与乙酰胆碱或拟胆碱药结合，因此表现出与胆碱能神经兴奋相反的现象，即不出现 M 样作用或 N 样作用。按照其对胆碱受体的选择性不同，可分为 M 受体阻断药、NN 受体阻断药和 NM 受体阻断药三类。因 NN 受体阻断药主要用于重症高血压症，在兽医临床上不用。

◆ 阿托品 ◆

【基本概况】 阿托品是从茄科植物颠茄、莨菪、曼陀罗等植物中提取的生物碱，具有旋光性。莨菪碱为其左旋体，左旋体较右旋体作用强许多倍。阿托品为其消旋品。也可人工合成。为无色或白色结晶性粉末，常用其硫酸盐，有风化性，遇光易变质，应密封、避光保存。

【作用与应用】 阿托品主要通过竞争 M 胆碱受体而阻断乙酰胆碱或拟胆碱药的 M 样作用。其作用广泛而复杂，除对平滑肌器官、腺体和心血管系统作用外，对中枢神经系统也有作用。

①对平滑肌的作用。可松弛内脏平滑肌，但这一作用与内脏平滑肌的功能状态有关，即治疗量的阿托品对正常活动的平滑肌影响较小。而当平滑肌过度收缩或痉挛时，其松弛作用就格外明显。一般来说，阿托品对胃肠道、输尿管和膀胱括约肌等作用较强，而对胆管、支气管平滑肌等作用较弱，对子宫一般无作用。

②对腺体的作用。阿托品能抑制唾液腺、支气管腺、胃腺、肠腺等的分泌，可引起口干舌燥、皮肤干燥、吞咽困难等症状。但对胃酸、乳腺的分泌影响不大，对汗腺分泌的影响因动物而异。

③对眼的作用。无论是全身用药还是局部点眼，阿托品都能使虹膜括约肌松弛，瞳孔扩大，眼压升高，故青光眼患畜禁用。

④对心血管系统的作用。本品在治疗剂量时对正常心血管系统无明显影响，大剂量时能使血管平滑肌松弛，解除小动脉痉挛，使微循环血流通畅，使外周和内脏血管及小血管扩张，改善组织循环，增加回心血量和升高血压。

⑤对中枢神经系统的作用。大量的阿托品被吸收后，对中枢神经系统有明显的兴奋作用。除兴奋迷走神经中枢、呼吸中枢外，也能兴奋大脑皮层运动区和感觉区。中毒剂量可强烈兴奋大脑和脊髓，动物表现兴奋不安、运动亢进和不协调，随之由兴奋转入抑制，以致昏迷，终因呼吸麻痹而死。多数拟胆碱药对阿托品的外周作用虽有一定的拮抗作用，但对其中枢作用则无效，毒扁豆碱可对抗阿托品的中枢兴奋作用。

【应用注意】 ①大剂量用于消化道疾病时，可使肠蠕动减弱，分泌减少，而全部括约肌收缩，故易致肠鼓气和肠便秘等，尤其是胃肠道过度充盈或饲料剧烈发酵时，可使胃肠过度扩张，甚至破裂。②治疗量时有口干、便秘、皮肤干燥等不良反应。一般停药后可逐渐消失。③剂量过大，易引起中毒。常出现：口腔干燥、脉搏与呼吸次数增加、瞳孔散大、视觉模糊、兴奋不安、肌肉震颤，进而体温下降、昏迷、感觉和运动麻痹等症状。中毒后的解救措施主要是对症治疗，如用镇静药或抗惊厥药来对抗中枢兴奋症状；应用毛果芸香碱、新斯的明对抗其周围作用和部分中枢症状。

【用法与用量】　内服：一次量，犬、猫 0.02～0.04mg/kg。麻醉前给药：肌内注射或皮下注射，一次量，犬、猫 0.04mg/kg；静脉注射，一次量，犬、猫 0.02mg/kg。有机磷中毒解救：一次量，犬、猫 0.2～0.5mg/kg（1/4 静脉注射，3/4 肌内注射），需要时重复给药；或者 0.1～0.2mg/kg（1/2 静脉注射，1/2 肌内注射），然后再肌内注射给药。治疗缓慢型心律失常：静脉注射，一次量，犬、猫 0.02～0.04mg/kg。眼部用药：每患眼一滴，每 8～12h 一次；瞳孔扩大后，每 24～72h 一次，维持瞳孔散大。

【制剂与规格】　硫酸阿托品片：0.3mg；硫酸阿托品注射液，1mL：0.5mg，2mL：1mg，1mL：5mg；硫酸阿托品滴眼液：0.5%，1%。

◆ **东莨菪碱** ◆

【基本概况】　本品为从茄科植物曼陀罗中提取的生物碱。为无色或白色结晶性粉末，无臭。易溶于水，常制成注射液。

【作用与应用】　散瞳、抑制腺体分泌及兴奋呼吸中枢的作用比阿托品强，而对胃肠道平滑肌及心脏的作用则较弱。对中枢神经系统有抑制作用，对中枢神经系统的作用则因动物种类和剂量不同而异。对犬给予小剂量通常表现为抑制作用，但个别情况下也能产生兴奋，大剂量可出现兴奋不安和运动失调；对马则可产生明显的兴奋作用，兴奋之后即可转为抑制。在临床上可配合氯丙嗪作为家畜手术时的麻醉药使用。本品主要作为麻前给药，也可用于有机磷中毒的解救。

【应用注意】　不良反应及应用注意，均与阿托品相同。

【用法与用量】　肌内注射、皮下注射或静脉注射：一次量，犬 0.3～1mg/kg。

【制剂与规格】　氢溴酸东莨菪碱注射液，1mL：0.3mg，1mL：0.5mg。

◆ **山莨菪碱** ◆

【基本概况】　本品是我国首先从茄科植物唐古特莨菪中提取出的生物碱，称为 654-1，其人工合成品为 654-2，是天然山莨菪碱的消旋异构体。为白色结晶性粉末，无臭，味苦。能溶于水及乙醇。

【作用与应用】　山莨菪碱具有明显的外周抗胆碱作用，能解除平滑肌痉挛和对抗乙酰胆碱对心血管系统的抑制作用，作用与阿托品相似或稍弱。也能解除小血管痉挛，改善微循环。但抑制唾液腺分泌的作用、散瞳作用、中枢作用比阿托品弱，故在大剂量使用时也很少出现阿托品引起的动物兴奋作用。本品能对抗或缓解有机磷酸酯类药物引起的中毒症状。本品排泄较快，在体内无蓄积，不良反应小。主要用于严重感染所致的中毒性休克、有机磷酸酯类药物中毒、内脏平滑肌痉挛等。在动物下痢时使用本品，可减少肠壁细胞分泌，减少体液及电解质流失，缓解肠管蠕动。

【应用注意】　不良反应及应用注意均与阿托品相同。

【用法与用量】　肌内注射、皮下注射或静脉注射：一次量，犬 0.3～1mg/kg。

【制剂与规格】　氢溴酸山莨菪碱注射液，1mL：5mg，2mL：10mg。

◆ **琥珀胆碱** ◆

【基本概况】　氯化琥珀胆碱为白色或几乎白色的结晶性粉末，无臭，味咸，易溶于水，微溶于乙醇和氯仿。

【作用与应用】　本品为肌肉松弛性化学保定药。其特点为用药后，动物先出现短暂的肌束颤动，3min 内即转为肌肉麻痹，导致肌肉松弛。首先松弛头部、颈部肌肉，继而松弛四肢和躯干肌肉，最后松弛肋间肌和膈肌。用量过大，肋间肌和膈肌麻痹，动物终因窒息而死亡。用于动物的化学保定和外科辅助麻醉。

【应用注意】 过量易引起呼吸肌麻痹，本品使肌肉持久性去极化而释放出钾离子，使血钾升高，本品禁用于老年、瘦弱、妊娠动物。

【用法与用量】 肌内注射：一次量，犬，猫 0.06～0.11mg/kg。

【制剂与规格】 氯化琥珀胆碱注射液，1mL：50mg，2mL：100mg。

◆ **筒箭毒碱** ◆

【基本概况】 氯化筒箭毒碱为白色至微黄色结晶性粉末，溶于水、氢氧化钠溶液，略溶于乙醇。

【作用与应用】 本品是一种非去极化型的肌肉松弛药。它与运动终板膜上的 N_2 胆碱受体相结合，竞争阻断乙酰胆碱递质所致的细胞膜去极化，阻断神经肌肉的神经冲动传递，引起骨骼肌松弛。静脉注射，即时产生肌肉松弛作用。可用作犬的肌肉松弛药。

【应用注意】 肾功能不全的动物慎用本品；本品中毒时可用新斯的明解毒。

【用法与用量】 静脉注射：一次量，犬 0.4～0.5mg/kg，猫 0.3mg/kg。

【制剂与规格】 氯化筒箭毒碱注射液，1mL：10mg。

（3）拟肾上腺素药。拟肾上腺素药是一类化学结构与肾上腺素相似的胺类药物，其作用与交感神经兴奋效应相似。交感神经节后纤维属肾上腺素能神经，其递质是去甲肾上腺素和少量肾上腺素，当此递质与效应器细胞膜上的肾上腺素受体结合时，就会产生心脏兴奋、血管收缩、支气管和胃肠道平滑肌收缩、瞳孔散大等作用。

肾上腺素受体根据其对拟肾上腺素药及抗肾上腺素药反应的不同而分为 α 受体和 β 受体。α 受体兴奋时可产生皮肤及内脏、黏膜血管收缩，瞳孔散大；β 受体兴奋时可产生心脏兴奋、冠状血管和骨骼肌血管扩张，肝糖原和脂肪分解增加等作用。

临床上常用的拟肾上腺素药主要有肾上腺素、去甲肾上腺素、麻黄碱、异丙肾上腺素等。

◆ **去氧肾上腺素** ◆

【基本概况】 本品盐酸盐为白色或几乎白色的结晶性粉末，无臭，味苦，遇光和空气易变质，易溶于水、乙醇。

【作用与应用】 本品在治疗剂量下主要作用于节后 α 肾上腺素受体，静脉注射给药主要药理作用表现为收缩外周血管，心脏收缩压和舒张压增加。虽然大多数血管收缩，但冠状血管呈现扩张。用于血压过低和休克时的早期急救，也可作为局部血管收缩药。在适当补液后用于治疗犬、猫的休克，或各种原因引起的低血压及消除鼻充血。本品眼部应用引起血管收缩和瞳孔散大，可与阿托品联合于眼部手术前应用。

【应用注意】 本品可引起反射性心搏徐缓，大剂量可引起中枢兴奋；本品与催产素、麦角新碱等合用，可增强血管收缩，导致高血压或外周组织缺血。

【用法与用量】 缓慢静脉注射：一次量，犬、猫 0.01mg/kg，每 15min 一次。肌内注射或皮下注射：一次量，犬、猫 0.1mg/kg，每 15min 一次。静脉滴注：犬猫起始剂量 0.01mg/kg，维持剂量 0.003mg/（kg·min）（临用前用生理盐水稀释滴注）。

【制剂与规格】 盐酸去氧肾上腺素注射液，1mL：10mg。

◆ **肾上腺素** ◆

【基本概况】　肾上腺素为肾上腺髓质分泌的主要激素。药用的肾上腺素可从家畜肾上腺中提取或人工合成。本品为白色或淡棕色的晶性粉末，无臭，味微苦。难溶于水及乙醇。其性质不稳定，遇氧化物、碱性化合物、光、热等易发生氧化而逐渐变成淡粉红色而失效。临床上常用其盐酸盐和酒石酸盐，两者均易溶于水，水溶液不稳定，易被氧化。

【作用与应用】　肾上腺素能直接与 α 和 β 两种受体结合，产生较强的 α 作用和 β 作用，主要表现为兴奋心血管系统和抑制支气管平滑肌。另外，对代谢也有较明显的作用。

①对心脏的作用。能提高心肌的兴奋性，使心肌收缩力加强，心率加快，传导加速，心输出量增多，心肌耗氧量也增加。

②收缩或扩张血管。使皮肤、黏膜及肾血管收缩，使冠状血管和骨骼肌血管舒张，此外，还能降低毛细血管的通透性。

③升高血压的作用。小剂量使收缩压升高，舒张压不变或下降；大剂量使收缩压和舒张压均升高。肾上腺素对血压的影响因剂量和给药途径的不同而异。皮下注射治疗剂量或低速静脉滴注时，会因心脏兴奋、心输出量增加而使收缩压上升。如果骨骼肌的血管扩张作用能抵消或超过皮肤黏膜及内脏血管收缩作用的影响，则舒张压不变或下降。

④对平滑肌的作用。本品对支气管平滑肌有松弛作用，当支气管平滑肌痉挛时，作用更为明显。此外，还能抑制胃肠平滑肌蠕动，使幽门和回盲括约肌收缩，但当括约肌痉挛时又有抑制作用。由于能使虹膜辐射肌收缩，故可使瞳孔散大。对有瞬膜的动物可引起瞬膜收缩。

⑤对代谢的影响。肾上腺素能促进肌糖原和肝糖原的分解，使血糖升高。同时还能促进脂肪水解，使血中游离脂肪酸增多。由于糖和脂肪代谢加速，故细胞耗氧量也随之增加。

⑥其他作用。肾上腺素能使马、犬等动物出汗，降低毛细血管的通透性；收缩脾被膜平滑肌，使脾中贮存的红细胞进入血液循环，增加血中的红细胞数。因本品不能透过血脑屏障，故普通治疗量并不呈现中枢神经系统反应，但大剂量静脉注射发生中毒时，可使中枢神经抑制，随之呼吸停止。

临床上肾上腺素可作为急救药以恢复心搏，麻醉、手术意外、药物中毒、窒息、过敏性休克、心脏传导阻滞等原因引起的心跳骤停。也可与局部麻醉药并用以延长局部麻醉药的作用时间或作为局部止血药。缓解荨麻疹、支气管哮喘、休克、血清病和血管神经性水肿等过敏性疾患的症状。

【应用注意】　①急救时可根据病情，将 0.1％盐酸肾上腺素注射液用生理盐水或等渗葡萄糖注射液 10 倍稀释后进行静脉滴注，必要时还可心内注射。对一般情况的急性心力衰竭，不必静脉滴注，可 10 倍稀释后皮下或肌内注射。②本品与洋地黄、氯化钙配合时，由于协同作用的结果，可使心肌极度兴奋而转为抑制，甚至发生心脏停搏，故为配伍禁忌。

【用法与用量】　心搏骤停：静脉注射，一次量，犬、猫 $10\sim20\mu g/kg$；或气管内注射，一次量，犬、猫 $100\sim200\mu g/kg$（猫应用本品注射液时最好先用生理盐水稀释 10 倍，成 0.1mg/mL 溶液后应用）。过敏性休克：静脉注射，一次量，犬、猫 $2.5\sim5\mu g/kg$；或气管内注射，一次量，犬、猫 $50\mu g/kg$。如需稀释，则用生理盐水。血管收缩治疗：静脉注射，一次量，犬、猫 $100\sim200\mu g/kg$（高剂量）；或 $10\sim20\mu g/kg$（低剂量），先用低剂量，如无反应，再用高剂量。气管内注射、骨髓腔内注射、心内注射：一次量，犬 $20\mu g/kg$，如有需要可间隔 2～3min 重复给药。治疗支气管收缩时可用更低剂量,体重大于 10kg 的犬使用本品 1mg/mL 溶液,体重小于 10kg 的犬使用本品 0.1mg/mL 溶液。

【制剂与规格】 盐酸肾上腺素注射液,0.5mL:0.5mg,1mL:1mg,5mL:5mg。

◆ **麻黄碱** ◆

【基本概况】 本品又称麻黄素,系从麻黄科植物草麻黄和木贼麻黄的茎枝中提出的生物碱,现也可人工合成。本品性质稳定。为白色针状结晶性粉末,本品易溶于水,常制成片剂和注射液。

【作用与应用】 本品能作用于肾上腺素能神经末梢,促使其递质释放。此外,由于麻黄碱的化学结构与肾上腺素相似,也能直接与肾上腺素受体结合,从而产生与肾上腺素能神经兴奋相类似的作用,并且既有 α 作用,也有 β 作用。

麻黄碱吸收后能兴奋心脏和收缩血管而使血压升高,但其升压作用缓和而持久。其收缩血管作用虽比肾上腺素弱,但作用持久,常作为黏膜止血药。

本品对各种平滑肌的松弛作用也较肾上腺素弱,如支气管平滑肌的松弛作用就不如肾上腺素强而迅速,但作用持久,故可作为平喘药用于缓解支气管痉挛和治疗支气管哮喘等。麻黄碱的中枢兴奋作用远比肾上腺素强,剂量稍大即能兴奋大脑皮层和皮层下中枢,出现兴奋不安等症状。对呼吸中枢和血管运动中枢也有兴奋作用,所以在麻醉药中毒时可作为苏醒药使用。

主要用于治疗支气管痉挛和荨麻疹等过敏性疾病,与苯海拉明配伍应用,效果更好;解救麻醉药中毒如吗啡、巴比妥类及其他麻醉药中毒;外用 1%～2% 溶液可治疗鼻炎,减轻充血、消除肿胀。

【应用注意】 ①用药过量时易引起精神兴奋、失眠、不安、神经过敏、震颤等症状。②有严重器质性心脏病或接受洋地黄治疗的患畜,也可引起意外的心律失常。③麻黄碱短期内连续应用,易产生快速耐药性。

【用法与用量】 用于血管收缩时皮下注射,一次量,犬、猫 0.75mg/kg,如有需要则重复给药。

【制剂与规格】 盐酸麻黄碱注射液,1mL:0.03g,5mL:0.15g。

◆ **异丙肾上腺素** ◆

【基本概况】 本品为人工合成,临床常用其盐酸盐和硫酸盐。盐酸盐为白色或类白色晶性粉末,无臭,味苦,遇光逐渐变色。两种盐均易溶于水,水溶液在空气中逐渐变色,遇碱变色更快。

【作用与应用】 本品是典型的 β 受体激动剂,主要作用于 β 受体,对 α 受体几无作用。因此,本品对心血管系统具有兴奋心脏、增强心肌收缩力、加速房室传导、增加心输出量、扩张骨骼肌血管、解除休克时的小动脉痉挛和改善微循环等作用;对支气管和胃肠平滑肌有强力松弛作用,特别是解除支气管痉挛的作用比肾上腺素强。其作用短暂而迅速。

抗休克:如感染性休克、心源性休克。对血容量已补足,而心输出量不足的休克较适用。

抢救心搏骤停:如溺水、麻醉意外引起的心跳停止。

治疗重度房室传导阻滞、心动过缓。

治疗支气管痉挛所致的喘息。

【应用注意】 本品用于抗休克时，应先输液或输血以补充血容量。因血容量不足时，本品可导致血压下降而发生危险。

【用法与用量】 肌内注射或皮下注射：一次量，犬、猫 0.1～0.2mg。每 6h 一次。静脉注射：一次量，犬、猫 0.05～0.1mg（可加入等渗葡萄糖溶液中滴注）。

【制剂与规格】 异丙肾上腺素注射液，2mL：1mg。

（4）抗肾上腺素药。

◆ 普萘洛尔 ◆

【基本概况】 本品又称为心得安。本品的盐酸盐为白色或几乎白色的结晶性粉末，无臭，味苦，易溶于水、乙醇。

【作用与应用】 本品为非特异性 β 受体阻断药。兽医临床可用于治疗犬、猫高血压、室上性和室性心律失常，如犬心节律障碍、期前收缩（早搏），猫不明原因的心肌疾患，还可单独或与苯巴比妥联合用于犬、猫的行为治疗，以缓解动物焦躁不安、恐惧等行为问题。也可与 α 受体阻断药酚苄明合用，控制嗜铬细胞瘤所致的心率过快。

【应用注意】 不良反应主要有心搏徐缓、昏睡和精神抑郁；泌乳动物及充血性心力衰竭、糖尿病、肺气肿或非过敏性支气管哮喘、肝功能不全、甲状腺功能低下、肾功能衰退等动物慎用。

【用法与用量】 心脏疾病：内服，一次量，犬 0.2～1mg/kg，猫 2.5～5mg/kg，每8h一次；静脉注射，一次量，犬 0.02～0.08mg/kg，猫 0.04～0.06mg/kg，每 8h 一次（稀释于 1mL 生理盐水中缓慢注射）。嗜铬细胞瘤：内服，一次量，犬 0.15～0.5mg/kg，每8h一次（配合 α 受体阻断药应用）。行为矫正：内服，一次量，犬 0.5～3mg/kg，猫 0.2～1mg/kg，每 12h 一次。

【制剂与规格】 盐酸普萘洛尔片：10mg；盐酸普萘洛尔注射液，5mL：5mg。

复习思考题

一、选择题

1. 新斯的明最强的作用是（   ）。
   A. 膀胱逼尿肌兴奋　　B. 心脏抑制　　　　C. 胃肠平滑肌兴奋　　D. 骨骼肌兴奋

2. 治疗重症肌无力，应首选（   ）。
   A. 毛果芸香碱　　　　B. 阿托品　　　　　C. 琥珀胆碱　　　　　D. 新斯的明

3. 过量氯丙嗪引起的低血压，选用的对症治疗药物是（   ）。
   A. 异丙肾上腺素　　　B. 麻黄碱　　　　　C. 肾上腺素　　　　　D. 去甲肾上腺素

4. 抢救心搏骤停的主要药物是（   ）。
   A. 麻黄碱　　　　　　B. 肾上腺素　　　　C. 多巴胺　　　　　　D. 间羟胺

二、简答题

1. 中枢神经兴奋药咖啡因、尼可刹米、士的宁的作用和应用有何不同？
2. 简述全身麻醉药、镇静药、抗惊厥药、化学保定药的概念及其作用。
3. 地西泮、氯丙嗪、静松灵和硫喷妥钠的作用有何不同？临床上如何应用？
4. 拟胆碱药有哪些？临床上如何应用？
5. 简述局部麻醉药的概念及临床应用、麻醉方式和操作方法。

学习情境 9
犬、猫常用解热镇痛消炎药

🎯 **知识目标**

- 掌握解热镇痛消炎药的作用机理。
- 掌握解热镇痛消炎药的应用注意事项。
- 了解解热镇痛消炎药的分类。

📶 **技能目标**

- 掌握常见解热镇痛消炎药物的作用特点与应用。

学习单元 1　概　　论

解热镇痛消炎药是一类具有消退高热、减轻局部钝性疼痛，而且大多数还兼有消炎、抗风湿作用的药物。因本类药物的化学结构和消炎作用机制与甾体类糖皮质激素有所不同，故称为非甾体类消炎药（NSAIDs）。

花生四烯酸（AA）是构成细胞膜磷脂的一种脂肪酸。机体受到刺激或损伤后会释放出AA，在环氧化酶（COX）或脂氧化酶的氧化作用下，分别生成前列腺素（PGs）和白三烯。COX 存在两种亚型，一种是结构性的环氧化酶（COX-1），另一种是诱导性的环氧化酶（COX-2）。COX-1 属于体内的正常成分，存在于大多数组织细胞，具有维持胃血流量及胃黏膜分泌，保护黏膜不受损伤；保持肾血流量，水电解质平衡以及血管的稳定等作用；而由 COX-1 催化而产生的血栓素 A2（TXA2）能使血小板凝集，在出血时可促进血液凝固，利于止血。一旦 COX-1 被药物抑制，这种正常功能受损，就会出现胃、肾和血小板功能的障碍，发生胃部不适、恶心、呕吐、胃溃疡、血凝不良、出血、水肿、电解质紊乱、肾功能不全等不良反应。诱导性的环氧化酶（COX-2），主要存在于骨关节，受炎症刺激而产生，是感染部位 PGs 产生的关键酶。PGs 是刺激外周痛觉感受器有力的炎症化学介质，为强烈致痛物质。此外，PGs 还能提高痛觉感受器对缓激肽等其他致痛物质的敏感性，在炎症过程中对疼痛起放大作用。机体发热是由于各种病理因素刺激中性粒细胞，使之产生并释放IL-1、IL-6 等细胞因子，后者作为内源性致热原作用于下丘脑体温调节中枢，使 PGE 前列腺素 E 合成与释放增多。PGE 再作用于体温调节中枢，使体温调定点升高，这时机体产热增加，散热减少，体温升高。因此，一般疾病都会伴有不同程度的炎症、发热和疼痛。

（一）药理作用及机理

非甾体消炎药物主要作用机理是通过抑制环氧化酶（COX）从而减少花生四烯酸（AA）向炎症介质前列腺素（PGs）转化，降低前列腺素（PGs）的合成及释放而起到解热、消炎和镇痛的作用。

1. 解热作用　本类药物对各种原因引起的高热都具有一定的解热作用，但仅能降低发热者的体温，而不影响正常者的体温，且不能将体温降至正常体温之下，这与氯丙嗪对体温的影响不同。

解热镇痛消炎药能抑制中枢PGE的合成与释放，使异常升高的体温调定点下调至正常，机体散热机能相对加强而产热降低，体温逐渐下降至体温调定点，随后产热、散热逐渐平衡，体温最终正常。

由于发热是机体的防御性反应之一，热型更是诊断传染病的重要依据。因此一般发热动物可不必急于使用解热药。但热度过高和持久发热消耗体力，引起头痛、昏迷、惊厥，严重者可危及生命，这时应用解热药可降低体温，缓解高热引起的并发症。因解热药是对症治疗，体内药物消除后，若病因不除，体温将再度升高，所以应配合使用对因治疗药物并适时补液。

2. 镇痛作用　解热镇痛药仅有中等程度镇痛作用，对各种严重创伤性剧痛及内脏平滑肌绞痛无效；对临床常见的慢性钝痛如头痛、牙痛、神经痛、肌肉或关节痛等则有良好镇痛效果；不产生欣快感及成瘾性，故临床应用广泛。

本类药物的镇痛作用部位主要在外周神经系统。在组织损伤或炎症时，局部产生和释放缓激肽、组胺及PG等致痛物质。缓激肽和组胺直接作用于痛觉感受器而引起疼痛，PG能提高痛觉感受器对致痛物质的敏感性，对炎性疼痛起到放大作用，而PG（E_1、E_2及$F_{2\alpha}$）本身也有致痛作用。解热镇痛药一方面减弱了炎症时PG的合成，另一方面阻断了痛觉冲动经下丘脑向大脑皮层的传递，因而产生镇痛作用。

3. 消炎与抗风湿作用　大多数解热镇痛药都有消炎作用，对控制风湿性及类风湿性关节炎的症状有一定疗效，但只是减轻炎症的红、肿、热、痛等临床症状，不能根治，也不能防止疾病发展及并发症的发生。

本类药物的消炎作用在于阻止PG的合成；稳定溶酶体膜，减少水解酶的释放；抑制缓激肽的生成。抗风湿作用则是本类药物解热、镇痛和消炎作用的综合结果。

（二）不良反应及注意事项

（1）本类药物多属对症治疗，不能解除疾病的病因与诱因，有时可因用药掩盖了症状而影响诊断。因此，对诊断不明的动物应避免使用。尤其是在某些高热且伴有神经症状的病例中，如中暑（日射病和热射病）、母犬产后抽搐（产后急性低血钙症），如不及时采取对因治疗，而仅简单的解热镇痛，可引起多数病犬急性死亡。

（2）老龄动物及体弱者可因高热骤然降温、大汗，引起虚脱，故解热镇痛药应用必须适量。

（3）本类药物均对消化道有明显刺激作用，可诱发或加重溃疡和出血，故有消化道溃疡的动物最好避免使用或慎用。

（4）避免长期应用，除用于风湿热及风湿性或类风湿性关节炎外，一般疗程不宜超过1周。

（5）本类药物之间有交叉过敏反应，如对阿司匹林过敏，应用吲哚美辛、萘普生、布洛芬也有可能过敏。

（6）本类药物有不同程度的肝、肾毒性，对肝、肾功能不全者应慎用或禁用。尤其是对乙酰氨基酚可引起急性重型肝炎，肝功能不全者应禁用。

（7）本类药物多数可引起粒细胞减少或再生障碍性贫血，因此长期用药应定期检查血象。对造血功能不全的动物应避免使用，尤其是安乃近或含氨基比林的复方制剂应禁用。

（8）阿司匹林、水杨酸盐、吲哚美辛等易透过胎盘，诱发畸胎，故妊娠动物应禁用。

（三）分类

根据主要的药理作用不同，本类药物可分为解热镇痛药、抗风湿药和抗痛风药。若按药品化学结构的不同则可分为：

（1）水杨酸类。如阿司匹林（乙酰水杨酸）、水杨酸钠等。

（2）乙酰苯胺类。如扑热息痛（对乙酰氨基酚）等。

（3）吡唑酮类。如氨基比林（匹拉米洞）、安乃近、保泰松（布他酮）等。

（4）丙酸类。如萘普生（萘洛芬）、酮洛芬（优洛芬）、布洛芬（芬必得）等。

（5）邻氨苯甲酸类。如甲灭酸（扑湿痛）、甲氯芬那酸（消炎酸钠）、托芬那酸等。

（6）其他。如辛可芬、氟尼辛葡甲胺、替泊沙林、双氯芬酸、托芬那酸、美洛昔康等。

各类药物均具有镇痛作用，但在消炎作用方面则各具特点，如乙酰水杨酸和吲哚美辛的消炎作用较强，某些有机酸的消炎作用中等，而苯胺类几乎无消炎作用。

学习单元2 常用药物

一、水杨酸类

◆ **阿司匹林** ◆

【基本概况】 本品又称为乙酰水杨酸、醋柳酸，为白色结晶或结晶性粉末，无臭或微带醋酸臭，味微苦。易溶于乙醇，溶于氯仿或乙醚，微溶于水或无水乙醚。遇湿气缓缓水解为醋酸及水杨酸，刺激性增强。在干燥处密封保存。

【作用与应用】 本品解热、镇痛效果好，消炎、抗风湿作用显著。解热效果好而且疗效确实；镇痛作用较水杨酸钠强；可抑制抗体产生及抗原抗体的结合反应，并抑制炎性渗出而呈现消炎作用，对急性风湿症有特效；较大剂量时，能抑制肾小管对尿酸重吸收而促进其排泄。

常用于发热、风湿症、软组织炎症和神经、关节、肌肉疼痛及痛风症的治疗。

【不良反应】 ①对消化道有刺激性，剂量过大可引起食欲不振、恶心、呕吐甚至消化道出血，长期服用可致不同程度的胃肠黏膜溃疡。②本品可使血小板减少，白细胞增多（但中性粒细胞减少），诱发溶血性贫血、缺铁性贫血及延长出血时间。③本品可抑制凝血酶原形成，若出现出血倾向，用维生素 K 可以治疗。④猫常因缺乏葡萄糖苷酸转移酶，对本品代谢慢，易造成蓄积中毒。

【应用注意】　①不宜空腹投药，对胃肠炎症、溃疡者禁用。本品与碳酸钙同服可减轻对胃的刺激作用。②治疗痛风时，可同服等量碳酸氢钠，以防尿酸在肾小管内沉积。③大剂量及中毒量的阿司匹林可致完全相反的药理作用：体温升高、促进血小板凝集和血栓形成等，因此需注意其使用剂量及疗程。④妊娠期及哺乳期动物慎用。⑤本品对猫毒性大，不宜使用。⑥阿司匹林中毒时，可补充碳酸氢钠碱化尿液促进其排出，并合并使用 5% 葡萄糖溶液及电解质。

本药因有蛋白置换作用，合用时会增强双香豆素的抗凝作用，易致出血；与甲磺丁脲合用，增强其降血糖作用，易致低血糖反应；与肾上腺皮质激素合用，消炎作用增强，但诱发溃疡的作用也增强；与呋塞米合用，因竞争肾小管分泌系统而使水杨酸排泄减少，造成蓄积中毒。因此阿司匹林与以上药物合用时需谨慎。

【用法与用量】　镇痛：内服，一次量，犬 11～26mg/kg，每天 2 次；猫 11～22mg/kg，内服，隔天一次。猫对此药敏感，慎用，用药时必须考虑其使用的必要性和选择的剂量。发热：内服，一次量，犬 11mg/kg，每天 2 次。消炎、抗风湿、抗血栓：内服，一次量，犬 25mg/kg，每天 1 次至隔天 1 次。

【制剂与规格】　阿司匹林片：0.3g，0.5g。

◆ **水杨酸钠** ◆

【基本概况】　本品又称为柳酸钠，为无色或微淡红色的细微结晶或鳞片，或白色无晶性粉末。无臭或微有特殊臭气，味甜咸。易溶于水和乙醇，水溶液 pH 5～6。易氧化，光线、温度及铁等金属均可促进氧化。应避光、密闭、冷藏。

【作用与应用】　本品的解热镇痛作用弱于阿司匹林、氨基比林，内服后对胃的刺激性比阿司匹林大，在临床上不单独用作解热镇痛药。有较强的消炎和抗风湿作用，用药后数小时即可使痛觉减轻，消肿和降温。有促进尿酸盐排泄的作用，对痛风有效。多用于治疗风湿、类风湿性关节炎，也用于治疗急、慢性痛风症。

【不良反应】　对凝血功能的影响同阿司匹林，对胃肠道的刺激作用比阿司匹林强。大剂量长时间服用可引起耳聋、肾炎、并可使血中凝血酶原降低而引起内出血，故有出血倾向者忌用。

【应用注意】　应用时需同时与淀粉拌匀后灌服或经稀释后缓慢静脉注射，不可漏于血管外。

【用法与用量】　水杨酸钠片：内服，一次量，犬 0.2～2g；水杨酸钠注射液：静脉注射，一次量，犬 0.1～0.5g。

【制剂与规格】　水杨酸钠片：0.5g；水杨酸钠注射液，10mL：1g，50mL：5g，100mL：10g。

二、苯　胺　类

◆ **对乙酰氨基酚** ◆

【基本概况】　本品又称为扑热息痛，为白色结晶或结晶性粉末，无臭，味微苦。易溶于热水和乙醇，溶于丙酮，微溶于水。密封保存。

【作用与应用】 本品解热、镇痛作用较强而持久，消炎、抗风湿作用弱，无实际疗效。对血小板及凝血机制无影响，不良反应小。常用于中、小动物的发热、肌肉痛、关节痛和风湿症的治疗。

【不良反应】 ①剂量过大或长期使用，可引起高铁血红蛋白症，使组织缺氧、发绀。②大剂量可引起肝、肾损伤，在给药 12h 内使用乙酰半胱氨酸或蛋氨酸可以预防肝损伤。

【应用注意】 ①猫不宜使用，可引起严重毒性反应（如结膜发绀、贫血、黄疸、脸部水肿等）。②幼龄及肝、肾功能不良的动物慎用。

【用法与用量】 片剂：内服，一次量，犬 10mg/kg，每天 2 次；注射液：肌内注射，一次量，犬 0.1～0.5g。

【制剂与规格】 扑热息痛片：0.3g，0.5g；扑热息痛注射液，10mL：1g。

三、吡唑酮类

◆ 安乃近 ◆

【基本概况】 本品又称为诺瓦经，是氨基比林和亚硫酸钠结合的化合物，为白色或微黄色结晶性粉末，易溶于水，略溶于乙醇。本品水溶液久置易氧化变黄，故其注射液内含有还原剂，以增加其稳定性。遮光、密封保存。

【作用与应用】 本品解热作用是氨基比林的 3 倍，镇痛作用与氨基比林相同，肌内注射吸收迅速，药效维持 3～4h。有一定的消炎、抗风湿作用。常用于神经痛、肌肉痛、关节痛、发热性疾病及风湿症等。还可用于肠痉挛、肠膨胀、腹痛，有不影响肠管正常蠕动的优点。

【不良反应】 ①长期应用可引起粒性白细胞减少症，也可引起自身免疫溶血性贫血，故不应长期使用。②抑制凝血酶原的形成，加重出血的倾向。

【应用注意】 ①不能与氯丙嗪合用，防止体温骤降。②不宜使用穴位注射，犬不适用于关节部位，以防引起肌肉萎缩及关节功能障碍。③不能与巴比妥类及保泰松合用，因其相互作用影响肝微粒体酶活性。④不得与其他药物混合注射。

【用法与用量】 内服，一次量，犬 0.5～1g，猫 0.2g；皮下或肌内注射，一次量，犬 0.3～0.6g，猫 0.1g。

【制剂与规格】 安乃近片：0.25g，0.5g；安乃近注射液，5mL：1.5g，10mL：3g，20mL：6g。

◆ 保泰松 ◆

【基本概况】 本品又称为布他酮，为白色或微黄色结晶性粉末，味微苦。难溶于水，能溶于乙醇，易溶于碱性溶液或氯仿，性质较稳定。

【作用与应用】 本品有解热、镇痛、消炎和抗风湿的作用。其解热作用比氨基比林弱，且毒性大，因此不单独用作解热药。对非风湿性的疼痛，其镇痛作用也比阿司匹林弱。除因炎症引起的疼痛外，一般不作镇痛用。较大剂量可减少肾小管对尿酸盐的再吸收，故可促进尿酸排泄。主要用于风湿病、关节炎、腱鞘炎、黏液囊炎及睾丸炎，也可用于急性痛风的治疗。

【不良反应】 ①多见恶心、呕吐、腹泻等，还可诱发胃肠黏膜溃疡出血。②保泰松能促进肾小管对 Na$^+$ 和水的重吸收，引起水肿。心功能不全者禁用。③偶尔可见皮疹、粒细胞缺乏、血小板减少、再生障碍性贫血及剥脱性皮炎。

【应用注意】　①不良反应发生率高，不易长期大量使用。②消化道溃疡病畜慎用。③保泰松能诱导肝药酶，加速自身代谢，也加速强心苷代谢；还可通过与血浆蛋白的置换，加强苯妥英钠、肾上腺皮质激素及磺胺类药物的毒性。保泰松与以上药物合用时应注意。

【用法与用量】　内服、肌内注射或静脉注射，一次量，犬 2~20mg/kg，每天 3 次，连用 2d，然后逐渐减到最低剂量，最大剂量 800mg/d；猫：6~8mg/kg，每天 2 次。

【制剂与规格】　保泰松片：100mg；保泰松注射液，3mL：600mg。

四、丙 酸 类

◆ 萘普生 ◆

【基本概况】　本品又称为萘洛芬、消痛灵，为白色或类白色结晶性粉末，无臭或几乎无臭，不溶于水，易溶于乙醇、甲醇，略溶于乙醚。

【作用与应用】　本品具有消炎、镇痛、解热作用。消炎作用为保泰松的 11 倍，阿司匹林的 55 倍；止痛作用为阿司匹林的 7 倍；退热作用为阿司匹林的 22 倍。本品毒性小，可用于治疗风湿病、肌腱炎、痛风、肌炎和软组织炎症的疼痛、跛行及关节炎等。

【应用注意】　①犬对本品敏感，可见出血或胃肠道毒性。②消化道溃疡病畜慎用。③长期使用易引起肾功能损伤。④可致黄疸和血管神经性水肿。⑤与速尿或氢氯噻嗪利尿药并用时，可使利尿药的排钠利尿效果下降。

【用法与用量】　内服，一次量，犬 2~5mg/kg，维持量 1.2~2.8mg/kg，每天一次，连用 5~7d。

【制剂与规格】　萘普生片：0.1g，0.125g，0.25g。

◆ 酮洛芬 ◆

【基本概况】　本品又称为优洛芬，为白色或类白色结晶性粉末，无臭或几乎无臭。在水中几乎不溶，极易溶于甲醇，易溶于乙醇、丙酮或乙醚。

【作用与应用】　具有消炎、镇痛及解热的作用。消炎作用强，不良反应小，毒性低。同等剂量下消炎镇痛作用比阿司匹林强 150 倍，解热作用为吲哚美辛的 4 倍，而毒性仅为其 1/20。主要作为消炎止痛药，用于风湿症、关节炎、肌炎、强直性脊椎炎、痛风、关节及软骨损伤和术后疼痛。

【应用注意】　毒性小，偶见短暂的呕吐或腹泻。

【用法与用量】　内服：一次量，犬、猫 1mg/kg，每天 1 次，连用 5d；静脉注射、肌内注射或皮下注射：一次量，犬、猫 2mg/kg，每天 1 次，连用 3d。

【制剂与规格】　酮洛芬片：5mg，20mg；酮洛芬注射液：1%。

◆ 布洛芬 ◆

【基本概况】　本品又称为芬必得、抗风痛，为白色结晶性粉末，有特殊臭味。易溶于乙醇、丙酮或乙醚，几乎不溶于水，在氢氧化钠或碳酸钠溶液中易溶。

【作用与应用】　具有较强的解热、镇痛、消炎、抗风湿作用。镇痛作用不如阿司匹林，但主要特点是胃肠反应较轻，易耐受。主要用于风湿性关节炎、类风湿性关节炎及一般的解热镇痛。

【应用注意】 偶尔可见皮肤过敏、视力减退。犬用 2~6d 见呕吐，2~6 周见胃肠受损。

【用法与用量】 内服，一次量，犬、猫 5~10mg/kg，每天 2~3 次。

【制剂与规格】 布洛芬片：0.1g，0.2g。

五、邻氨苯甲酸类

◆ 甲氯芬那酸 ◆

【基本概况】 本品又称为消炎酸钠，常用其钠盐，为白色结晶性粉末，可溶于水，水溶液 pH 为 8.7。

【作用与应用】 具有较强的消炎、镇痛、解热作用。本药在控制类风湿性关节炎和骨关节炎的效果上比阿司匹林显著，胃肠反应也较轻，易耐受。主要用于风湿性关节炎、类风湿性关节炎、某些软组织损伤及一般的解热镇痛。

【应用注意】 ①不得用于胃肠溃疡、胃肠道及其他组织出血、心血管疾病、肝、肾功能紊乱、脱水及对本品过敏的动物。②与阿司匹林及其他非甾体类消炎药物可能存在交叉过敏反应，故对因上述药物引起的支气管痉挛，过敏性鼻炎或荨麻疹的病畜不宜使用。③可增强华法林的作用，因此合用时应该减少华法林的用量。

【用法与用量】 内服，一次量，犬、猫 1.1mg/kg，每天 1 次，连用 5~7d。

【制剂与规格】 甲氯芬那酸片：0.25g。

◆ 甲灭酸 ◆

【基本概况】 本品又称为甲芬那酸、扑湿痛，为白色或类白色结晶性粉末，味初淡后苦，无臭，几乎不溶于水，稍溶于乙醇。

【作用与应用】 具有较强的消炎、镇痛、解热作用。镇痛作用比阿司匹林强，消炎作用为阿司匹林的 5 倍，解热作用持续时间长。主要用于风湿痛、神经痛及其他炎性疼痛。

【应用注意】 ①本品对胃肠道有刺激性，故胃及十二指肠溃疡患畜禁用。②可加剧哮喘症状，故禁用于哮喘病畜。③肾功能不全者慎用，孕畜忌用。

【用法与用量】 内服，一次量，犬、猫 100mg/次，首次剂量加倍，每天 3 次，连续用药不宜超过 7d。

【制剂与规格】 甲灭酸片：0.25g。

六、其他药物

◆ 氟尼辛葡甲胺 ◆

【基本概况】 本品又称为氟尼辛，是氟尼辛与葡甲胺 1：1 形成的复盐，为白色或类白色粉末，无臭，有吸湿性，在水，乙醇、甲醇中溶解。

【作用与应用】 本品属于烟酸类衍生物，是动物专用解热、镇痛、消炎、抗风湿药物。单独或与抗生素联合用药能够明显改善临床症状，并可以增强抗生素的活性。用于小动物的发热性、炎性疾患，肌肉疼痛和软组织痛等。也可用于犬内毒素血症、腐败性腹膜炎、骨关节炎。

【应用注意】　①不得用于胃肠溃疡、胃肠道及其他组织出血、心血管疾病、肝肾功能紊乱、脱水及对本品过敏的动物。②因犬对本品敏感，建议仅使用1次，或连续使用不超过3d。③勿与其他非甾体类消炎药物同时使用。④静脉注射宜缓慢。

【用法与用量】　内服，一次量，犬、猫2mg/kg，每天1～2次，连用不超过5d；肌内注射或静脉注射：一次量，犬、猫1～2mg/kg，每天1～2次，连用不超过5d。

【制剂与规格】　氟尼辛葡甲胺颗粒剂，10g：0.5g，100g：5g，200g：10g；氟尼辛葡甲胺注射液，50mL：0.25g，50mL：2.5g，100mL：0.5g，100mL：5g。

◆ 替泊沙林 ◆

【基本概况】　本品又称为卓比林，为白色、无味晶体，不溶于水，溶于乙醇和多数有机溶剂。

【作用与应用】　具有消炎、解除手术后疼痛、关节疼痛等药物活性。可用于减轻并控制犬因肌肉、骨骼病产生的疼痛及炎症。由于对白细胞三烯的抑制作用，替泊沙林也可用于过敏的辅助治疗。临床为减轻手术疼痛于手术麻醉前半小时口服用药一次，手术后用药3～5d。治疗脊椎损伤、髋关节发育不良、犬急慢性关节炎连续用药需7d。

【应用注意】　①饲喂后服用，食物可以帮助吸收。②在治疗期间，少数病例偶尔可能会产生呕吐或腹泻，极少数会发生掉毛或红斑等症状，停药数天即可自行恢复。③以下情况慎用：血小板异常的出血性体质，肝肾功能不全，进行性肾功能损伤的有关药物（脱水和利尿药）同时使用，肝、肾耐受性较差的小型犬，胃肠道疾病及手术。④配伍使用可的松类药物，可增加胃肠溃疡的发生率（使用其他NSAIDs类药物时，也应避免使用可的松类药物）；本品与血浆蛋白结合率高，可置换出与蛋白结合的其他药物（苯妥因、丙戊酸、口服抗凝血药；其他消炎药物如水杨酸盐、磺胺类药、磺酰脲类降糖药等），从而提高后者的血液药物浓度，延长作用时间，增强作用疗效。

【用法与用量】　内服，一次量，犬10～20mg/kg，猫10mg/kg，每天一次。

【制剂与规格】　替泊沙林片：30mg，50mg，100mg，200mg。

◆ 双氯芬酸 ◆

【基本概况】　本品又称为双氯灭痛，为白色结晶性粉末。可溶于水，水溶液呈碱性（pH8.7）。

【作用与应用】　双氯芬酸为异丁芬酸类的衍生物，为一种新型的强效消炎镇痛药。其镇痛、消炎及解热作用比吲哚美辛强2～2.5倍，比阿司匹林强26～50倍。特点为药效强，不良反应少。用于风湿性关节炎、粘连性脊椎炎、非炎性关节痛、关节炎、非关节性风湿病、非关节性炎症引起的疼痛，各种神经痛、癌症疼痛、创伤后疼痛及各种炎症所致发热等。

【应用注意】　①常见不良反应为胃肠道反应，如腹泻、恶心及腹痛等。此外还可引起头痛、头昏、皮疹、水肿、荨麻疹、瘙痒等。②与阿司匹林及其他非甾体消炎药间可能存在交叉过敏性，故对因上述药物引起的支气管痉挛、过敏性鼻炎或荨麻疹的动物不宜使用。③可增强华法林的作用，因此，合用时应减少华法林的剂量。④不宜与阿司匹林合用。⑤用药期间若出现消化性溃疡或胃肠道出血，应及时停药。

【用法与用量】　白内障手术前2h，犬、猫每眼各滴1滴，每30min一次，每眼4～5

滴，可获最佳镇痛效果。

【制剂与规格】 双氯芬酸钠溶液：1%。

◆ **托芬那酸** ◆

【基本概况】 本品又称为特芬它。

【作用与应用】 本品邻氨基苯甲酸类药物，具有消炎镇痛作用。近期发现本品还具有一定的抗癌作用。主要用于犬、猫关节发炎和疼痛的治疗，也可用于痛风、滑囊炎等疾病的治疗。

【应用注意】 ①犬和猫按推荐剂量给药，本品相对安全。口服有呕吐和腹泻的报道。已有研究证明，低于 10 倍推荐剂量给药时，本品不具有明显的肾毒性或肠道毒性。②托芬那酸具有明显的抗凝血和抑制血小板功能的作用，不建议术前使用。③托芬那酸与血浆蛋白结合率高，可置换与蛋白结合的其他药物（苯妥因、丙戊酸、口服抗凝血药，其他消炎药物，水杨酸盐、磺胺类药、磺酰脲类降糖药等），从而提高后者的血液药物浓度，延长作用时间，增强作用疗效。如本品与华法林同时使用，可增强凝血酶原效应。④本品可降低胰岛素作用，使血糖升高。⑤与保钾利尿药同用时可引起高钾血症。⑥阿司匹林可降低本品的生物利用度。⑦肾功能或肝功能下降的患畜及妊娠动物慎用。⑧有胃肠道出血和溃疡的动物禁用。

【用法与用量】 肌内注射：一次量，犬、猫 4mg/kg，每天一次；内服：一次量，犬、猫 4mg/kg，每天一次，连用 3～5d。

【制剂与规格】 托芬那酸片：6mg，20mg，60mg；托芬那酸注射液，1mL：40mg。

◆ **美洛昔康** ◆

【基本概况】 本品又称为莫比可。

【作用与应用】 本品是长效的选择性的 COX-2 抑制药，对 COX-1 抑制作用弱。因此具有消炎作用的同时，对胃肠道及肾的不良反应少（但也有可能发生不良反应）。有明显的消炎、解热、镇痛作用。用于类风湿性关节炎的症状治疗，疼痛性骨关节炎（关节病、退行性骨关节病）的症状治疗。主要用于犬的骨关节炎症状的治疗。

【不良反应】 ①偶见胃肠道反应。②由于美洛昔康可抑制血小板聚集，也可引起胃溃疡，如果与其他改变止血作用的药物（如肝素、华法林等）或引起胃溃疡的药物（如阿司匹林、氟尼辛、保泰松、皮质激素等）一起使用，可导致出血或溃疡的可能性增加。③美洛昔康可拮抗血管紧张素转化酶抑制剂的抗高血压作用。

【应用注意】 ①不推荐用于妊娠动物或不足 6 月龄的小动物，由于美洛昔康可分泌到乳汁中，所以哺乳动物慎用。②禁用于高度过敏性犬、猫，以及患有胃肠道溃疡或出血，肝、心脏或肾功能受损和出血紊乱的犬、猫。③美洛昔康与血浆蛋白高度结合，可置换其他与血浆高度结合的药物。

【用法与用量】 犬内服、静脉、皮下注射，初次给药：0.2mg/kg；维持剂量：内服 0.1mg/kg，每天 1 次。猫内服或皮下注射，初次给药：0.3mg/kg；维持剂量：内服 0.1mg/kg，每天 1 次，连用 4d。手术镇痛：内服或皮下注射，一次量，0.2mg/kg（或更少），然后每天内服 0.1mg/kg（或更少），连用 3～4d。慢性疼痛：内服 0.025mg/kg（每只猫的最大剂量为 0.1mg/kg），每周 2～3 次。

【制剂与规格】 美洛昔康片：7.5mg；美洛昔康注射液，1mL：5mg。

❓ 复习思考题

一、选择题

1. 解热镇痛药的作用特点是（　　）。

    A. 能降低正常体温　　　　　　　　B. 仅能降低发热动物的体温

    C. 解热作用受环境温度的影响明显　　D. 以上都是

2. 阿司匹林的镇痛作用机制是（　　）。

    A. 兴奋中枢阿片受体　　　　　　　　B. 抑制痛觉中枢

    C. 抑制外周 PG 的合成　　　　　　　D. 阻断中枢的阿片受体

3. 伴有胃溃疡的发热动物宜选用（　　）。

    A. 阿司匹林　　　B. 扑热息痛　　　C. 布洛芬　　　D. 保泰松

4. 可引起粒细胞减少的药物是（　　）。

    A. 阿司匹林　　　B. 扑热息痛　　　C. 布洛芬　　　D. 吲哚美辛

5. 为减轻阿司匹林对胃的刺激，可采取（　　）。

    A. 饲喂后服用或同服抗酸药　　　　B. 饲喂前用药

    C. 饲喂前服用或同服抗酸药　　　　D. 合用乳酶生

二、简答题

1. 比较阿司匹林与氯丙嗪对体温影响的不同之处。

2. 阿司匹林可用于治疗严重创伤、肿瘤晚期的剧痛吗？

3. 简述解热药使用的基本原则。

学习情境 10
犬、猫常用内脏系统药物

知识目标

- 掌握消化系统常见药物的分类、特点与应用。
- 掌握呼吸系统常见药物的分类、特点与应用。
- 掌握血液循环系统常见药物的分类、特点与应用。
- 掌握泌尿生殖系统常见药物的分类、特点与应用。

技能目标

- 泻下药物的作用特点比较。
- 药物对离体支气管平滑肌的松弛作用观察。
- 利尿药与脱水药作用的比较。

学习单元 1　消化系统药物

犬、猫的消化系统疾病是临床上多发的常见病，其病因很多，其中主要是饲粮品质不良和喂养失宜，如犬、猫日粮品质差、过于单纯、含有毒物质、冷热刺激等均可引起消化功能紊乱。其主要表现是胃肠分泌、蠕动、吸收和排泄等功能障碍，从而产生消化不良、积食、膨胀、腹泻或便秘等一系列疾病。也可继发于某些器官疾病、传染病的过程中或作为这些病的一个症状而出现。作用于消化系统的药物主要用于解除胃肠的功能障碍，使其恢复到正常生理水平。作用于犬、猫消化系统的药物主要包括健胃药、助消化药、抗酸药、胃酸分泌抑制药与胃黏膜保护药、催吐药与止吐药、泻药与止泻药等。

一、健 胃 药

能促进动物唾液和胃液的分泌，调整胃的机能活动，提高食欲和加强消化的药物称为健胃药。根据其性能和药理作用特点可分为苦味健胃药、芳香性健胃药和盐类健胃药三种。前两种健胃药多为植物性中药，苦味健胃药经口给药，可刺激舌的味觉感受器，提高食物中枢的兴奋性，从而加强唾液和胃液的分泌，提高食欲。芳香性健胃药对消化道黏膜有轻度的刺激作用，能反射地增加消化液的分泌，促进胃肠蠕动而健胃。盐类健胃药有两种作用：渗透压作用，能轻微地刺激消化道黏膜；补充离子，调节体内离子平衡。

（一）苦味健胃药

苦味健胃药多来源于植物，利用其强烈的苦味，内服时刺激舌的味觉感受器，反射性引起消化液分泌增多，促进食欲，起到健胃作用，如植物龙胆、马钱子、大黄等。

◆ 龙胆 ◆

【基本概况】　本品粉末为淡黄棕色，味甚苦。

【作用与应用】　本品强烈的苦味能刺激舌的味觉感受器，反射性兴奋食物中枢，使唾液、胃液的分泌增加，促进消化和提高食欲。用于治疗犬、猫的食欲不振、消化不良或某些热性病的恢复期等。

【应用注意】　苦味健胃药常制成散剂、舐剂或酊剂，应在饲喂前经口给药；用量不宜过大，同一药物不宜反复多次应用，以免耐受。

【用法与用量】　龙胆末：内服，一次量，犬 1～5g，猫 0.5～1g。龙胆酊：内服，一次量，犬、猫 1～3mL。复方龙胆酊（苦味酊）：内服，一次量，犬、猫 1～4mL。

【制剂与规格】　龙胆酊：龙胆末 100g，加 40%乙醇 1 000mL 浸制而成；复方龙胆酊（苦味酊）：龙胆 100g、橙皮 40g、草豆蔻 10g，加 60%乙醇适量浸制成1 000mL。

◆ 大黄 ◆

【基本概况】　本品粉末气清香，味苦而微涩。

【作用与应用】　本品主要有效成分为大黄素、大黄酚等。①小剂量内服时，本品主要发挥其苦味健胃作用，刺激口腔味觉感受器，反射性引起唾液和胃液分泌增加，提高食欲，促进消化。②中剂量内服时，因分解出的大黄鞣酸而具收敛、止泻作用。③大剂量内服时，分解出的大黄素和大黄酚能刺激肠黏膜和大肠壁，使肠道蠕动增强而引起下泻。

大黄素和大黄酚具有明显的抗菌作用，对胃肠道内某些细菌如大肠杆菌、痢疾杆菌等有抑制作用。大黄还有利胆、利尿、增加血小板、降低胆固醇等作用。

本品可用作犬、猫的健胃药和泻药，如用于治疗食欲不振和消化不良。

【用法与用量】　大黄末：内服，一次量，健胃，犬 0.5～2g；致泻，犬 2～4g。大黄流浸膏：内服，一次量，健胃，犬 0.5～2mL；致泻，犬 2～4mL。复方大黄酊：内服，一次量，犬、猫 1～4mL。

【制剂与规格】　大黄流浸膏：大黄 1 000g 加 60%乙醇适量浸制而成，液体呈棕色，味苦而涩；复方大黄酊：大黄 100g、橙皮 20g、豆蔻 20g，加 60%乙醇浸制而成。

◆ 马钱子（番木鳖）◆

【基本概况】　本品粉末为灰黄色，无臭，味苦。本品最主要有效成分为士的宁，其次为马钱子碱。

【作用与应用】　小剂量内服时，主要发挥其苦味健胃作用，加强消化和提高食欲，对胃肠平滑肌也有一定的兴奋作用。临床用作犬、猫健胃药，用于治疗食欲不振、消化不良等。

【应用注意】　本品所含士的宁有效成分在小肠容易被吸收，用量稍大可引起中枢兴奋，表现为脊髓兴奋，骨骼肌收缩加强，中毒时引起骨骼肌的强直性痉挛。因此，本品不宜多服、久服，应用时严格控制剂量，连续用药不得超过 1 周，以免发生蓄积中毒。妊娠犬、猫禁用本品。

【用法与用量】　马钱子流浸膏：内服，一次量，犬 0.01～0.06mL。马钱子酊：内服，一次量，犬、猫 0.1～0.6mL。

【制剂与规格】 马钱子流浸膏：马钱子 1 000g 加乙醇适量浸制成，棕色液体，味极苦。马钱子酊：马钱子流浸膏 83.4mL 加 45％乙醇稀释至 1 000mL 即制。

（二）芳香辛辣健胃药

本类药物含有挥发油，内服后对消化道黏膜有轻度刺激作用，反射性增加消化液的分泌，促进胃肠蠕动，并兼有轻度制酵、祛风、祛痰作用。如陈皮、桂皮、豆蔻、小茴香、八角茴香、姜、辣椒、蒜等。临床常将本类药复合使用，用于消化、胃肠轻度发酵、积食等。

◆ 肉桂（桂皮）◆

【基本概况】 本品粉末为红棕色，气味浓烈，味甜、辣。

【作用与应用】 本品挥发油中有效成分桂皮醛对胃肠有缓和的刺激作用，增强消化机能，消除消化道内的积气，缓解胃肠痉挛性疼痛。临床用于治疗风寒感冒、消化不良、胃肠臌气、产后虚弱等。

【应用注意】 出血性疾病及妊娠动物慎用，以免引起流产。

【用法与用量】 肉桂酊，内服，一次量，猫 10～20mL。

【制剂与规格】 肉桂酊：桂皮末 200g 加 70％乙醇 1 000mL 浸制即成。

◆ 小茴香 ◆

【基本概况】 本品性温，味辛。

【作用与应用】 本品主要有效成分为茴香醚、右旋小茴香酮。对胃肠黏膜有温和的刺激作用，促进消化液分泌及胃肠蠕动，减轻胃肠臌气，起健胃、祛风作用；能增强氯化铵的祛痰作用。临床用作健胃药，用于治疗消化不良、积食、胃肠臌气等；与氯化铵合用可用于去除浓痰，制止干咳。

【用法与用量】 内服，一次量，犬、猫 1～3g。

【制剂与规格】 20％小茴香末。

◆ 干姜 ◆

【基本概况】 本品性热，气香特异，味辛辣。

【作用与应用】 本品含有挥发油、姜辣素、姜酮、姜烯酮等有效成分。经内服后能明显刺激消化道黏膜，促进消化液的分泌，提高食欲，并能抑制胃肠道异常发酵和促进气体排出，具有较强的健胃、祛风作用。本品能反射性兴奋中枢神经，使延髓中的呼吸中枢和血管运动中枢兴奋，促进和改善血液循环，增加发汗。临床用于犬、猫的机体虚弱、消化不良、食欲不振、胃肠气胀等。

【应用注意】 干姜对消化道黏膜有强烈的刺激作用，使用其制剂时应加水稀释后服用，以减少黏膜的刺激。妊娠犬、猫禁用本品，以免引起流产。

【用法与用量】 内服，一次量，犬、猫 1～3g；姜酊，一次量，犬 2～5mL。

【制剂与规格】 姜酊：姜流浸膏 200mL 和 90％乙醇 1 000mL 制成。

（三）盐类健胃药

本类药物主要通过盐类在胃肠道中的渗透作用，轻微刺激胃肠道黏膜，反射性引起消化液分泌，增进食欲，以恢复正常的消化功能。常用的有人工盐、氯化钠、碳酸氢钠等。

◆ **人工盐** ◆

【基本概况】　本品为白色粉末，易溶于水，水溶液呈弱碱性，pH 8～8.5。

【作用与应用】　本品由干燥硫酸钠 44％、碳酸氢钠 36％、氯化钠 18％和硫酸钾 2％混合制成，具有多种盐类的综合作用。内服少量时，能轻度刺激消化道黏膜，促进胃肠的分泌和蠕动，产生健胃作用；还有利胆作用，可用于胆道炎、肝炎的辅助治疗。内服大量时，有缓泻作用。临床用于犬（猫）消化不良、胃肠弛缓、慢性胃肠卡他、早期大肠便秘等。

【应用注意】　因本品为弱碱性类药物，禁与酸类健胃药配合使用；内服作泻剂应用时宜大量饮水。

【用法与用量】　内服，一次量，健胃：犬、猫 1～5g，每小时一次；缓泻，犬、猫5～10g。

二、助消化药

助消化药，多为消化液的组成成分或是能促进消化液分泌的药物，如胃蛋白酶、淀粉酶、胰酶、稀盐酸、乳酸等。临床起代替作用，用于消化液分泌功能减弱或消化不良等，以促进食物的消化，并常与健胃药配伍使用。

◆ **稀盐酸** ◆

【基本概况】　本品为无色澄清液体，约含盐酸10％，呈强酸性。

【作用与应用】　本品可增加胃液酸度，提高胃蛋白酶活性，调节幽门紧张度，促进胰腺分泌，并使十二指肠内容物呈酸性，有利于铁和钙的吸收。临床上用于胃酸减少造成的消化不良、胃内发酵、食欲不振、碱中毒等。

【应用注意】　本品呈强酸性反应，应置于玻璃塞瓶内，密封保存；用量不宜过多；忌与碱类、有机酸盐类等配伍。

【用法与用量】　内服，一次量，犬 0.1～0.5mL（用前需加水 50 倍稀释，即成 0.2％溶液）。

【制剂与规格】　10％稀盐酸溶液。

◆ **胃蛋白酶** ◆

【基本概况】　本品又称为胃蛋白酶素、胃液素，为白色或淡黄色粉末，有吸湿性，溶于水，水溶液呈弱酸性，但遇热（70℃以上）及碱性条件下易失效。

【作用与应用】　本品由牛、羊、猪胃黏膜制得，内服能初步分解蛋白质，也能水解多肽，有助消化。主要用于胃蛋白酶缺乏症及胃液分泌不足引起的消化不良。

【应用注意】　本品宜饲喂前服用；在 pH 1.6～1.8 酸性环境中作用最强，故常与稀盐酸同用，以确保充分发挥作用，禁与碱性药物、金属盐等配伍。

【用法与用量】　内服，一次量，犬 80～800 IU，猫 80～240 IU。

【制剂与规格】　胃蛋白酶片：120 IU。

◆ **胰酶** ◆

【基本概况】　本品为淡黄色粉末，可溶于水，遇热、酸、碱和重金属盐时易失效。

【作用与应用】　本品由猪、牛、羊的胰提取，为多酶混合物，主要含胰蛋白酶、胰淀粉酶和胰脂肪酶，促进蛋白质和淀粉消化，对脂肪也有一定的消化作用，在中性或弱碱性环境中活性较强。主要用于消化不良、食欲不振及肝、胰腺疾病引起的消化障碍。

【应用注意】 本品不宜与酸性药物同服，与等量碳酸氢钠同服疗效好。

【用法与用量】 内服，一次量，犬 0.2～0.5g。

【制剂与规格】 胰酶片：0.3g，0.5g。

◆ **乳酶生** ◆

【基本概况】 本品为白色或淡黄色干燥粉末，有微臭，难溶于水，遇热时其效力下降，应于冷暗处保存。

【作用与应用】 本品为乳酸杆菌的干燥制剂，每 1g 含活乳酸杆菌在 1 000 万以上。内服后在肠内分解糖类产生乳酸，降低肠内 pH、抑制肠内腐败菌繁殖、减少肠产气量。主要用于消化异常、胃肠异常发酵、腹泻、肠臌气等。

【应用注意】 本品不宜与抗菌药物、吸附药、收敛药、酊剂等同时合用，以免影响疗效。

【用法与用量】 内服，一次量，犬 0.3～0.5g。

【制剂与规格】 乳酶生片：0.3g。

◆ **干酵母** ◆

【基本概况】 本品为淡黄色至淡黄棕色的颗粒或粉末，味微苦，有酵母的特殊臭。

【作用与应用】 本品为麦酒酵母菌或葡萄汁酵母菌的干燥菌体，含多种 B 族维生素，如维生素 B_1、核黄素、烟酸、维生素 B_6、维生素 B_{12}、叶酸、肌醇及转化酶、麦糖酶等，这些成分是机体内某些酶系统的重要组成部分，参与糖、蛋白质、脂肪的生物转化和转运。用于食欲不振、消化不良和 B 族维生素缺乏症的辅助治疗。宜嚼碎吞服。

【应用注意】 本品用量过大可致腹泻。

【用法与用量】 内服，一次量，犬 0.2～2g。

【制剂与规格】 干酵母片：0.3g，0.5g。

三、抗酸药、胃酸分泌抑制药与胃黏膜保护药

（一）抗酸药

抗酸药又称胃酸中和药，为可直接降低胃内容物酸度的弱碱性无机物质，如氢氧化镁、氢氧化铝、碳酸氢钠、碳酸钙等。

◆ **氢氧化铝** ◆

【作用与应用】 本品难溶于水，不易吸收。氢氧化铝凝胶在胃内形成保护膜，使溃疡面与盐酸隔离，有利于溃疡愈合。抗酸作用较强，能中和胃酸，起效缓慢而持久。中和胃酸产生的氧化铝，有收敛、止血和致便秘作用。用于治疗胃酸过多和胃溃疡。

【应用注意】 本品在胃肠道可影响磷的吸收并引起便秘，故不宜长期服用。

【用法与用量】 内服，一次量，犬、猫 10～30mg/kg，每 8h 一次，随食服用。

【制剂与规格】 氢氧化铝凝胶剂，200mL：8g。

◆ **氢氧化镁** ◆

【作用与应用】 本品为抗酸作用较强、较快的难吸收性抗酸药，与碳酸盐类相比，其优

点是不产生二氧化碳。适用于胃酸过多、胃炎等疾病。

【应用注意】　本品在胃肠道可影响磷的吸收并引起便秘，故不宜长期服用。

【用法与用量】　抗酸：8%氢氧化镁混悬液，内服，一次量，犬 5～30mL，猫 5～15mL。

【制剂与规格】　8%氢氧化镁混悬液。

（二）胃酸分泌抑制药

◆ 溴丙胺太林 ◆

【基本概况】　本品又称为普鲁本辛，为白色或类白色的结晶性粉末，无臭，味极苦，微有引湿性，易溶于水、乙醇和氯仿。

【作用与应用】　本品为季铵类节后抗胆碱药，对胃肠道 M 受体选择性高，有类似阿托品的解痉作用，治疗剂量对胃肠道平滑肌的松弛作用强而持久，减少胃酸分泌。此外，对神经节有阻断作用，中毒时可阻断神经肌肉传导，导致呼吸麻痹。用于治疗胃及十二指肠溃疡、胃酸过多及胃肠痉挛，也可作为犬、猫的止吐和止泻药，或用于治疗犬、猫的逼尿肌反射亢进、欲望性尿失禁、急性或慢性结肠炎、肠道过敏综合征等。

【应用注意】　本品不宜与甲氧氯普胺同用；延缓呋喃妥因与地高辛在肠内的停留时间，增加上述药物的吸收。

【用法与用量】　内服，一次量，犬、猫 0.25～0.5mg/kg，每 8～12h 一次。

【制剂与规格】　溴丙胺太林片：15mg。

◆ 格隆溴铵 ◆

【基本概况】　本品又称为甲吡戊痉平、胃长宁，为白色结晶粉末，无臭，味微苦，易溶于水、乙醇，应贮于密封容器中。

【作用与应用】　本品为人工合成的季铵类长效抗胆碱药，具有抑制胃液分泌及调节胃肠蠕动作用，还具有比阿托品更强的抗唾液分泌作用。内服能迅速制酸、解痉、止痛，临床可用于胃及十二指肠溃疡、慢性胃炎、胃液分泌过多等，疗效与溴丙胺太林相仿或略优。静脉注射或肌内注射可用于犬、猫麻醉前给药，以抑制腺体分泌，作用可持续数小时。

【应用注意】　本品不良反应与阿托品相似，不易通过血脑屏障和胎盘屏障。

【用法与用量】　肌内注射或皮下注射，一次量，犬 0.01mg/kg，每 24h 一次。如用作麻醉前给药，静脉注射或肌内注射，一次量，犬、猫 2～10 μg/kg，麻醉前 10～15min 给药。

【制剂与规格】　格隆溴铵注射液，1mL：0.2mg。

◆ 雷尼替丁 ◆

【基本概况】　本品又称为甲硝呋胍，其盐酸盐为微黄色粉末，易溶于甲醇、乙醇、水，不溶于氯仿。

【作用与应用】　本品属人工合成的 H_2 受体阻断剂，抑制胃酸分泌作用强，且毒副作用较轻，作用维持时间较长。主要用于胃酸分泌过多、胃和十二指肠溃疡、胃肠道出血、胃炎等。

【用法与用量】　内服：一次量，犬 2mg/kg，每 8～12h 一次；猫 3.5mg/kg，每 12h 一次。肌内注射或缓慢静脉注射：一次量，犬 2mg/kg，每 8～12h 一次；猫 2.5mg/kg，每

12h 一次。

【制剂与规格】 雷尼替丁片：0.15g，0.3g；盐酸雷尼替丁注射液，1mL：25mg。

◆ **奥美拉唑**（洛赛克）◆

【基本概况】 本品为白色至米白色结晶性粉末。

【作用与应用】 本品为胃壁细胞 H^+ 泵抑制剂，进入胃壁细胞后，通过抑制 H^+-K^+-ATP 酶而抑制 H^+ 分泌，抑制胃酸分泌作用，使胃液 pH 升高。此外，还有胃黏膜保护作用。本品起效迅速，适用于胃及十二指肠溃疡。

【应用注意】 本品具有酶抑制作用，一些经肝细胞色素代谢的药物，如双香豆素、地西泮、苯妥英钠等，其药物半衰期可因合用本品而延长。

【用法与用量】 内服：一次量，犬 0.5～1.5mg/kg，猫 0.75～1mg/kg，每 24h 一次；食道炎，一次量，犬 0.7～2mg/kg，每 12～24h 一次。静脉注射：一次量，犬 0.5～1.5mg/kg，每 24h 一次。

【制剂与规格】 奥美拉唑片：10mg，20mg，40mg；注射用奥美拉唑：40mg。

（三）胃黏膜保护药

◆ **硫糖铝** ◆

【基本概况】 本品为白色粉末，无臭，无味，有引湿性。不溶于水、乙醇或氯仿，易溶于稀盐酸和稀硫酸，略溶于稀硝酸。

【作用与应用】 本品为蔗糖硫酸酯的碱式铝盐，在胃的酸性环境下聚合成胶冻，牢固地黏附于上皮细胞和溃疡基底膜上，形成溃疡保护膜，免受胃酸和消化酶的侵蚀，减轻黏膜损伤。此外，还能促进胃黏液和碳酸氢盐分泌，对溃疡面起保护作用。主要用于治疗食管、胃及十二指肠溃疡。

【应用注意】 本品常与 H_2 受体阻断剂雷尼替丁联合应用，但应分开用药；与西咪替丁合用时可能降低本品疗效；影响氟喹诺酮类及地高辛的吸收。

【用法与用量】 内服，一次量，体重小于 20kg 的犬 500mg，体重大于 20kg 的犬 1～2g，每6～8h 一次；猫 250mg，每 8～12h 一次。

【制剂与规格】 硫糖铝片：0.5g，1g。

◆ **枸橼酸铋钾** ◆

【作用与应用】 本品为胃黏膜保护剂，在胃酸条件下可与溃疡基底膜坏死组织中的蛋白质或氨基酸结合，形成蛋白质-铋复合物，覆盖于溃疡表面，抵制胃酸与胃蛋白酶对黏膜面的侵蚀，对黏膜起保护作用。同时，还具有降低胃蛋白酶的活性、促进前列腺素 E_2、黏液、HCO_3^- 释放及抗幽门螺杆菌的作用。主要用于消化不良及胃、十二指肠溃疡等。

【应用注意】 牛乳、抗酸药会干扰本品产生作用。

【用法与用量】 内服，一次量，犬 0.2～2g。

【制剂与规格】 枸橼酸铋钾片：0.3g。

◆ **米索前列醇** ◆

【作用与应用】 本品为人工合成的前列腺素 E_1 类似物。通过增加胃黏液和 HCO_3^- 的分泌，增加局部血流量，抑制基础胃酸及组胺、胃泌素、食物刺激所致的胃酸和胃蛋白酶分泌，在保护胃黏膜不受损害方面比西咪替丁更有效。临床上主要用于胃、十二指肠溃疡及非甾体消炎药引起的胃肠道溃疡出血等。

【用法与用量】　胃肠溃疡的预防和治疗：内服，一次量，犬 2～5μg/kg，每 8h 一次；猫 2～7.5μg/kg，每 6～8h 一次。遗传性过敏症的辅助治疗：内服，一次量，犬 6μg/kg，每 8h 一次，连用 30d。妊娠中期母犬中止妊娠的辅助用药（配种后不超过 30d）：阴道给药，1～3μg/kg，每 24h 一次，同时皮下注射前列腺素 $F_{2\alpha}$ 0.1mg/kg，每 8h 一次，连用 3d，然后再皮下注射前列腺素 $F_{2\alpha}$ 0.2mg/kg，每 8h 一次，直至起效。

【制剂与规格】　米索前列醇片：200μg。

四、止吐药与催吐药

（一）止吐药

◆ 甲氧氯普胺 ◆

【基本概况】　本品又称为胃复安、灭吐灵，为白色结晶性粉末。遇光变成黄色，毒性增强，勿用。

【作用与应用】　本品为多巴胺第 2（D_2）受体拮抗剂，同时还具有 5 -羟色胺第 4（5 -HT_4）受体激动效应，对 5 - HT_3 受体有轻度抑制作用。作用于延髓催吐化学感受区中多巴胺受体而提高其阈值，具有强大的中枢性镇吐作用。

促进泌乳素的分泌，有一定的催乳作用。临床作为止吐药用于胃肠胀满、功能失调引起的恶心、呕吐，及手术、药物引起的呕吐等。在胃肠钡剂 X 线检查时，可减轻恶心、呕吐反应，促进钡剂通过。

【应用注意】　对胎儿有影响，妊娠犬、猫禁用本品；忌与阿托品、颠茄制剂等配伍，以防药效降低。

【用法与用量】　胃运动紊乱和食道反流的治疗：内服、肌内注射或皮下注射，一次量，犬、猫 0.5～1mg/kg，每 24h 一次（饲喂前 30min 或睡前给药）。呕吐的治疗：缓慢静脉注射，一次量，犬、猫 1～2mg/kg，每 24h 一次。

【制剂与规格】　甲氧氯普胺片：5mg；盐酸甲氧氯普胺注射液，1mL：10mg。

◆ 舒必利 ◆

【基本概况】　本品又称为止吐灵，为白色或类白色结晶性粉末，无臭，味微苦。微溶于乙醇或丙酮，极微溶于氯仿，几乎不溶于水，易溶于氢氧化钠溶液。

【作用与应用】　本品属中枢性止吐药，选择性拮抗 D_2 受体，止吐作用强大。临床常用作犬的止吐药，对抑郁症状也有一定的疗效。

【用法与用量】　内服，一次量，5～10kg 犬 0.3～0.5mg，大型犬 10mg。

【制剂与规格】　舒必利片：10mg，100mg；舒必利注射液，2mL：50mg，2mL：100 mg。

◆ 多潘立酮 ◆

【作用与应用】　本品又称为吗丁啉，为作用较强的多巴胺受体拮抗剂，适用于由胃排空延缓、胃食道反流、食道炎引起的消化不良症。还可治疗功能性、器质性、感染性、饮食性恶心和呕吐等。

【应用注意】　本品可能会引起犬的胃轻瘫。

【用法与用量】 内服，一次量，犬、猫2～5mg/kg，每8h一次。

【制剂与规格】 多潘立酮片：10mg。

◆ 西沙必利 ◆

【作用与应用】 本品为第三代新型胃肠促动力药，明显加强胃窦-十二指肠的消化功能，协调并加强胃排空，增加小肠、大肠的蠕动并缩短肠运动时间，但不影响胃分泌。主要用于增加胃肠动力，治疗胃和食道反流引起的消化不良。

【应用注意】 禁止同时内服或非肠道服用酮康唑、伊曲康唑、咪康唑、氟康唑、红霉素、克拉霉素等。

【用法与用量】 内服，一次量，犬0.1～0.5mg/kg，猫2.5～5mg/kg，每8h一次。

【制剂与规格】 西沙必利片：5mg，10mg。

（二）催吐药

◆ 阿扑吗啡 ◆

【理化性质】 本品又称为去水吗啡，其结晶和水溶液在光和空气中很快氧化成绿色，溶于乙醇和氯仿，其盐酸盐为白色或灰白色、有闪光的结晶性粉末。

【作用与应用】 本品为多巴胺受体激动剂，为中枢反射性催吐药。直接刺激延髓化学催吐感受区，反射性兴奋呕吐。本品较易通过血脑屏障，常用于犬催吐，以驱出胃内毒物。口服作用较弱而缓慢，皮下注射5～10min后即产生剧烈的呕吐。对猫的催吐效果不如赛拉嗪。

【应用注意】 本品暴露于空气中或日光下，缓缓变为绿色即失效，勿用；阿托品、乙酰丙嗪及其他止吐药可减弱本品作用。

【用法与用量】 静脉注射：一次量，犬、猫0.02～0.04mg/kg。肌内注射或皮下注射：一次量，犬、猫0.08～0.1mg/kg。结膜囊给药：6mg片剂压碎用1～2mL无菌生理盐水溶解，滴于犬、猫结膜囊内，待催吐结束后，用生理盐水冲洗眼睛，去除未吸收药物。

【制剂与规格】 盐酸阿扑吗啡片：6mg；盐酸阿扑吗啡注射液，1mL：10mg。

◆ 硫酸铜 ◆

【基本概况】 本品为蓝色结晶体或粉末，无臭，带有金属涩味。干燥空气中会缓慢风化。溶于水，水溶液呈弱酸性，不溶于乙醇。应密封保存。

【作用与应用】 本品不同浓度的溶液对组织有收敛、刺激和腐蚀作用。内服1％硫酸铜溶液能反射性引起呕吐，可作为犬、猫的催吐药。

【应用注意】 若发现本品中毒，可灌服牛乳、鸡蛋清等解救。

【用法与用量】 1％硫酸铜溶液：内服，一次量，犬20～100mL，猫5～20mL。

五、泻 药

（一）容积性泻药

临床上常用的有硫酸钠和硫酸镁两种，也称盐类泻药。

◆ 硫酸钠（芒硝）◆

【基本概况】 本品为白色粉末，无臭，味苦、咸，有引湿性，易溶于水。

【作用与应用】　小剂量内服可轻度刺激消化道黏膜，促进胃肠分泌和蠕动，产生健胃作用。大剂量口服后，SO_4^{2-}不易被肠壁吸收，在肠腔内形成高渗溶液而阻止肠道水分被吸收，肠内容积增大，刺激肠壁，导致肠蠕动加快，引起下泻。临床上小剂量内服可健胃，用于消化不良，常配合其他健胃药使用。本品配成4％～6％溶液灌服可用于治疗大肠便秘，排除肠内毒物、毒素，或配合驱虫药排出虫体等。

【应用注意】　本品与大黄、枳实、厚朴等药配合治疗大肠便秘效果更好。

【用法与用量】　内服，一次量，健胃，犬0.2～0.5g；导泻（4％～6％溶液），犬10～25g，猫2～5g，每24h一次。

【制剂与规格】　硫酸钠晶体粉末。

（二）润滑性泻药

本类药物包括来源于矿物、植物和动物的一些中性油，如液状石蜡、花生油、棉籽油、芝麻油、菜籽油、獾油、酥油等，也称油类泻药。内服大量油类泻药主要作用是润滑肠道、软化粪便，并阻止肠内水分的吸收，以利粪便移动而引起缓泻。适用于妊娠动物或有肠炎动物的便秘，不能用以排除毒物。

◆ **液状石蜡** ◆

【基本概况】　本品为无色、透明的油状液体，无臭，无味，溶于氯仿、乙醚或挥发油。

【作用与应用】　本品为石油提炼过程中制得的由多种液状烃组成的混合物，在消化道内不被代谢和吸收，且能阻止肠内水分的吸收，可起软化粪便、润滑肠腔的作用。作用温和，无刺激性。用于小肠阻塞、便秘等，或用于预防猫"毛球"的形成，患肠炎动物、妊娠动物也可应用。

【应用注意】　可影响维生素A、维生素D、维生素E、维生素K及钙、磷的吸收，影响消化，减弱肠蠕动；不宜长期反复应用。

【用法与用量】　内服，一次量，犬10～30mL，猫5～10mL。

◆ **植物油** ◆

【作用与应用】　常用花生油、豆油、菜籽油、芝麻油等。内服植物油，大部分以原形通过肠道，润滑肠腔、软化粪便，以利排便。适用于大肠便秘、小肠阻塞等。

【应用注意】　本品不能用于排除脂溶性毒物；慎用于妊娠或患肠炎动物，因一小部分植物油可被皂化，具有刺激性。

【用法与用量】　内服，一次量，犬10～30mL。

（三）刺激性泻药

刺激性泻药主要包括蓖麻油、大黄、芦荟、番泻叶等。内服后多能在体内分解出刺激性成分，对肠道产生刺激性作用，使肠道蠕动加强，从而促进排便。

◆ **蓖麻油** ◆

【基本概况】　本品为近乎无色或微带黄色的澄清黏稠液体，有微臭，味淡而微辛。易溶于乙醇，与无水乙醇、氯仿、乙醚、冰醋酸能任意混合。

【作用与应用】　本品由蓖麻成熟种子经压榨而得，本身无刺激作用，只有润滑作用。内服后在肠内受胰脂肪酶作用，分解生成甘油与蓖麻油酸，后者又转成蓖麻油酸钠，刺激小肠黏膜感受器，引起小肠蠕动，导致下泻。其他未被皂化分解的蓖麻油对肠道起润滑作用，有助于粪便的排泄。临床上主要用于幼年动物及犬、猫小肠便秘。

【应用注意】 本品不宜用于排除毒物，以免中毒；妊娠、肠炎动物禁用本品；不能长期反复应用，以免影响消化功能。

【用法与用量】 内服，一次量，犬 10～30mL，猫 4～10mL。

六、止 泻 药

止泻药是一类保护肠黏膜、吸附毒物、收敛消炎和制止腹泻的药物。依作用特点分为 3 类，即保护性止泻药、吸附性止泻药和阿片类制剂。临床上还常用抗菌药和胃肠道平滑肌抑制药（如阿托品、山莨菪碱等）治疗腹泻。

（一）保护性止泻药

本类药物通过凝固蛋白质形成保护层，使肠道免受有害因素刺激，减少分泌，起收敛和保护黏膜作用。主要包括碱式硝酸铋、碱式碳酸铋等。

◆ **碱式硝酸铋** ◆

【基本概况】 本品又称为次硝酸铋，为白色结晶性粉末，无臭，无味，微有引湿性，能使湿润的蓝色石蕊试纸变成红色。不溶于水和乙醇，易溶于盐酸和硝酸。遇光易变质，应避光密封保存。

【作用与应用】 本品内服难吸收，大部分可在肠黏膜上与蛋白质结合成难溶的蛋白盐，形成一层薄膜以保护肠壁，减少有害物质的刺激。

在肠道中还可与硫化氢结合，形成不溶性的硫化铋，覆盖在肠黏膜表面呈现机械性保护作用，减少了硫化氢对肠道的刺激，使肠道蠕动减慢，呈现止泻作用。

本品能缓慢地释放出少量铋离子，铋离子与细菌或组织表面的蛋白质结合，具有抑制细菌生长繁殖和防腐消炎作用。临床上用于治疗胃肠炎和腹泻。对由病原菌引起的腹泻，应先用抗微生物药物。

【应用注意】 在治疗肠炎和腹泻时，可能因肠道中细菌（如大肠杆菌等）将硝酸根离子还原成亚硝酸而中毒，目前多改用碱式碳酸铋。

【用法与用量】 内服，一次量，犬 0.3～2g。

【制剂与规格】 碱式硝酸铋片：0.3g。

◆ **碱式碳酸铋** ◆

【基本概况】 本品又称为次碳酸铋，为白色或微淡黄色的粉末，无臭，无味，遇光可缓慢变质。

【作用与应用】 本品作用同碱式硝酸铋。临床上用于治疗胃肠炎和腹泻症。

【用法与用量】 内服，一次量，犬 0.3～2g。

【制剂与规格】 碱式碳酸铋片：0.3g，0.5g。

（二）吸附性止泻药

吸附性止泻药是一类不溶于水，无药理活性，且性质稳定的极微细粉末状物质。通过表面吸附作用吸附水、气体、细菌、病毒、毒素及毒物等，减轻对肠黏膜的损害，如药用炭、高岭土等。

◆ **药用炭** ◆

【基本概况】 本品又称为活性炭，为黑色粉末，无臭，无味。

【作用与应用】 本品颗粒极小，很多微孔，表面积极大，具有强大的吸附作用。内服后能吸附肠内各种化学刺激物、毒物和细菌毒素等。同时，在肠壁上能形成一层药粉层，减轻肠内容物对肠壁的刺激，使肠蠕动减少，从而起止泻作用。

作为吸附药，用于腹泻、肠炎及阿片和马钱子等生物碱类药物中毒的解救。外用作创伤撒布剂。锅底灰（百草霜）、木炭末、膨润土可代替药用炭应用，但吸附力差。

【应用注意】 本品能吸附其他药物，影响其作用；影响消化酶的活性。

【用法与用量】 内服，一次量，犬 0.3～5g，猫 0.15～0.25g。

【制剂与规格】 药用炭片：0.15g。

（三）阿片类制剂

阿片类制剂包括地芬诺酯、洛哌丁胺、复方樟脑酊等，通过抑制肠道平滑肌蠕动而止泻。

◆ **地芬诺酯** ◆

【基本概况】 本品又称为苯乙哌啶，其盐酸盐为白色或几乎白色的粉末或结晶性粉末，无臭。易溶于氯仿，溶于甲醇，略溶于乙醇和丙酮，几乎不溶于水和乙醚。

【作用与应用】 本品为人工合成的哌替啶衍生物，对肠道的作用与阿片类相似，属非特异性的抗腹泻药。激动阿片受体，减弱肠蠕动，同时增加肠道的节段性收缩，延迟内容物后移，以利于水分的吸收。大剂量应用时呈镇痛作用。主要用于犬、猫的急、慢性功能性腹泻、慢性肠炎等的对症治疗。如与抗菌药物合用，可治疗细菌性腹泻。

【应用注意】 不宜用于细菌毒素引起的腹泻，否则因毒素在肠中停留时间过长而加重腹泻；用于猫时可能会引起咖啡样兴奋，犬则表现镇静；长期应用可引起依赖性，与阿托品配伍可减少依赖性发生。

【用法与用量】 内服，一次量，犬 0.1～0.2mg/kg，每 8～12h 一次；猫 0.05～0.1mg/kg，每 12h 一次。复方盐酸地芬诺酯片，内服，一次量，犬 1 片。

【制剂与规格】 复方盐酸地芬诺酯片：地芬诺酯 2.5mg＋硫酸阿托品 0.025mg。

◆ **洛哌丁胺** ◆

【作用与应用】 本品又称为易蒙停，化学结构类似氟哌啶醇和哌替啶，但治疗量对中枢神经系统无作用。对肠道平滑肌的作用与阿片类相似。抑制肠道平滑肌的收缩，减少肠蠕动。还可减少肠壁神经末梢释放乙酰胆碱，通过胆碱能和非胆碱能神经的相互作用，直接抑制蠕动反射，延长食物在小肠的停留时间，并抑制前列腺素和其他肠毒素引起的肠过度分泌。主要用于犬、猫各种原因引起的非感染性急、慢性腹泻的对症治疗，也可用于治疗肠易激综合征。

【应用注意】 对于伴有肠道感染的腹泻，必须同时应用有效的抗生素治疗；不应用于需要避免抑制肠蠕动的病例，尤其是肠梗阻、胃肠胀气或便秘病例；腹泻动物常发生水和电解质丧失，应适当补充水和电解质；肝功能障碍者可导致体内药物相对过量，应注意中枢神经系统中毒反应。

【用法与用量】 内服，一次量，犬 0.1mg/kg，每 8～12h 一次；猫 0.08～0.16mg/kg，每 12h 一次。

【制剂与规格】 洛哌丁胺胶囊：1mg。

学习单元 2　呼吸系统药物

一、祛 痰 药

凡能增加呼吸道分泌、使痰液变稀并易于排出的药物称为祛痰药。

◆ 氯化铵 ◆

【基本概况】 本品为无色结晶或白色结晶性粉末，无臭、味咸、凉。本品易溶于水，常制成片剂和粉剂。

【作用与应用】 ①本品有较强的祛痰作用。内服后可刺激胃黏膜迷走神经末梢，反射性引起支气管腺体分泌增加，使稠痰稀释，易于咳出，因而对支气管黏膜的刺激减少，咳嗽也随之缓解。②本品为强酸弱碱盐，具有酸化尿液与利尿作用。在体内可解离为 NH_4^+ 和 Cl^-，NH_4^+ 到肝内被合成为尿素并释放出 H^+，H^+ 与体内的 HCO_3^- 结合形成 CO_2，组织外液中的 Cl^- 与碱结合降低机体的碱储，使血液和尿液的 pH 降低，过多的 Cl^- 到达肾后，不能被肾小管完全重吸收，与阳离子（主要是 Na^+）和水一起排出，产生一定的利尿作用。本品用于支气管炎初期；也作为酸化剂，在弱碱性药物中毒时，可加速药物的排泄。

【应用注意】 ①本品单胃动物用后有恶心、呕吐反应。②肝、肾功能异常的患病动物，内服氯化铵容易引起血氯过高性酸中毒和血氨升高，应慎用或禁用。③本品遇碱或重金属盐类即分解；与磺胺类药物并用，可能使磺胺药在尿道析出结晶，发生泌尿道损害如尿闭、血尿等，故忌与这些药配伍应用。④忌与呋喃妥因配伍使用。

【用法与用量】 祛痰：内服，一次量，犬 100mg/kg，每 12h 一次；猫 800mg，每24h 混饲一次。加强肾对某种毒素或药物的排泄：内服，一次量，犬 50mg/kg，每 6h 一次。酸化尿液以溶解尿结石、预防猫的自发性尿路综合征：内服，一次量，犬 70mg/kg，每 8h 一次；猫 20mg/kg，每 12h 一次。促进锶的排除：内服，一次量，犬 0.2～0.5g，每 6～8h 一次（与钙盐同用）。

【制剂与规格】 氯化铵片：0.3g。

◆ 碘化钾 ◆

【基本概况】 本品为无色结晶或白色结晶性粉末，无臭，味咸、带苦。本品极易溶于水，常制成片剂。

【作用与应用】 本品内服后部分从呼吸道腺体排出，刺激呼吸道黏膜，使腺体分泌增加，痰液稀释易于咳出，呈现祛痰作用。本品常用于亚急性或慢性支气管炎的治疗。

【应用注意】 ①本品在酸性溶液中能析出游离碘。②肝、肾功能低下患病动物慎用。③本品刺激性较强，不适于急性支气管炎症。④与甘汞混合后能生成金属汞和碘化汞，使毒性增强；遇生物碱可生成沉淀。⑤肝、肾病及妊娠犬、猫慎用本品。

【用法与用量】　祛痰：内服，一次量，犬、猫 50mg/kg，每 24h 一次。抗真菌：内服碘化钾饱和溶液，一次量，犬、猫 25～40 滴，每 8h 一次。

【制剂与规格】　碘化钾片：10mg。碘化钾饱和溶液，1mL：1g。

◆ 乙酰半胱氨酸 ◆

【基本概况】　本品为白色结晶性粉末，有类似蒜的臭气，味酸，有引湿性，易溶于水和乙醇。

【作用与应用】　本品可降低痰液黏度，使黏痰容易咳出。用作呼吸系统和眼的黏液溶解剂，用于黏痰阻塞气管和咳嗽困难的动物，常用雾化吸入或气管内滴入给药，也可内服。对黏稠的脓性及非脓性痰液均有良好效果。此外，本品含巯基，可增加肝谷胱甘肽合成，可作为解毒剂用于犬、猫扑热息痛中毒的治疗。

【应用注意】　本品不宜与铁、铜等金属及橡胶、氧化剂接触，喷雾容器要采用玻璃或塑料制品；应用本品时应新鲜配制，剩余溶液需保存在冰箱内，48h 内用完；支气管哮喘病例慎用或禁用；犬、猫于喷雾后宜运动，促进痰液咳出，或叩击动物的两侧胸腔，以诱导咳嗽，将痰排出；本品可降低青霉素、头孢菌素、四环素等的药效，不宜混合或并用，必要时间隔 4h 交替使用；本品与糜蛋白酶、胰蛋白酶等有配伍禁忌。

【用法与用量】　喷雾吸入：30～60min，犬、猫 50mg（用生理盐水稀释成 2% 溶液应用）。气管滴入：20% 溶液，滴入气管内，一次量，犬、猫 1～2mL。扑热息痛中毒解救：内服，初始剂量 140mg/kg（5% 溶液），以后剂量为 70mg/kg，每 4h 一次，连续 3～5 次，同时内服维生素 C 30mg/kg。

【制剂与规格】　喷雾用乙酰半胱氨酸：0.5g，1g。乙酰半胱氨酸注射液，1mL：200mg。

◆ 溴己新 ◆

【基本概况】　本品又称为必消痰，其盐酸盐为白色或类白色的结晶性粉末，无臭、无味，微溶于乙醇或氯仿，极微溶于水。

【作用与应用】　本品可溶解黏稠痰液，使痰中酸性糖蛋白的多糖纤维素裂解，黏度降低。能抑制黏液腺和环状细胞中酸性糖蛋白的合成，使痰液黏度下降，内服后还有恶心性祛痰作用，使痰液易于咳出。主要用于慢性支气管炎，以利于黏稠痰液咳出。

【应用注意】　本品对胃黏膜有化学刺激性，可引起胃不适；增加四环素类抗生素在支气管的分布浓度，合用时可增强抗菌效应。

【用法与用量】　内服，一次量，犬 1.6～2.5mg/kg，猫 1mg/kg，每 12～24h 一次。

【制剂与规格】　盐酸溴己新片：4mg，8mg。

二、镇 咳 药

咳嗽是呼吸系统的一种保护性反射，轻度咳嗽有利于促进痰液和异物排出，清洁呼吸道。咳嗽一般会自然缓解，无须应用镇咳药。剧烈而频繁的咳嗽，尤其是无咳出物的刺激性干咳，会给患病动物带来痛苦，并引起并发症。

镇咳药可通过直接抑制延髓咳嗽中枢（中枢性镇咳药）或抑制咳嗽反射弧中的某一环节

（外周性镇咳药）而发挥镇咳作用。

临床主要用于刺激性干咳，以缓解咳嗽症状。而对有痰的咳嗽，应慎用镇咳药或与祛痰药同时使用，因镇咳会导致分泌物在肺和呼吸道中聚积，引起并发感染或窒息死亡。

◆ 可待因 ◆

【基本概况】 本品又称为甲基吗啡，其磷酸盐为白色、细微的针状结晶性粉末，无臭，味苦，遇光变质，在空气中迅速风化。易溶于水，微溶于乙醇，极微溶于氯仿或乙醚。

【作用与应用】 本品属阿片受体激动剂，镇痛、镇咳作用与吗啡相似。可选择性抑制延脑的咳嗽中枢，镇咳作用迅速而强大。主要用于慢性和剧烈的刺激性干咳，如痰液较多宜并用祛痰药。

【应用注意】 本品能抑制支气管腺体的分泌，可使痰液黏稠而难以咳出，故不宜用于痰液黏稠病例；大剂量或长期使用会有不良反应，表现为恶心、呕吐、便秘、胰和胆管痉挛；剂量过高会导致呼吸抑制，猫可见中枢兴奋现象，表现为过度兴奋、震颤、癫痫发作等症状；有成瘾性，不宜长期应用；严重肾功能障碍动物慎用本品；与抗胆碱药合用时，可加重便秘或尿潴留的不良反应；与阿片类或肌肉松弛药合用时，可加重呼吸抑制。

【用法与用量】 镇咳：内服，一次量，犬 $0.1\sim0.3$mg/kg，每 $4\sim6$h 一次；猫 0.1mg/kg，每 6h 一次。轻度或中度急性疼痛的镇痛：内服，一次量，犬、猫 $0.5\sim2$mg/kg，每 $6\sim12$h 一次。应逐步提高剂量，直到有效。

【制剂与规格】 磷酸可待因片：15mg，30mg，60mg。

◆ 右美沙芬 ◆

【作用与应用】 本品又称为右甲吗喃，为非成瘾性中枢镇咳药。镇咳作用与可待因相等或略强，无镇痛、镇静作用，治疗剂量对呼吸中枢无抑制作用，也无成瘾性和耐受性。临床单用或配伍使用，治疗感冒、急慢性支气管炎及其他上呼吸道感染引起的少痰咳嗽。

【用法与用量】 内服：一次量，犬、猫 $2\sim3$mg/kg，每 $8\sim12$h 一次。

【制剂与规格】 氢溴酸右美沙芬片：20mg。

三、平 喘 药

凡能解除支气管平滑肌痉挛，扩张支气管的一类药物称为平喘药，按其作用特点分为支气管扩张药和抗过敏药物。例如麻黄碱、异丙肾上腺素等拟肾上腺素类药物、氨茶碱等茶碱类药物和糖皮质激素类抗过敏性平喘药。临床上常用于单纯性支气管哮喘或喘息型慢性支气管炎的治疗。

◆ 氨茶碱 ◆

【基本概况】 本品为白色至微黄色的颗粒或粉末，易结块，微有氨臭，味苦。本品是茶碱与乙二胺的复合物，溶于水，常制成片剂和注射液。

【作用与应用】 ①本品能抑制磷酸二酯酶，使 cAMP（环磷酸腺苷）的水解速度变慢，升高组织中 cAMP/cGMP（环磷酸鸟苷）比值，抑制组胺和慢反应物质等过敏介质的释放，促进儿茶酚胺释放，使支气管平滑肌松弛；直接松弛支气管平滑肌而解除其痉挛，缓解支气管黏膜的充血水肿，发挥平喘功效。②有较弱的强心和利尿作用。主要用于缓解支气管哮喘症状，也用于心功能不全或肺水肿的患畜。

【应用注意】 ①本品与克林霉素、红霉素、四环素、林可霉素合用时，可降低其在肝的清除率，使血药浓度升高，甚至出现毒性反应。②与其他茶碱类药合用时，不良反应增多。③酸性药物可加快其排泄，碱性药物可延缓其排泄。④与儿茶酚胺类及其他拟肾上腺素类药合用，能增加心律失常的发生率。⑤内服可引起恶心、呕吐等反应。⑥静脉注射或滴注如用量过大、浓度过高或速度过快，都可强烈兴奋心脏和中枢神经，故需稀释后注射并注意掌握速度和剂量。注射液碱性较强，可引起局部红肿、疼痛，应作深部肌内注射。⑦肝功能低下，心衰患畜慎用。

【用法与用量】 犬：内服、肌内注射或缓慢静脉注射，一次量 10mg/kg，每 6～8h 一次。猫：内服，一次量 6.6mg/kg，每 12h 一次。

【制剂与规格】 氨茶碱片：0.05g，0.1g，0.2g；氨茶碱注射液，2mL：0.25g，2mL：0.5g，5mL：1.25g。

◆ 麻黄碱 ◆

【基本概况】 本品为白色棱柱形结晶，无臭，味苦，易溶于水及醇。

【作用与应用】 本品对中枢有较强的兴奋作用，其作用性质与肾上腺素相同，唯有支气管扩张作用比较弱，但作用持久、缓和。口服小剂量可增加通气量，用量过大易引起动物不安，严重时可引起惊厥，连续使用易产生耐受性，但停药后消失。适用于预防支气管哮喘发作以及轻症哮喘的治疗，也可用于预防椎管麻醉或硬膜外麻醉引起的低血压。由于出现更具有选择性的 β 受体激动剂，因此临床极少应用本品。

【应用注意】 ①交叉过敏反应，对其他拟交感胺类药，如肾上腺素、异丙肾上腺素等过敏动物，对本品也过敏。②本品可分泌入乳汁，哺乳期家畜禁用。

【用法与用量】 内服：一次量，犬 10～30mg；猫 2～5mg，每天 2 次。皮下注射：一次量，犬 10～30mg；猫 2～5mg。

【制剂与规格】 盐酸麻黄碱片：15mg，25mg，30mg；盐酸麻黄碱注射液，1mL：30mg，1mL：50mg。

学习单元 3 血液循环系统药物

一、强 心 药

凡能提高心肌兴奋性，加强心肌收缩力，改善心脏功能的药物称为强心药。具有强心作用的药物种类很多，其中有些是直接兴奋心肌，而有些则是通过调节神经系统来影响心脏的机能活动。临床上具有强心作用的药物有肾上腺素、咖啡因、强心苷等，但它们的作用机制、适应证均有所不同，如肾上腺素适用于心搏骤停时的急救，咖啡因则适用于过劳、中暑、中毒等过程中的急性心衰，而强心苷适用于急、慢性充血性心力衰竭。因此，临床必须根据药物的药理作用，结合疾病性质，合理选用。有关肾上腺素、咖啡因等药物请参考相关部分内容，此单元主要介绍治疗心功能不全的药物。

强心苷是治疗充血性心力衰竭的首选药物。除强心苷外，临床用于治疗充血性心力衰竭的药物还有血管扩张药，如受体阻断剂。通过扩张血管，降低心脏负荷，阻断心力衰竭病理过程的恶性循环，改善心脏功能，控制心力衰竭症状的发展。利尿药可消除水钠潴留，减少循环血容量，常作为轻度心力衰竭的首选药和各种原因引起的心力衰竭的基础治疗药物。

临床常用的强心苷类药物有毒毛花苷 K、地高辛等。各种强心苷对心脏的作用主要是加强心肌收缩力，但在作用强度、快慢及持续时间长短有所不同。

◆ **地高辛** ◆

【基本概况】 本品为白色结晶或结晶性粉末，无臭，味苦。易溶于吡啶，微溶于稀醇，极微溶于氯仿。

【作用与应用】 本品属快作用类强心苷，作用与洋地黄毒苷相似。适用于治疗犬、猫各种原因所致的慢性心功能不全，阵发性室上性心动过速，心房颤动和扑动等。

【应用注意】 近期用过其他洋地黄类药物的动物慎用；本品不宜与酸、碱类配伍；新霉素、对氨基水杨酸会减少本品的吸收，红霉素能使本品血药浓度提高；本品用药期间禁用钙注射剂；其余参见洋地黄毒苷。

【用法与用量】 内服：一次量，体重小于 18kg 犬的 5.5～11μg/kg，体重大于 18kg 的犬 0.25mg/kg，每 12h 一次；猫 10μg/kg，每 24～48h 一次。静脉注射：一次量，犬 2.2～4.4μg/kg，猫 1～1.6μg/kg，每 12h 一次。

【制剂与规格】 地高辛片：0.25mg。地高辛注射液，2mL：0.5mg。

◆ **毒毛花苷 K** ◆

【基本概况】 本品为白色或微黄色粉末，能溶于水，常制成注射剂。

【作用与应用】 本品属快作用类强心苷，作用与洋地黄毒苷相似。因内服吸收少，不宜内服给药。静脉注射作用快，作用持续时间 10～12h，蓄积性小。主要用于犬的充血性心力衰竭。

【应用注意】 近 1～2 周内使用过强心苷类的动物不宜应用本品，不宜与碱性溶液配伍，其余参见洋地黄毒苷。

【用法与用量】 静脉注射：一次量，犬 0.25～0.5mg（临用前用 5％葡萄糖注射液稀释 10～20 倍后缓慢注射）。

【制剂与规格】 毒毛花苷 K 注射液，1mL：0.25mg，2mL：0.5mg。

二、抗心律失常药

心律失常是指心脏搏动的频率或（和）节律的异常，发生心动过速、过缓或心律不齐，分为缓慢型和快速型。缓慢型心律失常主要有窦性心动过缓、房室传导阻滞等，常用阿托品和异丙肾上腺素等药物治疗。快速型心律失常主要包括室上性和室性早搏及心动过速、心房颤动和心房扑动、心室颤动等。

抗心律失常药主要介绍治疗快速型心律失常的药物。按其电生理效应和作用机制可分为四类：Ⅰ类药（钠通道阻滞药）、Ⅱ类药（β肾上腺素受体阻断药）、Ⅲ类药（延长动作电位时程药）和Ⅳ类药（钙通道阻滞药）。

（一）Ⅰ类药——钠通道阻滞药

本类药物可适度阻滞钠通道，不同程度抑制心肌细胞膜 K^+、Ca^{2+} 通透性，延长复极过程，且以延长有效不应期更为显著。本类药物中已应用于犬、猫的有奎尼丁、普鲁卡因胺、异丙吡胺、利多卡因、苯妥英钠等。

◆ **奎尼丁** ◆

【作用与应用】 本品是由金鸡纳树皮中提出的生物碱，为抗疟药奎宁的右旋体。对心脏节律有直接和间接的作用，直接作用是阻滞钠通道，适度抑制 Na^+ 内流；间接作用是具有阿托品样作用。本品的作用主要是抑制心肌兴奋性、减慢传导速度和收缩性，延长有效不应期。此外，本品竞争性地阻断 M 受体产生抗胆碱作用，此作用可使心率和房室结传导加快；还可阻断 α 受体，扩张血管，使血压降低。同时，对 Ca^{2+} 内流的抑制对心肌产生负性肌力作用。

本品为广谱抗心律失常药，用于犬、猫的室性心律失常及急性心房颤动，也可用于心房扑动、室上性及室性早搏和心动过速的治疗。在治疗心房颤动、心房扑动时，应先用强心苷或钙通道阻滞药抑制房室传导，控制心率后再用本品治疗。

【应用注意】 ①本品在犬可引起胃肠道反应，如厌食、呕吐、腹泻等。心血管系统可能出现衰弱、低血压和负性肌力作用。②犬的治疗浓度范围为 $2.5\sim5.0\mu g/mL$，在血药浓度低于 $10\ \mu g/mL$ 时一般不会出现毒性反应。③严重心肌损伤、心功能不全、重度房室传导阻滞、低血压、强心苷中毒病例禁用本品。④肝、肾功能不全者慎用。

【用法与用量】 内服，犬 $6\sim20mg/kg$，猫 $4\sim8mg/kg$，每 $6\sim8h$ 一次。

【制剂与规格】 硫酸奎尼丁片：$200mg$。

◆ **普鲁卡因胺** ◆

【作用与应用】 本品是普鲁卡因的衍生物，对心脏的作用与奎尼丁相似但较弱，能延长心房和心室的不应期，减弱心肌兴奋性，降低自律性，减慢传导速度，无明显的 α 受体阻断及抗胆碱作用。主要用于犬的室性早搏综合征，对室上性和室性心律失常均有效，静脉注射或滴注用于抢救危急病例。

【应用注意】 本品大剂量对心脏抑制作用，静脉注射可出现低血压；重症肌无力，严重心力衰竭，完全性房室传导阻滞，肝、肾功能严重损害病例忌用本品。

【用法与用量】 内服：一次量，犬 $10\sim30mg/kg$，每 $6h$ 一次；猫 $3\sim8mg/kg$，每 $6\sim8h$ 一次（猫内服或肌内注射剂量相同）。肌内注射或静脉注射：一次量，犬 $8\sim20mg/kg$。静脉滴注：一次量，犬 $25\sim50\mu g/（kg \cdot min）$；猫 $1\sim2mg/kg$ 缓慢静脉注射后，$10\sim20\mu g/（kg \cdot min）$ 静脉滴注。

【制剂与规格】 盐酸普鲁卡因胺片：$250mg$，$500mg$；盐酸普鲁卡因胺注射液，$1mL$：$100mg$，$1mL$：$500mg$。

◆ **异丙吡胺** ◆

【作用与应用】 本品又称为丙吡胺、达舒平，药理作用与奎尼丁和普鲁卡因胺相似，抗胆碱作用明显，不良反应较小，为奎尼丁和普鲁卡因胺的代用品。临床上主要用于治疗犬的室性和室上性心律失常，对室性早搏、持续性和非持续性室性心动过速有效。对室上性心律失常的疗效较好。但因本品在犬的半衰期过短，应用不是很普遍。

【应用注意】 本品高剂量可能引起心律失常。

【用法与用量】 内服，犬 6～15mg/kg，每 6h 一次。

【制剂与规格】 异丙吡胺胶囊：100mg，150mg。

◆ 美西律 ◆

【作用与应用】 本品化学结构及电生理效应均与利多卡因相近似，其药理作用也与利多卡因相似，属窄谱抗心律失常药。临床上用于治疗或预防犬的室性心律失常（如急性心肌梗死、洋地黄中毒等）。

【应用注意】 本品在犬的不良反应包括厌食、呕吐、精神抑郁、抽搐、震颤、眼球震颤、心动过缓、低血压、黄疸和肝炎等。

【用法与用量】 内服，犬 4～8mg/kg，每 8～12h 一次。

【制剂与规格】 美西律胶囊：50mg，200mg。

（二）Ⅱ类药——β 肾上腺素受体阻断药

本类药物主要通过阻断 β 肾上腺素受体而对心脏发挥作用，同时还有阻滞钠通道、促进钾通道及抗心肌缺血等作用，改善心肌病变，具有抗高血压、抗心绞痛及抗心律失常等作用。

◆ 美托洛尔 ◆

【作用与应用】 本品为选择性 β_1 肾上腺素受体阻断药，主要用于治疗高血压。对心绞痛及心肌梗死，可缩小梗死面积，减少梗死发生率和降低死亡率，减少严重心律失常的发生。主要用于治疗犬的快速型心律失常。

【应用注意】 本品禁用于严重心动过缓、心力衰竭、低血压及妊娠动物。严重支气管痉挛及肝、肾功能障碍动物慎用本品。

【用法与用量】 内服：一次量，犬 0.5～1mg/kg，猫 2～15mg/kg，每 5h 一次。

【制剂与规格】 酒石酸美托洛尔片：50mg，100mg。

◆ 阿替洛尔 ◆

【作用与应用】 本品为 β_1 肾上腺素受体阻断药，但在高剂量时也可阻断 β_2 肾上腺素受体。减慢心率。主要用于犬的心律失常（心房颤动、室上性心动过速）、甲状腺功能亢进、肥厚性心肌病、主动脉瓣狭窄和高血压等。本品与氨氯地平联合用于治疗猫的高血压。

【应用注意】 对心脏有抑制作用的麻醉药、巴比妥类、抗高血压药、地西泮、利尿药及其他抗心律失常药都能增强本品的降血压作用。

【用法与用量】 内服：一次量，犬 0.5～2mg/kg，每 12h 一次；猫 6.25～12.5mg（相当于 3mg/kg），每 12～24h 一次。缓慢静脉注射：一次量，猫 0.1mg/kg。

【制剂与规格】 阿替洛尔片：25mg，50mg，100mg。

（三）Ⅲ类药——延长动作电位时程药

本类药物又称钾通道阻滞药，可减少 K^+ 外流，明显抑制心肌的复极过程，延长动作电位时程和有效不应期，但对动作电位幅度和去极化速率影响小。本类药物中已应用于犬、猫的主要为胺碘酮和索他洛尔。

◆ 胺碘酮 ◆

【作用与应用】　本品为广谱抗心律失常药，化学结构与甲状腺素相似，能阻滞心肌细胞膜钾通道，还可阻滞钠通道和钙通道，并可轻度非竞争性地阻滞 α 受体和 β 受体，从而发挥延长有效不应期、降低自律性、减慢传导、扩张外周血管的作用。主要用于治疗犬、猫各种室上性及室性心律失常，对心房扑动、心房颤动和室上性心动过速疗效好。

【用法与用量】　内服：一次量，犬 10～15mg/kg，每 12h 一次，连续 7d；然后 5～7.5mg/kg，每 12h 一次，连续 14d；之后 7.5mg/kg，每 24h 一次。以上剂量效果不佳时，一次量，犬 25mg/kg，每 12h 一次，连续 4d；然后 25mg/kg，每 24h 一次。

【制剂与规格】　盐酸胺碘酮片：100mg，200mg。

◆ 索他洛尔 ◆

【作用与应用】　本品为选择性钾通道阻滞药，又是非选择性的强效 β 受体阻断药，能明显延长心肌复极时间，对传导几乎无影响。主要用于治疗犬的各种严重室性心律失常，也可治疗阵发性室上性心动过速及心房颤动。

【应用注意】　本品与可减慢心率及降低心收缩力的药物合用时应慎重。

【用法与用量】　内服：一次量，犬、猫 1～2mg/kg，每 12h 一次。对于中型或大型犬，每犬先给予 40mg 本品，每 12h 一次，如无反应，则增至 80mg。

【制剂与规格】　盐酸索他洛尔片：40mg，80mg，160mg。

(四) Ⅳ 类——钙通道阻滞药

该类药物除用于心律失常的治疗外，还用于高血压、心绞痛等的治疗。本类药物中已应用于犬、猫的主要包括维拉帕米和地尔硫卓。

◆ 维拉帕米 ◆

【作用与应用】　本品可阻滞心肌细胞膜的钙通道、抑制 Ca^{2+} 内流、降低心脏自律性、减慢传导速度、延长动作电位时程和有效不应期，并能抑制心肌收缩力、扩张冠状动脉和外周血管。静脉注射适用于治疗犬、猫阵发性室上性心动过速，对高血压伴发心律失常者尤其适用，对强心苷中毒引起的室性早搏也有效。

【应用注意】　本品静脉注射过快或剂量过大可引起心动过缓、房室传导阻滞甚至心脏停搏，也可引起血压下降，诱发心力衰竭。

【用法与用量】　内服：一次量，犬、猫 0.5～1mg/kg，每 8h 一次。缓慢静脉注射：一次量，犬 0.025mg/kg，每 3～5min 一次，连续 8 次；猫 0.05mg/kg，每 5min 一次，连续 4 次。

【制剂与规格】　盐酸维拉帕米片：40mg，80mg，120mg，160mg。盐酸维拉帕米注射液，1mL：2.5mg。

◆ 地尔硫卓 ◆

【作用与应用】　本品又称为硫氮䓬酮，为钙通道阻滞药，阻止 Ca^{2+} 进入细胞内。抑制心脏的作用与维拉帕米相似，但稍弱；抑制房室结传导的作用明显；抑制心肌收缩力较弱，明显地扩张冠状动脉，解除冠状动脉痉挛；扩张外周血管，使血压降低，减轻心脏负荷，减少心脏耗氧量，改善心肌能量代谢。另外，还有 β 受体阻断作用。临床上主要用于犬、猫阵发性、室上性心动过速、心绞痛、高血压和肥厚性心肌病的治疗。

【应用注意】 心功能不全者应禁与β受体阻断药合用；本品对血管活性物质，如儿茶酚胺、乙酰胆碱、组胺等具有非竞争性拮抗作用。

【用法与用量】 内服：一次量，犬 0.5～2mg/kg，猫 1.5～2.5mg/kg（或 7.5～15mg），每 8h 一次。静脉滴注：一次量，猫 1～8μg/（kg·min），先以 0.15～0.25mg/kg 缓慢静脉注射后再静脉滴注。静脉注射：心房颤动，一次量，犬 0.05～0.25mg/kg，每 5min 一次；室上性心动过速，缓慢静脉注射，一次量，犬、猫 0.25mg/kg，等出现反应（约20min）后再重复给药。

【制剂与规格】 盐酸地尔硫卓片：10mg，60mg；盐酸地尔硫卓注射液，1mL：5mg。

三、抗高血压药

抗高血压药又称降压药，是一类能够降低外周血管阻力，使动脉血压下降的药物。抗高血压药虽不能彻底解决高血压病，但能通过控制血压以减轻症状，保持或恢复体力，防止高血压所引起的心力衰竭、肾功能障碍及脑血管病等严重并发症。

目前应用于犬、猫的抗高血压药主要包括扩张血管药、α受体阻断药及血管紧张素转化酶抑制剂三类。

（一）扩张血管药

本类药物可直接松弛血管平滑肌，降低外周阻力，纠正血压上升所致的血流动力学异常。主要药物包括肼屈嗪和硝普钠。

◆ 肼屈嗪 ◆

【作用与应用】 本品为烟酸类衍生物，具有中等强度的降血压作用。主要作用于心血管系统，直接松弛小动脉平滑肌，对静脉作用小，使周围血管阻力降低，以致血压下降。舒张压降低较显著，降压作用快而强，持续时间短。

主要用于肾性高血压及舒张压较高的病例，也可作为妊娠高血压综合征的首选药物。还可增加心排出量，降低血管阻力，治疗犬因二尖瓣关闭不全导致的充血性心力衰竭。单独使用效果不佳，且易引起副反应，常与利血平、氢氯噻嗪、胍乙啶或普萘洛尔合用，以增加疗效。

【应用注意】 主要不良反应包括反射性心动过速，严重的低血压、厌食、呕吐，低血容量、低血压病例以及肾功能障碍或脑内出血病例慎用本品；缓慢增加剂量可使本品不良反应减少；停用本品须缓慢减量，以免血压突然升高；食物可增加其生物利用度，故宜在饲喂后服用。

【用法与用量】 内服：犬 0.5～3mg/kg，每 8～12h 一次；猫 2.5～10mg，每 12h 一次。

【制剂与规格】 盐酸肼屈嗪片：10mg，25mg，50mg。

◆ 硝普钠 ◆

【作用与应用】 本品属速效和短时作用血管扩张药。对动脉和静脉平滑肌均有直接扩张作用，但不影响子宫、十二指肠和心肌的收缩。血管扩张使周围血管阻力降低，因而有降血压作用。血管扩张使心脏前、后负荷均降低，心排血量改善，故对心力衰竭有益。

临床上用于犬、猫的急性肺水肿、高血压急症的紧急降血压，也用于外科麻醉期间进行控制性降压；还用于继发于后二尖瓣反流及主动脉瓣关闭不全的急性心力衰竭，以及严重的难治性充血性心力衰竭。常与多巴胺或多巴酚丁胺联合应用。

【应用注意】 ①一旦停用木品，血压将在 $1\sim10min$ 内回升至给药前水平。给药剂量过大、给药时间过长或严重的肝、肾功能障碍均可导致严重的低血压、氰化物中毒、硫氰酸中毒。②停用本品须缓慢减量，以免血压突然升高。③维生素 B_{12} 缺乏时使用本品，可能使病情加重。而给药期间肠道外给药补充维生素 B_{12} 可防止本品导致的氰化物中毒。④本品临用时以 5％葡萄糖注射液稀释成 $50\ \mu g/mL$ 溶液给药。该药液应避光，一旦颜色发生变化则不能使用。⑤连续给药不能超过 24h。

【用法与用量】 静脉滴注：一次量，犬、猫 $1\sim5\mu g/$（$kg\cdot min$），最大剂量可至 $10\mu g/$（$kg\cdot min$）。一般起始剂量为 $2\mu m/$（$kg\cdot min$），然后每次增加 $1\mu g/$（$kg\cdot min$），直至血压恢复到正常水平。

【制剂与规格】 注射用硝普钠：50mg。

（二）α受体阻断药

◆ 酚苄明 ◆

【理化性质】 本品的盐酸盐为白色结晶性粉末，溶于乙醇、氯仿、丙二醇，略溶于苯，微溶于冷水。

【作用与应用】 本品是作用时间长的 α 肾上腺素受体阻断药，作用较持久，使周围血管扩张，血流量增加，用于犬、猫外周血管疾病、休克及嗜铬细胞瘤引起的高血压。

【应用注意】 有心血管疾病史的动物应慎用本品。

【用法与用量】 内服：一次量，猫 $0.5\sim1mg/kg$，每 12h 一次，连续 5d；犬 $0.5mg/kg$，每 24h 一次。反射性协同障碍：内服，一次量，犬 $0.25\sim1mg/kg$，每 $8\sim24h$ 一次，至少连续 5d。与嗜铬细胞瘤有关的高血压：内服，一次量，犬 $0.2\sim1.5mg/kg$，每 12h 一次，手术前至少连续给药 $10\sim14d$（先以低剂量给药，然后逐渐增加至血压恢复到正常水平），可与普萘洛尔（内服，一次量，犬 $0.15\sim0.5mg/kg$，每 8h 一次）联合应用防止高血压。

【制剂与规格】 盐酸酚苄明片：10mg。

◆ 哌唑嗪 ◆

【作用与应用】 本品为人工合成的喹啉类衍生物，属选择性突触后膜 α_1 肾上腺素受体阻断剂，松弛血管平滑肌，扩张周围血管，降低周围血管阻力，降低血压。与酚妥拉明不同，本品降压时不加快心率。主要用于治疗中度高血压及并发肾功能不良，与噻嗪类利尿药或 β 受体阻断药合用可增强降压效果。也可用于治疗充血性心力衰竭。

【用法与用量】 内服：一次量，体重小于 15kg 的犬 1mg，体重大于 15kg 的犬 2mg，猫 $0.25\sim1mg$，每 $8\sim12h$ 一次。

【制剂与规格】 盐酸哌唑嗪片：1mg，2mg。

（三）血管紧张素转化酶抑制剂

◆ 依那普利 ◆

【作用与应用】 本品内服后在体内水解成依那普利拉，后者强烈抑制血管紧张素转换酶，降低血管紧张素Ⅱ的含量，造成全身血管舒张，引起降压，降压作用强而持久。主要用于高血压，可用于治疗犬、猫的充血性心力衰竭与高血压，还可减少糖尿病、高血压动物的蛋白尿。

【应用注意】 主要不良反应包括低血压、肾损伤、高血钾、厌食、呕吐、腹泻。肾功能障碍病例应调整剂量。

【用法与用量】 心脏疾病：内服，犬 $0.25 \sim 1mg/kg$，猫 $0.25mg/kg$，每 $12 \sim 24h$ 一次。高血压：内服，犬 $3mg/kg$，每 $12 \sim 24h$ 一次。

【制剂与规格】 马来酸依那普利片：$1mg$，$2.5mg$，$5mg$，$10mg$。

◆ 雷米普利 ◆

【基本概况】 本品为白色或类白色结晶性粉末。

【作用与应用】 本品为前体药物，从胃肠道吸收后在肝水解生成雷米普利拉。与依那普利拉相比，雷米普利拉是更强效和长时间作用的血管紧张素转化酶抑制剂，可导致外周血管扩张和血管阻力下降，从而产生有益的血流动力学效应。应用同依那普利。

【应用注意】 同依那普利。

【用法与用量】 内服：一次量，犬 $0.125mg/kg$，每 $24h$ 一次。

【制剂与规格】 雷米普利片：$2.5mg$，$5mg$。

（四）其他药物

◆ 利血平 ◆

【基本概况】 本品为白色或淡黄色结晶或结晶性粉末，无臭，无色，无味。难溶于水，易溶于二氯甲烷、氯仿，微溶于甲醇、丙酮。

【作用与应用】 本品为肾上腺素能神经阻断性抗高血压药，可减少交感神经中去甲肾上腺素贮量，达到抗高血压、减慢心率和抑制中枢神经系统的作用。降压作用起效慢，但作用持久，对高血压病有较好疗效，且毒性小，并有显著的镇静作用，可缓解高血压动物焦虑、紧张和头痛症状。主要用于轻度和中度高血压的治疗。与噻嗪类药合用以增强疗效。

【应用注意】 胃与十二指肠溃疡的犬、猫禁用本品；用药期间如发生明显抑郁，应停止给药。

【用法与用量】 内服：一次量，犬、猫 $0.015mg/kg$，每 $12h$ 一次。肌内注射或静脉注射：一次量，犬、猫 $0.005 \sim 0.01mg/kg$，每 $12h$ 一次。

【制剂与规格】 利血平片：$0.25mg$；利血平注射液，$1mL：1mg$。

四、抗休克药

◆ 多巴胺 ◆

【作用与应用】 本品以激动 β 受体为主，也有一定的 α 受体激动作用。增强心肌收缩力，增加心输出量，轻度收缩外周血管、升高动脉压，扩张内脏血管，增加血流量，为目前较理想的抗休克药。临床上主要用于犬、猫各种类型的休克，包括中毒性、出血性、心源性休克，特别适用于伴有肾功能不全、心输出量降低的休克。

【应用注意】　本品不良反应包括恶心、呕吐、异位搏动、心动过速、高血压或低血压、呼吸困难、血管收缩等；一旦发生渗漏，可在局部应用 5～10mg 酚妥拉明（溶于 10～15mL 生理盐水中）；如出现心律失常，应减少本品剂量或停止用药；使用本品前应先输液，以补充血容量。

【用法与用量】　静脉滴注：一次量，犬 2～10 $\mu g/(kg \cdot min)$，猫 1～5 $\mu g/(kg \cdot min)$。

【制剂与规格】　多巴胺注射液，2mL：20mg。

◆ **多巴酚丁胺** ◆

【作用与应用】　本品又称为杜丁胺，为选择性 β_1 受体激动剂，能增强心肌收缩力，增加心输出量，但较少引起心动过速。对心肌梗死后的休克有较好疗效，其效果优于异丙肾上腺素，且较为安全。主要用于犬、猫扩张型心肌病，以改善心脏收缩力、降低舒张压和肺毛细血管压。

【用法与用量】　静脉滴注：一次量，犬 2～5 $\mu g/(kg \cdot min)$，猫 5～20 $\mu g/(kg \cdot min)$。

【制剂与规格】　多巴酚丁胺注射液，5mL：250mg。

◆ **间羟胺** ◆

【基本概况】　本品又称为阿拉明，重酒石酸盐为白色结晶性粉末，几乎无臭。

【作用与应用】　本品可直接激动 α 受体，对 β 受体作用弱，对血管尤其是小动脉和小静脉产生强而持久的收缩作用，升压作用缓慢但持续时间较长。主要用于犬、猫各种休克，如心源性、感染性休克的治疗。

【应用注意】　甲状腺功能亢进、高血压、充血性心力衰竭及糖尿病动物慎用本品；不宜与碱性药物共同滴注，且静脉注射不可外漏，以免引起组织坏死；有蓄积作用，如用药后升压不明显，观察 10min 后再决定是否增加药量；长期连续使用可引起耐受性。

【用法与用量】　静脉滴注：一次量，犬 2～10mg。

【制剂与规格】　重酒石酸间羟胺注射液，1mL：10mg，5mL：50mg。

五、止血药与抗凝血药

机体内血凝和抗血凝，纤溶和抗纤溶过程维持动态平衡，以保证循环系统的血液处于流动状态。一旦血凝和抗血凝平衡被打破，就会出现血栓性或出血性疾病，临床分别采用止血药或抗凝血药对症治疗。

（一）止血药

◆ **维生素 K_1** ◆

【基本概况】　本品为黄色至橙色的透明黏稠液体，无臭或几乎无臭，遇光易分解。

【作用与应用】　维生素 K_1 为天然维生素 K，也可人工合成。其主要功能是促进肝合成凝血酶原（凝血因子Ⅱ）和凝血因子Ⅶ、Ⅸ、Ⅹ，并起激活作用，参与凝血过程。动物缺乏维生素 K 可导致内出血，外伤凝血时间延长或流血不止。

本品主要用于治疗维生素 K 缺乏所引起的出血性疾病，以及其他出血性疾病，如犬细小病毒病引起的肠道出血，抗凝血杀鼠剂华法林以及化学结构与华法林相似的抗凝血性杀鼠药敌鼠钠、杀鼠酮等中毒引起的出血的辅助治疗。

【应用注意】 维生素 K_1 注射液静脉注射时应缓慢。维生素 K_1 注射液要遮光、密闭、防冻保存,如有油滴析出或分层,则不宜使用,但可在遮光条件下加热至 70~80℃,振摇使其自然冷却,如澄明度正常,仍可继续使用。

巴比妥类药物在肝能增加药物代谢酶的合成,促使维生素 K 代谢加速而迅速失效,两者不宜合用。

【用法与用量】 华法林或其他第一代香豆素类中毒或维生素 K_1 缺乏:皮下注射,犬、猫起始剂量 2.5mg/kg(分点注射),然后内服,一次量 0.25~2.5mg/kg,每 8~12h 一次,连续 5~7d。

敌鼠钠或其他第二代香豆素类(溴鼠灵)杀鼠药中毒:皮下注射,犬、猫起始剂量 5mg/kg(分点注射),然后内服,一次量 5mg/kg,每 8~12h 一次,连续 14d。给药期间注意监测机体凝血状况。

未知的抗凝血药中毒:皮下注射,犬、猫起始剂量 2.5mg/kg(分点注射),然后内服,一次量 2.5mg/kg,每 8~12h 一次,连续 7d。给药期间注意监测机体凝血状况。

胆汁淤积性肝病:肌内注射,一次量,犬、猫 0.5mg/kg。每 12h 一次,连续 3d。

慢性肝疾病:内服,一次量,犬、猫 0.5mg/kg,每 7~20d 一次。

【制剂与规格】 维生素 K_1 片:10mg。维生素 K_1 注射液,1mL:10mg。

◆ 酚磺乙胺 ◆

【基本概况】 本品又称为止血敏,为白色结晶性粉末,易溶于水,遇光易分解。

【作用与应用】 本品能促进血小板的生成,增强血小板的黏合力并促进释放凝血活性物质,缩短凝血时间,达到止血效果。还能使血管收缩,增强毛细血管的抵抗力,降低毛细血管通透性,防止外渗。主要用于预防和治疗各种出血性疾病,如脑、鼻、胃、肾、膀胱、子宫出血,外科手术的出血,以及犬细小病毒病引起的消化道出血的辅助治疗。

【用法与用量】 肌内注射或静脉注射:一次量,犬 250~500mg,猫 125~250mg。

【制剂与规格】 酚磺乙胺注射液,2mg:0.5g。

(二)抗凝血药

◆ 肝素 ◆

【作用与应用】 本品在体内和体外均有迅速而强大的抗凝作用,对凝血过程每一步几乎均有抑制作用。静脉注射后其抗凝作用立即产生,但深部皮下注射则需 1~2h 后才起作用。

本品可用于犬、猫的弥散性血管内凝血,血栓栓塞性疾病或潜在的血栓性疾病,如心肌疾病等。低剂量给药可用于减少心丝虫杀虫药治疗的并发症,还用于体外血液样本的抗凝血。

【应用注意】 各种黏膜出血是本品主要的不良反应。出血轻者停药即可,严重者可静脉缓注肝素特效解毒剂——硫酸鱼精蛋白,每 1mg 鱼精蛋白可中和 100IU 肝素。

【用法与用量】 血栓栓塞性疾病:静脉或皮下注射,一次量,犬 150~250 IU/kg,猫 250~375 IU/kg,每 8h 一次。弥散性血管内凝血:静脉注射或皮下注射,一次量,犬、猫 75 IU/kg,每 8h 一次。治疗弥散性血管内凝血(DIC):静脉注射,犬、猫起始剂量 100~200 IU/kg,4h 后重复一次,然后改皮下注射,每 8h 一次。

【制剂与规格】 肝素钠注射液,2mL:0.5g。

◆ **伊诺肝素** ◆

【作用与应用】　本品属低分子质量肝素，是普通肝素经化学分离方法制备的一种短链制剂。本品的药效学和药动学优于普通肝素，具有活性强、作用时间长、引起出血并发症少等优点，在临床已逐渐取代普通肝素。本品具有强大而持久的抗血栓形成作用，与普通肝素比较，皮下注射吸收迅速而完全，抗凝剂量较易掌握，作用持续时间长，出血等不良反应较轻。主要用于治疗和预防犬、猫的各种凝血障碍疾病，如血栓栓塞症、静脉血栓、肺血栓栓塞症等，还可预防弥散性血管内凝血（DIC）。

【应用注意】　本品不宜与其他药物混用，不宜与其他抗凝血药或非甾体消炎药（尤其是阿司匹林）合用。

【用法与用量】　皮下注射：一次量，犬 1mg/kg，每 12h 一次。预防猫血栓形成时用量为0.5mg/kg，每 24h 一次。治疗血栓：1mg/kg，每 12h 一次。

【制剂与规格】　伊诺肝素钠注射液，0.3mL：30mg，0.4mL：40mg，0.5mL：50mg。

◆ **达替肝素** ◆

【作用与应用】　本品也属低分子质量肝素，作用和应用与伊诺肝素相似。

【应用注意】　本品只可皮下注射，不能肌内注射。

【用法与用量】　皮下注射：一次量，预防血栓，犬 70 IU/kg；治疗血栓，犬 200 IU/kg，猫 100 IU/kg，每 24h 一次（对高危动物，缩短治疗间隔到 12h 一次；对低危动物，减少剂量到 50 IU/kg）。

【制剂与规格】　达替肝素钠注射液，0.2mL：2 500 IU，0.2mL：5 000 IU。

◆ **双嘧达莫** ◆

【作用与应用】　本品又称为潘生丁，可抑制血小板聚集，并抑制各种组织中的磷酸二酯酶（PDE），发挥抗血栓形成作用。主要用于犬、猫抗血小板聚集，预防血栓形成。

【用法与用量】　内服：一次量，犬、猫 4～10mg/kg，每 24h 一次。

【制剂与规格】　双嘧达莫片：25mg，50mg，75mg。

◆ **华法林** ◆

【作用与应用】　本品又称为苄丙酮香豆素，是香豆素类抗凝剂的一种，在体内有对抗维生素 K 的作用。可以抑制维生素 K 参与的凝血因子的合成。对血液中已有的凝血因子并无抵抗作用。因此，不能作为体外抗凝药使用，体内抗凝也须有活性的凝血因子消耗后才能有效，起效后作用和维持时间也较长。内服，预防和治疗犬、猫的血栓栓塞性疾病。

【应用注意】　本品可能会引起出血，应定期作凝血酶原试验，根据凝血酶原活性调整剂量与疗程，当凝血酶原活性下降至 25% 以下时，必须停药。保泰松、肝素、水杨酸盐和同化激素均可增强本品作用，巴比妥类、水合氯醛、灰黄霉素可减弱本品的作用。

【用法与用量】　内服：一次量，犬 0.2～0.5mg/kg，猫 0.2mg/kg，每 24h 一次。

【制剂与规格】　华法林片：1mg，3mg，5mg。

六、抗贫血药

抗贫血药是指能补充造血物质，促进造血功能，用于贫血补充治疗的一类药物。

◆ **铁制剂** ◆

【作用与应用】 内服铁制剂包括硫酸亚铁、枸橼酸铁铵、富马酸亚铁等。注射铁剂有右旋糖酐铁等。内服铁剂以 Fe^{2+} 形式在小肠上段吸收入肠黏膜后，部分转为 Fe^{3+}，与去铁蛋白结合成铁蛋白而储存；另一部分铁吸收进入血液后，与转铁蛋白结合成复合物，再与胞浆膜上的特异性转铁蛋白受体结合，通过胞饮作用进入细胞，随后在酸性小室内 pH 依赖性地将铁离子释放，供造血和储存。主要用于治疗犬、猫的缺铁性贫血，如因慢性失血、营养不良、妊娠、生长发育期等引起的缺铁性贫血。连服 2～3 周即可改善症状。

【应用注意】 铁制剂内服的不良反应为胃肠道刺激症状，表现为恶心、呕吐、腹痛、腹泻等，宜饲喂后服用；内服铁制剂禁用于消化道溃疡、肠炎动物；注射用铁制剂肌内注射时可引起局部疼痛，应深部肌内注射；注射用铁制剂极易过量而致中毒，需严格控制剂量。

含钙、磷酸盐、鞣酸及抗酸药均可使内服铁盐沉淀，妨碍其吸收。也可与四环素类形成络合物，互相妨碍吸收。

【用法与用量】 硫酸亚铁：内服，一次量，犬 100～300mg/kg，猫 50～100mg/kg，每 24h 一次。右旋糖酐铁：用于缺铁性贫血，肌内注射，一次量，犬 10～20mg/kg，然后内服硫酸亚铁；预防暂时性新生猫缺铁性贫血，18 日龄猫用 50mg。

【制剂与规格】 硫酸亚铁片：200mg；右旋糖酐铁注射液，1mL：50mg。

学习单元 4 　 泌尿生殖系统药物

一、利 尿 药

◆ **呋塞米** ◆

【基本概况】 本品又称速尿，为白色或类白色的结晶性粉末，无臭，几乎无味。不溶于水，常制成片剂和注射液。

【作用与用途】 ①本品能抑制肾小管髓袢升枝的髓质部和皮质部对 Cl^- 和 Na^+ 的重吸收，导致管腔液 Na^+、Cl^- 浓度升高，髓质间液 Na^+、Cl^- 浓度降低，肾小管浓缩功能下降，从而导致水、Na^+、Cl^- 排泄增多。②能促进远曲小管 Na^+-K^+ 和 Na^+-H^+ 交换增加，K^+、H^+ 排泄增多。本品主要用于治疗各种原因引起的全身水肿及对其他利尿药无效的严重病例，也可用于预防急性肾衰竭以及药物中毒时加速排出。

【应用注意】 ①长期大量用药可出现低血钾、低血氯及脱水，应补钾或与保钾性利尿药配伍或交替使用。②本品具耳毒性，猫静脉注射大剂量可致耳鸣、听力下降或暂时性耳聋等。犬在较高剂量（22mg/kg）时，也会发生听力损失。应避免与有耳毒性的氨基糖苷类抗生素合用，以免加重耳毒性反应。③本品禁用于无尿症。

【用法与用量】 用作一般利尿药：内服、肌内注射、静脉注射或皮下注射，一次量，犬 2～6mg/kg，猫 1～4mg/kg，每 8～24h 一次。

严重肺水肿：肌内注射或静脉注射，一次量，犬 7.7mg/kg，猫 4.4mg/kg。每 1～2h 一次，直到呼吸状况改善。

心力衰竭：内服，一次量，轻度心力衰竭的犬 1.1mg/kg，每 48h 一次；严重力衰竭的犬 4.4mg/kg，每 8h 一次。轻度心力衰竭的猫 1.1mg/kg，每 48～72h 一次；严重心力衰竭的猫 2.2mg/kg，每 8～12h 一次。通常可与血管紧张素 I 转化酶抑制剂（如依那普利和雷米普利）及地高辛同时使用（对于较难内服给药的猫，可能需要用 6.6mg/kg，每 12h 一次；或 15.4mg/kg，每天一次）。

用作腹水症时的利尿药：内服或皮下注射，一次量，犬、猫 1～2mg/kg，每 12～24h 一次。

用作抗高血压药：内服，一次量，犬、猫 1～2mg/kg，每 12h 一次。

【制剂与规格】　呋塞米片：20mg，50mg；呋塞米注射液，2mL：20mg，10mL：100mg。

◆ 氢氯噻嗪 ◆

【基本概况】　本品为白色结晶性粉末，无臭，味微苦。本品不溶于水，常制成片剂。

【作用与应用】　①本品能抑制髓袢支皮质部和远曲小管的前段对 Na^+、Cl^- 的重吸收，从而起到排钠利尿作用。②促进远曲小管和集合管对 K^+、Na^+ 的交换，K^+ 的排泄也增加。临床上主要用于治疗肝、心、肾性水肿。也可用于治疗局部组织水肿，以及某些急性中毒，加速毒物排出。

【应用注意】　①本品属中效利尿药，大量或长期应用引起体液和电解质平衡紊乱，导致低钾性碱血症、低氯性碱血症；与皮质激素同时应用会增加低血钾症发生的机会。②可产生胃肠道反应（如呕吐、腹泻等）。③严重肝、肾功能障碍和电解质平衡紊乱的患畜慎用。④宜与氯化钾合用，以免发生低血钾症。

【用法与用量】　用作利尿药：内服，一次量，犬、猫 3～4mg/kg，每 12h 一次。治疗肾源性尿崩症：内服，一次量，犬、猫 0.5～1.0mg/kg，每 12h 一次。治疗系统性高血压：内服，一次量，犬、猫 1mg/kg，每 12～24h 一次。可与螺内酯联合使用（1～2mg/kg 内服，每 12h 一次），以减少钾的流失。治疗复发性的草酸钙结石及肾性高钙尿症：内服，一次量，犬、猫 2mg/kg，每 12h 一次。

【制剂与规格】　氢氯噻嗪片：25mg，50mg；氢氯噻嗪口服溶液，1mL：10mg。

◆ 螺内酯 ◆

【基本概况】　本品为白色或类白色细微结晶性粉末，有轻微硫醇臭。易溶于氯仿、苯和醋酸乙酯，溶于乙醇。

【作用与应用】　本品为人工合成的醛固酮拮抗剂。化学结构与醛固酮相似，在远曲小管和集合管与醛固酮受体有很强的亲和力，但无内在活性，起竞争性拮抗醛固酮的作用。抑制 Na^+ 的重吸收和减少 K^+ 的分泌，尿中 Na^+、Cl^- 排出增加，K^+ 的排泄减少，故又称为保钾利尿药。利尿作用不强，起效慢但作用持久。临床较少单用，常与噻嗪类或呋塞米合用，治疗肝性或其他各种水肿。

【不良反应与注意】　本品有保钾作用，应用时无需补钾，但久用可致高血钾，尤其对肾功能不良的动物更易发生；肾衰竭及高血钾动物忌用。

【用法与用量】　内服：一次量，犬、猫 2～4mg/kg，每 24h 一次。

【制剂与规格】　螺内酯胶囊：20mg；螺内酯片：25mg。

◆ 氨苯喋啶 ◆

【基本概况】　本品为黄色结晶性粉末，无臭或几乎无臭，无味。在水、乙醇、氯仿或乙醚中不溶，在冰醋酸中极微溶解。

【作用与应用】 本品属保钾利尿药，利尿作用不强，可直接抑制肾远端小管和集合管的 Na^+-K^+ 交换，从而使 Na^+、Cl^-、水排泄增多，而 K^+ 排泄减少。主要用于治疗犬、猫各种水肿性疾病，包括充血性心力衰竭、肝硬化腹水、肾病综合征等，以及肾上腺糖皮质激素治疗过程中发生的水钠潴留，在于纠正上述情况时的继发性醛固酮分泌增多，并拮抗其他利尿药的排钾作用。

【应用注意】 长期应用本品可发生高钾血症，严重肾功能不全者禁用。

【用法与用量】 内服：一次量，犬、猫 0.5～3mg/kg，每 24h 一次。

【制剂与规格】 氨苯蝶啶片：50mg。

二、脱 水 药

脱水药是指能够消除组织水肿的药物。一般为低分子质量物质，静脉注射后在体内不被代谢，能增加血浆和肾小管液的渗透压，增加尿量，故又称渗透性利尿药。本类药物中应用于犬、猫的主要为甘露醇，而尿素和高渗葡萄糖现已少用。

◆ 甘露醇 ◆

【基本概况】 本品为白色结晶性粉末，无臭，味甜，易溶于水，几乎不溶于乙醇或乙醚。

【作用与应用】 本品内服不易吸收，需静脉注射给药。静脉注射高渗溶液后，不能由毛细血管透入组织，故可迅速提高血液的渗透压，以致组织间液水分向血液转移，使组织脱水、颅内压和眼内压迅速下降。此外，注入的高渗药液经肾小球滤过，几乎不被肾小管重吸收，使肾小管尿液呈高渗状态，滞留足够的水分以维持其渗透压，增加水和电解质经肾排出，产生利尿作用。本品的脱水作用较强，作用迅速，静脉注射后 20～30min 见效，2～3h 达到高峰，持效时间为 6～8h。

治疗脑水肿的首选药，也用于其他组织水肿、休克、手术或创伤及出血后急性肾功能衰竭后的无尿、少尿症。还用于加快某些毒物（如阿司匹林、巴比妥类和溴化物等）的排泄。

【应用注意】 本品静脉注射时勿漏出血管外，以免引起局部肿胀、坏死；必要时，每隔 6～12h 重复静脉注射一次；心脏功能不全病例不宜应用，以免引起心力衰竭；不能与高渗氯化钠溶液配合使用，因氯化钠促进其排出；用量不宜过大，注射速度不宜过快，以防组织严重脱水。

【用法与用量】 利尿：缓慢静脉注射（4mL/min）5％～25％甘露醇溶液，一次量，犬、猫 1g/kg。急性青光眼或中枢神经系统水肿：静脉滴注（30～60min）15％～25％甘露醇溶液，一次量，犬、猫 1～2g/kg，48h 内重复 2～4 次。少尿型肾衰竭初期（替代呋塞米和多巴胺）：缓慢静脉注射，一次量，犬、猫 0.25～0.5g/kg（使用本品前应先补液）。

【制剂与规格】 甘露醇注射液，100mL：20g，250mL：50g，500mL：100g。

三、尿液酸化剂与碱化剂

尿液酸化剂与碱化剂是使尿液呈酸性或碱性的物质，用于促进体内有害碱性或酸性物质的排除、促进结石的排出及调节尿道局部药物浓度。酸化剂常用氯化铵、蛋氨酸，碱化剂常用碳酸氢钠、乳酸钠、枸橼酸钾。

◆ **蛋氨酸**（甲硫氨酸）◆

【基本概况】　本品为白色薄片状结晶或结晶性粉末，溶于水、稀酸和碱。

【作用与应用】　本品是含硫必需氨基酸，与生物体内各种含硫化合物的代谢密切相关。在犬、猫主要作为尿路酸化剂用于防止某些类型结石的形成（如磷酸铵氧化镁结石和草酸盐结石），降低尿氨味。也可用于对乙酰氨基酚中毒的解救。

【应用注意】　本品过量可导致代谢性酸中毒，不宜用于肝、肾功能障碍或年幼动物。

【用法与用量】　酸化尿液：内服，一次量，犬 0.2～1g，猫 0.2g，每 8h 一次。调整剂量至尿液 pH 至 6.5 或更低。对乙酰氨基酚中毒：内服，一次量，犬、猫 2.5g，每 4h 一次，连续 4 次。

【制剂与规格】　蛋氨酸片：250mg。

◆ **枸橼酸钾** ◆

【基本概况】　本品为白色颗粒状结晶或白色结晶性粉末，无臭，味咸。微有吸湿性，易溶于水或甘油，几乎不溶于乙醇。

【作用与应用】　本品为碱性钾盐，可增加肾小管对钙离子的重吸收，碱化尿液。可用于草酸盐及尿酸盐尿石症的利尿及碱化尿液，真菌性尿道感染，并用于低血钾症、钾缺乏症。

【用法与用量】　内服：一次量，犬、猫 75mg/kg，每 12h 一次。

【制剂与规格】　30% 枸橼酸钾口服溶液。

四、生殖系统药物

犬、猫生殖系统用药，目的在于提高或抑制繁殖力，调节繁殖进程，增强抗病能力等。当机体生殖激素分泌不足或过多，引发产科疾病或繁殖障碍，需要使用药物进行调节。

（一）雄激素类药物

天然的雄激素为睾酮，甲基睾丸素、丙酸睾丸素、苯丙酸诺龙均为人工合成的雄激素。

◆ **甲基睾丸素** ◆

【基本概况】　本品又称为甲睾酮、甲基睾丸酮，为白色或类白色结晶性粉末，无臭，无味，微有引湿性，易溶于乙醇、丙酮、氯仿，不溶于水。

【作用与应用】　本品属人工合成的雄激素。能促进雄性生殖器官发育，维持第二性征，保证精子正常发育、成熟，维持精囊腺和前列腺的分泌功能。兴奋中枢神经系统，引起性欲和性兴奋；还有对抗雌激素，抑制雌性动物发情的作用。促进蛋白质合成（同化作用），减少蛋白质的分解，使肌肉增长，骨质致密，体重增加，引起氮、钙、磷、钾、钠、硫和氯在体内滞留。

主要用于治疗雄激素缺乏所致的隐睾症，成年犬、猫雄激素分泌不足的性欲缺乏，诱导发情。对于雌性犬、猫可用于治疗乳腺囊肿，抑制泌乳和雌犬的假妊娠，抑制雌性犬、猫发情，但效果不如孕酮。

【应用注意】　本品有一定程度的肝毒性，损害雌性胎儿，妊娠动物禁用。前列腺肿患犬和泌乳期犬、猫禁用本品。

【用法与用量】　内服：一次量，犬、猫 0.5～2.5mg/kg，每 24h 一次。

【制剂与规格】 甲基睾丸素片：5mg。

◆ 丙酸睾丸素 ◆

【基本概况】 本品又称为丙酸睾酮，为白色或类白色结晶性粉末，无臭，易溶于乙醇、乙醚、氯仿，不溶于水。

【作用与应用】 本品属睾酮的酯化衍生物，药理作用与甲基睾丸素相同。主要用于因睾丸肿瘤产生雌激素导致雌性化的治疗，抑制母犬、母猫发情，治疗母犬的假妊娠、睾酮反应性尿失禁及脱毛。

【用法与用量】 肌内注射或皮下注射：一次量，犬 2.5～10mg/kg，猫 2.5～5mg/kg，每月一次。

【制剂与规格】 丙酸睾丸素注射液，1mL：25mg，1mL：50mg。

◆ 苯丙酸诺龙 ◆

【基本概况】 本品又称为苯丙酸去甲睾酮，为白色或类白色结晶性粉末，有特殊臭，易溶于乙醇，不溶于水。

【作用与应用】 本品为人工合成的睾酮衍生物，为蛋白质同化激素，作用比甲基睾丸素和丙酸睾丸素强而持久，其雄激素作用较小。可用于组织分解旺盛的疾病，如严重寄生虫病、犬瘟热、糖皮质激素过量导致的组织损耗，大手术后、骨折、创伤等的恢复期，营养不良动物虚弱性疾病的恢复及老年动物的衰老症。

【应用注意】 本类药物尚有促进食欲、刺激生长的作用，但我国和一些国家已禁止此用途；本品服用时，应增加蛋白质的供给；长期使用本品也能产生雄激素样不良反应；肝、肾功能障碍动物禁用本品。

【用法与用量】 肌内注射或皮下注射：一次量，犬、猫 1～5mg/kg，每 21d 一次。犬一次给药最高剂量可达 40～50mg，猫一次给药最高剂量可达 20～25mg。

【制剂与规格】 苯丙酸诺龙注射液，1mL：10mg，1mL：25mg。

（二）雌激素类药物

◆ 雌二醇 ◆

【基本概况】 本品为白色或乳白色结晶性粉末，无臭。易溶于丙酮，略溶于乙醇，不溶于水。

【作用与应用】 本品为卵巢分泌的主要雌激素，对未成年动物，可促进性器官形成及第二性征发育。对成年雌性动物，除维持第二性征外，还可促进输卵管的肌肉和黏膜生长发育；促进子宫及其黏膜生长，增强子宫的收缩活动，此作用可被催产素进一步加强，而被孕激素所抑制；还可使子宫颈周围的结缔组织松软，子宫颈口松弛。给雄性动物应用雌激素后，产生对抗雄激素的作用，抑制第二性征发育，降低性欲。另外，还可增强食欲，促进蛋白质合成。

本品主要用于治疗犬、猫子宫炎和子宫蓄脓，帮助排出子宫内的炎性物质。也可治疗前列腺肥大，雄犬的肛门腺瘤，老年犬或阉割犬的尿失禁，雌性犬或猫性器官发育不全，雌犬过度发情，假孕犬的乳房胀痛，诱导泌乳等。还可用于犬、猫误配后防止怀孕、终止妊娠或排出死胎，配合催产素可用于分娩时的子宫肌无力。

【应用注意】 雌激素所诱导的发情不排卵，动物配种不怀孕；大剂量、长期或不当使用本品，可发生卵巢囊肿或慕雄狂、流产、卵巢萎缩、性周期停止等不良反应。

【用法与用量】　环戊丙酸雌二醇，肌内注射，一次量，犬 $22 \sim 44$ $\mu g/kg$（总剂量不超过 1mg），猫 250 μg（交配后 40h 到 5d）。误配后防止怀孕：肌内注射，一次量，犬 $0.02 \sim 0.044mg/kg$，交配后 72h 内或停止发情 $3 \sim 5d$ 内使用（发情期间或发情早期肌内注射一次可防止误配怀孕）；猫 $0.125 \sim 0.25mg/kg$，交配后 72h 内使用。

【制剂与规格】　苯甲酸雌二醇注射液，1mL：1mg，1mL：2mg；环戊丙酸雌二醇注射液，1mL：2mg。

（三）孕激素类药物

天然孕激素为黄体酮，体内含量极少。临床上用其人工合成品，如甲羟孕酮、甲地孕酮等。

◆ **黄体酮**（孕酮）◆

【基本概况】　本品为白色或几乎白色的结晶性粉末，无臭，无味。易溶于氯仿、乙醇、乙醚，不溶于水。

【作用与应用】　本品在妊娠期能抑制子宫收缩，减弱子宫平滑肌对催产素的敏感性，起"安胎"作用。还能使子宫颈口关闭，分泌黏液，阻止精子通过，防止病原侵入；抑制卵巢的排卵，有避孕作用；能刺激乳腺腺泡的发育，为泌乳做准备。主要用于治疗习惯性或先兆性流产，尤其是非感染性因素引起的流产和怀孕早期因黄体功能不足所致的流产；卵巢囊肿引起的慕雄狂，还可用于抑制发情。

【应用注意】　长期使用本品可使妊娠期延长。

【用法与用量】　肌内注射或皮下注射：一次量，犬 $1 \sim 3mg/kg$，猫 $0.2 \sim 2mg/kg$。

【制剂与规格】　黄体酮注射液，1mL：1mg，1mL：2mg。

◆ **甲羟孕酮** ◆

【作用与应用】　本品为长效孕激素类，作用与黄体酮相似，但较黄体酮强 $20 \sim 30$ 倍，肌内注射后储存在组织中缓慢释放，产生长效作用，不良反应比甲地孕酮少。临床上主要用于控制发情周期，如防止或中止雌性犬、猫的发情，也用于治疗犬、猫的一些行为问题，如攻击性强或雄性间的争斗、皮肤功能紊乱（精神性脱毛症）、嗜酸性角膜炎（猫增生性角膜炎）和猫的喷尿症、精神性皮炎。但因本品治疗犬、猫行为问题时复发率高且具有与激素相关的不良反应，并不鼓励应用。还可用于降低雄犬性欲及治疗前列腺增生。

【应用注意】　本品不良反应包括多食多饮、肾上腺抑制（猫）、子宫蓄脓、腹泻、糖尿病、肿瘤，猫单剂量注射本品可导致乳腺纤维上皮增生。

妊娠及糖尿病犬、猫禁用本品；皮下注射可能导致永久性局部脱毛、皮肤萎缩及脱色。

【用法与用量】

肌内注射：一次量，犬、猫 $1.1 \sim 2.2mg/kg$，每 7d 一次。

行为问题（攻击性行为）：皮下注射，一次量，犬、猫 $10 \sim 20mg/kg$，如需要可重复给药，但每年不得超过 3 次。

防止雌犬发情：皮下注射，一次量，体重小于 5kg 的犬 12.5mg，$5 \sim 8kg$ 的犬 25mg，$8 \sim 12kg$ 的犬 36mg，体重大于 12kg 的犬 $3mg/kg$，发情前 $6 \sim 8$ 周给药。

终止雌犬发情：内服，一次量，体重小于 15kg 的犬 10mg，每 24h 一次，连续 4d；然后 5mg，每 24h 一次，连续 12d。体重大于 15kg 的犬剂量加倍（于雌犬发情前期开始出血时给药）。

防止雌猫发情：内服，一次量 5mg，每 7d 一次，于间情期或不动情期开始给药。

前列腺增生：肌内注射或皮下注射，一次量，犬 50~100mg/kg，每 3~6 月一次。

猫的精神性皮炎：皮下注射，一次量 10mg/kg，每 3 月一次。

【制剂与规格】 醋酸甲羟孕酮片：5mg；醋酸甲羟孕酮注射液，1mL：50mg。

◆ **甲地孕酮** ◆

【作用与应用】 本品为内服孕激素类，在兽医临床上可用于雌犬、雌猫延迟或阻止发情，治疗假妊娠、雌激素依赖型乳腺肿瘤，猫的粟粒状皮炎、嗜酸性肉芽肿、嗜酸性角膜炎（猫增生性角膜炎）。

【应用注意】 与甲羟孕酮相同。

【用法与用量】

阻止犬发情：内服，一次量，发情前期 2mg/kg，每 24h 一次，连用 8d；间情期 0.5mg/kg，每 24h 一次，连用 30d。

阻止猫发情：内服，一次量 2.5mg，每 7d 一次；或于猫开始鸣叫时内服给药 5mg，每 24h 一次，连用 3d。

治疗犬的行为问题：内服，一次量 2~4mg/kg，每 24h 一次，连用 8d（降低剂量用于维持）。

前列腺增生：内服，一次量，犬 0.5mg/kg，每 24h 一次，连用 4~8 周。

假孕：内服，一次量，犬 2mg/kg，每 24h 一次，连用 5~8d。

防止阴道超常增生：内服，一次量，犬 2.2mg/kg，连用 7d，发情前期用药。

治疗严重的乳溢：内服，一次量，犬 0.55mg/kg，每 24h 一次，连用 7d。

用于辅助治疗攻击性行为及不可接受的雄性行为：内服，一次量，犬 1.1~2.2mg/kg，每 24h 一次，连用 14d；然后 0.5~1.1mg/kg，每 24h 一次，连用 14d，同时进行行为矫正。

治疗雌激素依赖型乳腺肿瘤：内服，一次量，犬 2mg/kg，每 24h 一次，连用 10d。

治疗皮肤病或喷尿症：内服，一次量，猫 2.5~5mg，每 24h 一次，连用 7d；然后降低剂量到 2.55mg，每周 1~2 次。

治疗猫自发性的粟粒性皮炎：内服，一次量 2.5~5mg/kg，每 48h 一次，然后每周用药一次以维持，可能需要终生治疗。

嗜酸性细胞肉芽肿辅助治疗：内服，一次量，猫 0.5mg/kg，每 24h 一次，连用 2d。

用于治疗嗜酸性角膜炎（猫增生性角膜炎）：内服，一次量，猫 0.5mg/kg，每 24h 一次，直至有反应，然后减少剂量到 1.25mg，每周 2~3 次。

治疗尿液标记、攻击行为及焦虑：内服，一次量，猫 5mg，每 24h 一次，连用 5~7d，然后每周一次。

【制剂与规格】 醋酸甲地孕酮片：5mg，20mg。

(四) 子宫收缩药

子宫收缩药是一类选择性地兴奋子宫平滑肌的药物，主要包括麦角新碱和前列腺素类药物等。本类药物因子宫所处的激素环境、药物种类及用药剂量的不同而表现为节律性收缩或强直性收缩，可用于催产、引产、产后止血或子宫复原。

◆ **垂体后叶注射液** ◆

【基本概况】　本品为垂体后叶水溶性成分的灭菌水溶液。

【作用与用途】　本品含缩宫素和加压素，有收缩子宫、抗利尿和升高血压的作用。主要用于催产、产后子宫出血和胎衣不下等。

【应用注意】　①临产时，若产道阻塞、胎位不正、骨盆狭窄、子宫颈尚未开放等禁用。②用量大时可引起血压升高、少尿及腹痛。

【用法与用量】　皮下、肌内注射，一次量，犬 2～10 U；猫 2～5 U。

◆ **麦角新碱** ◆

【基本概况】　本品的马来酸盐为白色或类白色结晶性粉末，无臭，遇光易变质，微有吸湿性，略溶于水。

【作用与应用】　本品系从麦角中提取出来的生物碱类，可选择性兴奋子宫平滑肌，作用强而迅速。妊娠期较未孕期子宫对麦角碱类更敏感，临产时最敏感。作用较缩宫素强而持久，对子宫体和子宫颈都兴奋，作用无显著性差异，故不适用于催产或引产，否则会使胎儿窒息及子宫破裂。临床上主要用于子宫需要长时间强烈收缩的情况，如产后子宫出血、子宫复原和胎衣不下。

【应用注意】　未分娩时禁用本品。

【用法与用量】　肌内注射或静脉注射：一次量，犬 0.2～0.5mg，猫 0.07～0.2mg。

【制剂与规格】　马来酸麦角新碱注射液，1mL：0.5mg，1mL：2mg。

? 复习思考题

一、填空题

1. 治疗习惯性或先兆性流产可使用＿＿＿＿＿＿＿＿＿＿＿＿＿。

2. 强效利尿剂有＿＿＿＿＿＿＿＿＿＿＿＿＿。

3. 抢救心搏骤停的主要药物是＿＿＿＿＿＿＿＿＿＿＿。

4. 缺铁性贫血的患病动物可服用＿＿＿＿＿＿＿＿＿＿＿＿药物进行治疗。

5. 妊娠动物禁用氟苯尼考，因其对胚胎有＿＿＿＿＿＿＿＿＿＿＿＿作用。

6. 叶酸可用于治疗＿＿＿＿＿＿＿＿＿＿＿＿＿。

二、简答题

1. 如何合理应用健胃药与助消化药、制酵药与消沫药？止泻药的临床应用有哪些？

2. 简述祛痰药、镇咳药及平喘药的临床配伍应用。

3. 强心药的分类及其作用特点是什么？

4. 简述止血药的种类及其特点，抗凝血药的特点及其临床应用。

5. 简述利尿药与脱水药的异同点。

6. 简述垂体后叶素与麦角新碱的作用特点及其应用。

学习情境 11
犬、猫常用特效解毒药

知识目标

- 掌握有机磷类中毒的机理及其解救药物。
- 掌握金属及类金属中毒的机理及其解救药物。
- 掌握有机氟中毒的机理及其解救药物。
- 掌握亚硝酸盐中毒的机理及其解救药物。
- 掌握氰化物中毒的机理及其解救药物。

技能目标

- 掌握有机磷酸酯类中毒的解救方法。

学习单元 1　概　　述

凡能损害机体的组织与器官，并能在组织与器官内发生生物化学或生物物理学作用，扰乱或破坏机体的正常生理功能，使机体发生病理变化的物质，称之为毒物。

毒物引起的疾病称之为中毒。中毒的严重程度与后果往往取决于作用毒物的剂量、作用的时间以及诊断和救治是否准确与及时。

（一）中毒解救的一般原则

中毒性疾病，尤其是急性中毒，其发生和发展一般很快，应当抓紧时机尽早采取救治措施。即使在不明确病因或毒物的情况下，也应在尽快做出诊断的同时，进行一般性排毒处理和支持对症治疗，目的在于保护及恢复重要器官的功能，维持机体的正常代谢状况，提高中毒动物的存活率。

中毒病解救的一般原则为清除未吸收的毒物；加速毒物排泄，减少毒物吸收；采用特效解毒剂以中和或排除毒物；用对症支持疗法缓和毒物在体内的作用等。

1. 清除未吸收的毒物

（1）吸入性中毒。怀疑为吸入或接触性中毒时，应迅速将动物撤离中毒现场。中毒动物供给新鲜饮水和优质饲料，保持吸入新鲜空气和安静舒适的环境，尽量营造有利于康复护理的条件。必要时给予氧气吸入或进行人工呼吸。

（2）由皮肤和黏膜吸收中毒。对于皮肤上的毒物，应及时用大量清水洗涤（忌用热水，以防加速吸收），必要时可剪去被毛以利彻底洗涤，冲洗时间要求达 15～30min，并用适当的中和液或解毒液冲洗；对油溶性毒物的洗涤，可适当用酒精或肥皂水等有机溶剂快速局部擦洗，要边洗边用干物擦干，以防加速吸收。对于溅入眼内的毒物，立即用生理盐水或 1％硼酸溶液允分冲洗，至少 5min，而后滴加抗菌眼药水或涂抹眼药膏等，以防感染发炎。

（3）经消化道吸收中毒。清除消化道毒物可通过催吐、洗胃和泻下等措施，尽早、尽快地排除已进入胃肠道的毒物，以减少和阻止毒物的继续被吸收。

①催吐。适合于清除犬、猫等动物的胃内容物，多选用中枢性催吐剂，如阿扑吗啡（0.04mg/kg，内服，对猫不太安全）、吐根糖浆（1～2mL/kg，内服）等，也可用酒石酸锑钾、硫酸铜等刺激性催吐药。

②洗胃。一般在毒物进入消化道 4～6h 以内者效果较好。在病因不明时，最好用清洁常水洗胃为宜，已明确毒物性质时，可选用针对性药液洗胃导胃。

③泻下。对不适合洗胃导胃的动物，或者毒物已下行肠道时，为加速毒物从胃肠道排除，应采用轻泻药或缓泻药进行治疗。通常可采用盐类或液状石蜡等泻剂，如硫酸钠（1g/kg，加水口服）、70％山梨醇（3mL/kg，内服），忌用强刺激性泻剂。

2. 加速毒物排泄，减少毒物吸收　阻止和延缓消化道对毒物的吸收，对已有腹泻症状或不宜急泻的病例，在导胃洗胃之后，或投服泻下药之前，内服吸附剂、黏浆剂或沉淀剂，以阻止毒物从肠道吸收入血。

（1）吸附剂。可选用药用炭或木炭末、白陶土、滑石粉等，能吸附胃肠中各种有毒物质，如砷、锑、铅、汞、磷、有机磷化合物、草酸盐、生物碱及发酵产物等。剂量为每 5mL 水中加入 1～2g 药用炭片，混匀后，按每千克体重 10mL 服用，最后一次灌入药用炭并留置 30min 后，给予盐类泻药。

（2）黏浆剂。常用的有蛋清、牛乳、豆浆等，其附着于胃肠黏膜之上形成保护性被膜，既能防止毒物被胃肠黏膜吸收，又可保护消化道黏膜免受毒物的刺激性侵害。

（3）沉淀剂。主要为碘化钾、依地酸钙钠（EDTA Ca-Na）等药物，发挥沉淀或络合作用，使毒物形成不被吸收的大分子不溶性复合体，随粪便排出，从而延缓或阻止机体吸收。

如毒物已通过胃肠、呼吸道或皮肤黏膜等途径而被吸收入血，则应使毒物通过肾过滤后随尿液排出，经肝随胆汁分泌至肠道，随粪便排出体外，也可通过放血直接随血排出。

（4）利尿。首先保证动物未脱水，可使用呋塞米（2～4mg/kg，静脉注射，可重复使用，每天 3 次）、氢氯噻嗪、苄氟噻嗪等化学利尿剂，也可用甘露醇、山梨醇等高渗性利尿剂。利尿的同时注意补充水和电解质，以防代谢失调。

（5）放血。对体壮病例和中毒初期病畜，可用颈静脉穿刺放血法，让部分血中毒物随血排出体外，其适合于治疗高铁血红蛋白血症，巴比妥类、水杨酸钠和一氧化碳中毒。放血后应及时补充营养，有条件时最好输以健康同种动物的新鲜血液。

（6）透析。适合于钾、钠、氯、钙、氨、尿素、苯丙胺、酚类、胍类及抗生素、磺胺类等小分子毒物中毒，常用于动物的透析疗法主要为腹膜透析和结肠透析法，血液透析法因成本高而难以普及应用。

腹膜透析是将透析液注入腹腔，停留 1h 后再引出液体；接着再注入新配制的渗透液，再于 1h 后抽出，这样反复进行多次，以连续 12h 不间断为一疗程。结肠透析则是将透析液灌入结肠中，每次注入后保留 15～30min 后导出。

（7）其他。主要用螯合剂类药物结合或提取组织中的毒物，使其无毒化或毒性降低，然后一并从体内排出。如硫酸铝和氧化铝等铝制剂，能使骨、牙等硬组织中的氟含量减少45％；青霉胺可提取组织或骨骼中的重金属残毒；苯巴比妥可加速排除体脂内的有机氯残毒。

3. 解毒治疗 通过物理、化学或生理拮抗作用，使已吸收的毒物灭活及排出的治疗措施。根据毒物性质可采用以下解毒疗法。

（1）特效解毒剂的应用。虽属理想的解毒方法，但由于毒物多种多样，实际可用的特效解毒剂较少。

典型的特效解毒剂有：肟类化合物，如解磷定、双解磷、双复磷都可恢复胆碱酯酶的活性，从而解除有机磷化合物的中毒；阿托品与乙酰胆碱竞争受体，可用于治疗有机磷中毒；解氟灵（乙酰胺）可竞争性解除剧毒农药有机氟化合物的中毒；二巯丙醇、二巯丁二钠、二巯基丙磺酸钠及乙地酸钙钠、青霉胺等，可与组织中的重金属结合形成稳定无毒的络合物，再经肾排除，又称为"驱汞疗法"；小剂量的1％亚甲蓝或甲苯胺蓝，通过其氧化还原作用，使高铁血红蛋白还原为血红蛋白，以此解除亚硝酸盐、苯胺、氯酸类等毒物中毒。

（2）非特效解毒剂的应用。即所谓一般性解毒，或广谱解毒药物疗法。对一些无特效解毒剂的中毒病或不明毒物及未能确定诊断的中毒，可选用这一类解毒剂进行试探性治疗，其疗效虽不及特效解毒剂，却强于束手待毙，有时还能获得意想不到的疗效，同样达到解毒的目的。首选的通用解毒剂是硫代硫酸钠，其与多种毒物结合形成稳定的络合物，使毒物的毒性降低或消失，所形成的络合物最终可随尿液、胆汁排出体外；维生素C参与胶原蛋白和组织细胞间质的合成，并具有强还原性，也可用作通用解毒剂，对维持某些酶的巯基（—SH）处于还原状态，Fe^{3+}生成Fe^{2+}，叶酸加氢还原为四氢叶酸有重要作用，使变性血红蛋白还原成氧合血红蛋白，还有抗氧化解毒功能；葡醛酸内酯（甘泰乐）能与肝中的芳香族碳氢化合物结合，变为无毒的葡萄糖醛酸结合物，经肾排出，故有解毒保肝作用；其他如硫酸亚铁、硫酸镁、氧化镁、碳酸氢钠等亦有结合金属和非金属毒物的作用。此外，传统中兽医学与民间所常用的甘草水、绿豆汤等也可用于此类解毒。

4. 对症与支持疗法 很多毒物至今尚无有效拮抗剂及特效的解毒疗法，抢救措施主要依赖于及时排除毒物及合理的支持与对症治疗，目的在于保护及恢复重要脏器的功能，维持机体的正常代谢过程。根据中毒病例表现的临床症状，选用相应的对症和支持治疗措施。

（1）预防和治疗惊厥。应用巴比妥类制剂，同时配合肌肉松弛剂（如氯丙嗪等）或镇静剂，疗效要比单用巴比妥稳定安全。

（2）维持呼吸机能。可采用人工呼吸法或呼吸兴奋剂（尼可刹米或山根菜碱），保证呼吸道畅通。

（3）维持体温。应随时注意体温的变化，并迅速用物理方法或药物纠正体温，以防体温过高或过低使机体对毒物的敏感性增加，或导致脱水，影响毒物的代谢。

（4）治疗休克。可采取补充血容量，纠正酸中毒和给予血管扩张药物（如苯苄胺、异丙肾上腺素）。

（5）调节电解质和体液平衡。对腹泻、呕吐或食欲废绝的中毒动物，常静脉注射5％葡萄糖、生理盐水、复方氯化钠注射液等，脱水严重时要注意补钾（KCl）。

（6）维持心脏功能。注射5％～10％葡萄糖溶液，配合安钠咖、维生素C等。

（7）缓解疼痛与镇静。适时给予镇静剂及止痛药物，如氯丙嗪、安乃近等。

（二）非特异性解毒药分类

兽医临床用于解救中毒的药物称为解毒药。根据解毒药的作用特点和疗效可分为非特异性解毒药和特异性解毒药。非特异性解毒药是指能阻止毒物继续被吸收、中和或破坏，以及促进其排出的药物，如催吐剂、吸附剂、泻药、氧化剂和利尿药等。非特异性解毒药对多种毒物或药物中毒均可应用，但由于不具特异性，且效能较低，仅用作解毒的辅助治疗。特异性解毒药可特异性地对抗或阻断毒物的毒性作用机制或效应而发挥解毒作用，而其本身多不具有与毒物相反的效应。本类药物特异性强，在中毒的治疗中占有重要地位。

非特异性解毒药又称一般解毒药，其解毒范围广，但作用无特异性，解毒效果较低，仅在毒物产生毒性作用之前，通过破坏毒物、促进毒物排除、稀释毒物浓度、保护胃肠黏膜、阻止毒物吸收等方式，保护机体免遭毒物进一步的损害，赢得抢救时间，在实践中具有重要意义。

1. 物理性解毒药

（1）吸附剂。吸附剂可使毒物附着于其表面或孔隙中，以减少或延缓毒物的吸收，起到解毒的作用。吸附剂不受剂量的限制，任何经口进入畜体的毒物中毒都可以使用。使用吸附剂的同时配合使用泻剂或催吐剂。常用的吸附剂有药用炭、木炭末、通用解毒剂。其中药用炭片剂效果最好，使用最为方便。

（2）催吐剂。一般用于中毒初期，使犬、猫发生呕吐，促进毒物排出。常用催吐剂有阿扑吗啡、吐根糖浆、双氧水（1～5mL/kg，内服）、洗碗用清洁剂（9 倍稀释后，10mL/kg，内服）等。

（3）泻药。一般用于中毒的中期，促进胃肠道内毒物的排出，以避免或减少毒物的吸收。一般应用盐类泻药，但升汞中毒时不能用盐类泻药。在巴比妥类、阿片类、颠茄中毒时，可使肠蠕动受抑制，因而增加镁离子的吸收，尤其是肾功能不全者，能加深中枢神经及呼吸机能的抑制，不能用硫酸镁泻下，尽可能用硫酸钠。对发生严重腹泻或脱水的宠物应慎用或不用泻药。

（4）其他。大部分毒物吸收后主要经肾排泄，因此可应用利尿剂促进毒物的排出，或通过静脉输入生理盐水、葡萄糖等，以稀释血液中毒物浓度，减轻毒性作用。

2. 化学性解毒药

（1）氧化剂。利用氧化剂与毒物间的氧化反应破坏毒物，使毒物毒性降低或丧失。可用于生物碱类药物、氰化物、无机磷、巴比妥类、阿片类、士的宁、砷化物、一氧化碳、烟碱、毒扁豆碱、蛇毒、棉酚等的解毒，但有机磷毒物如 1605、1059、3911、乐果等的中毒绝不能使用氧化剂解毒。常用的氧化剂有高锰酸钾、过氧化氢等。

（2）中和剂。利用弱酸弱碱类与强碱强酸类毒物间发生中和作用，使其失去毒性。常用的弱酸解毒剂有食醋、酸乳、稀盐酸等。常用的弱碱解毒剂有氧化镁、石灰水上清液、小苏打水、肥皂水等。

（3）还原剂。维生素 C 的解毒作用与其参与某些代谢过程、保护含巯基的酶、促进抗体生成、增强肝解毒能力和改善心血管功能等有关。

（4）沉淀剂。沉淀剂使毒物沉淀，以减少其毒性或延缓吸收产生解毒作用。沉淀剂有浓茶、稀碘酊、钙剂、五倍子、蛋清、牛乳等。其中浓茶水为常用的沉淀剂，能与多种有机毒物（如生物碱）、重金属盐生成沉淀，减少吸收。

3. 药理性解毒药 这类解毒药主要通过药物与毒物之间的拮抗作用，部分或完全抵消毒物的作用而产生解毒。常见的相互拮抗的药物或毒物如下：

（1）毛果云香碱、烟碱、氨甲酰胆碱、新斯的明等拟胆碱药与阿托品、颠茄及其制剂、曼陀罗、莨菪碱等抗胆碱药有拮抗作用，可互相作为解毒药。阿托品等对有机磷农药及吗啡类药物，也有一定的拮抗性解毒作用。

（2）水合氯醛、巴比妥类等中枢抑制药与尼可刹米、安钠咖、士的宁等中枢兴奋药及麻黄碱、山梗菜碱、美解眠（贝美格）等有拮抗作用。

4. 对症治疗药 中毒时往往会伴有一些严重的症状，如惊厥、呼吸衰竭、心功能障碍、休克等，如不迅速处理，将影响动物康复，甚至危及生命。因此，在解毒的同时要及时使用抗惊厥药、呼吸兴奋药、强心药、抗休克药等对症治疗药以配合解毒，还应使用抗生素预防肺炎以度过危险期。

学习单元 2　特效解毒药

特效解毒药又称特异性解毒药，是一类可特异性地对抗或阻断某些毒物中毒效应的解毒药。这类药物针对毒物中毒机理，解除其中毒原因，其作用具有高度专属性，解毒效果好，在中毒的治疗中占有重要地位。临床常用的特异性解毒药根据解毒对象（毒物或药物）的性质，可分为以下几种。

一、有机磷中毒的特异性解毒药

有机磷系高效杀虫药，广泛用于农业、医学及兽医学领域，对防治农业害虫、杀灭人类疫病媒介昆虫、驱杀动物体内外寄生虫等都有重要意义。但其毒性强，在临床实践中经常因管理或使用不当，导致动物中毒。兽药为最常见的毒物来源之一，药溶液、喷雾剂、粉末、驱虫项圈、口服药物等。其中敌百虫常用于犬、猫体表和皮肤寄生虫病的防治。犬、猫误食喷过强力喷雾杀虫剂的食物或在喷过药的地方采食，也可导致中毒。

（一）毒理

有机磷酸酯类化合物经消化道、皮肤、黏膜或呼吸道进入动物体内，与胆碱酯酶（ChE）结合形成磷酰化胆碱酯酶，使胆碱酯酶失活，不能水解乙酰胆碱，导致乙酰胆碱在体内大量蓄积，引起胆碱受体兴奋，出现一系列胆碱能神经过度兴奋的临床中毒症状（M、N样症状及中枢神经先兴奋后抑制等）。此外，有机磷酸酯类还可抑制三磷酸腺苷酶、胰蛋白酶、胰凝乳酶、胃蛋白酶等酶的活性，导致中毒症状复杂化，加重病情。中毒过程可用下式表示：

有机磷酸酯类＋胆碱酯酶（有活性）→磷酰化胆碱酯酶（失去活性）

（二）解毒机理

以胆碱酯酶复活剂结合生理拮抗剂进行解毒，配合对症治疗。

1. 生理拮抗剂　又称 M 胆碱受体阻断药，如阿托品、东莨菪碱、山莨菪碱等，可竞争性地阻断 M 胆碱受体与乙酰胆碱结合，而迅速解除有机磷酸酯类中毒的 M 样症状，大剂量时也能进入中枢神经，消除部分中枢神经症状，而且对呼吸中枢有兴奋作用，可解除呼吸抑制，但其对骨骼肌震颤等 N 样中毒症状无效，也不能使胆碱酯酶复活，故单独使用时，只适宜于轻度中毒。有机磷中毒时，动物对阿托品的耐受量远比正常时大，可用至每千克体重 1mg。起始一次量，犬 2mg，猫、兔 0.5mg，约经 1h 后，症状未见好转时，应重复用药，直至病畜出现口腔干燥、瞳孔扩大、呼吸平稳、心跳加快，即所谓"阿托品化"（莨菪碱化）时，逐渐减少剂量和用药次数。中度或重度中毒时，阿托品可静脉给药。如在用药中，动物出现过度兴奋、心率过快、体温升高等阿托品中毒症状时，应减量或暂停给药。

2. 胆碱酯酶复活剂　碘解磷定、双解磷和双复磷等"胆碱酯酶复活剂"在化学结构上均属季铵类化合物，分子中含有的肟基（＝N－OH），具有强大的亲磷酸酯作用，能与磷原子牢固地结合，所以能夺取与有机磷结合的、已失去活性的磷酰化胆碱酯酶中带有磷的化学基团（磷酰化基团），并与其结合后脱离胆碱酯酶，使 ChE 恢复原来状态，重新呈现活性。另外这类化合物也能直接与体内游离有机磷酸酯类的磷酰基结合，生成磷酰化碘解磷定等无毒物质由尿排出体外，解除有机磷的毒性作用。解毒过程可用下式表示：

胆碱酯酶复活剂＋磷酰化胆碱酯酶（无活性）→磷酰化胆碱酯酶复活剂＋胆碱酯酶（复活）

胆碱酯酶复活剂＋游离有机磷酸酯类（有毒性）→磷酰化胆碱酯酶复活剂＋卤化氢

如果中毒时间过久，超过 36h，磷酰化胆碱酯酶即发生"老化"，胆碱酯酶复活剂难以使胆碱酯酶恢复活性，所以应用胆碱酯酶复活剂治疗有机磷中毒时，早期用药效果较好。

在解救有机磷酸酯类化合物中毒时，对轻度的中毒可用生理拮抗剂，缓解症状，但对中度和重度的中毒，必须以胆碱酯酶复活剂结合生理拮抗剂解毒，才能取得较好的效果。

（三）常用药物

◆ **碘解磷定** ◆

【基本概况】　本品又称为派姆，为最早合成的肟类胆碱酯酶复活剂。本品呈黄色颗粒状结晶或晶粉。无臭，味苦，遇光易变质。在水（1∶20）或热乙醇中溶解，水溶液稳定性不如氯解磷定。如药液颜色变深，则不可以使用。

【作用与应用】　本品对胆碱酯酶的复活作用，在神经肌肉接头处最为显著，可迅速制止有机磷中毒所致的肌束颤动。对有机磷引起的烟碱样症状抑制作用明显，而对毒蕈碱样症状则抑制作用较弱，对中枢神经症状抑制作用也不明显，对体内已蓄积的 Ach 无作用。所以对轻度有机磷中毒，可单独应用本品或阿托品可以控制中毒症状，但中度或重度中毒时，必须与阿托品配合应用。

碘解磷定可用于解救多种有机磷中毒，但其解毒作用有一定选择性，如对内吸磷（1059）、特普、乙硫磷中毒的疗效较好；对马拉硫磷、敌百虫、乐果、甲氟磷、丙胺氟磷和八甲磷等中毒的疗效较差；对氨基甲酸酯类杀虫剂中毒则无效。

【应用注意】　①本品应用时间应维持 48～72h，以防延迟吸收的有机磷引起中毒程度加重，甚至致死。②本品在碱性溶液中易分解为有剧毒的氰化物，所以禁止与碱性药物配伍。③与阿托品联合应用时，因本品能增强阿托品的作用，要减少阿托品剂量。④静脉注射过快会产生呕吐、心动过速、运动失调等。药物漏至皮下有强烈的刺激作用，应注意。

【用法与用量】　静脉注射，一次量，犬、猫 20mg/kg，症状缓解前，2h 注射一次。

【制剂与规格】　碘解磷定注射液，20mL：0.5g。

◆ 双复磷 ◆

【基本概况】　本品含 2 个肟基团，作用同碘解磷定，但较易透过血脑屏障，有阿托品样作用，对有机磷所致烟碱样和毒蕈碱样症状均有效，对中枢神经系统症状的消除作用较强。

【用法与用量】　肌内、静脉注射：一次量，犬、猫 20mg/kg。

【制剂与规格】　双复磷注射液，2mL：0.25g。

二、金属及类金属中毒的特异性解毒药

金属元素引起动物中毒的途径多种多样。金属元素在土壤中分布不均可引起中毒；人们对金属元素矿藏的开发、冶炼过程中使其扩散，如铁矿、铜矿在冶炼过程中产生砷、三氧化二砷随烟尘对土壤的污染；人类对金属化合物的广泛使用，如在油漆颜料工业、塑料工业、医药工业、农药工业等生产中大量使用金属化合物，汽油中的四乙基铅和颜料红铅中铅的污染；电器设备、石油化工、制药、造纸、农药（氯化乙基汞）、消毒药（升汞）等造成金属、类金属对环境的污染等，使人类及动物广泛地接触金属元素，并通过各种生态链进入体内而引起中毒。引起中毒的金属主要有汞、铅、铜、银、锰、铬、锌、镍等，类金属主要有砷、锑、磷、铋等。

（一）毒理

金属及类金属进入机体后解离出金属或类金属离子，这些离子除了在高浓度时直接作用于组织产生腐蚀作用，使组织坏死外，还能与组织细胞中的酶（主要为含巯基的酶如丙酮酸氧化酶等）相结合，使酶失去活性，影响组织细胞的功能，使细胞的物质代谢发生障碍而出现一系列中毒症状。

（二）解毒机理

解毒常使用金属络合剂。它们与金属、类金属离子有很强的亲和力，可与金属、类金属离子络合形成无活性难解离的可溶性络合物，随尿排出。金属络合剂与金属、类金属离子的这种亲和力大于含巯基的酶与金属、类金属离子的亲和力，其不仅可与金属及类金属离子直接结合，而且还能夺取已经与酶结合的金属及类金属离子，使组织细胞中的酶复活，恢复其功能，起到解毒作用。

◆ 依地酸钙钠 ◆

【基本概况】　本品又称为解铅乐。为白色结晶性或颗粒性粉末，易潮解，易溶于水。在乙醇或乙醚中不溶。

【作用与应用】　本品属氨羧络合剂，能与多种二价、三价重金属离子络合形成无活性、可溶性的环状络合物，由组织释放到细胞外液，经尿排出，产生解毒作用。与各种金属的络合能力不同，其中与铅的络合作用最强，与其他金属的络合效果较差，对汞和砷无效。主要用于治疗铅中毒，对无机铅中毒有特效。亦可用于镉、锰、铬、镍、钴和铜中毒。依地酸钙钠对贮存于骨内的铅络合作用强，对软组织和红细胞中的铅作用较小。

【不良反应】 ①本品具有动员骨铅，并与之络合的作用，而肾又不可能迅速排出大量的络合铅，所以超剂量应用本品，不仅对铅中毒的治疗效果不佳，而且可引起肾小管上皮细胞损害、水肿，甚至引起急性肾衰竭。②对各种肾病患畜和肾毒性金属中毒动物应慎用，对少尿、无尿和肾功能不全的动物应禁用。③本品不宜长期连续使用。动物实验证明，本品可增加小鼠胚胎畸变率，但增加饲料和饮水中锌的含量，则可预防之。④依地酸钙钠对犬具有严重的肾毒性。每千克体重，犬的致死剂量为 12g。

【应用注意】 ①肌内注射较疼痛，建议每 5mL 注射液中加入 2％盐酸普鲁卡因注射液 2mL 以缓解之。静脉注射前，应用生理盐水或 5％葡萄糖溶液稀释成 0.25％～0.5％的浓度，缓慢静脉注射。②静脉注射过快可引起低钙性能抽搐，宜静脉滴注。③本品不宜内服，因可增加存在于胃肠道中铅的吸收量。④不应长期连续使用本品，因排毒率低、不良反应大，并可引起锌缺乏症。⑤治疗铅或其他金属慢性中毒时，应使用间歇治疗方案，即连用 4d 后应停药 3～5d，一般可用 3～5 个疗程。⑥铁蛋白、含铁血黄素、血红蛋白，各种酶及核酸可影响本品的作用。

【用法与用量】 皮下注射：一次量，犬、猫 25mg/kg，每 6h 一次，连用 5d（将依地酸钙钠溶于 5％葡萄糖注射液中配成 1％溶液应用）。

【制剂与规格】 依地酸钙钠注射液，2mL：0.2g，5mL：1g。

◆ 二巯丙醇 ◆

【基本概况】 本品为无色或几乎无色易流动的液体。有强烈的、类似蒜的异臭。在水中溶解，但水溶液不稳定。乙醇和苯甲酸苄酯中极易溶解。一般配成 10％油溶液（加有 9.6％苯甲酸苄酯）供肌内注射用。

【作用与应用】 本品属巯基络合剂，能竞争性与金属离子结合，形成较稳定的水溶性络合物，随尿排出，并使失活的酶复活。但二巯丙醇与金属离子形成的络合物在动物体内有一部分可重新逐渐解离出金属离子和二巯丙醇，后者很快被氧化并失去作用，而游离出的金属离子仍能引起机体中毒。因此，必须反复给予足够剂量的二巯丙醇，使血液中其与金属离子浓度保持 2∶1 的优势，使解离出的金属离子再度与二巯丙醇结合，直至由尿排出为止。巯基酶与金属离子结合得越久，酶的活性越难恢复，所以在动物接触金属后 1～2h 内用药，效果较好。

本品主要用于治疗砷中毒，对汞和金中毒也有效。与依地酸钙钠合用，可治疗幼小动物的急性铅脑病。排铅不及依地酸钙钠，排铜不如青霉胺，对锑和铋无效。

【不良反应】 二巯丙醇对肝、肾具有损害作用，并有收缩小动脉作用。过量使用可引起动物呕吐、震颤、抽搐、昏迷，甚至死亡。由于药物排出迅速，多数症状为暂时性。

【应用注意】 ①本品仅供深部肌内注射。②肝、肾功能不良动物应慎用。③碱化尿液可减少络合物的重新解离，减轻肾损害。④本品可与镉、硒、铁、铀等金属形成有毒络合物，其毒性作用高于金属本身，故应避免同时应用硒和铁盐等。⑤二巯丙醇本身对机体其他酶系统也有一定抑制作用，如抑制过氧化物酶系的活性，而且其氧化产物又能抑制含巯基酶，故应控制好用量。

【用法与用量】 肌内注射，一次量，犬、猫 2.5～5mg/kg。用于砷中毒，第 1～2 天每 4～6h 一次，第 3 天每 8h 一次，以后 10d 内，每天 2 次直至痊愈。连用 5d 后，对肾功能进行监测，防止药物性肾炎发生。

【制剂与规格】 二巯丙醇注射液，2mL：0.2g，5mL：0.5g，10mL：1g。

◆ 二巯丙磺钠 ◆

【基本概况】 白色结晶性粉末，溶于水，水溶液无色透明，微有硫化氢臭味。

【作用与应用】 本品具有两个巯基，可与金属络合，形成不易离解的无毒性络合物由尿排出。二巯基类化合物与金属的亲和力较大，并能夺取已经与酶结合的金属，而恢复酶的活性。由于二巯基类药物与金属形成的络合物仍有一定程度的离解，如排泄慢，离解出来的二巯基化合物可很快被氧化，则游离的金属仍能产生中毒现象，故本品在金属中毒时，需反复给予足量的药物。

本品对汞中毒效力较二巯丙醇好，毒性则较低。本品常用于治疗汞中毒、砷中毒，为首选解毒药物。对有机汞有一定疗效。对铬、铋、铅、铜及锑化合物（包括酒石酸锑钾）均有疗效。实验治疗观察对锌、镉、钴、镍、钋等中毒，也有解毒作用。

【用法与用量】 肌内注射、静脉注射，一次量，犬、猫 7～8mg/kg，第 1～2 天每 4～6h 一次，第 3 天开始每天 2 次。

【制剂与规格】 二巯丙磺钠注射液，5mL：0.5g，10mL：1g。

◆ 二巯丁二钠 ◆

【基本概况】 本品又称为二巯琥珀酸钠。为白色粉末，易潮解，水溶液无色或微红色，不稳定，不能加热，久置后毒性增大。如溶液发生混浊或呈土黄色时，不能使用，须新鲜配制。

【作用与应用】 本品为广谱金属解毒剂，毒性较低，无蓄积性作用。对锑的解毒作用最强，比二巯丙醇高 10 倍；对汞、砷的解毒作用与二巯丙磺钠相同。排铅作用不亚于依地酸钙钠。主要用于锑、汞、砷、铅中毒，也可用于铜、锌、镉、钴、镍、银等金属中毒。

【用法与用量】 静脉注射，一次量，犬、猫 20mg/kg，一般用生理盐水稀释成 5%～10%溶液，缓慢注入。急性中毒，3 次/d，连用 3d。慢性中毒，1 次/d，5～7d 为一疗程。

【制剂与规格】 注射用二巯丁二钠：0.5g，1g。

◆ 青霉胺 ◆

【基本概况】 本品又称为二甲基半胱氨酸。为青霉素分解产物，属单巯基络合物。为近白色细微晶粉，易溶于水，性质稳定。N-乙酰-DL-青霉胺为青霉胺的衍生物，毒性较低。

【作用与应用】 本品毒性低于二巯丙醇，不良反应少。可用于铜、铁、汞、铅、砷等中毒或其他络合剂有禁忌时选用。对铜的解毒作用强于二巯丙醇，对铅、汞中毒的解毒作用不及依地酸钙钠和二巯丙磺钠，汞中毒解救时用 N-乙酰-DL-青霉胺优于青霉胺。

【应用注意】 本品可影响胚胎发育。动物试验发现致胎儿骨骼畸形和腭裂等。

【用法与用量】 内服，5～10mg/kg，每天 4 次，连用 5～7d 为 1 疗程，间隔 2～3d 进行下一个疗程。

【制剂与规格】 青霉胺片：0.1g。

◆ 去铁胺 ◆

【基本概况】 本品又称为去铁敏，系链球菌的发酵液中提取的天然物。呈白色结晶性粉末，易溶于水，水溶液性质稳定。

【作用与应用】　去铁胺属羟肟酸络合物，其羟肟酸基团与游离的、已与蛋白质结合的三价铁（Fe^{3+}）和铝（Al^{3+}）有很强的结合力，与其结合形成稳定无毒的可溶性络合物，由尿排出，在酸性条件下这种结合作用更强。但其与其他金属离子的结合力较小，所以主要用于铁中毒的解救。能清除铁蛋白和含铁血黄素中的铁离子，但对转铁蛋白中铁离子清除作用不强，更不能清除血红蛋白、肌红蛋白和细胞色素中的铁离子。

【应用注意】　①动物试验可诱发胎儿骨畸形，妊娠动物不宜使用。②严重肾功能不全动物禁用，老年动物慎用。③用药后可出现腹泻、心动过速、肌肉震颤等症状。

【用法与用量】　肌内注射，40mg/kg，每天 2 次。每日用量不超过 120mg/kg。

【制剂与规格】　注射用去铁胺：0.5g。

三、有机氟中毒的特异性解毒药

在农业生产中常使用有机氟杀虫剂和杀鼠剂，如甲基氟乙酸等。有机氟中毒通常是因为误食以上有机氟毒饵及其中毒死亡的鼠类、或被有机氟污染的食粮、饮水等发生中毒。有机氟可通过各种途径从皮肤、消化道和呼吸道侵入动物机体发生急性或慢性氟中毒。

（一）毒理

中毒机理尚不完全清楚，目前认为有机氟进入机体后在酰胺酶作用下分解生成氟乙酸，氟乙酸与辅酶 A 作用生成氟乙酰辅酶 A，后者再与草酰乙酸缩合形成氟柠檬酸。由于氟柠檬酸与柠檬酸的化学结构相似，可与柠檬酸竞争三羧酸循环中的乌头酸酶，并抑制其活性，从而阻止了柠檬酸转化为异柠檬酸的过程，造成柠檬酸堆积，破坏了体内的三羧酸循环，使糖代谢中断，组织代谢发生障碍。同时组织中大量的柠檬酸可导致组织细胞损害，引起心脏和中枢神经系统功能紊乱，使动物中毒。表现不安、厌食、步态失调、呼吸心跳加快等症状，甚至死亡。

（二）常用药物

◆ 乙酰胺 ◆

【基本概况】　本品又称为解氟灵，为白色结晶性粉末，极溶于水，易溶于乙醇，在甘油、氯仿中溶解。

【作用与应用】　乙酰胺与氟乙酰胺等有机氟的化学结构相似，进入体内后与氟乙酰胺等有机氟竞争酰胺酶，使氟乙酰胺等不能分解产生对机体有害的氟乙酸。同时乙酰胺本身分解产生的乙酸能干扰氟乙酸的作用，因而解除有机氟中毒。主要用于解除氟乙酰胺和氟乙酸钠的中毒。能延长中毒的潜伏期、减轻症状或制止发病。

【应用注意】　本品酸性强，肌内注射时局部疼痛，可配合应用普鲁卡因，以减轻疼痛。

【用法与用量】　肌内注射、静脉注射，一次量，犬 100mg/kg，猫 50mg/kg，每 12h 一次，连用 2～3d。

【制剂与规格】　乙酰胺注射液，5mL：0.5g，5mL：2.5g，10mL：1g，10mL：5g。

亚硝酸盐中毒
及解毒

四、亚硝酸盐中毒的特异性解毒药

当犬、猫食入大剂量使用硝酸盐、亚硝酸盐作为发色剂或防腐剂的肉类及其制品、腌制咸菜、酸菜，或外出饮用了耕地排出的水、浸泡过大量植物的坑塘水及厩舍、积肥堆、垃圾堆附近的水源的水时，可引起亚硝酸盐中毒。

（一）毒理

亚硝酸盐被机体吸收后，其毒性表现为两个方面：一是亚硝酸盐利用其氧化性将血液中正常的低铁血红蛋白（$HbFe^{2+}/Hb$）转化为高铁血红蛋白（$HbFe^{3+}/MHb$），使其失去携氧和释放氧的能力，导致血液不能给组织供氧，引起全身组织严重缺氧而中毒。二是亚硝酸盐能抑制血管运动中枢，使血管扩张，血压下降。另外，在一定的条件下，亚硝酸盐在体内可与仲胺或酰胺结合，生成致癌物亚硝胺或亚硝酰胺，长期作用可诱发癌症。动物中毒后，主要表现呼吸加快、心跳增速、黏膜发绀、流涎、呕吐、运动失调，严重时呼吸中枢麻痹，最终窒息死亡，血液呈酱油色，且凝固时间延长。

（二）解毒机理

针对亚硝酸盐中毒的毒理，通常使用高铁血红蛋白还原剂，如小剂量亚甲蓝、硫代硫酸钠等，使高铁血红蛋白还原为低铁血红蛋白，恢复其携氧能力，解除组织缺氧的中毒症状。解毒时，配合使用呼吸中枢兴奋药（尼可刹米等）及其他还原剂（维生素 C 等）治疗，可提高疗效。

（三）常用药物

◆ **亚甲蓝** ◆

【基本概况】 本品又称为美蓝、甲烯蓝。为深绿色、有铜样光泽的柱状结晶或结晶性粉末，无臭。易溶于水和乙醇，溶液呈深蓝色。应遮光、密闭保存。

【作用与应用】 使用亚甲蓝后，因其在血液中浓度的不同，对血红蛋白可产生氧化和还原两种作用。

1. 小剂量的亚甲蓝产生还原作用 小剂量的亚甲蓝进入机体后，在体内还原型辅酶 I 脱氢酶的作用下，迅速被还原成还原型亚甲蓝，还原型亚甲蓝具有还原作用，能将高铁血红蛋白还原成低铁血红蛋白，重新恢复其携氧的功能，同时还原型亚甲蓝又被氧化成氧化型亚甲蓝，如此循环进行。此作用常用于治疗亚硝酸盐中毒及苯胺类等所致的高铁血红蛋白症。葡萄糖能促进亚甲蓝的还原作用，常与高渗葡萄糖溶液合用以提高疗效。

2. 大剂量的亚甲蓝产生氧化作用 给予大剂量的亚甲蓝时，体内还原型辅酶 I 脱氢酶来不及迅速、完全地将氧化型亚甲蓝转化为还原型，未被转化的氧化型亚甲蓝直接利用其氧化作用，使正常的低铁血红蛋白氧化成高铁血红蛋白，此作用可加重亚硝酸盐中毒，但可用于解除氰化物中毒。

【应用注意】 ①亚甲蓝刺激性大，忌皮下或肌内注射。②亚甲蓝溶液与多种药物、强碱性溶液、氧化剂、还原剂和碘化物存在配伍禁忌，所以不得与其他药物混合注射。

【用法与用量】　静脉注射，一次量，治疗亚硝酸盐中毒 1～2mg/kg，注射后 1～2h 未见好转，可重复注射以上剂量或半量；治疗氰化物中毒 5～10mg/kg。

【制剂与规格】　亚甲蓝注射液，2mL：20mg，5mL：50mg，10mL：100mg。

五、氰化物中毒的特异性解毒药

（一）毒理

误食富含氰苷的亚麻籽饼、木薯、某些豆类（如菜豆）、橡胶籽饼及杏、梅、桃、李、樱桃等蔷薇科植物的核仁、马铃薯幼芽，氰苷在胃肠内水解形成大量氢氰酸导致中毒。另外，工业生产用的各种无机氰化物（氰化钠、氰化钾、氯化氰等）、有机氰化物（乙腈、丙烯腈，氰基甲酸甲酯）等污染饲料、饮水或被犬、猫误食后，也可导致氰化物中毒。氰离子能迅速与氧化型细胞色素氧化酶中的 Fe^{3+} 结合，形成氰化高铁细胞色素氧化酶，从而阻碍此酶转化为 Fe^{2+} 的还原型细胞色素氧化酶，使酶失去传递电子、激活分子氧的功能，使组织细胞不能利用氧，形成"细胞内窒息"，导致细胞缺氧，引起动物中毒。由于氢氰酸在类脂质中溶解度大，并且中枢神经对缺氧敏感，所以氢氰酸中毒时，中枢神经首先受到损害，并以呼吸和血管运动中枢为甚，动物表现先兴奋后抑制，终因呼吸麻痹，窒息死亡。血液呈鲜红色为其主要特征。

（二）解毒机理

使用氧化剂（如亚硝酸钠、大剂量的亚甲蓝等）结合供硫剂（硫代硫酸钠）联合解毒。

氧化剂使部分低铁血红蛋白氧化为高铁血红蛋白，高铁血红蛋白中的 Fe^{3+} 与 CN^- 有很强的结合力，不但能与血液中游离的氰离子结合，形成氰化高铁血红蛋白，使氰离子不能产生其毒性作用，还能夺取已与细胞色素氧化酶结合的氰离子，使细胞色素氧化酶复活而发挥解毒作用。但形成的氰化高铁血红蛋白不稳定，可离解出部分氰离子而再次产生毒性，所以需进一步给予供硫剂硫代硫酸钠，使其在体内转硫酶的作用下，与氰离子形成稳定而毒性很小的硫氰酸盐，随尿液排出而彻底解毒。

（三）常用药物

◆ 亚硝酸钠 ◆

【基本概况】　本品为无色或白色至微黄色结晶。无臭，味微咸，有潮解性。水中易溶，乙醇中微溶。水溶液呈碱性。

【作用与应用】　本品为氧化剂，可将血红蛋白中的二价铁氧化成三价铁，形成高铁血红蛋白而解救氰化物中毒。因本品仅能暂时性地延迟氰化物对机体的毒性，所以静脉注射数分钟后，应立即使用硫代硫酸钠。亚硝酸钠容易引起高铁血红蛋白症，故不宜反复使用。本品尚有扩张血管的作用。本品内服后吸收迅速，静脉注射立即起作用。

【用法与用量】　静脉注射，一次量，犬、猫 25mg/kg，临用时用注射用水配成 1% 的溶液缓慢静脉注射。

【制剂与规格】　亚硝酸钠注射液，10mL：0.3g。

◆ 硫代硫酸钠 ◆

【基本概况】　本品又称为次亚硫酸钠、大苏打。为无色结晶或结晶性细粒，无臭，味咸，有风化性和潮解性。水中极易溶解，乙醇中不溶。水溶液显微弱的碱性反应。

【作用与应用】 本品在体内转硫酶的作用下，可游离出硫原子，与游离的或已与高铁血红蛋白结合的 CN^- 结合，生成无毒的且比较稳定的硫氰酸盐由尿排出，故可配合亚硝酸钠或亚甲蓝解救氰化物中毒。另外，本品有还原性，可使高铁血红蛋白还原为低铁血红蛋白，并可与多种金属或类金属离子结合形成无毒硫化物排出，所以也可用于亚硝酸盐中毒及砷、汞、铅、铋、碘等中毒。因硫代硫酸钠被吸收后能增加体内硫的含量，增强肝的解毒机能，所以能提高机体的一般解毒功能，可用作一般解毒药。

【应用注意】 解救氰化物中毒时，本品解毒作用产生较慢，应先静脉注射作用产生迅速的氧化剂如亚硝酸钠或亚甲蓝后，立即缓慢注射本品，不能与亚硝酸钠混合后同时静脉注射；对内服氰化物中毒的动物，还应使用 5% 本品溶液洗胃，并于洗胃后保留适量溶液于胃中。

【用法与用量】 肌内、静脉注射，一次量，犬、猫 1～2g。

【制剂与规格】 硫代硫酸钠注射液，10mL：0.5g，20mL：1g。

学习单元 3　其他解毒药

◆ 纳洛酮 ◆

【基本概况】 本品又称为烯丙羟吗啡酮、苏诺、盐酸丙烯吗啡、N-烯丙去甲羟吗啡酮、丙烯吗啡酮、那诺非、羟吗啡酮衍生物。阿片受体拮抗药，主要用于解救麻醉性镇痛药急性中毒，拮抗这类药的呼吸抑制，以及解救急性乙醇中毒。

【作用与应用】 本品为纯粹的阿片受体拮抗剂，与阿片受体亲和力大于吗啡和脑啡肽，能竞争性阻断并取代阿片类物质与受体结合，清除阿片类物质中毒症状。另外其还具有与拮抗阿片受体不相关的回苏作用，可迅速逆转阿片镇痛药引起的呼吸抑制，引起高度兴奋，使心血管功能亢进。尚有抗休克作用，不产生吗啡样的依赖性、戒断症状和呼吸抑制。是目前临床应用最广的阿片受体拮抗药。

主要用于：①解救麻醉性镇痛药急性中毒，拮抗这类药的呼吸抑制，并使动物苏醒。②拮抗麻醉性镇痛药的残余作用，新生动物受其母体中麻醉性镇痛药影响而致呼吸抑制，可用本品拮抗。③解救急性乙醇中毒，静脉注射纳洛酮 0.4～0.6mg，可使患病动物清醒。④促醒作用，可通过胆碱能作用而激活生理性觉醒系统使动物清醒，用于全麻催醒、抗休克和某些昏迷动物。

【应用注意】 ①应用纳洛酮拮抗大剂量麻醉镇痛药后，由于痛觉恢复，可产生高度兴奋，表现为血压升高，心率增快，心律失常，甚至肺水肿和心室颤动。②由于此药作用持续时间短，用药起作用后，一旦其作用消失，可使动物再度陷入昏睡和呼吸抑制，用药应注意维持药效。③心功能不全和高血压慎用。

【用法与用量】 静脉注射、肌内注射或皮下注射：一次量，犬 0.04～1mg/kg。静脉注射宜缓慢，以免呼吸抑制。

【制剂与规格】 盐酸纳洛酮注射液，1mL：0.4mg。

◆ 烯丙吗啡 ◆

【基本概况】 本品又称为纳洛芬。为人工合成药物，无色或几乎无色的澄明液体。

【作用与应用】　吗啡化学结构中的 N-甲基代之以 N-丙烯基，具有和吗啡类镇痛药相反的药理作用。用于吗啡类及合成麻醉性镇痛药哌替啶、阿法罗定等中毒的解救。

【应用注意】　本品虽有镇痛作用，但不良反应较大，不作镇痛药用。本品对喷他佐辛（镇痛新）和其他阿片受体激动-拮抗药引起的呼吸抑制无拮抗作用，对巴比妥类或其他全身麻醉药引起的呼吸抑制也无拮抗作用，如果使用，反而使呼吸抑制明显加重。

【用法与用量】　静脉注射、肌内注射或皮下注射：每次 5～10mg，必要时 10～15min 后重复给药，但总量不超过 40mg。

【制剂与规格】　盐酸烯丙吗啡注射液，1mL：5mg，1mL：10mg。

◆ 葡萄糖 ◆

【基本概况】　本品为无色结晶或白色结晶性粉末。味甜，易溶于水，微溶于醇。密封保存。

【作用与应用】　①补液：5％葡萄糖溶液与体液等渗，输入机体后很快被组织利用，并供给机体水分。②供给能量：葡萄糖在体内氧化代谢放出能量，供机体需要。③解毒：葡萄糖进入机体后，一部分合成肝糖原，增强肝的解毒能力；另一部分在肝中氧化成葡萄糖醛酸，可与毒物结合从尿中排出而解毒。并增加组织内高能磷酸化合物含量，为解毒提供能量。④强心利尿：葡萄糖能供给心脏能量，改善心肌营养，增强心脏功能，继而产生利尿作用。⑤脱水：静脉注射高渗葡萄糖溶液，提高血浆渗透压使组织脱水，从而消除脑水肿和肺水肿等。但作用较弱，维持时间短，易引起脑内压回升。

主要用于机体脱水、大失血等以补充体液；重病、久病、体质过度虚弱的家畜及仔猪低血糖症；某些肝病、某些化学药品和细菌性毒物的中毒、牛醋酮血症、妊娠毒血症等；心脏代偿性机能减弱，消除浮肿。

【用法与用量】　静脉注射，一次量，犬 100～500mL。

【制剂与规格】　葡萄糖注射液：5％，10％，25％，50％；葡萄糖氯化钠注射液，100mL：（葡萄糖 5g＋氯化钠 0.9g）。

◆ 维生素 K ◆

【基本概况】　维生素 K 广泛存在于自然界中。维生素 K_1 存在于各种植物中，维生素 K_2 由肠道细菌合成，它们是一类脂溶性具有甲萘醌基结构的化学物质，维生素 K_3 称为亚硫酸氢钠甲萘醌，维生素 K_4 称为乙酰甲萘醌，均为人工合成品，呈水溶性。维生素 K_3 临床上常用，为白色结晶性粉末，有吸湿性，易溶于水，遇光易分解，遇碱或还原剂易失效。遮光、密封保存。

【作用与应用】　肝是合成凝血酶原的场所，而凝血酶原的合成，必须有维生素 K 的参与。故维生素 K 不足或肝功能发生障碍时，都会使血中凝血酶原减少，而引起出血。通常哺乳动物大肠内细菌能合成维生素 K，一般不会出现维生素 K 缺乏症。但当连续给予广谱抗菌药物会因抑制肠内细菌，引起维生素 K 缺乏而造成出血。此外，严重的肝疾病、胆汁排泄障碍及肠道吸收机能减弱等疾病，也会发生维生素 K 缺乏而致出血。

临床上用于毛细血管性及实质性出血，如胃肠、子宫、鼻及肺出血；患阻塞性黄疸及急性肝炎时，凝血酶原合成障碍；长期内服肠道广谱抗菌药的病畜；为预防雏鸡因缺乏维生素 K 所引起的出血性疾病，可在 8 周龄以前按每千克饲料拌入 30.4mg 维生素 K 饲喂。

【应用注意】　维生素 K_1、维生素 K_2 无毒性。维生素 K_3、维生素 K_4 有刺激性，长期应用可刺激肾而引起蛋白尿，还能引起溶血性贫血和肝细胞损害。

【用法与用量】 亚硫酸氢钠甲萘醌注射液，肌内注射，一次量，犬 10～30mg，每天 2～3 次。维生素 K_1 注射液，肌内、静脉注射，一次量，犬、猫 0.5～2mg/kg。

【制剂与规格】 亚硫酸氢钠甲萘醌注射液，1mL：4mg，10mL：40mg；维生素 K_1 注射液，1mL：10mg。

◆ **维生素 C** ◆

维生素 C 具有氧化还原能力，可使氧化型谷胱甘肽转化成还原型，后者与重金属结合后排出体外，从而起到解毒作用。可用于重金属中毒及药物中毒的解救。

⁇ 复习思考题

一、名词解释

1. 解毒药　2. 毒物　3. 中毒　4. 阿托品化（莨菪碱化）

二、填空题

1. 宠物发生中毒反应后，常用的非特异性的解毒方法有_____、_____、_____、_____等。

2. 宠物有机磷农药中度或重度中毒时，常用_____和_____来配合解毒，并且应尽快尽早用药以防_____。

3. 亚硝酸盐中毒时，常用_____解救，机理是_____；氰化物中毒宜用_____和_____来配合解毒；氟化物中毒常用_____解救，金属或类金属中毒常用_____解救。

4. 大剂量亚甲蓝有_____作用，可用来解救_____中毒，剂量为_____。小剂量亚甲蓝有_____作用，可用来解救_____中毒，剂量为_____。

5. 下列药物中毒时，所用解药是：洋地黄_____，咖啡因_____，士的宁_____，水合氯醛_____，氯化钠_____，溴化物_____，硫酸镁_____，氯化钙_____。

三、判断题

1. 阿托品可解除有机磷中毒时流涎、腹痛、肌肉抽搐、痉挛等症状。　　　　（　　）

2. 亚硝酸钠和硫代硫酸钠同时使用，可迅速彻底解救氰化物中毒。　　　　（　　）

3. 亚硝酸盐中毒时应选用大剂量的亚甲蓝解毒。　　　　　　　　　　　　（　　）

4. 氰化物中毒时选用小剂量的亚甲蓝解毒。　　　　　　　　　　　　　　（　　）

5. 氨基甲酸酯类农药（如呋喃丹）中毒，可选用碘解磷定解救。　　　　　（　　）

四、选择题

1. 氰化物中毒是因为（　　　）。

　　A. 血红蛋白不能携氧　　B. 组织细胞不能呼吸　　C. 肺泡换气受阻

2. 亚硝酸盐中毒是由于妨碍了（　　　）。

　　A. 血红蛋白携氧　　　　B. 组织细胞呼吸　　　　C. 肺泡换气

3. 解救动物重金属基丙中毒时，不可选用的药物是（　　　）。

　　A. 二巯丙醇　　　　　　B. 阿托品

　C. 依地酸钙　　　　　　D. 青霉胺

五、简答题

1. 李先生的一只京巴犬，在外出归家后，出现不明原因的口吐白沫、抽搐等中毒症状，李先生无法确定中毒原因，此时可采用哪些药物进行解毒？为什么？

2. 有机磷酸酯类中毒时，使用生理拮抗剂能解除何种中毒症状？为什么中度和重度中毒时必须并用碘解磷定等胆碱酯酶复活剂？

3. 硫代硫酸钠有哪些用途？为什么氰化物中毒使用亚硝酸钠后，还需使用本品？

4. 亚甲蓝剂量的大小与其药理作用的性质及用途有什么关系？

学习情境 12

犬、猫常用生物制品

知识目标

● 掌握犬、猫常用疫苗的用途。

技能目标

● 掌握犬、猫常用疫苗的应用方法。

◆ 狂犬病灭活疫苗 ◆

【基本概况】 本品含灭活的狂犬病病毒至少为 1U/头份，为粉红色液体。

【主要用途】 用于预防犬、猫狂犬病。

【应用注意】 个别犬、猫在接种部位出现微肿，可持续数天。如果在接种时严格执行无菌操作，则不会造成永久性的组织损害。

【用法与用量】 皮下或肌内注射，3 月龄以上犬、猫 1 头份（1mL）/只；3 月龄时首次接种，以后每年加强接种一次。

【贮藏】 在 2～8℃条件下避光保存，有效期 2 年。

【规格】 1 头份/瓶，10 头份/瓶。

◆ 犬、猫狂犬病灭活疫苗 ◆

【基本概况】 本品含有灭活的狂犬病病毒 Pasteur RIV 株至少 2U/头份，颜色为红色到浅紫，底部有无色沉淀物，轻轻振摇后呈均匀悬液。

【主要用途】 用于预防犬、猫狂犬病。

【应用注意】 ①个别接种后，偶尔可能会出现全身过敏反应，可皮下注射肾上腺素。②不可冻结，使用前应使疫苗达到室温（15～25℃）。③仅用于接种健康动物。④用前和使用过程中应振摇，并应使用无菌注射器和针头。⑤本品可在妊娠期间使用。⑥疫苗瓶一旦开启，应在 3h 内用完。

【用法与用量】 皮下或肌内注射，3 月龄以上犬、猫每只 1mL，以后每隔 3 年接种 1次。接种后 3 周内产生免疫力，免疫期 3 年。

【贮藏】 在 2～8℃条件下避光保存，有效期 48 个月。

【规格】 1 头份/瓶，10 头份/瓶。

◆ 犬瘟热、犬腺病毒、犬细小病毒病、犬副流感四联活疫苗 ◆

【主要用途】 本品用于预防犬的犬瘟热、传染性肝炎、细小病毒病和副流感。

【应用注意】 ①接种疫苗后偶见轻微过敏反应，一般可自行消失。②不得用于肉用犬。

③仅用于接种健康动物。④接种本品前后 14d 内，不得接种其他疫苗。⑤可用于妊娠犬和哺乳犬。⑥接种时应采用常规无菌操作。⑦不可冻结，也不要长时间或反复暴露在高温条件下。⑧疫苗稀释后，应于 30min 内用完。⑨未用完的疫苗或废弃物，应经过焚烧或煮沸处理。

【用法与用量】　皮下注射，用疫苗稀释液稀释后，每只接种 1 头份，每年进行 1 次副流感的加强接种，每 2～3 年进行 1 次犬瘟热、传染性肝炎、细小病毒病的加强接种。

【贮藏】　在 2～8℃条件下避光保存，有效期 24 个月。

【规格】　1 头份/瓶。

◆ 犬瘟热、犬腺病毒 1 型、犬腺病毒 2 型、犬副流感和犬细小病毒病五联活疫苗 ◆

【主要用途】　本品用于预防犬瘟热、犬腺病毒 1 型引起的传染性肝炎、犬腺病毒 2 型引起的呼吸道疾病、犬副流感和犬细小病毒性肠炎。

【应用注意】　①接种疫苗，个别可能出现过敏反应，此时可用肾上腺素进行抢救，并采取适当的辅助治疗措施。②仅用于接种健康动物，禁用于妊娠犬。③本品不可冻结，也不要长时间或反复暴露在高温条件下。④疫苗瓶启封后，应一次用完。⑤接种时应采用常规无菌操作。⑥疫苗内含有青霉素和链霉素。⑦未用完的疫苗或废弃物，应经过焚烧或煮沸处理。⑧如果动物处于某些传染性疾病的潜伏期、营养不良、寄生虫感染，处于运输或环境应激状态下或存在免疫抑制，或者未按说明书进行接种，均可能引起免疫失败。

【用法与用量】　用注射器无菌吸取 1 瓶稀释液，溶解 1 瓶疫苗。皮下或肌内注射，每次 1 头份（1mL）。对 6 周龄或 6 周龄以上犬进行首次接种，连续接种 3 次，每次间隔 3 周，以后每年接种 1 次。

【贮藏】　在 2～8℃条件下避光保存，有效期 18 个月。

【规格】　1 头份/瓶。

◆ 狂犬病、犬瘟热、犬副流感、犬腺病毒、犬细小病毒病五联活疫苗 ◆

【主要用途】　本品用于预防狂犬病、犬瘟热、副流感、传染性肝炎和犬细小病毒病。

【应用注意】　①本疫苗只能用于非食用健康犬的预防接种，不能用于已发生疫情时的紧急预防与治疗，妊娠犬禁用。②注射过免疫血清的犬需间隔 1～2 周后才能使用本疫苗。③注射器具需经煮沸消毒，本品溶解后应立即使用。④接种疫苗期间应避免调教、运输和饲养管理条件骤变，并严格防止与病犬接触。⑤一旦发生过敏反应，可立即肌内注射盐酸肾上腺素 0.1～0.5mL 治疗。

【用法与用量】　肌内注射，每头份用 2mL 注射用水（或冷却后的开水）稀释，幼犬从 50 日龄起，每隔 3 周注射 1 次，每次 2mL，共注射 3 次。成年犬每年注射 2 次，每次间隔 2～3 周，每次 2mL。免疫期 1 年。

【贮藏】　−20℃低温冷冻保存，运输过程中应采取冷藏包装（保持 2～8℃）。有效期 12 个月。

【规格】　1 头份/瓶。

◆ 狂犬病、犬瘟热、犬副流感、犬腺病毒、犬细小病毒病和犬冠状病毒六联活疫苗 ◆

【主要用途】　本品用于预防狂犬病、犬瘟热、副流感、传染性肝炎、犬细小病毒性肠炎和冠状病毒性肠炎。

【应用注意】　①本疫苗只能用于健康犬的预防接种，不能用于已发生疫情时的紧急预防与治疗。②注射过免疫血清的犬需间隔 2～3 周后才能使用本疫苗，否则将影响免疫效果。

③疫苗稀释后需立即使用，使用过的器具和疫苗瓶应煮沸消毒。④接种疫苗期间应避免调教、运输和饲养管理条件骤变，并严格防止与病犬接触。⑤一旦发生过敏反应，可立即肌内注射盐酸肾上腺素 0.1～0.5mL 治疗。⑥运输与保存需保持在 0℃以下，并避免日光照射及接触其他有害物品。

【用法与用量】 临用前每个免疫剂量加 2mL 注射用水稀释，充分振荡，使其完全溶解。肌内或皮下注射，幼犬从离乳之日起，以 2～3 周的间隔，连续接种 3 次，每次注射 1 个免疫剂量。成年犬，以 2～3 周的间隔每年接种 2 次，每次肌内注射一个剂量。免疫期 1 年。

【贮藏】 0℃以下保存，有效期 12 个月。

【规格】 1 头份/瓶。

◆ 犬灭活六联疫苗 ◆

【主要用途】 本品用于预防犬瘟热、细小病毒病、腺病毒感染、副流感病毒 2 型呼吸道感染、犬钩端螺旋体病以及黄疸出血群钩端螺旋体病。

【应用注意】 ①在个别情况下，接种犬可能产生过敏反应。②仅接种健康犬。③免疫前至少 10d 正确驱虫。④接种后不要让犬立即进行剧烈运动。

【用法与用量】 将冻干成分和液体成分混匀后，按下列免疫程序以 1mL/头份皮下接种。首次免疫，7 周龄起；第二次注射在第一次注射后 3～5 周；以后每年加强免疫一次，对于钩端螺旋体病疫区，可每半年注射一次。

【贮藏】 2～8℃下避光保存，勿冷冻。有效期 24 个月。

◆ 猫三联疫苗 ◆

【基本概况】 本品由猫传染性鼻气管炎病毒、猫鼻结膜炎病毒及猫泛白细胞减少综合征病毒于细胞培养后，经冷冻真空干燥而成。

【主要用途】 本品适用于猫的主动免疫接种，以预防猫传染性鼻气管炎、猫鼻结膜炎和猫泛白细胞减少综合征（猫瘟）。

【应用注意】 ①本品仅供健康猫免疫接种，妊娠猫禁止接种本疫苗。②注射高免血清或应用免疫抑制性药物后不可使用本疫苗。③使用正确的免疫途径，如果以鼻腔或口服接种本疫苗可导致嗜睡、不适以及呼吸道症状；疫苗接种后以酒精棉球擦拭接种部位是很有效的防护办法。④第一次接种到第二次接种后 7d，应避免与呼吸道病原接触。⑤个别猫若出现过敏反应，可注射肾上腺素治疗。

【用法与用量】 将 1 瓶疫苗与 1 瓶稀释液溶解后，供一只猫皮下或肌内接种。

基础免疫：第一次于 12 周龄接种，第二次于 15～16 周龄接种。

加强免疫：每年接种一次，应比前一年提前一周接种，避免失去有效性。

早期免疫：第一次于 9 周龄接种，第二次于 12 周龄接种，以后每年加强免疫一次。

若超过加强免疫时间，必须按照基础免疫程序重新开始，第一年注射 2 次，间隔 4～5 周注射。

【贮藏】 2～8℃下避光保存。

【规格】 1 头份/瓶。

◆ 破伤风抗毒素 ◆

【基本概况】 未精制的抗毒素为微带乳光橙色或茶色澄明液体，精制抗毒素为无色明亮液体。长期贮存后可有微量能摇散的灰白色或白色沉淀。

【主要用途】 本品可用于预防和治疗犬的破伤风。

【用法与用量】 肌内注射、静脉注射或皮下注射，一次量，预防 1 200～3 000U，治疗 5 000～20 000U。

【贮藏】 2～8℃下保存。有效期 2 年。

【规格】 1 500U/支，10 000U/支。

技能训练

技能训练 1　实验动物的抓取保定与给药方法训练

（一）实验动物的抓取保定

1. 小鼠

（1）徒手抓取与保定。

①用右手抓住鼠尾提起，放在实验台上。

②在其向前爬行时，用左手的拇指和食指抓住小鼠的两耳和头颈部皮肤，固定其头部。

③将鼠置于左手手心中，把后肢拉直，用左手的无名指及小指按住尾巴和后肢，前肢可用中指固定，完全固定好后松开右手。

④对于操作熟练者，可采用左手一手抓取法。

（2）固定器保定。

①准备一个 15～20cm 见方的方木板或方纸板，边缘楔入 5 枚钉子。

②用上述方法将小鼠保定在左手。

③用 20～30cm 长的线绳分别捆住小鼠的四肢。

④将捆住小鼠四肢的线绳固定到钉子上，并在头部上切齿处穿一根线绳固定头部。

⑤尾静脉给药时，可用专用的小鼠固定器，小鼠放在里面只露出尾巴。

2. 大鼠　大鼠的牙齿很尖锐，初次抓取大鼠者可戴厚帆布手套，不可突然袭击式地去抓大鼠。

（1）徒手抓取与保定。

①右手慢慢伸向大鼠尾巴，尽量向尾根部靠近，抓住其尾巴后提起，置于实验台上。

②右手轻轻抓住尾巴向后拉，在其向前爬行时，用左手掌心轻轻扣住大鼠背部，左手的拇指和其余四指相对，由耳后抓住大鼠的颈背部皮肤，翻转手腕使其腹部朝上。

③对于个体较小的大鼠，可将左手拇指和食指插入大鼠腋下环绕，其余三指和掌心握大鼠身体，翻转手腕使其腹部朝上，调整左手拇指抵住下颌固定头部。

④对于个体较大的大鼠，按上述方法抓取后，可再用右手协助保定，将鼠尾折向背部并抓住其背部皮肤，同时控制大鼠身体后部和尾部。

（2）固定器保定。同小鼠保定程序。

3. 豚鼠　豚鼠一般不会咬人，抓取时应注意采用正确的方法，防止对豚鼠造成损伤。

（1）徒手抓取与保定。

①抓取幼小的豚鼠时，用双手捧起来。

②抓取成熟的豚鼠时，左手的食指和中指放在颈背部两侧，拇指和无名指放在胁部，分别用手指夹住抓起左右前肢。

③翻转左手，用右手的拇指和食指夹住右后肢；用中指和无名指夹住左后肢，使豚鼠整体伸直成一条直线。

④抓取保定后，进行后续时，操作者可以坐在椅子上，将豚鼠的后肢夹在大腿处，用大腿替代右手夹住。

（2）固定器保定。同小鼠保定程序。

4. 兔

（1）徒手抓取与保定。

①用一只手抓住颈背部皮肤并将其提起，另一只手托住臀部及后肢将兔子从笼中取出。

②经口给药时，操作者可以坐在椅子上，用一只手抓住颈背部皮肤不动，用另一只手抓住两后肢夹在大腿之间，用大腿夹住兔的身体及两后肢。

③用大腿夹住兔的下半身体及两后肢后，再用空着的手抓住两前肢保定。

④抓住颈背部的手，同时要捏着两个耳朵，固定其头部。

⑤颈背部皮下用药时，抓住兔的颈背部放在实验台上，另一只手托着腰部。

⑥肌内注射时，一手抓住兔的颈背部皮肤，另一只手抓住两后肢将其保定于实验台上。

（2）固定器保定。兔子有专用保定器，均为市售器械。

①圆桶或盒式保定器，头部能伸出，用于耳静脉采血，注射等操作。

②头颈固定保定器（马蹄式），能促使兔子长时间保持自然体位，主要用于热源检查及皮肤反应检查等。

③台式保定器，四肢用细绳固定，头部用金属框卡住，口用金属圈套住，可用于心脏采血或颈动脉放血等操作之用。

5. 犬

①抓取比较凶猛的犬时，应使用特制的长柄犬头钳夹住犬颈部，注意不要夹伤嘴或其他部位。

②夹住犬颈后，迅速用链绳从犬夹下面圈套住犬颈部，拉紧犬颈部链绳使犬头固定。

③对于比格犬或驯服的实验用犬，可略去前两步。

④捆绑犬嘴，方法是用粗棉带从下颌绕到上颌打一个结，再绕向下颌再打一个结，最后，将棉带牵引到头后，在颈背打活结扎好。也可将棉带横放到犬嘴里，从两嘴角处（将嘴扒开）拉出，绕到下颌打一个结，再绕到上颌打一个活结扎好即可。

⑤右手抓住犬的右前肢，左手抓住左前肢，并搂住犬的颈和肩部，将犬抱到固定台上进行固定。

⑥也可麻醉后用绷带捆住犬的四肢，固定在实验台上。将犬头部用犬头固定器固定好后，可解去嘴上的绷带，以利于犬呼吸和实验人员观察，此时可以进行手术等实验操作。

6. 猴　猴反应灵敏，行动敏捷，抓取猴时应注意人员的安全防护，防止被猴抓伤而感染人畜共患传染病。实验用的猴最好饲养在带有可移动的后隔栏的猴笼中，便于抓取和保定。在大笼或室内抓取时，需二人合作，用长柄网罩，由上而下罩捕。在猴被罩住后，立即将网罩翻转取出笼外，罩猴于地上，由罩外抓住猴的颈部，掀开网罩，把猴的两只胳臂向后背用右手抓紧，用左手抓住两腿的踝关节部位，把腿拉直。也可放到保定台上固定。

（二）实验动物的给药方法训练

1. 经口插胃导管给药

（1）固定动物。大鼠、小鼠、豚鼠用手固定，用左手拇指和食指抓住鼠两耳和头部皮肤，其他三指抓住背部皮肤，将鼠抓在手掌内。兔、猫、犬用固定器固定或由助手用手固定。

（2）插入胃管。兔、猫需用开口器使动物口张开。犬则将右侧嘴角轻轻翻开，摸到最后一对大白齿，齿后有一空隙，中指固定在空隙下，不要移动，然后同左手拇指和食指将胃管插入，插入胃管时，轻轻顺着上颌到达咽部，靠动物的吞咽进入食管，胃管插入食管时进针或插管很流畅，动物通常不反抗；若误入气管因阻碍呼吸，动物会有挣扎。

（3）灌药。灌胃针或胃管插入需要到达的位置后，缓慢注入药液。

（4）拔去灌胃针或胃管。灌药完毕后，轻轻拔出灌胃针。为了防止胃管内残留药液，在拔出胃管前需注入少量生理盐水，然后拔出胃管。

2. 皮下注射给药　大鼠、小鼠、豚鼠一般取背部及后肢皮下，兔、猫、犬取后大腿外侧皮下，兔还可在耳根部注射。注射时用左手拇指和食指轻轻提起皮肤，右手持注射器将针头刺入皮下注射，位于皮下的针头，有游离感。

3. 皮内注射给药　将动物注射部位的毛剪（剃）去，不可剪（剃）破皮肤，消毒后用4号细针头，将针头先刺入皮肤，然后使针头向上挑起，至可见到透过真皮时为止，或用针尖压迫皮肤，针孔向上平刺入皮内，随之慢慢注入一定量的药液。当药液注入皮内时，可见到皮肤表面鼓起小泡（白色橘皮样），皮肤上的毛孔极为明显。小泡如不很快消失，则证明药液确实注射在皮内。皮内注射，针头的拔出不宜过快，注射后稍停留几秒钟后再拔针，可不用消毒棉球压迫。

4. 肌内注射给药　选择肌肉丰满、无大血管通过的部位，一般采用臀部，大鼠、小鼠等小动物常用大腿外侧肌肉。注射时，由皮肤表面垂直或稍斜刺入肌肉，回抽少许后注射。

5. 腹腔注射给药　在腹部下的1/3处，略靠外侧，朝头方向平行刺入皮肤约5mm，再把针竖起45°穿过腹膜进入腹腔内，慢慢注入药物。大鼠、小鼠、豚鼠一般一人即可注射，犬、猫、兔等动物可由助手固定好，配合进行。

6. 静脉注射给药

（1）器材。酒精棉球，止血用脱脂棉球或纱布，大鼠、小鼠，兔固定器，犬、猫固定台，针头（小鼠、大鼠、豚鼠用4号针头，兔、犬、猫用6号针头）。

（2）注意事项。除与皮下注射等注意事项相同以外，还须注意针头在刺入血管后，应将针头固定好，不可晃动，以免刺破血管。此外，静脉注射应慢慢注入药液，连续多次静脉注射时，应变换使用不同位置的血管。

（3）部位与方法。

①尾静脉注射。适用于大鼠、小鼠。尾静脉注射常用左右两侧的两根尾静脉，背侧的尾静脉因其位置容易移动而不常采用。动物在筒式固定器固定好后，反复用酒精棉球擦尾部，以达到消毒和使血管扩张的目的。选择靠尾尖扩张的部位，将尾折成一适宜的角度（小于30°），对准血管中央，针尖轻轻抬起与血管平行刺入，确保针头在血管内推进则无阻力。如注射部位皮下出血、肿胀，表明针头不在血管内。确认针头在血管内后，慢慢注入药液，注射完毕后马上拔出针头，压迫止血。

②后肢浅背侧足中静脉注射。适用于大鼠、小鼠、豚鼠。进行后肢静脉注射时，助手在固定动物的同时应固定好注射一侧的后肢及尾。用酒精棉球洗擦后肢背面，对准扩张血管进针，先刺入皮下，再沿血管方向平行刺入血管，确认后注入药液。

③耳缘静脉注射。适用于豚鼠和兔。动物用固定器固定好后，轻拉耳尖，用酒精棉球消毒后，沿血管向耳根部方向进针，准确刺入血管后可看见有回血，然后缓慢注入药液，注射完毕后注意压迫止血。

④前（后）肢静脉注射。适用于犬。前肢内侧皮下头静脉靠前肢内侧外缘行走，后肢外侧小隐静脉在后肢胫部下 1/3 的外侧浅表的皮下由前侧方向后行走。犬前（后）肢静脉注射时，将犬侧卧固定，剪去注射部位的毛，用乳胶带上臂部（前肢）或（管）绑在犬股部（后肢），用酒精棉球消毒，待静脉血管明显膨胀时，用针先刺入血管旁的皮下，然后与血管平行刺入血管，看见有回血后松开乳胶带，缓慢注入药液，注射完毕压迫止血。静脉注射针与注射器连接应是一种软连接，可避免因犬挣扎刺破血管。

⑤后肢小隐静脉、皮下静脉或股静脉注射。适用于猴，注射方法与犬的静脉注射相同。

技能训练 2　剂量对药物作用的影响

（一）实验动物

青蛙（蟾蜍）。

（二）药品

0.1％硝酸士的宁注射液，0.2％、0.5％、2％安钠咖注射液。

剂量对药物
作用的影响

（三）器材

1mL 玻璃注射器，5 号或 6 号针头，大烧杯、鼠笼、普通天平、棉球等。

（四）实验方法

1. 相同浓度不同体积对药物作用的影响

①取大小相似的青蛙（蟾蜍）3 只，分别做好记号。

②腹淋巴囊分别注射 0.1％硝酸士的宁注射液 0.1mL、0.4mL、0.8mL。

③记录开始注射时间（时、分、秒）和开始发生惊厥的时间（时、分、秒）。

④填写结果（表实-1）。

表实-1　不同体积药物的作用

给药量	0.1mL		0.4mL		0.8mL	
蛙号	给药时间	惊厥时间	给药时间	惊厥时间	给药时间	惊厥时间
1						
2						
3						

2. 相同体积不同浓度对药物作用的影响

①取小鼠 3 只，称重。

②分别放入 3 个大烧杯或鼠笼内，并作好记号。

③观察其正常活动。

④腹腔注射。

甲鼠：0.2%安钠咖注射液每 10g 体重用 0.2mL。

乙鼠：0.5%安钠咖注射液每 10g 体重用 0.2mL。

丙鼠：2%安钠咖注射液每 10g 体重用 0.2mL。

⑤给药后，分别放入原大烧杯中。

⑥记录给药时间，用物品将杯口盖住，观察有无兴奋、举尾、惊厥、死亡等情况，记录发生作用的时间，比较 3 鼠有何不同（表实-2）。

表实-2　不同浓度药物的作用

鼠号	体重	给药浓度、剂量	用药后反应及出现症状时间
甲			
乙			
丙			

（五）实验报告

技能训练 3　兽药制剂配制

（一）溶液配制

1. 目的要求　掌握不同浓度溶液的稀释法和练习溶液的配制。

2. 材料　天平、量筒或量杯、垂熔漏斗、漏斗、滤纸、漏斗架、下口瓶、纯化水、乙醇、碘片、碘化钾、容器、搅拌棒等。

3. 方法步骤

（1）溶液浓度的表示法。在一定量的溶剂或溶液中所含溶质的量称为溶液的浓度。这里，溶剂或溶液的量可以是一定的质量（克），或是一定体积（毫升、升等）。

溶质的量也可用质量或体积来表示。因此，有各种不同的浓度表示法。

常用的有百分浓度表示法、比例法和物质的量浓度法，简述如下：

①百分浓度表示法。

质量与质量的百分浓度表示法：常以%表示。即在 100g 溶液中所含溶质的质量。例如，10%盐酸即指 100g 稀盐酸溶液中含 HCl 10g。化学上常用。

质量与体积的百分浓度表示法：常以%（g/mL）表示。即在 100mL 溶液中所含溶质的质量。如 10%氯化钠溶液，即 100mL 氯化钠溶液中含氯化钠 10g。在药学中，当溶液中的溶质是固体或气体时，一般用克/毫升（g/mL）的百分浓度表示法。

体积与体积的百分浓度表示法：常以％（mL/mL）表示。即在100mL溶液中所含溶质的毫升数。如75％的乙醇，即在100mL溶液中含乙醇75mL。在药学中，当溶质是液体时，一般常用毫升/毫升（mL/mL）的百分浓度表示。

②比例法。有时用于稀释溶液的浓度计算。如高锰酸钾溶液1：5 000，即表示在5 000mL溶液中含有1g的高锰酸钾。

③物质的量浓度法。溶液的浓度以1 000mL溶液中所含溶质的物质的量来表示，以mol/L表示。如1 000mL溶液中含硫酸0.5mol，则浓度为0.5mol/L。

（2）溶液浓度稀释法。

①反比法。

$$C_1 : C_2 = V_2 : V_1$$

例如，现需75％乙醇1 000mL，应取95％乙醇多少毫升进行稀释？

按公式有：

$$95 : 75 = 1000 : x$$
$$95x = 75 \times 1000$$
$$x = 75 \times 1000/95$$
$$= 789.4 \ (mL)$$

即取95％乙醇789.4mL，加水稀释至1 000mL即成75％的乙醇。

②交叉法。

a. 将高浓度溶液加水稀释成需配浓度溶液。如将95％乙醇用纯化水稀释成70％乙醇，可按下式计算：

即取95％乙醇70mL（或升）加纯化水25mL（或升）即成70％乙醇。

b. 用高浓度溶液和低浓度同一药物溶液稀释成中间需要浓度的溶液。如用95％乙醇和40％乙醇稀释成70％乙醇，可按下式计算：

即取95％乙醇30mL和40％乙醇25mL，相加即成70％乙醇。

注意：交叉法总的规律是交叉计算，横取量，需浓度置中间。

简便法：如要将95％乙醇稀释为75％，取95％乙醇75mL，蒸馏水加至95mL即可。

同法可用于稀释任何浓溶液。

（3）处方举例（分组配制）。

①取95％乙醇用纯化水稀释成70％乙醇95mL。按交叉法计算如下：

即取 95％乙醇 70mL 加纯化水 25mL 即成 70％乙醇。

②1％碘甘油的配制。碘片 1g、碘化钾 1g、纯化水 1mL、甘油适量，共制成 100g。

制法：取碘化钾溶于约等量的纯化水中，加入碘搅拌（或研磨）使完全溶解后，再加甘油至 100g，搅匀即得。

注意：在配制时必须将碘化钾先溶解，溶解时水不能加得太多。

4. 实验报告

（1）解答溶液浓度稀释法的计算题，并填写于实验报告上。

（2）分组按上述处方举例配制 1～2 个，并填于实验报告上。

（二）酊剂配制

1. 目的要求　掌握酊剂的一般配制方法。

2. 材料　天平、量筒或量杯、大腹瓶、纱布、研钵或粉碎机、碘片、碘化钾、纯化水、95％乙醇。

3. 方法步骤

（1）酊剂的配制法。分溶解法、稀释法、渗滤法和浸渍法四种。这里仅介绍前两种。

①溶解法。将某种药物加入适量浓度中的醇中溶解，过滤即得。如碘酊。

②稀释法。将浓酊剂，用醇稀释至规定浓度，静置 24h，过滤即得。

（2）处方举例。5％碘酊的配制：①碘片 2g、碘化钾 1g、纯化水及 75％乙醇加至 40mL 制成酊剂。②先将碘化钾 1g 放入大腹瓶中，加水和醇的等量混合液 20mL 使其溶解后，再将碘片包入纱布囊内悬挂于液面，碘溶解，最后加余量的水和醇等量混合液冲洗纱布囊，至体积为 40mL。

常用消毒药的配制

4. 实验报告　分组进行，按处方举例法配制碘酊，并填写实验报告。

技能训练 4　兽药配伍禁忌

1. 目的要求　观察了解常见的物理和化学性配伍禁忌的各种现象，掌握处理配伍禁忌的一般方法。要求在开写处方时能正确配用药物。

2. 作用提示　为了充分发挥药物的作用，临床上常将两种以上的药物配合使用。但各种药物理化性质和药理性质不同，在配伍应用时，可能会出现物理、化学和药理上的变化。

其中有些变化可能减少毒性、增强作用、延长疗效；有些变化可能造成使用不便，降低或丧失疗效，甚至增加毒性。前者符合治疗的需要，后者则属于配伍禁忌。但有些配伍禁忌可作为解毒作用，有些配伍禁忌通过特殊的处理可以消除。

3. 材料

（1）药品。蓖麻油（或松节油）、纯化水、液状石蜡、樟脑酒精、结晶碳酸钠、水合氯醛、醋酸铅、樟脑、盐酸四环素粉针、磺胺噻唑钠注射液、5％氯化钙注射液、5％碳酸氢钠注射液、稀盐酸、碳酸氢钠、10％氯化高铁注射液、鞣酸、高锰酸钾、苦味酸。

（2）器材。天平、吸量管、量筒、试管、研钵、试管架、硫酸纸、糨糊、铅笔、剪刀、铁锤等。

4. 方法步骤

（1）物理性的配伍禁忌。主要是由于药物的外观（物理性质）发生变化，有下列四种现象。

药物的配伍禁忌

①分离。两种液体互相混合后，不久又分开。

取试管两支，一支加蓖麻油（或松节油）和水各 1mL，一支加液状石蜡和水各 1mL。互相混合振摇后，静置于试管架上。10min 后，观察分离现象。

②析出。两种液体互相混合后，由于溶媒性质的改变，其中一种药物析出沉淀或使溶液混浊。

取试管一支，先加入樟脑酒精 2mL，然后再加水 1mL，则樟脑以白色沉淀析出。

③潮解。吸湿潮解常发生于下列药物中，中草药干浸膏粉、乳酶生、干酵母、胃蛋白酶、无机溴化物和含结晶水的药物。这些药物本身易受潮，如与受潮易分解药物配用时，更可促使后者变质分解。

取碳酸钠和醋酸铅各 3g 于研钵中共研即潮解。

④液化。两种固体药物混合研磨时，由于形成了低熔点的低熔混合物，熔点下降，由固态变成了液态，称为液化。

取水合氯醛（熔点 57℃）和樟脑（熔点 171～176℃）各 3g 混合研磨，产生液化。

（2）化学性配伍禁忌。是指处方各成分之间发生化学变化。药物的化学变化必然导致药理作用的改变。这种配伍禁忌是最常见的，而且危害性也较大。

①沉淀。两种或两种以上的药物溶液配伍时，由于化学变化而产生一种或多种以上的不溶性物质，溶液即出现沉淀。主要有两种情况，一种是发生中和作用而产生不溶性盐。一种是由难溶性碱（酸）制成的盐，其水溶液 pH 改变时析出原来形成的碱或酸。

取一支试管各加入盐酸四环素注射液和磺胺噻唑钠注射液 2mL，二者混合立刻产生沉淀。另取一支试管各加 5%氯化钙溶液和 5%碳酸氢钠溶液 3mL，二者混合立刻产生碳酸钙沉淀。

②产气。药物配伍时，偶尔会遇到产生气体的现象，有的导致药物失效。

取一支试管先加入稀盐酸 5mL，再加碳酸氢钠 2g，不久即会见到产生气体（二氧化碳）而逸出。反应式如下：

$$NaHCO_3 + HCl \rightarrow NaCl + H_2O + CO_2 \uparrow$$

③变色。某些药物因化学反应而引起颜色的改变。特别是与 pH 较高的其他药物溶液配伍时，容易发生氧化变色现象。

取一支试管先加入 10%氯化高铁溶液 3mL，再加 1g 鞣酸，则溶液变为绿色、蓝色或黑色。反应式如下：

$$3Cl_4H_{10}O_9 + FeCl_3 \rightarrow Fe(C_{14}H_9O_9)_3 + HCl$$

④爆炸或燃烧。多由强氧化剂与强还原剂配伍时引起。激烈的氧化还原反应能产生热，引起燃烧或爆炸。

取高锰酸钾 3 份和苦味酸 2 份分别于研钵中研细，然后在纸上轻轻混拌均匀，备用。然后用普通圆柱形铅笔（或红蓝笔）做轴，将硫酸纸绕铅笔制成圆筒并用糨糊黏合，取下剪成 1.5cm 的分段。每个小段一端折叠闭合，从另一端装入适量制备好的混合药粉，再将这一端也折叠闭合（可涂少许糨糊）。最后，将此法制备的小药包立放于石灰地面上用锤猛击（脸要侧对击打的药包）则立刻发生爆炸，同时发出火光和响声。

注意：此项实验应预先示范再做，以免发生事故；药包切不可制得过大；为防不测，此实验也可不做。

⑤眼观外变化。有一些化学性配伍禁忌，其分子结构已发生了变化，但外观看不出来，因而常被忽视。如青霉素钠（钾）盐水溶液水解为青霉胺和青霉醛而失效。

5. 实验报告 简单记录实验过程和结果，分析配伍禁忌产生的主要原因和表现，实践中如何避免配伍禁忌，写出实验报告。

技能训练 5 药物保管与贮存

1. 目的要求 通过动物药房的见习或参观，使学生掌握药物保管与贮存的基本知识和方法，并能应用于将来的工作和实践。

2. 方法步骤

（1）药物的保管。

①制定严格的保管制度。药物的保管应有严格的制度，包括出、入库检查，验收，建立药品消耗和盘存账册，逐月填写药品消耗、报损和盘存表，制定药物采购和供应计划。如各种兽药在购入时，除应注意有完整正确的标签（包括品名、规格、生产厂名、地址、注册商标、批准文号、批号、有效期等）及说明书（应有有效成分及含量、作用与用途、用法与用量、毒副反应、禁忌、注意事项等）外，不立即使用的还应特别注意包装上的保管方法和有效期。

②各类药品的保管方法。所有药品，均应在固定的药房和药库存放。

a. 麻醉药品、毒药、剧药的保管。麻醉药品（吗啡、哌替啶等）、毒药（如硫酸阿托品等）、剧药（如苯巴比妥、异戊巴比妥等）应按兽药管理条例执行，必须专人、专库、专柜、专用账册并加锁保管。要有明显标记，每个品种须单独存放。品种间留有适当距离。随时和定期盘点，做到数字准确，账物相符。

b. 危险药品的保管。危险药品是指遇光、热、空气等易爆炸、自燃、助燃或有强腐蚀性、刺激性的药品，包括爆炸品（如苦味酸等）、易燃液体（如乙醚、乙醇、松节油等）、易燃固体（如硫黄、樟脑等）、腐蚀药品（如盐酸、浓氨溶液、苯酚等）。在危险品仓库内分类存放。间隔一定距离，禁止与其他药品混放。远离火源，配备消防设备。

易受湿度、温度、光线等影响药品的保管，详见药物的贮存。

③处方的处理。a. 检查处方列举各药是否俱全。b. 检查处方列举各药有无配伍禁忌。c. 检查处方列举各药的剂量有无超过极量。d. 处方上是否有兽医签字。

麻醉药品必须用单独处方，用量不能超过一日量，并书写完整，签全名，以资核查。

如发现以上各项有疑问应同兽医联系更正，否则药房人员也有责任。

库房应采取防虫、防盗和防止药物变质、失效的措施等。保管药物应有专人负责，如有变动，应由接受人、移交人会同有关负责人共同盘点，做移交表一式三份，交接人和领导签名各执一份，办理好交接手续。

（2）药物贮存的基本知识与方法。药物和其他一切物质一样，时刻都处在质变的运动中，只是由于化学结构和外界影响的不同，变质的速度也有差异。为了控制质量的变化，保证药品的质量和疗效，对药品的生产、包装、贮存都有相应的规定，如批号、有效期与失效期、存放方法与要求等。

①影响药物质量的外界因素。

a. 空气的影响。空气能与某些药品发生氧化或碳酸化反应，促使药物的变质、变色，尤其在日光照射和温度、湿度过高时更易发生。

氧化：包装不严的药物，能逐渐与空气中的氧化合而变质。如水杨酸钠在空气中逐渐被氧化成一系列醌型有色物质。

碳酸化：有些药物与空气中的二氧化碳发生碳酸化而变质。如氨茶碱在空气中吸收二氧化碳，析出茶碱。

b. 光线的影响。日光中的紫外线能促使药品发生氧化、还原、分解等作用而变质、变色。绝大多数药品长期受光照射都会发生变化。但光线对药物的影响，多与空气、水分、温度等有联系。例如磺胺类药物在空气中遇光生成带有黄色的偶氮苯化合物。

c. 温度的影响。温度过高可以促进药品发生化学或物理变化而变质。如生物制品、抗生素等在高温情况下易变质失效。

温度过低也能使药品变质，出现凝固、分层、沉淀、冻结以致降效或失效。如葡萄糖酸钙溶液久置冷处能析出结晶不易再溶解，冰冻可使各种抗毒素、类毒素等蛋白质制剂析出沉淀，效力降低。

d. 湿度的影响。一般来说相对湿度为 75% 时，对药品的贮存最适宜。湿度过高或过低，均会使药品发生潮解、吸湿、稀释、水解、发霉、变质、风化等现象。如氯化钙吸湿后可自行液化，脏器制剂等吸湿后易发霉等。

e. 时间的影响。不少药品虽然贮存条件适宜，但时间过长也会发生质量变化，尤其是抗生素、维生素等久贮更易变质，这些药品中有的规定了有效期，应常检查，以免过期失效。

f. 生物性因素的影响。有的药品本身含有可供生物生长必需的营养物质，如封口不严，易受细菌、霉菌的污染而腐败变质，或受虫蛀。

②药物贮存的基本方法。

a. 密封保存。凡易吸潮、发霉、变质的原料药如葡萄糖、碳酸氢钠、氯化铵等，应在密封干燥处存放；许多抗生素类及胃蛋白酶、胰酶、淀粉酶等，不仅易吸潮，且受热后易分解失效，应密封后置干燥凉暗处存放；有些含有结晶水的原料药，如硫酸钠、硫酸镁、硫酸铜、硫酸亚铁等，在干燥的空气中易失去部分或全部结晶水，应在密封阴凉处存放，但不宜存放于过分干燥或通风的地方。

散剂的吸湿性比原料药大，应在干燥处密封保存，但含有挥发性成分的散剂，受热后易挥发，应在干燥阴凉处密封保存。片剂除另有规定外，应密闭在干燥处保存，防止发霉变质。中药、生化药物或蛋白质类药物的片剂易吸潮扩散，发霉虫蛀，更应密封于干燥阴凉处保存。

b. 避光存放。某些原料药（如恩诺沙星、盐酸普鲁卡因）、散剂（如含有维生素 D、维生素 E 的添加剂）、片剂（如维生素 C、阿司匹林片）、注射剂（如氯丙嗪、肾上腺素注射液）等，遇光、遇热可发生化学变化生成有色物质，出现变色变质，导致药效降低或毒性增加，应放于避光容器内，密封于干燥处保存。片剂保存于棕色瓶内，注射剂可放于遮光的纸盒内。

c. 置于低温处。受热易分解失效的原料药，如抗生素、生化制剂（如 ATP、辅酶 A、胰岛素、垂体后叶素等注射剂），最好放置于 2～10℃低温处。易爆易挥发的药品，如乙醚、挥发油、氯仿、过氧化氢等，及含有挥发性药品的散剂（受热后易挥发），均应在密闭阴凉干燥处存放。

各种生物制品如疫苗、菌苗等，应按规定的温度贮存。许多生物制品的适宜保存温度为 -15℃（冻干菌苗），0～4℃（高免血清、高免卵黄液等，若需长期保存，也应保持于 -15℃）。

d. 防止过期失效。有些药品如抗生素、生物制品、动物脏器制剂等，贮存一定时间后，药效可能降低或毒性增加，为确保用药安全有效，对这些药品都规定了有效期。凡超过有效期的药品不应使用。对有有效期的药品，应按规定的贮存条件贮存，并定期检查以防过期失效。药品卡片和标签上均应有特殊标记，注明有效期，或专柜保存，以便查找。

3. 实习报告 综合参观见习和教师讲解的内容，写出药品保管和贮存基本要求的报告。

技能训练 6　动物诊疗处方开写

1. 目的要求 了解开写处方的意义，掌握处方的结构，根据临床实际能较熟练准确地开写处方。

2. 材料 处方笺、临床病例。

3. 方法步骤 教师讲述 10～15min 后由学生开写。

①会进行处方登记。

②结合临床病例或由教师列举某一病例，开写两张处方：开一张普通处方；开一张临时调配处方。

③签名核对。

4. 实验报告 要求会开写基本正确的处方笺。

技能训练 7　防腐消毒药的杀菌效果观察

1. 目的要求 掌握消毒药杀菌效果的定量测定方法。

2. 原理 悬液定量杀菌试验法是将消毒剂与菌悬液混合作用一定时间后，加入化学中和剂去除残留的消毒剂，以终止消毒剂与微生物的进一步作用，然后进行菌落计数计算杀菌率判断消毒剂的杀菌效果。

3. 材料

（1）菌种。大肠杆菌 O78、金黄色葡萄球菌。

（2）药品。500g/L 戊二醛、1‰甘氨酸、普通营养琼脂培养基、磷酸盐缓冲液（PBS）。

（3）器材。量筒、容量瓶、平皿、移液管、试管、吸管、L 形玻璃棒、恒温箱等。

4. 实验步骤

（1）实验浓度消毒剂的配制。用灭菌蒸馏水将 500g/L 戊二醛稀释成浓度为 2.5g/L，10g/L，20g/L。

（2）实验用菌悬液的配制。将保存的大肠杆菌．金黄色葡萄球菌分别接种于肉汤培养液中，37℃恒温箱中培养 16～18h，取增菌后的菌液 0.5mL，用磷酸盐缓冲液稀释至浓度为 $1×10^6～1×10^7$ cfu/mL。

（3）消毒效果实验。将 0.5mL 菌悬液加入 4.5mL 试验浓度消毒剂溶液中混匀计时，到规定作用时间后，从中吸取 0.5mL 加入 4.5mL 中和剂（即 1％甘氨酸）中混匀，使之充分中和，10min 后吸取 0.5mL 悬液用涂抹法接种于营养琼脂培养基平板上，于 37℃培养 24h，计数生长菌落数。每个样本选择适宜稀释程度接种 2 个平皿。

（4）结果计算。按照下列公式计算平均杀菌率，杀菌率达 99.9％以上为达到消毒效果。

$$杀菌率 KR＝（N_1－N_0）/N_1×100％$$

式中：N_1 为消毒前活菌数；N_0 为消毒后活菌数。

5. 注意事项

（1）不同消毒剂要选择不同的中和剂，中和剂须有终止消毒剂作用的效果又对实验无不良影响。

（2）实验温度一般要求在室温（20～25℃）下进行。

6. 实验结果（表实-3）

表实-3　戊二醛对大肠杆菌和金黄色葡萄球菌的杀菌效果观察

菌种	戊二醛浓度（g/L）	作用不同时间的平均杀菌率（％）		
		5min	10min	20min
大肠杆菌	2.5			
	10			
	20			
金黄色葡萄球菌	2.5			
	10			
	20			

7. 讨论与作业　哪些因素会影响消毒剂的杀菌效果？试举例说明。

注　磷酸盐缓冲溶液（PBS）的配制方法：在 800mL 蒸馏水中溶解 8g NaCl、0.2g KCl、1.44g Na_2HPO_4 和 0.24g KH_2PO_4，用 HCl 调节溶液的 pH 至 7.4，加水定容至 1L，在 103.4kPa 高压下灭菌 20min。室温保存。

技能训练 8　体外药敏试验——纸片扩散法

抗菌药物体外药敏试验

1. 目的要求　观察抗菌药物的作用效果，熟练掌握纸片扩散法体外测定药物的抗菌活性。

2. 实验原理 将含一定浓度抗菌药物的滤纸片放在已接种一定量某种细菌的琼脂平板上，经培养后，可在纸片周围出现无细菌生长区，称为抑菌圈。测量各种药敏纸片抑菌圈直径的大小，即可判定该细菌对某种药物的敏感程度。

3. 实验材料

（1）菌种。金黄色葡萄球菌、大肠杆菌。

（2）药品。含青霉素、庆大霉素、土霉素、恩诺沙星等抗菌药的药敏纸片，营养肉汤培养基，普通营养琼脂培养基。

（3）器材。平皿、无菌棉签、镊子、测量尺、恒温箱等。

4. 实验步骤

（1）将大肠杆菌和金黄色葡萄球菌分别接种到营养肉汤中，置37℃温箱培养12h，备用。

（2）用无菌棉签蘸取上述菌液，均匀地涂于营养琼脂平皿表面上。待培养基表面稍微干燥后，用无菌小镊子分别夹取所需的药敏纸片，均匀地贴放于培养基表面，稍微下压。各纸片间的距离不小于3cm，并分别做上标记。

（3）将培养皿置37℃温箱内，培养16～18h后，观察有无抑菌圈，并测量各种药敏纸片抑菌圈的直径大小，以毫米（mm）表示。试验结果判定标准见表实-4。

表实-4 纸片扩散法药敏试验判定标准

抑菌圈直径（mm）	敏感性
＞20	极度敏感
15～20	高度敏感
10～15	中度敏感
＜10	低度敏感
无抑菌圈	不敏感或耐药

5. 实验结果（表实-5）

表实-5 纸片法测定抗菌药物的抑菌效果

菌种	药物	抑菌圈直径（mm）	判定结果
大肠杆菌	青霉素		
	庆大霉素		
	土霉素		
	恩诺沙星		
金黄色葡萄球菌	青霉素		
	庆大霉素		
	土霉素		
	恩诺沙星		

6. 讨论与作业　根据实验结果讨论试验中所用药物的抗菌范围及其主要适应证。

　　注　药敏纸片的制备：将直径为 6mm 左右的圆形定性滤纸片消毒烘干，然后分别浸入一定浓度的抗菌药液中，使其充分浸透药液，然后用另一滤纸吸去附于纸片上的药液，再置于 37℃ 恒温箱中烘干备用。制得的药敏纸片保持时间不宜过长。

技能训练 9　体外药敏试验——试管稀释法

　　1. 目的要求　观察抗菌药物的作用效果，熟练掌握抗菌药物最低抑菌浓度（MIC）测定的常用方法。

　　2. 实验原理　根据抗菌药物对液体培养基中实验菌的生长繁殖抑制作用的强度，将能够抑制细菌生长的最低浓度作为衡量指标。MIC 值越小则说明药物的抑菌作用越强。

　　3. 实验材料

　　（1）菌种。大肠杆菌。

　　（2）药品。庆大霉素、灭菌营养肉汤培养基。

　　（3）器材。1mL 和 2mL 灭菌移液管、带塞灭菌试管、分析天平、恒温箱等。

　　4. 实验步骤

　　（1）准备材料。

　　①庆大霉素溶液的制备。准确称量适量硫酸庆大霉素粉剂，用无菌蒸馏水配成浓度为 1 280U/mL 的溶液。

　　②制备菌悬液。将保存的大肠杆菌接种于灭菌营养肉汤培养基中，置 37℃ 恒温箱培养 16~18h，取对数生长期菌液 0.5mL，用肉汤培养基按一定比例 [1 :（100~1 000）] 稀释至浓度为 $1 \times 10^8 \sim 2 \times 10^8$ cfu/mL。

　　（2）取 13 支无菌试管，分别编号并排成一列。分别向各试管中加入菌悬液，除第一管加入菌悬液 1.8mL 外，其余各管均加入 1.0mL。

　　（3）加入倍比稀释的药液。第 1 管加入药液 0.2mL，混匀后，吸出 1.0mL 加入到第 2 管。同样方法依次稀释至第 12 管，弃去 1.0mL，第 13 管为生长对照管。12 支试管中的药物浓度分别为：128、64、32、16、8、4、2、1、0.5、0.25、0.125、0.06 U/mL（也可根据实验需要增加试管数，浓度可依次类推）。用试管塞塞好试管口，置 37℃ 恒温箱培养 16~24h。

　　（4）取试管逐支摇匀，肉眼观察，以不出现肉眼可见生长（混浊现象）的最低药物浓度为该药对测试菌的 MIC。

　　5. 注意事项

　　（1）稀释过程要在各试管中用移液管反复吹打，充分混合均匀。

　　（2）本实验操作应在无菌条件下进行，防止杂菌污染。

　　6. 讨论与作业　利用氨基糖苷类药物作用机理分析实验结果，并阐述测定 MIC 在兽医临床中的意义。

技能训练 10　药物对离体猪蛔虫的抗虫作用观察

1. 药物　敌百虫、左旋咪唑、丙硫咪唑、伊维菌素。

2. 实验动物　蚯蚓（替代蛔虫）。

3. 实验方法

①取大烧杯 4 只，标记。

②第 1 只加（38±0.5）℃营养液 500mL（1 000mL 营养液配比：NaCl 8.0g、KCl 0.2g、$CaCl_2$ 0.2g、NaH_2PO_4 0.06g、$MgSO_4$ 0.1g、H_2O 1 000mL），模拟肠液。

③第二只加含 10%敌百虫营养液 500mL。

④第三只加含 1%左旋咪唑营养液 500mL。

⑤第四只加含 2%丙硫咪唑营养液 500mL。

⑥每一只烧杯中各投入活动力较强的蚯蚓（实验用蚯蚓应差别较小）。

⑦观察蚯蚓活动情况。

⑧若出现麻痹或僵硬，说明有驱杀虫作用。

4. 实验结果

5. 实验报告

技能训练 11　药物泻下作用实验

1. 目的要求　通过硫酸钠对肠道的作用，掌握盐类泻药的作用机理。

2. 原理　肠壁黏膜是一种半透膜，水向渗透压大方向流动，盐类泻药易溶于水，其水溶液中的离子不易被肠道吸收，在肠道内形成高渗环境，阻止肠道内水分吸收和将组织中水分吸入肠道，使肠道内含有大量水分，增大肠道内容积，对肠壁感受器产生机械和化学刺激，促进肠蠕动，加快水分向粪便中央渗透，发挥其浸泡、软化和稀释作用，使之随着肠蠕动而排出体外。

3. 材料

①动物。家兔，体重 2～3kg。

②药品。5%硫酸钠溶液、0.25%盐酸普鲁卡因注射液、生理盐水。

③器材。兔固定板（或手术台）、剪毛剪、酒精棉、镊子、手术刀、缝合线、缝合针、止血钳、纱布、10mL 注射器。

4. 实验步骤

①取家兔以 0.25%盐酸普鲁卡因注射液浸润麻醉。

②将兔仰卧保定于手术台上，腹部剪毛消毒。

③切开腹壁，暴露肠管，取出一段小肠，在不损伤肠系膜血管情况下，用线将肠管结扎，分成两小段，每段 2～4cm。

④向两段肠腔内分别注入 5%硫酸钠溶液和生理盐水，使肠壁充盈适度，不要太膨胀。

注射完后，将肠管放回腹腔，缝合腹壁。

⑤两小时后打开腹壁，观察两段肠壁充盈度的变化。

5. 注意事项

①选择肠管的长度和粗细尽量相同。

②结扎时各段肠管不相通。

③每段小肠血管要比较均匀。

④注射后肠管充盈度尽量相同。

⑤注射时不要损伤肠系膜血管和神经。

6. 实验结果（表实-6）

表实-6 药物对家兔肠管内水分产生的影响

药物	注射室充盈度	2h后充盈度
生理盐水		
5%硫酸钠溶液		

7. 讨论与作业 根据实验结果分析盐类泻药对家兔的泻下作用，思考其临床应用。

技能训练 12 药物对离体支气管平滑肌的松弛作用

1. 目的要求 观察药物对离体支气管平滑肌的作用，掌握用离体器官分析仪测试药物对离体器官作用方法。

2. 原理 动物的离体支气管在适宜的营养液环境中可保持较长时间的自动节律性收缩。支气管平滑肌上分布 M 受体、α 受体和 β 受体，向营养液中加入受体的激动剂或阻断剂，可引起支气管的收缩或松弛。

3. 材料

①动物。家兔 1 只。

②药品。2.5%氨茶碱溶液、0.1%氯化乙酰胆碱溶液、0.1%磷酸组织胺溶液、0.01%肾上腺素溶液、K-H 氏液、台氏液。

③器材。手术剪、手术刀、止血钳、缝针、缝线、注射器、烧杯、L 形玻璃钩、离体器官分析仪。

4. 实验步骤

①将离体器官分析仪安装好，打开进液按钮，向浴槽内加入适量台氏液，设置温度在38.5～39.5℃，调节气量调节阀使气泡排出数为每秒1～2个。

②将家兔处死，正中切开颈部，小心剥离气管至气管分支处剪下气管，2～4cm 长，立即放入盛有 37℃的 K-H 氏液的平皿中，除去气管上的组织，剪成螺旋的气管片（宽 2～3mm）两端分别用线结扎，备用。

③将气管片的上端连接拉力换能器，下端系于 L 形玻璃钩上，放置于盛有台氏液的浴槽内。

④待气管稳定后，观察离体气管正常收缩曲线。

⑤用注射器依次加入下列药液，观察并记录气管的收缩曲线变化。

⑥向麦氏浴槽内加 0.1%氯化乙酰胆碱溶液 0.7～1mL，待作用明显后加 2.5%氨茶碱溶液 0.5～1mL，观察其反应，然后用 K－H 氏液洗 3 次。

⑦稳定后，加入 0.1%磷酸组织胺溶液 0.5～1mL，待作用明显后加 0.01%肾上腺素溶液 0.5～1mL，观察其反应。

5. 注意事项

①家兔在实验前 24h 内禁食。

②制作气管标本时，动作要轻柔而迅速，且尽量在 38.5～39.5℃的台氏液中操作，以维持气管的正常功能。气管悬吊不宜过松或过紧，不可与浴槽壁贴住。

③加药液时不要碰连接线，药液必须滴入台氏液里，不可直接滴在气管上或沿浴槽壁滴入。

④通过调节台氏液温度、空气速度以及分析仪的微调旋钮和量程，使气管活动处于最佳状态。

6. 实验结果（表实-7）

表实-7　药物对家兔离体支气管的影响

药品	收 开始时间	缩 收缩幅度	舒 开始时间	张 收缩幅度
乙酰胆碱 氨茶碱 组胺 肾上腺素				

7. 讨论与作业　根据各药的作用机理分析实验结果，思考其临床意义是什么。

注：

台氏液配制方法：氯化钠 8.0g、氯化钾 0.2g、氯化钙 0.2g、碳酸氢钠 1.0g、磷酸二氢钠 0.05g、氯化镁 0.1g、葡萄糖 1.0g、蒸馏水加至 1 000mL。氯化钙应单独溶解，再与其他成分配成的溶液混合，以防产生碳酸钙或磷酸钙沉淀。葡萄糖临用前加入，以免滋长细菌，变质。

K－H 氏液配制方法：氯化钠 6.82g、氯化钾 0.35g、氯化钙 0.28g、碳酸氢钠 2.10g、硫酸镁 0.29g、葡萄糖 2.0g、蒸馏水加至 1 000mL。氯化钙应单独溶解，再与其他成分配成的溶液混合，以防产生碳酸钙或磷酸钙沉淀。葡萄糖临用前加入，以免滋长细菌，变质。

技能训练 13　利尿药与脱水药作用观察

1. 目的要求　观察呋塞米、甘露醇对家兔的利尿作用，掌握药物利尿的实验方法。

2. 原理　呋塞米是高效利尿药，通过抑制髓袢升支粗段对氯化钠的重吸收产生利尿作用；快速静脉注射甘露醇，通过渗透压作用使尿量增加。

3. 材料

①动物。雄性家兔 3 只，体重 2～3kg。

②药品。1％呋塞米注射液、20％甘露醇注射液、生理盐水、液状石蜡。

③器材。兔固定板（或手术台）3 块、兔开口器 1 个、10 号导尿管 3 条、20mL 小量筒 3 个、5mL 注射器 3 个、5 号针头 3 个、婴儿秤 1 台、胶布。

利尿药的利尿
作用观察

4. 实验步骤

①取家兔 3 只，称重标记，分别按每千克体重 50mL 灌胃蒸馏水。

②30min 后，将兔仰卧保定于手术台上。

③取 10 号导尿管用液状石蜡润滑后由尿道口缓缓插入膀胱 8～12cm，见有尿液滴出即可，并将导尿管用胶布固定于兔体，以防滑脱。

④压迫兔的下腹部，排空膀胱，并在导尿管的另一端接一量筒收集尿液，记录 15min 内正常尿量。

⑤以每千克体重 5mL 分别给 3 只家兔耳静脉注射生理盐水、1％呋塞米、20％甘露醇注射液。

⑥用量筒收集并记录各兔每 15min 内的尿量，连续观察 1h，比较各兔在不同时间段内尿量的变化和总尿量。

5. 注意事项

①雄兔或性未成熟的雌兔比较容易插尿管，且在实验前 24h 应供给充足的饮水量和青饲料喂养。

②各兔的体重、灌水及给药时间尽可能一致，给药前尽量排空各兔膀胱，以免影响实验结果。

③插入导尿管时动作要轻缓，以免损伤尿道口。

6. 实验结果（表实-8）

表实-8 药物对家兔排尿量的影响

兔号	正常尿量（15min）	药物	用药后尿量（mL）			
			0～15min	15～30min	30～45min	45～60min
甲		生理盐水				
乙		呋塞米				
丙		甘露醇				

7. 讨论与作业 根据实验结果分析各药物对家兔的利尿作用，思考其临床应用。

技能训练 14　普鲁卡因的局部麻醉作用观察

1. 目的要求 观察盐酸普鲁卡因的局部麻醉作用。

局麻药的局麻
作用观察

2. 材料 青蛙、蛙板、大头针、脊髓破坏针、玻璃掏针、手术剪、尖镊子、蜡纸、棉花铁支架、铁钳或止血钳、小烧杯、计时钟、1mL注射器。

3. 药物 0.5%稀盐酸溶液、2%盐酸普鲁卡因溶液。

4. 实验方法 取一只青蛙，用脊髓破坏针破坏大脑（或自两眼后剪去青蛙上颌）后，使蛙的腹部朝上固定在蛙板上。用剪刀剪开大腿皮肤，用玻璃钩针轻轻拨开半膜肌和股二头肌，暴露坐骨神经和股动脉。用玻璃钩针和尖镊子仔细分离坐骨神经。然后在分离出的坐骨神经下放置一片小蜡纸，并在坐骨神经下沿其分布垫一小棉条用铁夹夹住蛙下颌部将其挂在铁架上。当蛙腿不动时，将其一侧后肢的趾部浸入盛有0.5%稀盐酸的小烧杯内，测定自蛙趾浸入稀盐酸液至发生举足反射的时间。当出现反应时，立即用清水洗去蛙腿上的酸液。然后在蛙腿坐骨神经下的棉条上滴加2滴2%的普鲁卡因溶液，并用棉条裹住蛙的坐骨神经，约10min后重复上述试验，测定引起举足反射的时间。比较两次时间的差异，分析产生该差异的原因。

5. 实验结果 记录未施用普鲁卡因和滴加普鲁卡因后，蛙趾浸入酸液时举足反射的时间。

6. 讨论与作业 记录试验过程和结果，比较两次时间的差异。分析普鲁卡因对神经干的传导麻醉作用及临床应用。

技能训练 15　水合氯醛的全身麻醉作用实验

水合氯醛的
全身麻醉作
用及氯丙嗪
的麻醉增强
作用

1. 目的要求 观察家兔在不同途径下对水合氯醛的反应时间并通过该次试验进一步了解家兔的有关生理指标，练习兔的灌胃、灌肠、耳静脉注射法及反射检查法。

2. 材料 家兔、10mL玻璃注射器、8号针头、9号人用导尿管、兔开口器、家兔固定台、台秤、兽用体温计、塑料尺。

3. 药物 10%水合氯醛注射液、10%水合氯醛淀粉浆溶液、液状石蜡。

4. 方法及步骤 取健康青年家兔3只，称重。然后检查其角膜、睫毛和肛门反射是否正常，同时测定其体温、脉搏和呼吸频率，用塑料尺测量其瞳孔直径大小，做好记录。

对选出的3只家兔通过不同的给药途径给予10%的水合氯醛溶液（灌胃及灌肠者给予10%水合氯醛淀粉浆溶液），记录给药起止时间。

第1只家兔采用胃管（9号人用导尿管代替）向胃内注入10%水合氯醛淀粉浆溶液。水合氯醛剂量为0.3g/kg。

第2只家兔用细胶管或9号人用导尿管向直肠内注入10%水合氯醛淀粉浆溶液。水合氯醛剂量为0.3g/kg。

上述两种给药途径给药后，可以观察到家兔在麻醉过程中首先出现肌肉紧张度降低，其次是后麻醉，这时家兔躯体前部尚能支持。然后其前躯逐渐麻痹，但头仍然能够支撑。随后其头亦卧在台上，最后完全进入侧卧麻醉状态。分别记录3只家兔进入不同麻醉阶段的时间和开始苏醒的时间。

第3只家兔耳静脉注射10%水合氯醛注射液。水合氯醛剂量为0.1～0.12g/kg。观察家兔进入麻醉状态的时间及在不同的时间的表现，记录于表实-9中。

表实-9　家兔水合氯醛作用记录

项目	麻醉前			麻醉过程中		
	内服	直肠给药	静脉注射给药	内服	直肠给药	静脉注射给药
给药开始时间						
给药结束时间						
开始麻醉时间						
完全麻醉时间						
体温						
心率						
呼吸						
瞳孔大小						
痛觉						
角膜反射						
睫毛反射						
肛门反射						
肌肉紧张度						
苏醒时间						

5. 讨论与作业　记录试验过程和结果，分析通过不同途径给予水合氯醛时，家兔开始产生麻醉作用的时间和进入麻醉期的表现不一致的原因，以及为什么直肠给药比内服给药的作用快而强。

6. 实验提示　若用仔猪进行本试验，则直肠灌注水合氯醛剂量为0.5g/kg。

（1）体温测定。由一个人将家兔保定在家兔保定台上，另一人将体温计水银柱甩至35℃以下，然后左手抓住家兔尾部，右手持已消好毒的体温计蘸少许液状石蜡，缓缓插入家兔肛门内（深约6cm，停留3～5min）。然后取出体温计，用酒精棉球擦拭以除去黏附在体温计上的粪污，准备读数，并做好记录。

（2）角膜反射检查。将家兔保定在家兔保定台上，检查者用手在离家兔眼前15～20cm处来回晃动，观察家兔有无眨眼现象。若有眨眼现象，则证明有角膜反射。注意在晃动手掌时不要扇动空气。

（3）睫毛反射检查。将家兔保定在家兔保定台上，检查者用毛笔或棉签轻触家兔睫毛。若家兔出现眨眼现象，则表示睫毛反射存在。也可用棉签轻触家兔的眼睑，观察其有无眨眼现象。

（4）肛门反射检查。将家兔保定在家兔保定台上，检查者右手持棉签轻触家兔肛门，观察家兔肛门是否出现收缩现象。若出现肛门收缩，则证明肛门反射存在。

技能训练 16 氯丙嗪的降温作用和非甾体类解热镇痛药对发热家兔体温的影响

1. 实验目的 观察解热镇痛药的解热作用和氯丙嗪的降温作用。

2. 实验原理 氯丙嗪对下丘脑体温调节中枢有很强的抑制作用，能降低人和动物的正常体温，降温效果与周围环境有关。一般室温下，影响甚小；高温环境下可使体温升高。但在低温环境下可使体温显著降低，配合物理降温可用于低温麻醉。氯丙嗪降温作用的机理除抑制下丘脑的体温调节中枢外，还能阻断 α 受体，使血管扩张，散热增加。

非甾体解热镇痛药可抑制前列腺素合成酶（环加氧酶），减少前列腺素的合成，选择性地抑制体温调节中枢的病态兴奋性，使其降到正常的调节水平。在解热镇痛药的作用下，机体的产热过程没有显著改变，主要是增加散热过程，表现为皮肤血管显著扩张，出汗增加和加强散热，使体温趋于正常。本类药物只能使过高的体温下降到正常，而不能使正常体温下降，这与氯丙嗪等不同。

3. 实验材料

①动物。家兔 5 只。

②器材。台秤，体温表，玻璃注射器。

③药品。伤寒副伤寒混合疫苗（灭菌），灭菌生理盐水，氯丙嗪注射液，5％氨基比林溶液。

4. 实验步骤 取正常成年兔子 5 只，编号甲、乙、丙、丁、戊。分别检查正常体温次数，体温波动较大者不宜用于本实验。兔体温在 38.5～39.6℃者最为合适，给乙、丙、丁 3 兔于耳静脉注射伤寒副伤寒混合疫苗 0.5mL/kg，注射后，一般在 0.5h 体温明显升高，平均升高在 1℃以上时则进行实验，除发热的乙兔腹腔注射生理盐水 2mL/kg，丁、戊 2 兔腹腔注射氯丙嗪注射液，甲、丙 2 兔各腹腔注射 5％氨基比林溶液 2mL/kg，给药后，每 0.5h 测量体温 1 次；连续测量数次，观察各兔体温的变化。

5. 实验记录 记录给药物（氯丙嗪和氨基比林）前后家兔体温的变化（表实-10）。

表实-10 药物作用对家兔体温的影响

兔号	体重	药物	正常体温	发热后体温	给药后体温			
					0.5h	1.0h	1.5h	2.0h

6. 讨论与作业

（1）氯丙嗪和解热镇痛药对家兔体温的作用有什么不同？

（2）实验结果说明了什么问题？

（3）临床上应用氯丙嗪和解热镇痛药应注意什么问题？

技能训练 17　有机磷酯类中毒及其解救

1. 目的要求　观察有机磷酯类中毒症状，比较阿托品与碘解磷定的解毒效果。

2. 实验材料

①动物。家兔。

②器材。5mL 注射器、8 号针头、塑料尺、酒精棉球、台秤。

③药物。10％敌百虫、0.1％阿托品注射液、2.5％碘解磷定注射液。

有机磷农药
中毒及解毒

3. 实验方法

①取家兔 3 只分别称重，标记。

②剪去腹部、背部的被毛，观察其正常活动，瞳孔大小，呼吸与心跳次数，唾液分泌情况，有无粪尿排出，用镊子轻击背部有无肌肉震颤等。

③每只兔每千克体重自耳静脉注射 10％敌百虫溶液 1mL，如 20min 后无中毒症状，可再注射 0.25mL。

④待产生中毒症状后，观察上述指标有何变化。

⑤待中毒症状明显时，甲兔按每千克体重 1mL 从耳静脉注射 0.1％阿托品注射液；乙兔每千克体重 2mL 从耳静脉注射 2.5％碘解磷定注射液；丙兔从耳静脉注射与甲、乙两兔相同剂量的阿托品和碘解磷定溶液。

⑥观察结果，记录表实- 11。

表实- 11　家兔有机磷酯类中毒症状及解救效果

兔号	体重	药物	瞳孔 (mm)	唾液 (分泌)	肌肉 震颤	粪、尿	心跳 (次/min)	呼吸 (次/min)
甲	用药前 注射敌百虫后 注射阿托品后							
乙	用药前 注射敌百虫后 注射碘解磷定后							
丙	用药前 注射敌百虫后 注射阿托品＋碘解磷定后							

⑦扼要记录实验过程和结果，分析敌百虫中毒机理和阿托品、碘解磷定的解毒原理，写出实验报告。

附　　录

附录 1　不同动物用药量换算表

1. 各种动物与人用药剂量比例简表（均按成年）

种类	成人	牛	羊	猪	马	鸡	猫	犬
比例	1	5～10	2	2	5～10	1/6	1/4	1/4～1

2. 不同动物用药剂量比例简表

畜别	马 （400kg）	牛 （300kg）	驴 （200kg）	猪 （50kg）	羊 （50kg）	鸡 （1岁以上）	犬 （1岁以上）	猫 （1岁以上）
比例	1	1～1.5	1/3～1/2	1/8～1/5	1/6～1/5	1/40～1/20	1/16～1/10	1/32～1/16

3. 动物年龄与用药比例

畜别	年龄	比例	畜别	年龄	比例	畜别	年龄	比例
猪	1岁半以上 9～18个月 4～9个月 2～4个月 1～2个月	1 1/2 1/4 1/8 1/16	羊	2岁以上 1～2岁 6～12个月 3～6个月 1～3个月	1 1/2 1/4 1/8 1/16	牛	3～8岁 9～15岁 15～20岁 2～3岁 4～8岁 1～4岁	1 3/4 1/2 1/4 1/8 1/16
马	3～12岁 15～20岁 20～25岁 2岁 1岁 2～6个月	1 3/4 1/2 1/4 1/12 1/24	犬	6个月以上 3～6个月 1～3个月 1个月以下	1 1/2 1/4 1/16～1/8			

4. 给药途径与剂量比例关系表

给药途径	内服	直肠给药	皮下注射	肌内注射	静脉注射	气管注射
比例	1	1.5～2	1/3～1/2	1/3～1/2	1/4～1/3	1/4～1/3

附录 2　注射液物理化学配伍禁忌表（见文后插页）

参 考 文 献

蔡豫丽，2002. 常用解热镇痛药的不良反应及预防 [J]. 中原医刊，23 (5)：128.

操继跃，卢笑丛，2005. 兽医药物动力学 [M]. 北京：中国农业出版社.

曾振灵，2009. 兽医药理学实验指导 [M]. 北京：中国农业出版社.

陈妙英，2002. 解热镇痛药的再评价 [J]. 药物不良反应杂志 (6)：417.

陈新谋，金有豫，2003. 新编药物学 [M]. 15 版. 北京：人民卫生出版社.

陈杖榴，2009. 兽医药理学 [M]. 3 版. 北京：中国农业出版社.

董军，潘庆山，2009. 犬猫用药速查手册 [M]. 北京：中国农业大学出版社.

郝文利，李培锋，2006. 解热镇痛药的发展概况 [J]. 动物医学进展，27 (6)：45 - 49.

贺生中，李荣誉，裴春生，2011. 动物药理 [M]. 北京：中国农业大学出版社.

贺生中，卓国荣，2012. 犬病临床诊疗实例解析 [M]. 北京：中国农业出版社.

胡功政，2009. 兽药合理配伍使用 [M]. 郑州：河南科学技术出版社.

李春雨，贺生中，2007. 动物药理 [M]. 北京：中国农业大学出版社.

李荣誉，王笃学，崔耀明，2007. 兽医药理学 [M]. 北京：中国农业出版社.

梁运霞，宋冶萍，2006. 动物药理与毒理 [M]. 北京：中国农业出版社.

钱之玉，2005. 药理学进展 [M]. 南京：东南大学出版社.

沈建忠，谢联金，2000. 兽医药理学 [M]. 北京：中国农业大学出版社.

石冬梅，李玉冰，2008. 动物普通病 [M]. 北京：中国农业大学出版社.

孙志良，罗永煌，2006. 兽医药理学实验教程 [M]. 北京：中国农业大学出版社.

王成，2009. 中兽医诊疗技术 [M]. 郑州：河南科学技术出版社.

王雷，2003. 解热镇痛消炎类药物 [J]. 中国兽药杂志，37 (4)：53 - 55.

王新，李艳华，2006. 兽医药理学 [M]. 北京：中国农业科学技术出版社.

王玉祥，2004. 药理学实验 [M]. 北京：中国医药科技出版社.

王志强，2009. 犬猫临床用药手册 [M]. 上海：上海科学技术出版社.

吴本芬，程绍云，2004. 抗过敏药物引起过敏反应 1 例 [J]. 河北医药，26 (9)：717.

杨世杰，2001. 药理学 [M]. 北京：人民卫生出版社.

余祖功，胡明亮，江善祥，2005. 氟尼辛葡甲胺—动物专用的解热镇痛消炎药 [J]. 畜牧与兽医杂志，37 (7)：35.

赵红梅，苏加义，2007. 动物机能药理学实验教程 [M]. 北京：中国农业大学出版社.

赵兴绪，魏彦明，2003. 畜禽疾病处方指南 [M]. 北京：金盾出版社.

周翠珍，2007. 动物药理学 [M]. 重庆：重庆大学出版社.

朱模忠，2002. 兽药手册 [M]. 北京：化学工业出版社.

祝俊杰，2005. 犬猫疾病诊疗大全. 北京：中国农业出版社.

读者意见反馈

亲爱的读者：

感谢您选用中国农业出版社出版的职业教育教材。为了提升我们的服务质量，为职业教育提供更加优质的教材，敬请您在百忙之中抽出时间对我们的教材提出宝贵意见。我们将根据您的反馈信息改进工作，以优质的服务和高质量的教材回报您的支持和爱护。

地　　　址：北京市朝阳区麦子店街 18 号楼（100125）

　　　　　　中国农业出版社职业教育出版分社

联系方式：QQ（1492997993）

教材名称：_____ ISBN：_____

个人资料

姓名：_____ 所在院校及所学专业：_____

通信地址：_____

联系电话：_____ 电子信箱：_____

您使用本教材是作为：□指定教材□选用教材□辅导教材□自学教材

您对本教材的总体满意度：

从内容质量角度看□很满意□满意□一般□不满意

改进意见：_____

从印装质量角度看□很满意□满意□一般□不满意

改进意见：_____

本教材最令您满意的是：

□指导明确□内容充实□讲解详尽□实例丰富□技术先进实用□其他_____

您认为本教材在哪些方面需要改进？（可另附页）

□封面设计□版式设计□印装质量□内容□其他_____

您认为本教材在内容上哪些地方应进行修改？（可另附页）

_____

_____

本教材存在的错误：（可另附页）

第_____页，第_____行：_____应改为：_____

第_____页，第_____行：_____应改为：_____

第_____页，第_____行：_____应改为：_____

您提供的勘误信息可通过 QQ 发给我们，我们会安排编辑尽快核实改正，所提问题一经采纳，会有精美小礼品赠送。非常感谢您对我社工作的大力支持！

欢迎访问"全国农业教育教材网"http：//www.qgnyjc.com（此表可在网上下载）

欢迎登录"中国农业教育在线"http：//www.ccapedu.com 查看更多网络学习资源

欢迎登录"智农书苑"read.ccapedu.com 阅读更多纸数融合教材